中国民居建筑丛书

两湖民居

李晓峰　谭刚毅　主编

中国建筑工业出版社

图书在版编目（CIP）数据

两湖民居/李晓峰等主编．—北京：中国建筑工业出版社，2009
(中国民居建筑丛书)
ISBN 978-7-112-11734-5

Ⅰ.两… Ⅱ.①李… Ⅲ.①民居-建筑艺术-湖南省②民居-建筑艺术-湖北省 Ⅳ.①TU241.5

中国版本图书馆CIP数据核字（2010）第101659号

责任编辑：吴宇江
责任设计：董建平
责任校对：赵 颖 关 健

本卷编写人员（按姓氏笔画排序）：
万 谦 李 纯 李晓峰 范向光
赵 逵 郝少波 雷祖康 谭刚毅

中国民居建筑丛书
两湖民居
李晓峰 谭刚毅 主编
*
中国建筑工业出版社出版、发行(北京西郊百万庄)
各地新华书店、建筑书店经销
北京嘉泰利德公司制版
北京画中画印刷有限公司印刷
*
开本：880×1230毫米 1/16 印张：$20^3/_4$ 字数：664千字
2009年12月第一版 2015年4月第二次印刷
定价：99.00元
ISBN 978-7-112-11734-5
(18987)

《中国民居建筑丛书》编委会

总序——中国民居建筑的分布与形成

陆元鼎

秦以前，相传中华大地上主要生存着华夏、东夷、苗蛮三大文化集团，经过连年不断的战争，最终华夏集团取得了胜利，上古三大文化集团基本融为一体，形成一个强大的部族，历史上称为夏族或华夏族。

春秋战国时期，在东南地区还有一个古老的部族称为“越”或“於越”，以后，越族逐渐为夏族兼并而融入华夏族之中。

秦统一各国后，到汉代，我国都用汉人、汉民的称呼，当时，它还不是作为一个民族的称呼。直到隋唐，汉族这个名称才基本固定下来。

历史上的汉族与我国现代的汉族的含义不尽相同。历史上的汉族，实际上从大部族来说它是综合了华夏、东夷、苗蛮、百越各部族而以中原地区华夏文化为主的一个民族。其后，魏晋南北朝时期，西北地带又出现乌桓、匈奴、鲜卑、羯、氐、羌等族，南方又有山越、蛮、俚、僚、爨等族，各民族之间经过不断的战争和迁徙、交往达到了大融合，成为统一的汉民族。

汉族地区的发展与分布

汉族祖先长时间来一直居住在以长安京都为中心的中原地带，即今陕、甘、晋、豫地区。东汉一两晋时期，黄河流域地区长期战乱和自然灾害，使人民生活困苦不堪。永嘉之乱后，大批汉人纷纷南迁，这是历史上第一次规模较大的人口迁徙。当时大量人口从黄河流域迁移到长江流域，他们以宗族、部落、宾客和乡里等关系结队迁移。大部分东移到江淮地区，因为当时秦岭以南、淮河和汉水流域的一片土地还是相对比较稳定。也有部分人民南迁到太湖以南的吴、吴兴、会稽三郡，也有一些迁入金衢盆地和抚河流域。再有部分则沿汉水流域西迁到四川盆地。

隋唐统一中原，人民生活渐趋稳定和改善，但周边民族之间的战争和交往仍较频繁。周边民族人民不断迁入中原，与中原汉人杂居、融合，如北方的一些民族迁入长安、洛阳和开封、太原等地。也有少部分迁入陕北、甘肃、晋北、冀北等地。在西域的民族则东迁到长安、洛阳，东北的民族则向南入迁关内。通过移民、杂居、通婚，汉族和周边民族之间加强了经济、文化，包括农业、手工业、生活习俗、语言、服饰的交往，可以说已经融合在汉民族文化之内而没有什么区别。到北宋时期，中原文献中已没有突厥、胡人、吐蕃、沙陀等周边民族成员的记载了。

北方汉族人民，以农为本，大多安定本土，不愿轻易离开家乡。但是到了唐中叶，北方战乱频繁，土地荒芜，民不聊生。安史之乱后，北方出现了比西晋末年更大规模的汉民南迁。当时，在迁移的人群中，不但有大量的老百姓，还有官员和士大夫，而且大多是举家举族南迁。他们的迁移路线，根据史籍记载，当时南迁大致有东中西三条路线。

东线：自华北平原进入淮南、江南，再进入江西。其后再分两支，一支沿赣江翻越大庾岭进入岭南，一支翻越武夷山进入福建。

东线移民渡过长江后，大致经两条路线进入江西。一支经润州（今镇江市）到杭州，再经浙西婺州（今金华市）、衢州入江西信州（今上饶市）；另一条自润州上到升州（今南京市），沿长江西上，在九江入鄱阳湖，进入江西。到达江西境内的移民，有的迁往江州（今南昌市）、筠安（今高安）、抚州（今临川市）、袁州（今宜春市）。也有的移民，沿赣江向上到虔州（今赣州市）以南翻越大庾岭，进入浈昌（今广东省南雄县），经韶州（今韶关市）南行入广州。另一支从虔州向东折入章水河谷，进入福建汀州（今长汀县）。

中线：来自关中和华北平原西部的北方移民，一般都先汇集到邓州（今河南邓州市）和襄州（今湖北襄樊市）一带，然后再分水陆两路南下。陆路经过荆门和江陵，渡长江，从洞庭湖西岸进入湖南，有的再到岭南。水路经汉水，到汉中，有的再沿长江西上，进入蜀中。

西线：自关中越秦岭进入汉中地区和四川盆地，途中需经褒斜道、子午道等栈道，道路崎岖难行。由于它离长安较近，虽然，它与外界山脉重重阻隔，交通不便，但是，四川气候温和，土地肥沃，历史上包括唐代以来一直是经济、文化比较发达的地区，相比之下，蜀中就成为关中和河南人民避难之所。因此，每逢关中地区局势动荡，往往就有大批移民迁入蜀中。而每当局势稳定，除部分回迁外，仍有部分士民、官宦子弟和从属以及军队和家属留在本地。虽然移民不断增加但大量的还是下层人民，上层贵族官僚西迁的仍占少数。

从上述三线南迁的过程中，当时迁入最多的是三大地区，一是江南地区，包括长江以南的江苏、安徽地区和上海、浙江地区；二是江西地区；三是淮南地区，包括淮河以南、长江以北的江苏、安徽地带。福建是迁入的其次地区。

淮南为南下移民必经之地。由于它离黄河流域稍远，当时该地区还有一定的稳定安宁时期，因此，早期的移民在淮南能有留居的现象。但是随着战争的不断蔓延和持续，淮南地区的人民也不得不再次南迁。

在南方入迁地区中，由于江南比较安定，经济上相对富裕，如越州（今浙江绍兴）、苏州、杭州、升州（今南京）等地，因此导致这几个地区人口越来越密。其次是安徽的歙州（今歙县地区）、婺州（今浙江金华市）、衢州，由于这些地方是进入江西、福建的交通要道，北方南下的不少移民都在此先落脚暂居，也有不少就停留在当地落户成为移民。

当然，除了上述各州之外，在它附近诸州也有不少移民停留，如江南的常州、润州（今江苏镇江）、淮南的扬州、寿州（今安徽寿县）、楚州（今江苏淮河以南盱眙以东地区），江西的吉州（今吉安市）、饶州（今景德镇市），福建的福州、泉州、建州（今建瓯市）等。这些移民长期居留在州内，促进了本地区的经济和文化的发展，因此，自唐代以来，全国的经济文化重心逐渐移向南方是毫无异议的。

北宋末年，金兵骚扰中原，中州百姓再一次南迁，史称靖康之乱。这次大迁移是历史以来规模最大的一次，估计达到三百万人南下。其中一些世代居住在开封、洛阳的高官贵族也陆续南迁。这次迁移的特点是迁徙面更广更长，从州府县镇，直到乡村，都有移民足迹。

历史上三次大规模的南迁对南方地区的发展具有重大意义。三次移民中，除了宗室、贵族、官僚地主、宗族乡里外，还有众多的士大夫、文人学者，他们的社会地位、文化水平和经济实力较高，到达南方后，无论在经济上、文化上，都使南方地区获得了明显的提高和发展。

南方地区民系族群的形成就是基于上述原因。它们既有同一民族的共性，但是，不同民系地域，虽然同样是汉族，由于南北地区人口构成的历史社会因素、地区人文、习俗、环境和自然条件的差异，都会给族群、给居住方式带来不同程度的影响，从而，也形成了各地区不同的居住模式和特色。

民系的形成不是一朝一夕或一次性形成的，而是南迁汉民到达南方不同的地域后，与当地土著人民融洽、沟通、相互吸取优点而共同形成的。即使在同一民系内部，也因南迁人口的组成、家渊以及各自历史、社会和文化特质的不同而呈现出地域差别。在同一民系中，由于不同的历史层叠，形成较早的民系可能保留较多古老的历史遗存。如越海民系，它在社会文化形态上就会有更多的唐宋甚至明清各时期的特色呈现。也有较晚形成的民系，在各种表现形态上可能并不那么古老。也有的民系，所在区域僻处一隅，地理位置比较偏僻，长期以来与外界交往较少，因而，受北方文化影响相对较少。如闽海民系，在它的社会形态中会保留多一些地方土著特点。这就是南方各地区形态中保留下来的这种文化移入的持续性、文化特质的层叠性，同时又有文化形态的区域差异性。

历史上，移民每到一个地方都会存在着一个新生环境问题，即与土著社群人民的相处问题。实际上，这是两个文化形体总合力量的沟通和碰撞，一般会产生三种情况：一、如果移民的总体力量凌驾于本地社群之上，他们会选择建立第二家乡，即在当地附近地区另择新点定居；二、如果双方均势，则采用两种方式，一是避免冲撞而选择新址另建第二家乡，另一是采取中庸之道彼此相互掺入，和平地同化，共同建立新社群；三、如果移民总体力量较小，在长途跋涉和社会、政治、经济压力下，他们就会采取完全学习当地社群的模式，与当地社群融合、沟通，并共同生存、生活在一起。当然，也会产生另一情况，即双方互不沟通，在这种极端情况下，移民被迫为了保护自己而可能另建第二家乡。

在北方由于长期以来中原地区和周边民族的交往沟通，基本上在中原地区已融合成为以中原文化为主的汉民族，他们以北方官话为共同方言，崇尚汉族儒学礼仪，基本上已形成为一个广阔地带的北方民系族群。但是，如山西地区，由于众多山脉横贯其中，交通不便，当地方言比较悬殊，与外界交往沟通也比较困难，在这种特殊条件下，形成了在北方大民系之下的一个区域地带。

到了清末，由于我国唐宋以来的州和明清以来的府大部分保持稳定，虽然，明清年代还有“湖广填四川”和各地移民的情况，毕竟这是人口调整的小规模移民。但是，全国地域民系的格局和分布都已基本定型。

民族、民系、地域在形成和发展过程中，由稳定到定型，必然需要建造宅居。宅居建筑是人类满足生活、生存最基本的工具和场所。民居建筑形成的因素很多，有社会因素、经济物质因素、自然环境因素，还有人文条件因素等。在汉族南方各地区中，由于历史上的大规模的南迁，北方人民与南方土著社群人民经过长期来的碰撞、沟通和融合，对当地土著社群的人口构成、经济、文化和生产、生活方式，礼仪习俗、语言（方言），以及居住模式都产生了巨大的影响和变化。对民居建筑来说，由于自然条件、地理环境以及社会历史、文化、习俗和审美的不同，也导致了各地民居类型、居住模式既有共同特征的一面，也有明显的差异性，这就是我国民居建筑之所以呈现出丰富多彩、绚丽灿烂的根本原因。

少数民族地区的发展与分布

我国少数民族分布，基本上可以分为北方和南方两个地区。现代的少数民族与古代的少数民族不同，他们大多是从古代民族延伸、融合、发展而来。如北方的现代少数民族，他们与古代居住在北方的沙漠和山林地带的乌孙、突厥、回纥、契丹、肃慎等民族有着一定的渊源关系，而南方的现代少数民族则大多是由古代生活在南方的百越、三苗和从北方南迁而来的氐羌、东夷等民族发展演变而来。他们与汉族共同组成了中华民族，也共同创造了丰富灿烂的中华文化。

我国的西北部土地辽阔，山脉横贯，古代称为西域，现今为新疆维吾尔自治区。公元前2世纪，匈奴民族崛起，当时西域已归入汉代版图。唐代以后，漠北的回鹘族逐渐兴起，成为当时西域的主体民族，延续至今即成为现在的维吾尔族。

我国北方有广阔的草原，在秦汉时代是匈奴民族活动的地方。其后，乌桓、鲜卑、柔然民族曾在此地崛起，直至6世纪中叶柔然汗国灭亡。之后，又有突厥、回鹘、女真等在此活动。12～13世纪，女真族建立金朝。其后，与室韦—鞑靼族人有渊源关系的蒙古各部在此开始统一，延续至今，成为现代的蒙古族。

在我国西北地区分布面较广的还有一个民族叫回族。他们聚居的区域以宁夏回族自治区和甘肃、青海、新疆及河南、河北、山东、云南等省较多。

回族的主要来源是在13世纪初，由于成吉思汗的西征，被迫东迁的中亚各族人、波斯人、阿拉伯人以及一些自愿来的商人，来到中国后，定居下来，与蒙古、畏兀儿、唐兀、契丹等民族有所区别。他们与汉人、畏兀儿人、蒙古人，甚至犹太人等，以伊斯兰教为纽带，逐渐融合而成为一个新的民族，即回族。可见回族形成于元代，是非土著民族，长期定居下来延续至今。

在我国的东北地区，史前时期有肃慎民族，西汉称为挹娄，唐代称为女真，其后建立了后金政权。1635年，皇太极继承了后金皇位后，将族名正式定为满族，一直延续至今即现代的满族。

朝鲜族于19世纪中叶迁到我国吉林省后，延续至今。此外，东北地区还有赫哲族、鄂伦春族、达斡尔族等，他们人数较少，但是，他们民族的历史悠久可以追溯到古代的肃慎、契丹民族和北方的通古斯人。

在西南地区，据史书记载，古羌人是祖国大西北最早的开发者之一，战国时期部分羌人南下，向金沙江、雅砻江一带流徙，与当地原著族群交流融合逐渐发展演变为羌、彝、白、怒、普米、景颇、哈尼、纳西等民族的核心。苗、瑶族的先民与远古九寨、三苗有密切关系，经过长期频繁的辗转迁徙，逐步在湖南、湖北、四川、贵州等地区定居下来。畲族亦属苗瑶语族，六朝至唐宋，其先民已聚居在闽粤赣三省交界处。东南沿海地区的越部落集团，古代称为“百越”，它聚居在两广地区，其后，向西延伸，散及贵州、云南等地，逐渐发展演变为壮、傣、布依、侗等民族。“百濮”是我国西南地区的古老族群，其分布多与“百越”族群交错杂居，逐渐发展为现今的佤族等民族。

我国西南地区青藏高原有着举世闻名的高山流水，气象万千的林海雪原，更有着丰富的矿产资源，世界最高峰珠穆朗玛峰耸立在喜马拉雅山巅，从西藏先后发现旧石器到新石器时代遗址数十处，证明至少在5万年前，藏族的先民就繁衍生息在当今的世界屋脊之上。

据史书记载，藏族自称博巴，唐代译音为“吐蕃”。公元7世纪初建立王朝，唐代译为吐蕃王朝，族群大多居住在青藏高原，也有部分住在甘肃、四川、云南等省内，延续至今即为现在的藏族。

羌族是一个历史悠久的古老民族，分布广泛，支系繁多。古代羌族聚居在我国西部地区现甘肃、青海一带。春秋战国时期，羌人大批向西南迁徙，在迁徙中与其他民族同化，或与当地土著结合，其中一支部落迁徙到了岷江上游定居，发展而成为今日羌族。他们的聚居地区覆盖四川省西北部的汶川、理县、黑水、松潘、丹巴和北川等七个县。

彝族族源与古羌人有关，两千年前云南、四川已有彝族先民，其先民曾建立南诏国，曾一度是云南地区的文化中心。彝族分布在云、贵、川、桂等地区，大部分聚居在云南省内，几乎在各县都有分布，比较集中在楚雄、红河等自治州内。

白族在历史发展过程中，由大理地区的古代土著居民融合了多种民族，包括西北南下的氐羌人，历代不断移居大理地区的汉族和其他民族等，在宋代大理国时期已形成了稳定的白族共同体。其聚居地主要在云贵高原西部，即今云南大理地区。

纳西族历史文化悠久，它也渊源于南迁的古氐羌人。汉以前的文献把纳西族称为"牦牛种"、"旄牛夷"，晋代以后称为"摩沙夷"、"么些"、"么梭"。过去，汉族和白族也称纳西族为"么梭"、"么些"。"牦"、"旄"、"摩"、"么"是不同时期文献所记载的同一族名。建国后，统一称"纳西族"。现在的纳西族聚居地主要集中在云南的金沙江畔、玉龙山下的丽江坝、拉市坝、七河坝等坝区及江边河谷地区。

壮族具有悠久的历史，秦汉时期文献记载我国南方百越群中的西瓯、骆越部族就是今日壮族的先民。其聚居地主要在广西壮族自治区境内，宋代以后有不少壮族居民从广西迁滇，居住在今云南文山壮族苗族自治州。

傣族是云南的古老居民，与古代百越有族缘关系。汉代其先民被称为"滇越"、"掸"，主要聚居地在今云南南部的西双版纳傣族自治州和西南部的德宏傣族景颇族自治州内。

布依族是一个古老的本土民族，先民古代泛称"僚"，主要分布在贵州南部、西南部和中部地区，在四川、云南也有少数人散居。

侗族是一个古老的民族，分布在湘、黔、桂毗连地区和鄂西南一带，其中一半以上居住在贵州境内。古代文献中有不少关于洞人（峒人）、洞蛮、洞苗的记载，至今还有不少地区保留"洞"的名称，后来"峒"或"洞"演变为对侗族的专称。

很早以前，在我国黄河流域下游和长江中下游地区就居住着许多原始人群，苗族先民就是其中的一部分。苗族的族属渊源和远古时代的"九黎"、"三苗"等有着密切的关系。据古文献记载，"三苗"等应该都是苗族的先民。早期的"三苗"由于不断遭到中原的进攻和战争，苗族不断被迫迁徙，先是由北而南，再而由东向西，如史书记载说"苗人，其先自湘窜黔，由黔入滇，其来久有"。西迁后就聚居在以沅江流域为中心的今湘、黔、川、鄂、桂五省毗邻地带，而后再由此迁居各地。现在，他们主要分布在以贵州为中心的贵州、云南、四川和湖南、湖北、广西等各省山区境内。

瑶族也是一个古老的民族，为蚩尤九黎集团、秦汉武陵蛮、长沙蛮的后裔，南北朝称"莫瑶"，这是瑶族最早的称谓。华夏族入中原后，瑶族就翻山越岭南下，与湘江、资江、沅江及洞庭湖地区的土著民族融合而成为当今的瑶族。现都分散居住在广西、广东、湖南、云南、贵州、江西等省区境内。

据考古发掘，鄂西清江流域十万年前就有古人类活动，相传就是土家族的先民栖息场所。清江、阿蓬江、酉水、溇水源头聚汇之区是巴人的发祥地，土家族是公认的巴人嫡裔。现今的土家族都聚居于湖南、湖北、四川、贵州四省交会的武陵山区。

我国除汉族外有少数民族 55 个。以上只是部分少数民族的历史、发展分布与聚居地区，由于这些少数民族各有自己的历史、文化、宗教信仰、生活习俗、民族审美爱好，又由于他们所处不同地区和不同的自然条件与环境，导致他们都有着各自的生活方式和居住模式，就形成了各民族的丰富灿烂的民居建筑。

为了更好地把我国各民族地区民居建筑的优秀文化遗产和最新研究成就贡献给大家，我们在前人编写的基础上进一步编写了一套更系统、更全面的综合介绍我国各地各民族的民居建筑丛书。

我们按下列原则进行编写：

1. 按地区编写。在同一地区有多民族者可综合写，也可分民族写。

2. 按地区写，可分大地区，也可按省写。可一个省写，也可合省写，主要考虑到民族、民居、类型是否有共同性。同时也考虑到要有理论、有实践，内容和篇幅的平衡。

为此，本丛书共分为18册，其中：

1. 按大地区编写的有：东北民居、西北民居2册。

2. 按省区编写的有：北京、山西、四川、两湖、安徽、江苏、浙江、江西、福建、广东、台湾共11册。

3. 按民族为主编写的有：新疆、西藏、云南、贵州、广西共5册。

本书编写还只是阶段性成果。学术研究，远无止境，继往开来，永远前进。

参考书目：

1. (汉) 司马迁撰. 史记. 北京：中华书局，1982.

2. 辞海编辑委员会. 辞海. 上海：上海辞书出版社，1980.

3. 中国史稿编写组. 中国史稿. 北京：人民出版社，1983.

4. 葛剑雄，吴松弟，曹树基. 中国移民史. 福建：福建人民出版社，1997.

5. 周振鹤，游汝杰. 方言与中国文化. 上海：上海人民出版社，1986.

6. 田继周等. 少数民族与中华文化. 上海：上海人民出版社，1996.

7. 侯幼彬. 中国建筑艺术全集第20卷宅第建筑（一）北方建筑. 北京：中国建筑工业出版社，1999.

8. 陆元鼎，陆琦. 中国建筑艺术全集第21卷宅第建筑（二）南方建筑. 北京：中国建筑工业出版社，1999.

9. 杨谷生. 中国建筑艺术全集第22卷宅第建筑（三）北方少数民族建筑. 北京：中国建筑工业出版社，2003.

10. 王翠兰. 中国建筑艺术全集第23卷宅第建筑（四）南方少数民族建筑. 北京：中国建筑工业出版社，1999.

11. 陆元鼎. 中国民居建筑（上中下三卷本）. 广州：华南理工大学出版社，2003.

前　言

两湖地区，地理上概指以江汉平原——洞庭湖平原作为核心区域的湘、鄂两地。历史上的“两湖”或“湖广”于不同时代都曾以同一个地理单元作为区划范围，在统一王朝时期多处于同一个一级行政区管辖下。作为长江中游地区的核心区域，以洞庭湖为中心，以长江为分界，才有湘、鄂之分。从历史地理上看，其行政区划经历了由分而合，又由合到分的历程：从“荆州”到“三楚”到“湖广”再到“两湖”。其主要原因显然是，湖南与湖北在地理上相连，在文化上相近，有着极为密切甚至难以分割的联系。

两湖地区属于同一的或相近的文化圈。这里是荆楚文化主要分布和影响区域，并且其边缘也是巴—楚、吴—楚、楚—粤等文化交会区。其中移民文化、流域文化、商贸文化、少数民族文化等，长期以来在两湖这片土地上留下极其深刻的烙印。这些文化形态表现形式极其丰富多样，既体现在生存繁衍于两湖地区的人们的性格心理、民风民俗上，也体现在两湖地区人们的聚居行为和生活空间上。这就是至今还能看到的两湖地区大量的多姿多彩的传统聚落和民居形态。

在两湖各地游走，会看到民居遗存相当丰富，如湘、鄂东部连片的天井院大屋；湘鄂北部山区成群的寨堡聚落；武陵地区大量的干阑式吊脚楼；茶盐古道上一处处商贸街市等等。这些极具特色的聚落和民居至今仍然是大量乡村居民栖居生活之所。走进两湖民居，我们不能不由衷感叹，无论山地聚落还是滨水村庄，无论楼屋还是平房、土壁还是砖墙，无处不蕴含着朴素的民间智慧和人文精神。作为建筑学人，不可能不对此产生兴趣；甚至许多建筑师在当代建筑创作中也将两湖地区民居作为当下建筑地域性追求之源泉。

对于两湖民居欣赏和借鉴相对来说是愉悦和自在的，然而将其作为课题进行研究就不是那么简单了。多年来，已有不少研究者关注湖北、湖南的乡土建筑，也有一批研究论文和著作发表。不过，这些成果大多着眼于湘鄂某一地区，或某一地点的民居建筑介绍，如张良皋《武陵土家》(2001)，柳肃《湘西民居》(2008)，唐凤鸣、张成城《湘南民居研究》(2006)等。还有杨慎初《湖南传统建筑》(1993)以及谢建辉《长沙老建筑》等著作中，仅部分内容涉及民居单体建筑。2006年，本课题组成员华中科技大学李晓峰、郝少波与武汉理工大学李百浩、刘炜等合作，在湖北省建设厅的支持下完成并出版《湖北传统民居》(2006)，以“集萃”的形式，分六大区片对湖北省各地民居作梳理，首次将湖北民居推入学界视野，对认识和研究湖北民居具有导览意义。总之，在本书之前，尚未有较为系统地推介两湖民居的成果出版，以至于学界许多人对于两湖地区传统民居，尤其是湖北民居知之甚少，甚至认为这里少有特色鲜明的传统民居。

从全国范围内各地民居研究成果看，早在20世纪80年代就有一批按行政区域完成的民居著作陆续出版，如《浙江民居》、《广东民居》、《云南民居》等，唯独缺“湖北民居”及“湖南民居”。因此，本书出版在中国民居建筑研究整体框架内，具有“补缺”的意义。

《两湖民居》姗姗来迟，主要原因一方面在于关于本地区民居研究起步较晚，另一方面在于这项工作相当不易，之前缺少研究积累，工作量相当大，不是一两个人可以完成的，需要一个能够持之以恒工作的有战斗力的团队。

华中科技大学建筑历史教研组自2002年起开始组织团队，进行湖北民居调查工作。2007年成立民族建筑研究中心，其核心成员即为本书8位作者。每年暑期，师生分多个测绘组冒着酷暑深入乡村进行民居测绘。8年来，团队成员克服经费不足、交通不便等重重困难，无数次驱车或徒步跋山涉水，在荆楚大地上探寻民间建筑遗存，田野调查工作相当艰苦。2007年，根据《中国民居建筑》丛书编委会的安排，本团队承担《两湖民居》的编撰工作。这使得我们的调查工作从湖北扩展至湖南。值得欣慰的是，一次次艰辛的努力，为我们的研究中心积累了一大批民居测绘资料，也为本书编撰逐步夯实了基础。

本书主要撰写者及所撰写的内容（章节）分别为：李晓峰（1.3.3，2.1，2.2，3.1，3.5，3.8，4.3），谭刚毅（1.2.2，1.3.1，3.2，3.3，4.1，5.1 ~ 5.5），赵逵（1.3.2，3.7，4.8），郝少波（3.4，4.2），范向光（1.3.4，3.6，4.7），万谦（1.1，1.3.5，2.2，3.5，4.4），李纯（1.2.1，4.5），雷祖康（4.6）。篇章结构由编写组共同商议确定，各编撰成员实行资料和相关素材共享，最后由谭刚毅、李晓峰统稿。本书照片除已注明出处和作者姓名的以外，均为该章节作者所摄，第五章图表中的少量照片为本书编写者和部分研究生提供，不一一注明，请见谅。

各位撰写者在相关地域和类型建筑的研究上有“专攻”，但囿于篇幅，许多文图只能割爱。同时本书仅列举有代表性的实例，也为了避免与已经出版的一些研究成果重复，并没将更多的案例收入在内。两湖民居门类众多、形态丰富，因此研修编撰工作难免“挂一漏万”，故而主要进行了民居类型的归纳和分析整理，来扩大研究的“覆盖面”。这样，类型研究与案例分析结合，以期“枝繁”且“叶茂”。

本课题的前期调研和部分工作得到了华中科技大学建筑与城市规划学院、湖南大学建筑学院帮助，同时部分成果受国家自然科学基金资助（项目批准号：50608035），也是国家自然科学基金资助（项目批准号：50978111）的前期及阶段成果之一。

在研究和本书的撰写工作中，许多单位和人士都给予了支持和帮助，在此感谢湖北省文物局、湖南省文物局、湖南省浏阳市文物管理处等单位提供的宝贵资料和调研咨询，感谢湖北省文化厅古建保护中心及各地市县政府和文物部门提供的帮助，感谢华中科技大学历届参加《古建测绘》课程实习的本科（毕业）生和研究生，感谢中国建筑工业出版社的吴宇江、王莉慧等编辑一再的督促和辛勤工作，本书才得以如期出版。

本书只是两湖地区民居研究的初步成果，又因为时间非常紧迫，未免存在粗浅或错误之处；他人研究成果虽已尽量在书中标注，但难免有所疏漏，还望各位同仁和读者见谅，并不吝指正。

目 录

第一章　概　述

第一节 时空定位：历史上的“两湖”

从历史传统来看，两湖地区在农业社会中，以江汉平原——洞庭湖平原作为核心区域。历史上的“两湖”或者“湖广”作为一个地理单元，从中原地区的陕西、河南等中国传统政治、经济中心区域出发，沿着在湖北荆州附近靠近长江干流的汉江水系，与汇入洞庭湖的湘江水系遥相呼应，从而在洞庭湖周边地区形成了密集的城镇聚落群体；而巴蜀地区与这一区域也可以通过长江干流进行联系。这也是两湖最早开发、人口最为集中、传统社会经济文化最为发达的区域。这一区域与中原—江南地区在经济上紧密地结为一体，文化上保持高度的同构性。其东、北方向虽然与中原—江南地区有丘陵阻隔，但沿着丘陵地域中的通道上所形成的聚落群体，在经济、文化上与中原—江南地区仍然保持了高度一致。从传统民居建筑形态上看，两湖中部平原以及东部地区与其他传统文化影响深厚的地区一样，以汉族合院式民居为主。

在这一区域的西边，可以看到中国自然地理中第二、第三台地分界的影响。两湖西部的湘鄂西地区，以连绵的山系为主要特征，山区自然地理的区隔也造成了经济、文化的差异。而两湖西部山区本身与华夏文明早期的发展有着千丝万缕的联系，对于华夏文明的成型也有着自身的独特作用。湘鄂西地区的干阑式民居保留了山区、民族地区的大量传统，在建造方式、建筑形态上与平原地区的两湖民居表现出较大的差异。

湖南与湖北两省，在地理上位置接近，在历史上曾经有着极为密切的联系。作为长江中游地区的核心区域，两省以洞庭湖为中心，以长江为分界。从历史地理上看，其行政区划经历了由分而合，又由合到分的历程。从“荆州”到“三楚”到“湖广”再到“两湖”，两湖地区在历史上联系较密切，在统一王朝时期多处于同一个一级行政区管辖下；但在分裂时期，也会因自然地理与政治因素分离。

按照成书于战国时代的《尚书·禹贡》，今日的两湖地区属于九州之一的荆州，而在当时均为楚地。随后从汉代直至南北朝时期，分别以江陵和长沙为中心的长江—洞庭湖南北区域，也就是今日两省的核心区域。在随后的1000多年间，随着中国整体经济、政治中心区域的东移，两湖的经济、政治中心也从江汉平原西部的江陵转移到了东部的武昌[1]。图1-1为明代嘉靖时期湖广政区图，从中可见长江水系对于湖广地区的城镇分布影响深远。

随着中国人口在明清以后的快速增长，对于粮食的需求日益增加，两湖地区也因而从“湖广”变为“两湖”，这与区域开发及经济发展有关。湖广地区的农业经济发达。宋元时期，湖广的粮食生产虽有很大发展，但全国粮食产销中心仍在江浙一带，民间流传有“苏湖熟，天下足”的谚语。到明清时期江浙农村转种棉花，成为全国棉纺织业中心，江浙粮食已不能自给，需从湖广一带输入，“苏湖熟，天下足”的谚语遂演变为“湖广熟，天下足”的谚语。“湖广熟，天下足”首见于明代李釜源撰《地图综要》内卷：“楚故泽国，耕稔甚饶。一岁再获柴桑，吴越多仰给焉。谚曰：‘湖广熟，天下足。’”明代后期长江下游的粮食多依靠湖广等地供应。到清乾隆时期还出现了“湖南熟，天下足”的说法。明清时期两湖的粮食长途贩运量剧增，与全国各地之间形成了固定的粮食供应关系。

当湖广成为全国的粮仓之后，由于江汉平原业已开发成熟，因而湖南的农业开发日益重要。而明代中期长江荆江大堤合龙，荆江江段沿岸口穴封闭，也使得湖北与湖南之间传统的水运航线发生了改变。这一系列经济基础上的改变，带来了一系列政治与文化的变化。从管理的需要上看，湖南强化省一级行政区成为必要。因此在清中叶以后，湖广行政区内湖南一省的独立地位加强。在经济地位提高以后，湖南本身的政治影响也随之加强，而湖湘文化在清代后期，随着湘人政治地位的提高也逐渐形成了巨大的影响。但从更大的范围来看，湖南、湖北的文化均属于中原—江南地区为核心的中华汉文化的分支，在本体上是高度同构的。以中原—江南地区为核心的中华汉文化在两湖地区的主体传播方向是由东向西、由北向南。清初的“江西填湖广，湖广填四川”移民大潮，同样也是这一文化传播方向的写照。从民居形式所反映的区域文化特征上看，也符合这一潮流。从地理位置、历史开发顺序来看，两湖民居在文化传播过程中所表现出来的形式变化背后，也是中华文化本身连续中包含断裂、经典中蕴含丰富的写照。

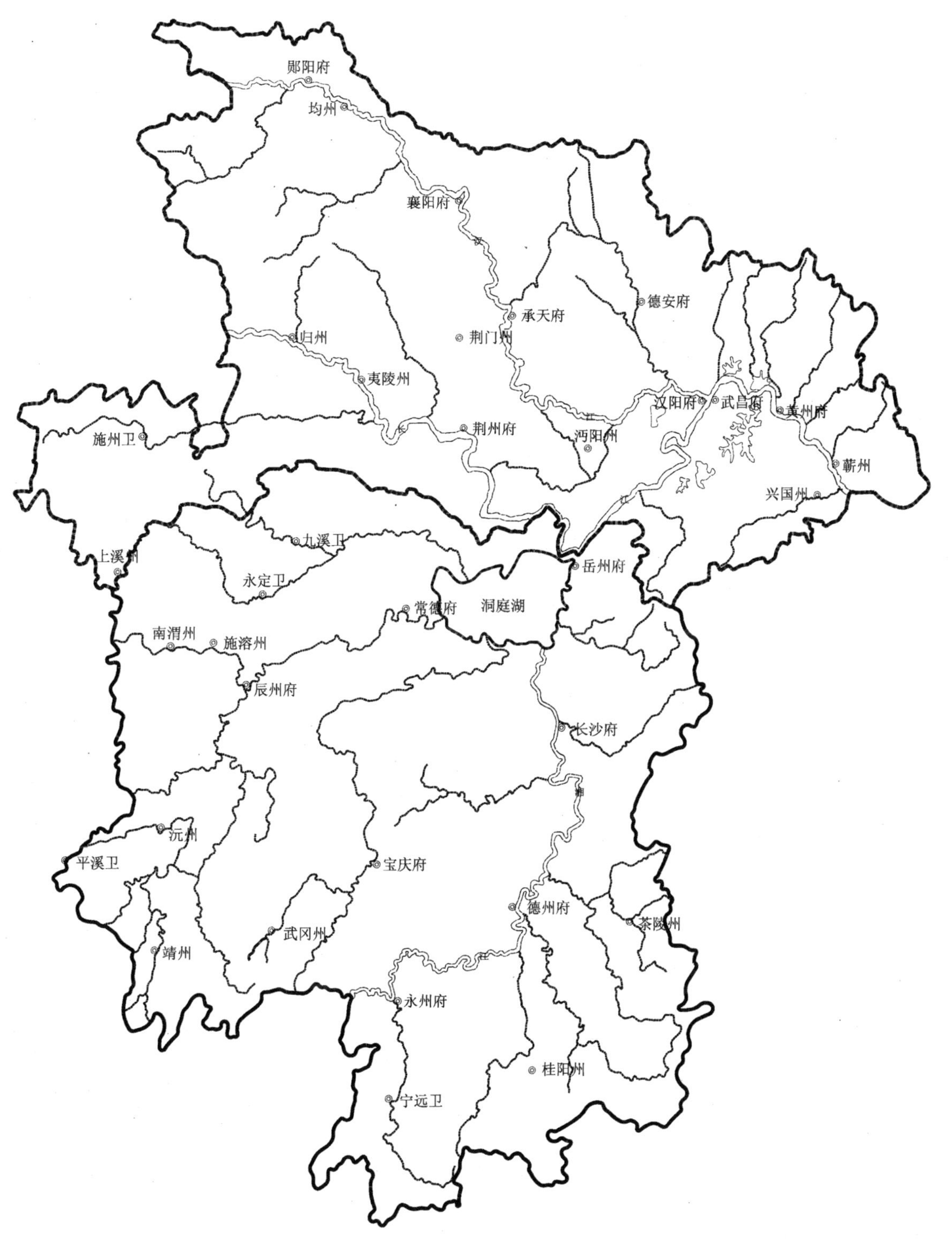

图 1–1 明代嘉靖时期湖广政区图（根据明代嘉靖湖广政区图改绘）

第二节 考古发掘和历史文献中的两湖民居

一、考古发掘中的两湖聚落与民居 [2]

两湖地区历来是探索人类早期活动的重点区域，特别是江汉平原、长江中游平原和汉江流域，自20世纪50年代起，陆续发现了一大批早期人类聚落遗迹。已发现的遗迹最早可上溯至旧石器时代早期，比如郧县学堂梁子遗址曾发现两具完整的直立猿人头骨化石和大量砾石石器，年代距今约115万年。旧石器时代中期则有发现于长阳下钟家湾的著名的“长阳人”遗迹，距今约19万年。旧石器时代晚期遗迹分布更为广泛，具代表性的有江陵鸡公山、房县樟脑洞和丹江口的石鼓等遗址，其中鸡公山遗址面积约1000m^2，其中发现五处砾石围成的圆形石圈和脚窝遗迹，极有可能是古人类居住的遗存。新石器时代遗址仅湖北境内就有2000余处。考古发掘资料显示，新石器时代的原始聚落几乎遍布江汉平原及沿江地区，其拓展规律是由山区向丘陵、平原发展，由峡江地区、鄂西北向江汉平原发展。经过大规模考古发掘，目前已基本建立了这一地区新石器时代文化年代序列，大体经历了城背溪文化——大溪文化——屈家岭文化——石家河文化几个阶段。近年来，随着三峡工程文物保护工作的进展，发现了一系列与上述文化相关的历史遗存。

城背溪文化（距今7800～6900年前）因1983年宜都城背溪遗址的考古发现而得名。其中心区域位于江汉平原西部，并向西渗透到峡江东部地区。三峡考古发掘的路家河、朝天嘴、窝棚墩等一系列遗址均与城背溪文化有关联，表明了峡江地区具有东西部文化交流通道的重要地位。城背溪文化与洞庭湖地区同时期文化，如彭山头文化等，也有相当密切的关系。目前发现的城背溪文化遗址约20余处，多数保存较差，仅有少量灰坑、灰沟遗存。遗迹显示，当时人们已开始定居生活，以种植、渔猎为生，但聚落规模不大，目前发现遗址范围多数仅数百平方米。至距今约7000年前，城背溪文化在峡江地区发展为以秭归柳林溪和宜昌杨家湾遗址为代表的文化类型。根据柳林溪文化遗存的总体特征判断，其年代早于大溪文化晚于城背溪文化并与二者相关联，是联系二者的过渡形态，因而又被命名为柳林溪文化。柳林溪遗址发现房基一处，略呈长方形，现存墙基东西向130cm，南北向140cm。从建筑方法分析应为地面式建筑。施工方式应为先开挖基槽，槽内铺垫石块作为基础之上砌筑墙体，上部结构不详。

楠木园遗址位于巴东县官渡口镇楠木园村，遗迹分布约3500m^2，其中保留较完整建筑遗迹一处，该建筑遗迹面积约10m^2，室内地坪低于室外自然地面约0.7m，属半地穴式建筑类型。该建筑大体可分为南北两区，北区为一不规则长方形空间，东西长305cm，南北宽175～250cm，其北端有一高于室内地坪约20～35cm的土台具有几案功能。南区呈椭圆形，东西长轴250cm，南北短轴175cm。北区西侧有一长175cm，宽75cm的沟，其底部倾斜连接室内外，应为门道。沟与北间交接处有一高于室内地坪宽约10cm的土坎，似为门槛。从平面布局分析，该房屋具备基本的功能分区意识，开始出现原始套间式房屋的萌芽。其长方形北区为起居区域，椭圆形南区具有卧室功能，起居室中还有置物案台等固定设施。楠木园文化距今约7500年，就其年代来看，其聚落具有相当大的规模，该建筑遗迹也具有一定的进步意义。

大约在距今6000多年前，由上述文化发展演变形成了大溪文化。大溪文化主要分布于峡江地区、清江和沮漳河流域，主要遗址有宜昌中堡岛、杨家湾和秭归龚家大沟等。至大溪文化时已经出现了比较大型的聚落，其房屋有半地穴式和地面式两种，并发现多处大型红烧土高台建筑遗迹（图1-2）。其墙体、屋顶为竹、木骨抹泥烧制而成，室内红烧土居住面上白灰抹面，室外有散水沟和护坡。大溪文化最终被兴起于江汉平原的屈家岭文化取代。

屈家岭文化存在于距今 5100 ~ 4500 年前，其分布以江汉平原为中心，西至长江西陵峡段，东至湖北黄冈，南抵湖南，北达河南南阳，是两湖地区新石器时代晚期代表性考古学文化。屈家岭文化主要在江汉平原原始文化基础上发展而来，分布范围与大溪文化基本重合，中心位置略偏东。屈家岭文化时期建筑以方形、长方形地面建筑为主（图 1–3）。距今 4500 ~ 4000 年之间，在屈家岭文化基础上发展出石家河文化，其分布范围与屈家岭文化大体一致，房屋建筑以地面多间式为主（图 1–4）。

图 1–2 雕龙碑遗址 15 号房基（来源：国家文物局《中国文物地图集·湖北分册》）

图 1–3 门板湾遗址 1 号房基屈家岭文化（来源：国家文物局《中国文物地图集·湖北分册》）

图 1–4 邓家湾 3 号房基（来源：国家文物局《中国文物地图集·湖北分册》）

石家河文化时期社会经济有了进一步发展，出现金属冶炼器具，墓葬随葬品有的多达百件以上，有的一无所有，表明贫富分化加剧。这一时期社会经济文化发展到了很高水平，发现了大规模的聚落群，其中天门石家河城址面积达 120 万 m^2，是发现的我国新石器时代最大城址。

此后，地区文化发展开始加速，与中原地区交流也明显增加。考古发掘中发现了一系列与夏、商、周文化同步的文化类型，并表现出与中原和巴蜀文化的某些关联性。宜昌白庙子、随州西花园、黄陂王家嘴等遗址出土物均包含二里头文化特征。商朝建立后，湖北被称为“南土”，江汉平原一带受商文化影响明显。这一时期最重要的发现是黄陂盘龙城遗址。除高台式宫殿建筑外，城外发现大面积的平民居住区，是我国城市居民区最早遗迹之一。现有考古发掘资料反映出湖北各地区夏商时期文化面貌具有一定差异性，比如长江三峡地区中堡岛类型属巴文化类型，江汉平原是受中原文化影响的土著文化，而盘龙城类型则以中原商文化因素为主。

西周时期，各类遗迹分布更为广泛，具有代表性的如秭归官庄坪、江陵荆南寺、新州香炉山等，最重要的发现当属蕲春毛家咀发现的大面积干阑建筑遗迹，反映了当年楚地民居与居住聚落较完整的风貌。到春秋时期，楚国开疆拓土，问鼎中原，势力范围扩大至整个长江中游地区。由于经济发展，城池聚落遍布各地，仅已确定的城池就有 10 余座。各处遗址文化遗迹明显带有楚文化特征，并不断向西推进，至春秋中期，楚文化西界已到达秭归、巴东一带。到战国中期，楚文化遗迹已达今天重庆的巫山、云阳、万州地区。同时，从春秋至战国中期，在东起宜昌西至川东的广大地域内，分布着一批土著文化遗存，它们与楚文化关系尚待考证。秦灭楚后，江汉平原及汉江流域受秦文化影响明显，但秦代出土文物仍显示出对楚文化的继承，并与中原文化融合的迹象。两湖地区自两汉以后文化遗迹多，分布广，特别是六朝至宋代，遗迹数量众多，表明这是两湖地区经济文化发展的高潮时期。云梦癞痢墩和随州西城区汉墓出土的陶楼结构复杂（图 1–5），造型飘逸，明显具有楚文化基因，同时其风格也显示出这一时期两湖地区文化上渐渐与中原融合、同步。青黄陂滠口出土的三国时期青瓷坞堡（图 1–6）形制严整、气象森严，已是典型的坞堡建筑，显示经两汉以后，中原文化已在两湖地区高度发展。巴东北宋县治遗址旧县坪的发现是近年极其重要的考古发现。它基本完整地解释了一个宋代县治的布局形态，县衙、街市、里坊及民居等建筑布局也保留完整，为我们了解宋代城市民居提供了重要资料。三峡考古发掘工作也获取了大量元、明时期的遗迹、遗物，上衔唐宋下接现存明清时期民居、聚落，为研究各历史时期聚落变迁提供了重要信息。

图 1–5 1990 年 4 月随州西城区出土的东汉陶楼（随州市博物馆考古队厚家升 摄）

图 1–6 青黄陂滠口出土的三国时期青瓷坞堡（来源：武汉市博物馆）

二、历史文献中的两湖民居

自唐代以来，随着我国经济重心向长江流域转移，位居江汉平原的两湖地区逐渐成为文人墨客游历定居之地。明清以降，两湖地区更是斯文荟萃，以至于有“唯楚有材”之说。在历代文人、画家笔下多有对本地居住建筑的记载和描绘。不少历史文献和绘画表现了湖北、湖南地区民居建筑的基本形态，更有一些文献记载了两地的民居建造材料，如唐代陆游的《入蜀记》，已成为不可多得的研究湖北、湖南地区民居建筑历史的重要历史文献，再如当代高介华先生研究的“楚民居”[3] 等。

庄绰《鸡肋编》卷下曾记载“居人多茅竹之屋”。陆游的诗文曾多次记载这种茅屋，“刈茅苫鹿屋，插棘护鸡栖”[4]。又如《入蜀记》中鄂西归州（今湖北秭归）“满目皆茅茨”，惟州宅才有“盖瓦”。江陵一带“道旁民屋，苫茅皆厚尺许，整洁无一枝乱”，公安“民居多茅屋，然茅屋尤精致可爱”。巴东县“自令榭而下皆茅茨，了无片瓦”。[5] 这种茅草房在宋代都城中也很常见，尤其在郊区。如淳熙七年（1180 年）六月二十三日临安府言：“奉诏本府居民添盖，接檐突出，并芦席木箔，侵占街道，及起造屋宇，侵占河岸……”[6] 在当时，不仅民居如此，连军营也往往是茅草搭建的房屋，如仁宗康定元年六月，有官员奏道：“陕西、湖北营房，大率覆以茨苫。”[7]《方舆要览》中有编竹葺茅以代陶瓦的记载。《方舆要览 · 襄阳府祠庙考（府志）》：俗尚豪侈。又云，其俗朴陋，其人劲悍决裂，兼秦楚之俗。屋室多编竹葺茅以代陶瓦[8]。北宋王禹偁《黄州新建小竹楼记》曰："黄冈之地多竹，大者如椽。竹工破之，刳去其节，用代陶瓦。比屋皆然，以其价廉而工省也。……闻竹工云：'竹之为瓦仅十稔，若重覆之，得二十稔。'"[9]《宋史·周湛传》："湛知襄州，襄人苦陶瓦，率为竹屋，岁久侵据官道，檐庑相逼，火数为害。湛度其所侵，悉撤毁之，自是无火患。湛善射弩，虽隔户亦中的。"[10] 但也有因"俗"采用竹屋，而不采用更好的瓦屋。如《峡俗丛谈》："彝陵之民质直而好义，学校之盛甲于荆湖，故其民多好学。又谓民俗俭陋，贩夫所售不过鱅鱼，饱民所嗜而已。故欧阳公为叙状其朴陋云：灶廪匽井无异位，一堂之间，上父子而下畜豕，岂鄙俚之遗，至宋季犹未改与？其覆屋皆用茅竹，而俗信鬼神，相传曰作瓦屋者不利。"[11]

茅屋外面往往围建有篱笆，如"茅屋三间围短篱"。[12] 又陆游《入蜀记》第五卷提到鄂西地区的农家，"虽茅荻结庐，而窗户整洁，藩篱坚壮"。这些篱笆的材料一般为竹或芦苇[13]、茅草等。

《入蜀记》也载湖北沿江一带民居"并水皆茂竹高林，堤净如扫，鸡犬闲暇，凫鸭浮没，人往来林樾间，亦有临渡唤船者，使人怳然如造异境。舟人云：'皆村豪国庐也。'"……这种现象在当时颇为普遍，北宋政和七年（1117年），有臣僚言京城中"居室服用以壮丽相夸"。为此，嘉泰（1201～1204年）初，统治者"以风俗侈靡，诏官民营建室屋，一遵制度，务从简朴"。

宋代的罗愿《爱莲堂上梁文》反映了湖北等地的民居上梁的仪式，成为乡土建筑研究中民居建造仪式常引用的一段文字。

"儿郎伟，古今相接，风景要且不殊。贤哲所临，草木便为可敬，况典刑之虽远，有嗜好之可求，用寄襟怀，不专游观。濂溪先生，早怀斯道，来佐此州。千古师资，孰与洛中之比，一时宾主，更陪清献之游，惜承平旧事之无传，此有志后人之所叹。通判奉议，相望相载，继守一官，春木之芼，固已不忘于梦。甘棠所说，犹将如见其人，谓此荷华，乃今昌歇。出污濯洁，薰兮含水土之和，敛暮开展，浩然得风露之正，即官池而创植，营便坐以遥临，岂无他人，慨独睎于往辙。后有作者，将复感于斯堂，方揭修梁，可无善祷。

抛梁东，三月融和处处通，要识春风行水底，女钱无数叠青铜。

抛梁西，看取新花出淤泥，不但爱莲兼爱水，先生到处即濂溪。

抛梁南，仰止遗踪略有三，庾岭曲江微较远，请君来此对红酣。

抛梁北，郡圃相过如带直，遐想南台步屧来，几年同事初相识。

抛梁上，太极光阴涵万象，卧闻好雨到高檐，新瓦小荷声一样。

抛梁下，胜日对花挥玉斝，约束红帬莫遣来，此中但可谈风雅。

伏愿上梁之后，万家买犊，十邑鸣弦，农亩丰登，胥乐大江之右，官曹整暇，不殊嘉祐之前，气叶而山川屏沴，化行而庠序多贤。"[14]

宋代乔仲常的文人画《后赤壁赋图》形象地勾勒了苏轼在黄州的住宅（图1-7）。

图1-7 北宋·乔仲常《后赤壁赋图》（部分）（纸本墨笔，29.3cm×560.3cm，美国堪萨斯城纳尔逊美术馆藏）

另有清代王葆心的《蕲黄四十八寨》详细介绍了明清之际，蕲黄（清代前蕲州、黄州地）山寨林立的情景。计有大小山寨三百余座，皆建寨城，寨堡，其中最有名者四十八，号为“蕲黄四十八寨”，主要分布于罗田、黄冈、麻城、黄梅。

两湖地区位居长江中游，是楚文化发祥之地，自魏晋以来更是经济发达，人文荟萃。两省在地理上北衔中原、南接南岭，东临江南锦绣之地，西通两川巴蜀之国。其民间建筑上承荆楚文化一脉，博采四方之精髓，风格多样引人入胜。历代文献、绘画作品中有许多对本地民居建筑的精彩描绘，为后世研究提供了形象生动的依据。

第三节　两湖民居与文化概述

一、移民通道与流民集散

（一）两湖移民的特点

在传统中国社会曾有着众多的人口流动和迁徙，或因“逐熟”、“就谷”，或因政策、战乱。根据人口迁移的特点，学者葛剑雄对中国历史上的移民加以重新界定，认为移民是指“具有一定数量、一定距离、在迁入地居留了一定时间的迁移人口”[15]。移民成为中国历史上人口及生产力重新分布的一个重要原因和手段，也成为中国文化传播的重要载体和途径。

明清时期，位处“两湖”的湖北许多地方“工商皆自外来”，“工匠无土著”，根据家谱和地方志等进行的文献统计，迁入两湖的移民来源广泛，有江西、安徽、江苏、浙江、四川、贵州、河北、河南、山东、山西、内蒙、陕西、福建、广东等省。其中，江西、安徽、江苏、浙江籍移民占90%，江西籍移民又占四省的90%[16]。江西籍移民出自该省的11个府35个县，吉安、南昌、饶州三府移民最多，占江西籍移民的78.7%（图1–8）。在江西人眼里，到湖广谋生犹如“跨门过庭”。此外，两湖区域内的移民分布还具有如下特点：

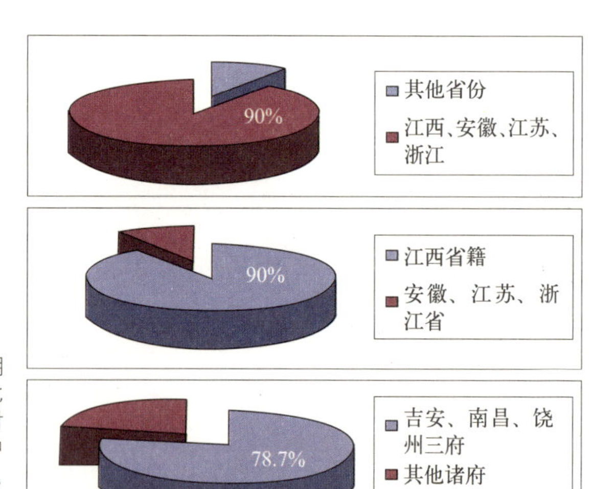

图1–8　迁入两湖的移民原籍分布比例（根据《明清时期的两湖移民》中的移民档案绘制。详见张国雄《明清时期的两湖移民》）

（1）江西籍的移民在两湖的分布最为广泛。其他北方籍的移民（如陕西、山西、山东、河南等）在湖北的分布比其在湖南多。反之，南方籍移民（如广东、福建）在湖南的分布又比其在湖北的多（图1–9）。

（2）以江西籍为主体的长江中下游移民完成在湖北的分布，呈现出明显的由鄂东经江汉平原至鄂西北（南）逐级减少的板块结构[17]。

（3）江西籍移民在湖南分布有很大的地理对应性：赣北移民主要迁往湘北，赣南移民多分布在湘南。因为湖北位于江西省的西北，不像湖南与江西呈东西并列状况，且有四条通道相连，如图1–9迁徙路线所示。

（4）迁往湖北的江西籍移民以饶州、南昌、吉安三府为多（图1–10），迁往湖南的江西籍移民又以吉安、南昌府为多（图1–11）。换言之，湖北的江西籍移民多出自赣北，湖南的江西籍移民多出自赣南。这也是三省相互地理位置使然。

（5）移民的分布有明显的聚居性（图1–10、图1–11便清楚地反映了这一个特点）；同时，两湖也并不是移民的最终目的地，兼具过渡性和“通道”的特点。

许多移民继续迁移，或者聚居一段时间后又不得不再次告别“故土”，“填入”四川或周边其他地区。“原籍”湖北向周边地区迁出的移民中到达四川的又居主体（图1–12）。罗香林先生《客家源流考》一书中明确指出，湖北有两个“非纯客住县”——红安县、麻城县，总人口约15万人，这15万客家人便是“江西填湖广”时，从江西

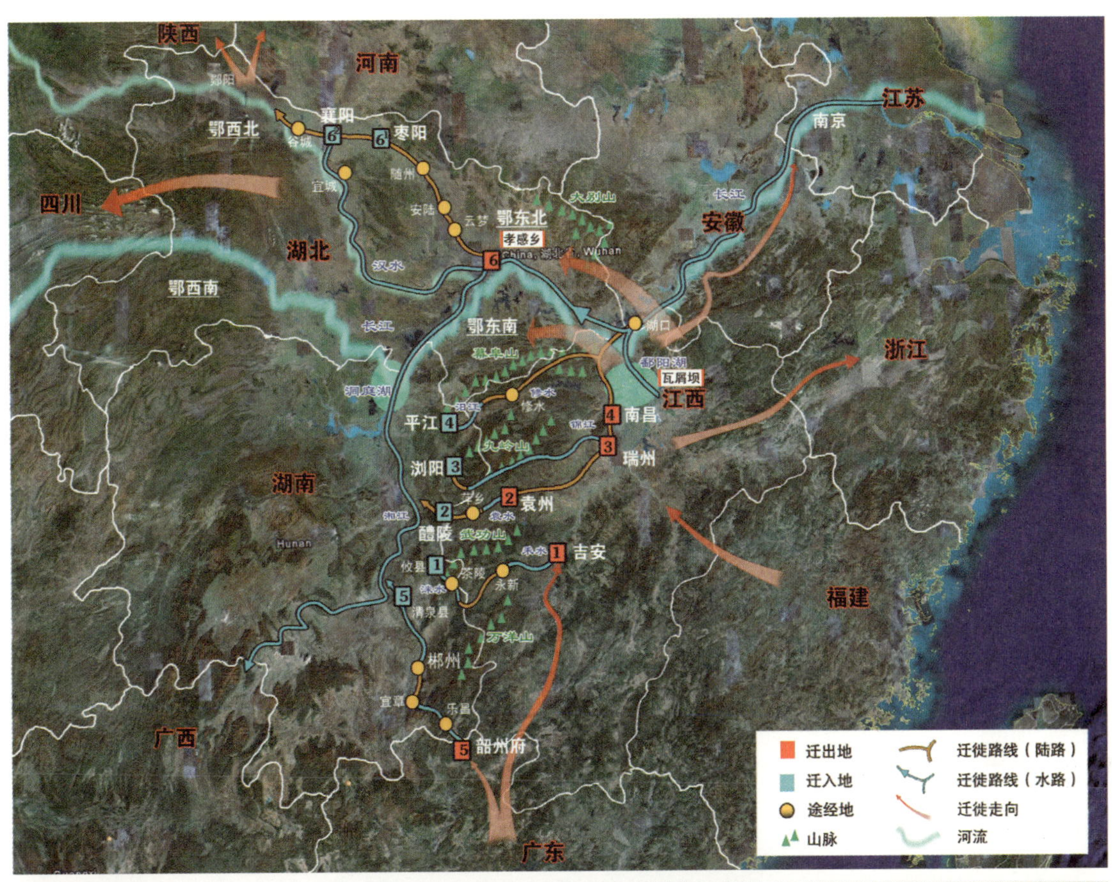

图1–9 移民迁入两湖的路线图（根据《明清时期的两湖移民》中的移民档案绘制。详见张国雄《明清时期的两湖移民》）

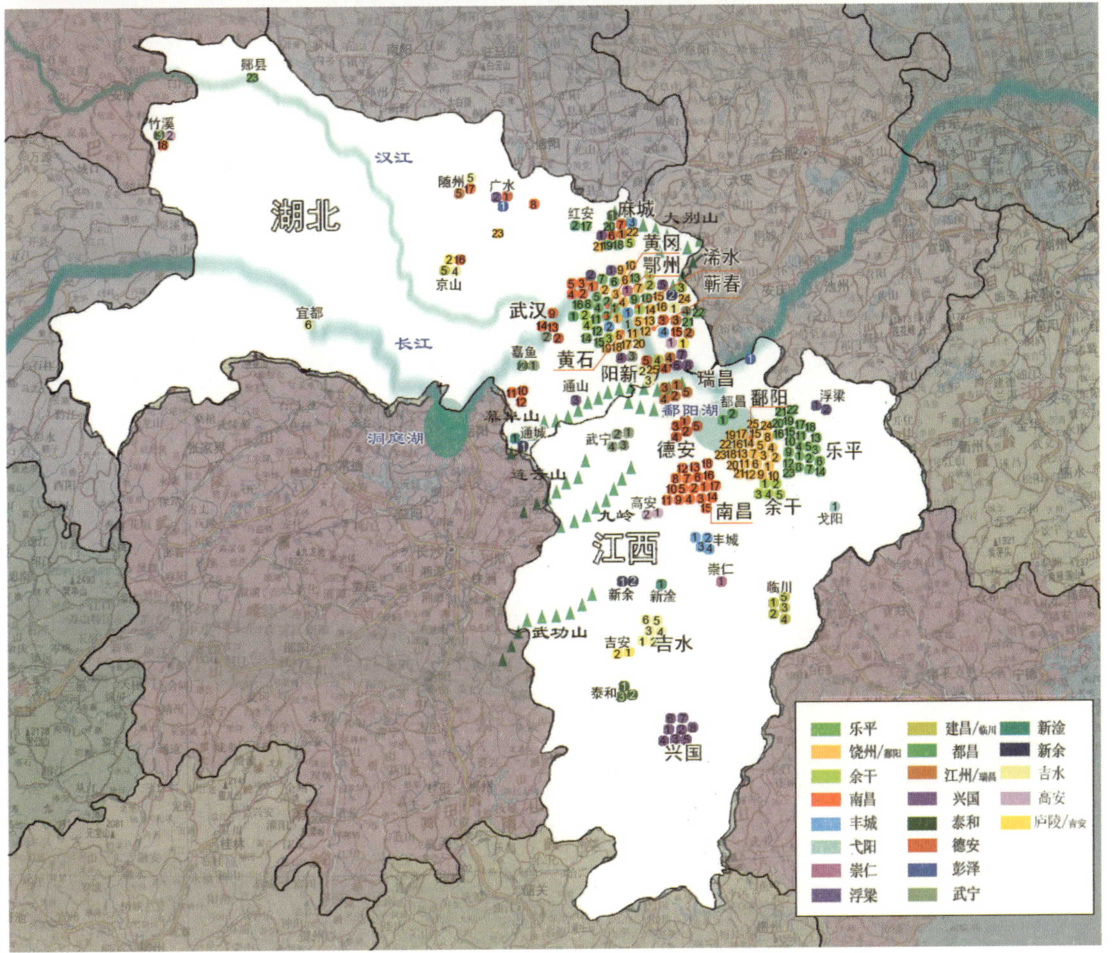

图1–10 江西移民在湖北各地的分布（根据《明清时期的两湖移民》中的移民档案绘制。详见张国雄《明清时期的两湖移民》）

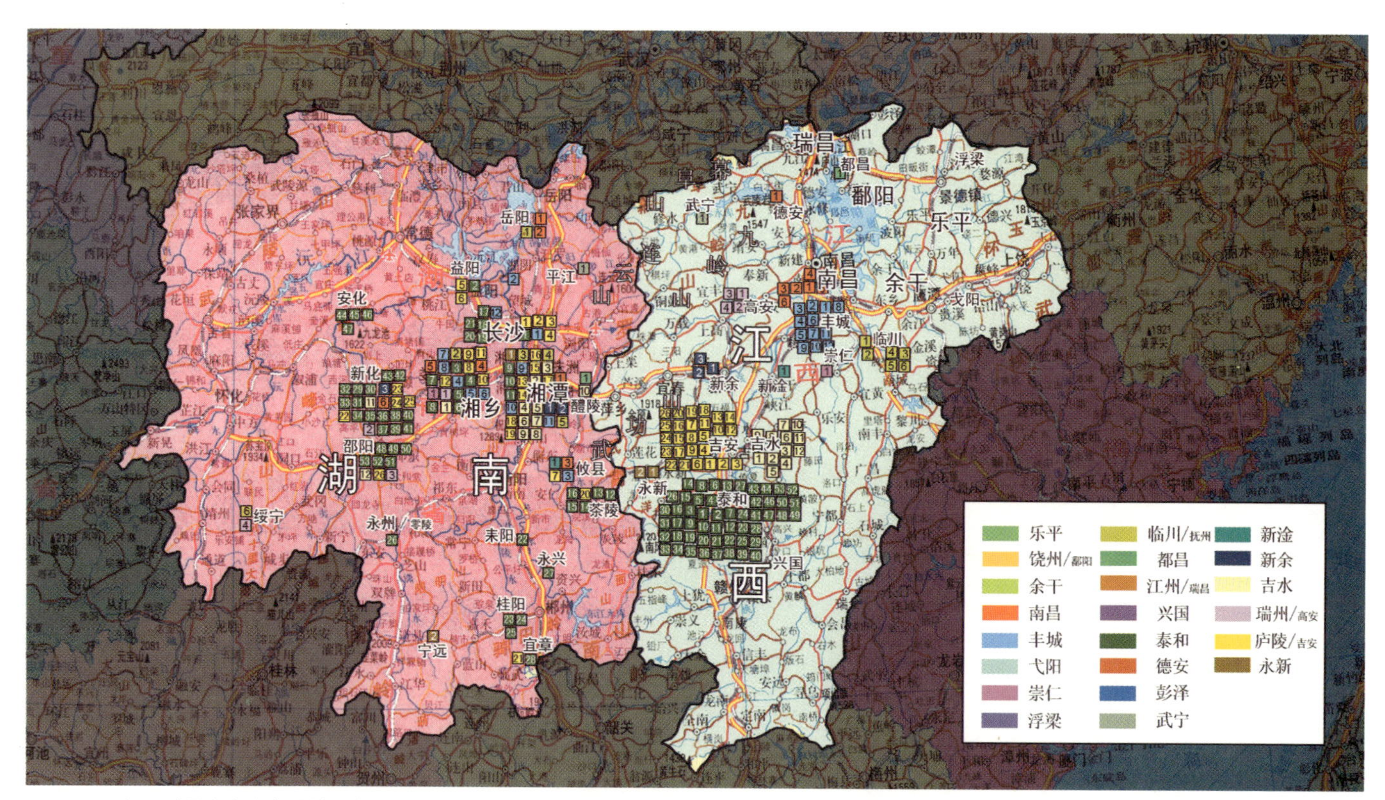

图 1-11　江西移民在湖南各地的分布图（根据《明清时期的两湖移民》中的移民档案绘制。详见张国雄《明清时期的两湖移民》）

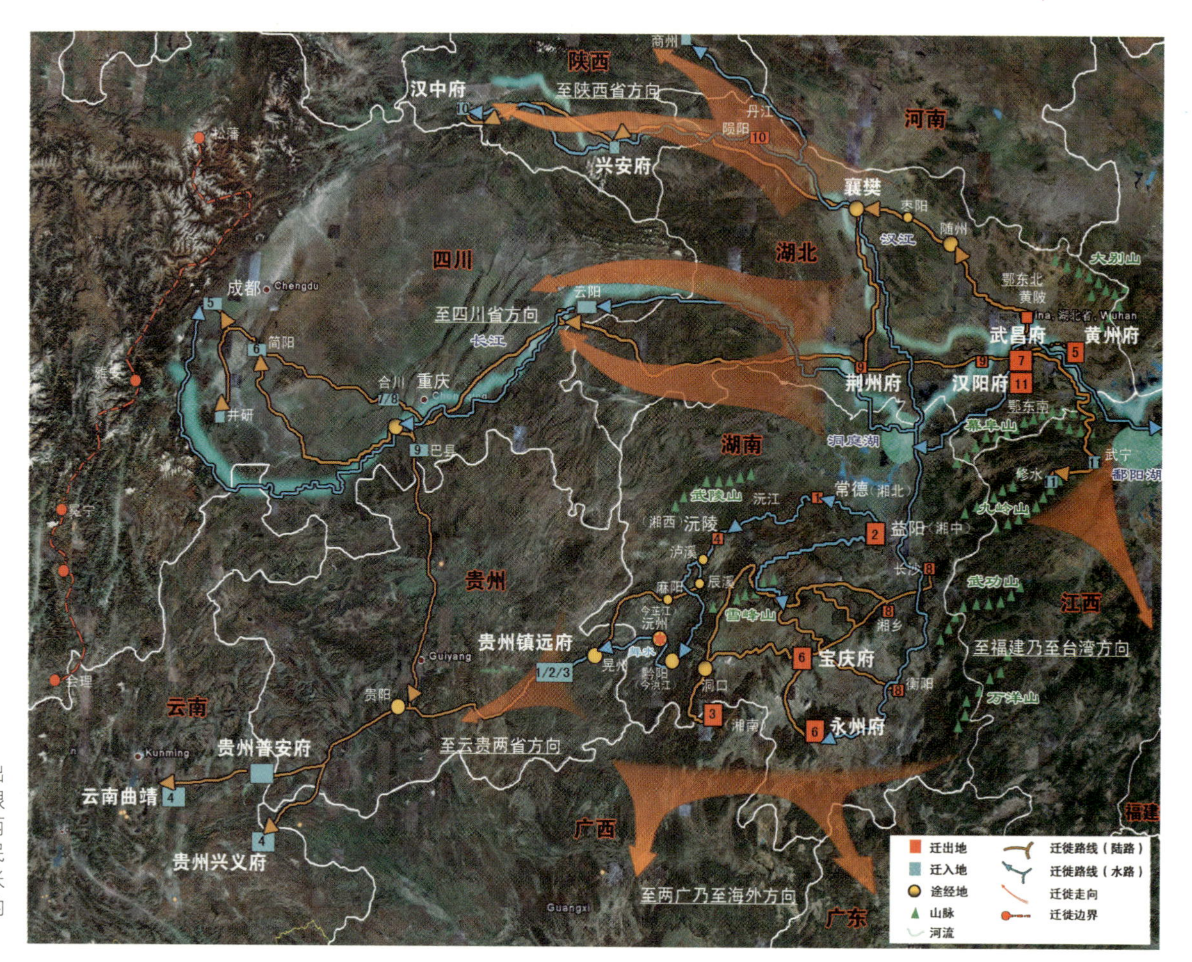

图 1-12　移民迁出两湖路线示意图（根据《明清时期的两湖移民》中的移民档案绘制。详见张国雄《明清时期的两湖移民》）

迁来的客家先民后裔。人口源源不断迁至麻城、孝感乡后又不断迁徙至四川。如（四川）简阳《汪氏族谱》、（四川）内江《张氏族谱》都记载了其先祖（家族）自江西经麻城孝感乡至四川的迁移过程。四川的移民家族和移民会馆的数量初步统计也证明了这一点。

虽然“湖广”的地域概念历代有所不同，但湖北、湖南始终处于“江西填湖广，湖广填四川”这第三次移民大潮的通道上，而且湖北的麻城孝感乡是中国古代八大移民集散地之一[18]（邻近的江西瓦屑坝也是中国古代八大移民集散地之一）。鄂东北、鄂东南和湘东北是明清移民路线上比较集中的移民集散之地。

除了具有一定规模的“移民”外，在古代中国，具有典型意义的流动人口还有流民。所谓流民，是指因战乱或灾荒而离开原居地、流落他乡的人口。由于流民的移动具有相当大的随意性和偶发性，没有任何组织，也没有目的地，而且流民多为在原居地没有财产、土地的贫民，与有组织、有目的的移民有很大的差异，其结果往往因人而异，因时而异，如果能在外乡获得比原居地更好的生活条件，他们就会随遇而安，在当地定居，成为事实上的移民；如果无法定居，又回不了故乡，就会继续流动，维持其流民的身份，直到找到新的定居地为止。政府为了让社会尽快安定下来，也会采取就地入籍等措施，把流民重新固定在土地上，从而造成移民。可见，虽然流民并不等同于移民，但流民无疑是移民的重要来源之一。

鄂西北是湖北乃至整个中国流民相对集中的地方，其中湖北郧县（十堰）曾是历史上流民最为集中的区域，这也是湖北移民的一个重要特点。特别是明中后期全国百万流民踏至十堰谋生，据清嘉庆《大清一统志 · 郧阳府》载：郧阳“流寓多而土著少”。史料记载，明初，十堰战事频繁，军人奉命附籍为民，耕田种地，这些屯田的军人，有15000余众，成为移民而附籍郧阳。明成化二年（1466年），郧阳流民达160万人以上。明成化六年（1470年），进入郧阳的流民达90万人。据清同治《郧县志》载：清朝时期，“入郧流民共123371户，系山东、山西、陕西、河南、湖南、江西、湖北、四川及南北直隶附卫军民等籍。最终附籍的流民计96654户，人口计272752人”。

（二）两湖移民的主要历史时期

从历史时期上讲，两湖地区的移民其实是一个从未间断的过程。据考证，江西到湖广地区（主要指湖南、湖北）自唐代以来便已有之。研究历次移民对该地区的综合影响，首先是元末明初时期，即移民史上所说的“洪武大移民”。在翻阅族谱、地方志等相关资料整理出的数据说明，此次移民中，在湖南地区，来自江西移民占据绝大多数，达到了78.5%[19]。“洪武大移民”在湖北地区（图1-13），江西籍移民依然是主流，占到了70%[20]。再就是明朝永乐年间到明朝后期，虽然不似洪武年间猛烈，但因持续时间较长，总量也十分可观。这些移民主要是为了在经济上寻求发展，在两湖圈占荒地、开垦。还有就是明末清初时期。在清初，由于社会动乱和战争的原因，使得两湖地区的人员构成比较复杂。其中受害最深的四川地区，湖广填四川的移民运动中，两湖地区成为移民四川的重要输出地。进而是“三藩叛乱”，由此在两湖和江西等地产生的无人区日后也成为移民垦殖的场所。之后为了隔离沿海人民与郑成功及其他反清力量的联系，强迫浙江、

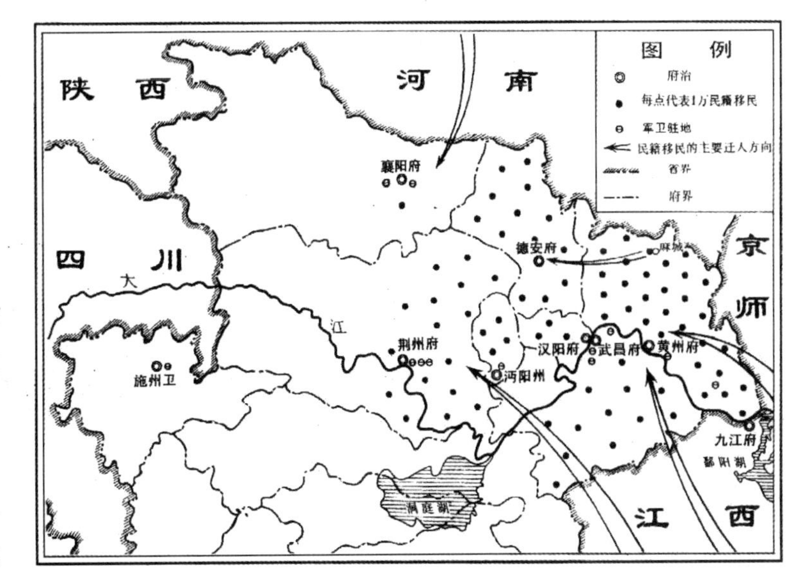

图1-13 元末明初之移民迁入湖北示意图（来源：曹树基等《中国移民史（第五卷）》）

福建、广东沿海居民内迁，从而造成现今两湖和江西地区客家人的大量分布。总之，两湖移民历时较长时间，其中以明末清初的一系列移民运动的影响为最大。

（三）两湖移民的路线

明清时期“江西—两湖”的移民路线有许多，其中江西到湖北的主要移民路线有以下几条。

江西饶州府—湖北黄州府：江西乐平、万年、鄱阳、都昌，湖北麻城、黄冈、红安、黄梅、浠水、蕲春、罗田等。

江西吉安府—湖北武昌府：江西泰和、武宁、修水、丰城、南昌，湖北通山、崇阳。

湖北省内的主要移民通道除黄州府和武昌府外还有湖北安陆府、襄阳府、郧阳府，即现在湖北安陆、随州、襄樊、南漳、郧阳等地。

江西到湖南的主要移民路线有以下几条。

江西吉安府—湖南宝庆府：江西泰和、庐陵、萍乡、醴陵，湖南株洲、长沙、湘潭等。

江西南昌府—湖南潭州府：江西南昌、武宁、修水、宜丰，湖南长沙、株洲、湘潭等。

此外，从闽、粤移民迁入两湖的路线[21]和苏、皖移民迁入两湖（长江—洞庭湖），以及赣移民迁入两湖的迁徙路线可以看出江西不仅是两湖移民的主要输出地，也是其他地方移民进入两湖的主要通道。

以上路线反映了移民的主要趋势、方向和地理路线的选择，主要是移民史研究的学者根据移民史资料整理而成，在田野调查中也得到印证。但具体家族的迁徙路线和情况又千差万别，需要史书与现实互证。

移民路线多经古道驿站、山路隘口、江湖河流，舟车并用，包括官府、军队以行政或军事手段推行的“强制性移民”。载于四川资中的《曾氏族谱》中的《广东省长乐县至四川资州程途记》详尽地记载了其曾氏先祖在清中后期迁徙入川的历程，从“近江西之赣州”的广东嘉应州经�门岭至江西会昌县，再经湘潭、长沙、永定等地，进入湖北来凤，进而步行三站（黔江县、玉山县、彭水县），后又下水到达涪州[22]。据校勘考证，全程共计5300里，主要州县地名29个，其中水站14个，陆站15个。

（四）两湖移民的文化影响

移民不仅对移入地的社会和文化产生直接的作用，还会影响到沿途各地区，也是文化交流和异地传播的重要方式，因而在客观上，移民的路线也就成了一条文化交流和传播的路线。葛剑雄、安介生等学者利用生动而具体的事例介绍了移民运动、移民群体及个人在中国文化发展史上的伟大贡献，从一个侧面反映出传统文化形成与发展的真实历程。他们从周边民族内迁与中原文化、江南文化的兴盛，乃至租界的建立等地域文化的演进进行了阐述，还从移民与方言、戏曲、学术等方面进行了论证，可谓没有移民，就没有中华民族；没有移民，也就没有辉煌灿烂的中华文化成就[23]。

移民路线不仅是建筑技术传承的一条线路，也是一条重要的文化路线（Culture Route）。通过田野调查和口述访谈，可以清晰地发现移民聚居地的风俗习惯和生活行为，地方戏剧、方言地理、信仰的传播等都与原乡有着明显的承袭关系或是千丝万缕的联系[24]。同时比对迁出地和迁入地相关的非物质文化，是确认移民路线的重要证据。“江西填湖广”给两湖生活习俗打下的烙印是清晰可见的，而孝感乡客家先民移居四川时，又带去了“客家”的民俗文化。这也使得湖北文化“俗尚杂而多端”，同时也造就了湖北文化最为生动的特征——开放性或交融性。

移民的文化传统在一定程度上影响了移民聚落的组成要素和居住形态及构成。移民在新的环境中，其文化大致经历着冲突、变迁、融汇和建构的过程。移民在物质文化层面的影响在移民聚落和建筑中体现得最为直接，如移民后期出现的专为移民定期返乡、通信、商贸往来的乡约商行，还有“居祠并置”的建筑形制等。从宏观上研究移民与中国民居谱系的关系发现历代的移民是东南系汉人五大民系（越海系、湘赣系、闽海系、广府系和客家系）的历史渊源，也是东南五大民系地域分布和这五大民系民居特点的主要成因。其他如地方会馆、祠堂等乡土建筑更是直接关涉移民问题。“安土重迁”依然是大多数人的观念。研究移民及其建成环境的关系时，主要体现出以下几个特点：

（1）移民聚落的历时性演变及其建成环境的研究则反映了移民在迁移的目的地或是迁移途中定居和在新的环境中再造家园时必然与新的环境形成互动（或冲突），而移民与新建成环境的关系其实是两个文化（形体）互动的问题。移民建设其新环境时，主要取决于移民与其他群体的总体力[25]的对比，还有移民的“主体意愿”及时间因素，这些都将影响聚落的形态和结构。

（2）家园再造时，现实环境的调适与原乡的模拟成为两个重要考虑因素，主要表现在布局的模拟、地景的比拟和一些建筑的遗风上。移民新的建成环境尤其注重安全防卫的功能，防御工事相对完备。这既是出于防御当地贼寇侵扰或外族滋事的考虑，也是强大的社会、政治压力下精神得以寄居的一种保障和外在表现。

（3）移民目前的居住环境以及相关的模式，都是为应对新的建成环境，在不同时期，其外在环境和内在因素都不同，因而所采取的应对方式，也应该有所不同。即使同一种应对模式下也会有不同的阶段，所以建设模式的选择还随着时间而改变[26]。“先民”的理想在新的环境中调适、修正，同时也影响着居住建筑的空间和形式。

（4）两湖地区的移民聚落的类型与一般的聚落相类似，或者某种意义上说是因为移民文化的影响造就了后来丰富的聚落类型。尤其是移民成防型聚落和流民聚落呈现出与传统原住民聚落等更多不同的结构和空间形态。移民聚落以血缘型聚落为主，移民集散地则多为地缘型聚落和业缘型聚落。关于移民聚落的比较研究，一方面移民迁入地的聚落现出更多的“同构性”或是相似性，但原乡聚落的具体影响较难厘清。另一方面相比周边的聚落，移民迁入地的聚落结构相对有序，边界较为清晰完整，也多比较注重防御功能。

（5）移民在适应客居环境时常表现出一些地域性的特点，如湖南永州移民“住山不住坝”的现象在四川比较普遍。还有移民在再造家园时，其技术多首选原乡的、祖传的技术，在当地便形成了有“特色”的构造和形式。这样技术传统，“将实际经验与技能一代代传下来，并使之不断发展”[27]。因而，移民路线便是建筑技术传承的一条线路，也是民间工匠体系的一个脉络。

二、川盐古道与商业市集

（一）川盐贸易对传统场镇集市影响

盐业贸易对鄂西、湘西古场镇的形成有着巨大的作用。

清朝中叶以前，当地大山中的商业集市极少，且大多集中在土司城内，而城外散布在群山间的集市，则大多因盐业贸易而形成。清朝中叶，清政府为削弱土司权力，在当地少数民族地区实行“改土归流”政策，即把土司手中的土地归还农民，取消土司间的疆域割据状况，这使各地区各民族间的经济得以相互交流，集市贸易应运而生，但由于山高路险，贸易规模都不大。直到清末太平天国运动和民国抗日战争期间，由于淮盐销售受阻，政府为解决严重的财政危机，发起两次规模宏大的“川盐济楚”运动，即以四川的盐救济湖南、湖北地区，并以盐税补贴严重亏损的中央财政。该举措使这一地区的盐业经济得到空前发展，许多新的场镇在这两个时期形成。

传统场镇集市多沿着千百年来在山区形成的盐道线路分布，盐道重要节点上的集市规模也较大。随着商品交换的进一步发展，许多重要街市扩展为大型聚落直至现代城市。以鄂西为例，鄂西的重要城市恩施市、利川市以及宣恩县城、咸丰县城等均分布在盐道节点上。如恩施、宣恩在清雍正年间还曾是重要的清江水道盐运码头[28]，恩施附近的老城柳州城曾一度繁华，但因远离商道而逐渐衰败，并最终在明末清初被恩施城取代；咸丰县城因西通酉阳、彭水、黔江直至自贡等西部重要盐产地而得以发展；来凤、沙道沟则作为南通湖南的重镇而繁荣。它们都曾因盐而兴，同时利用所处的特殊地理交通优势，在渝东盐业衰败后，仍能利用其他商机而继续蓬勃发展着。

（二）盐业移民对传统民居聚落影响

古代盐业生产没有机械动力，各道工序的操作和物流搬运全靠人力，是劳动力高度密集的行业。一个盐场既是一个重要的工业基地，又是一个经济聚集中心。一般说来，一个年产盐1000t以上的小盐场，可容纳就业人员数千人，而它所带动的若干相关产业，如燃料业、木船运输业、造船业、短途搬运业、长途运输业、制桶业、编织业、制绳业、打铁业、饮食服务业等等，所容纳的就业人员远远超过制盐工人的数量。一方面，大量移民的涌入，必然会形成许多帮派组织，有组织就有聚会，要聚会、要活动就得有场所，于是，各种宫、庙、馆、堂如雨后春笋般地修建起来。本地人兴建祠堂，外地人则修建宫、馆，如云安古镇上，就建有龙君宫、文昌宫、梓潼宫、桓侯宫、炎帝宫、仓圣宫、万寿宫、禹王宫、帝主宫、万天宫、玄天宫、三元宫、五显宫以及三皇庙、三义庙、三官庙、东岳庙、关帝庙、罗汉庙、玉皇庙、高祖庙等，还有滴翠寺、清净寺、普贤寺、大佛寺、花果寺、高峰寺及青衣庵、庐陵馆、皇经堂等30余座，这些林立的宫、庙、馆、堂，与移民的涌入有直接关系。如万寿宫是江西人聚会的场所，由江西帮修建；天上宫是福建人聚会的场所，由福建帮修建；南华宫是广东人聚会的场所，由粤帮修建；陕西馆是陕西人聚会的场所，由陕西帮修建；湖北馆是湖北人聚会的场所，由湖北帮修建；帝主宫是黄州人聚会的场所，由黄州帮修建。另一方面，外来移民为寻求精神上的寄托和神灵的保佑，还将各地的崇拜之神也迁移到盐场来定居，且互相攀比，于是，庙宇也就越建越多，如“三国”时的关羽，山西人传说死后成了佛教的护法神，称为关帝，是山西人的崇拜之神，所以，“山西帮”多在盐场修建关帝庙。又如长沙庙和东岳庙，分别为湖南人和福建人所修建精神之庙。

上述宫、庙、馆、堂，不仅在盐场的数量众多，也直接漫延到鄂西盐道沿线的村落、集镇。如宣恩县晓关镇老街，就曾建有万寿宫（江西人会馆）、武圣宫（山西人会馆）、川主宫（四川人会馆）及现存的禹王宫；在恩施市六角亭老街，有始建于南宋的武圣宫（清乾隆重修）；在利川市忠路镇木坝河村有清光绪十七年（1891年）重修的造型优美的三元堂；在恩施市盛家坝乡中街有万寿宫，当地人亦称之为江西庙、江西会馆。而长江所经过的巴蜀盐运古镇，庙观建筑更是数不胜数，这些宫、庙、馆、堂已成为盐道边一道靓丽的风景线，加之它们的建筑风格丰富多彩，是极为珍贵的盐业文化遗产和宝贵的旅游资源。

（三）川盐古道与鄂西传统集市分布

鄂西是川盐销售的重要通道，这是由于川盐的重要产区如郁山、忠县、云安、大宁等地，其东部完全被鄂西大山包围，而古时长江航运时断时续，在江运不畅之时，川盐要东进两湖地区，必要翻越鄂西的崇山峻岭。鄂西的恩施、神农架地区由于受东部山岭阻隔，淮盐难以到达，也一直有食川盐的传统。

川盐销售区域，包括湖北宜昌、郧阳、安陆、襄阳、荆州、荆门五府一州，即今鄂西南的宜昌、兴山、秭归、鹤峰、长阳、建始、利川、恩施、宣恩、咸丰、来凤等县，鄂西北的竹山、竹溪、郧县、房县、保康、均县、襄阳、谷城、枣阳、宜城、南漳，以及钟祥、京山、潜江、天门、公安、石首、监利、松滋、枝江、宜都等地。

根据川盐的来源，在武陵地区至少有“四横一纵”五条著名的古盐道。“四横”以水、陆配合运输，水路主要是长江、清江、酉水、汉水，这与鄂西主要山脉东西走向相对应。“一纵”是连接各江运码头的重要陆运路线，它与山脉垂直，翻山越岭，路途险阻，与“四横”一起形成贯穿鄂西地区的主要盐运网络。

1）“四横”盐运线路

（1）长江线：川南的自贡、富顺、犍为之盐顺沱江进入长江，渝东云安、大宁之盐经云阳、巫山进入长江，再沿江东运，经重庆、西沱、万州、奉节、巴东、新滩、宜昌、武汉等盐运码头，进入湖北地区，这是川盐最主要的外运通道。长江下游是淮盐销区，上游是川盐销区，中游从宜昌到洞庭湖流域则是川盐、淮盐纷争之地。政府在国运昌盛时，一般会采取压制川盐、鼓励淮盐的政策；而当国运衰败，江运受阻时，由于长江上游地势险要，易守难攻，政府又会靠川盐救国，鼓励川盐外运（如清末太平天国阻断长江中下游船运，抗战时日军对长江封锁，政府都兴起了声势浩大的“川盐济楚”运动）。故有“国衰则川盐兴，国兴则川盐衰”的怪异现象，而这主要是由长江沿线的运输能力决定的。

（2）汉水线：大宁、云安之盐北运至陕西安康，或陆运经竹溪、竹山、房县至襄樊谷城，再沿汉水向东南，经郧阳、襄阳（今襄樊）、荆门运至武汉，销往两湖地区。抗战时期，随着武汉、宜昌沦陷，川盐沿长江只能运至新滩、秭归，再沿香江北至兴山，翻越神农架林区至房县、谷城，再由汉水进入楚地，因此这一时期汉水线尤为繁忙。

中国河流大多东西走向，所以自古东西交流容易，南北交流困难，南北向的通道就显得尤为重要，而汉水在隋唐大运河开通之前，是联系黄河、长江两条水系的最重要通道，因此，汉水水系自古交通地位十分特殊。由于汉水位于我国中部，北边是秦岭山脉，南边是大巴山脉，汉水穿流其间，形成两山夹一川的贯穿通道，是沟通南北的重要走廊，流域内的汉中盆地、南阳盆地和襄阳盆地是我国西部和中部地区南北交往的必经区域。特别是西部的山陕高原是“汉”文明的主要发源地，古代秦人从山陕高原进入水土丰腴的两湖盆地，必要翻越秦岭和大巴山两座屏障，而汉水却是一条天然通道，秦人能一统天下、山陕商人能“商通全国”，汉人之所以称“汉”，都与汉水不无关系。巴人能靠巴盐与秦、楚交易，过上“不织而衣，不耕而食”的生活，也是依赖北有汉水、中有长江、南有清江和酉水的水运之利。

汉水线除汉江水运外，陆运亦是重要补充。但陆运部分大多要穿越原始森林，常有虎豹出没，异常艰辛危险。（光绪）严如熤辑《三省边防备览》中记载：其盐道“东连房竹，北接汉兴，崇山巨壑，鸟道旁通”，“山中路路相通，飞鸟不到，人可渡越”；房县东南阴条岭，“交四川大宁、巫山二县界，自上龛以南，山大林深”；大宁场盐运至竹山县，所经之土地塘段“均大山峻岭，间有未辟老林”；由兴山过大、小九湖翻越神农架所经之路“大、小九湖坪由老林中觅路而行，极其幽邃，一路间有棚民而荒凉特甚。西流溪等处，均千百年未辟老林，青葱连天，绝少人烟，进者迷出入之路”[29]。

（3）清江线：忠县涂井、甘井盐和自贡井盐经水运汇集忠县西沱镇，陆运经石柱、利川、恩施，再由恩施经清江水运，过长阳、宜昌，进入湖北腹地。

清江发源于鄂渝交界的齐跃山脉，从东到西贯穿整个鄂西南地区，被许多学者誉为“土家族的母亲河”、“发源地”，而清江自古便与“盐”有着密切关系。《后汉书·南蛮西南夷列传》引《世本》载：“（廪君）乃乘土船，从夷水至盐阳。盐水有神女，谓廪君曰：‘此地广大，鱼盐所出，愿留共居。’”夷水（又称盐水），即今清江。《水经注》解释说：“夷水，即佷山清江也。水色清照十丈，分沙石。蜀人见其澄清，因名清江也。昔廪君浮土舟于夷水，据捍关而王巴。”熊会贞在《水经注疏》中进一步判断“泉在今长阳县西”，《世本》记载的“鱼盐所出”之地即长阳县最西端的渔峡口一带。笔者在清江沿线考察时，发现在清江水布垭水坝旁的盐池镇，至今还有盐池温泉涌出，而从当地残存的建筑遗迹不难推出，这里曾是非常繁华的古镇。

现在的清江，由于隔河岩、水布垭等梯级电坝的建设，行船已成为历史，但清江两岸的峡谷，却仍然保持许多原生态未开发的秀美景色。特别是以平洛峡、巴山峡和伴峡而组成的“清江三峡”，更是令人流连忘返，沿途呈现典型喀斯特地貌的石林、溶洞等自然景观数不胜数，其自然景观与人文景观水乳交融，互为映衬，形成了一条难得的文化景观线路。

（4）酉水及渔洋河（汉洋河）线：郁山及酉、秀、黔、彭地区盐场之盐经利川忠路、咸丰、来凤，再分两条：一条沿土家族母亲河酉水进入湖南洞庭湖流域；一条向东经宣恩两河口、鹤峰（土家族最大的容美土司所在地）、湾潭、五峰、渔洋关，再经渔洋河由宜都入长江，进入湖北平原，或由鹤峰经走马、石门进入湖南。

渔洋河线是古时由湖北穿越鄂西南进入四川的重要通道，其中由渔洋关至沙道沟段以陆运为主，清时著名文人顾彩写《容美纪游》时就是从这条线进入容美土司领地的，而渔洋关作为土、汉民族的分水岭，商贸自古繁荣，在民国时亦有“小汉口”之称，据《长乐县志》记载：渔洋关旧属长阳，后属长乐县，东接枝江夷道，南连松滋、石门……群峰秀削，古岭绵延，一水云奔，汉溪缭绕。自清江口至渔洋关为汉洋河，险滩层叠，有船名曰摇摆子。冬月水涸，船多不能行，必用石横砌溪河并用草填塞石缝谓之闸水，闸水一消则水涸，挽运甚艰，需一人抱船头，一人在船尾推移前行。船户负缆过一滩，“气息不属，而水雪在地，赤足力挽，恒有跌陨之患，深山苦民斯为第一气”。由此也可见这段盐道的艰辛[30]。

酉水作为唯一流经川、鄂、湘三省交界处的河流，成为五陵地区古文化传播的重要纽带，它发源于鄂西宣恩县，流经龙山、来凤、酉阳、秀山、花垣、保靖、永顺、古丈等县市，沿途密布众多风情浓郁的土家族村寨，如宣恩沙道沟彭家寨、来凤百福司舍米湖等，而作为纵横三省的主要盐运线路，其上更是有众多的盐运古镇，如里耶、龙潭、酉酬、后溪等，特别是保靖四方城古城、里耶三座战国古城址及秦竹简的发掘，充分说明早在汉代以前酉水流域就已十分繁华。可惜随着凤滩水电站、碗米坡水电站的建设，许多文物古迹已永远沉于水底。

2）“一纵”线路

由长江边的万县、云阳、奉节、巫山盐运码头出发，向南翻越齐跃山脉，过利川、恩施到宣恩，再经咸丰、来凤、龙山、桑植、张家界、凤凰，进入湖南地区，与川湘盐运网络贯穿一起，形成遍布鄂、渝、湘、黔交会地区的更大的盐运网络。

这条商道以陆运为主，主要靠人挑马驮，由于与鄂西山脉的走向垂直，沿途翻山越岭，异常艰苦。人马驮盐日行很难超过60里，因此鄂西的大山中，每隔一段就会有马站，供过往的商客歇脚，久而久之，便会发展为附近村民赶集聚会的场镇(当地叫“赶场”)。在这条纵向的盐道考察，至今仍能看到许多这样的马站或场镇，由于盐道的废弃，它们大多已逐渐衰落，但从沿街的铺面、残存的庙宇、道旁的石碑和砖雕不难想象这些场镇曾经的繁华。其中比较典型的有恩施利川的老屋基、纳水溪、柏杨镇、大水井，宣恩的庆阳坝、板寮、晓关、沙道沟两河口，恩施的太阳河、罗针田、团堡老街等（图1-14）。

三、汉水流域与洞庭湖流域

（一）水文化与民居聚落

自然山水是人类卜居择址、营建家园的重要因素，江河湖泊所经地域自古便是人们聚居的首选地域。河床、岸线、湿地、沙洲千百年来历经变迁，影响或决定流域范围内居民生存环境与生活方式。其间有大量形态各异的聚落，从村庄、集镇到城市，均因水而兴，也因水而变。

河谷、岸线也是人口的迁移的重要路线，人类迁徙的同时，原乡的文化也随着移民被传播到沿途流域。另一方面，流域变迁往往决定聚落空间分布、结构形态，并影响聚落规模、营建方式，乃至人们的生活方式。因此，以历史眼光看，这

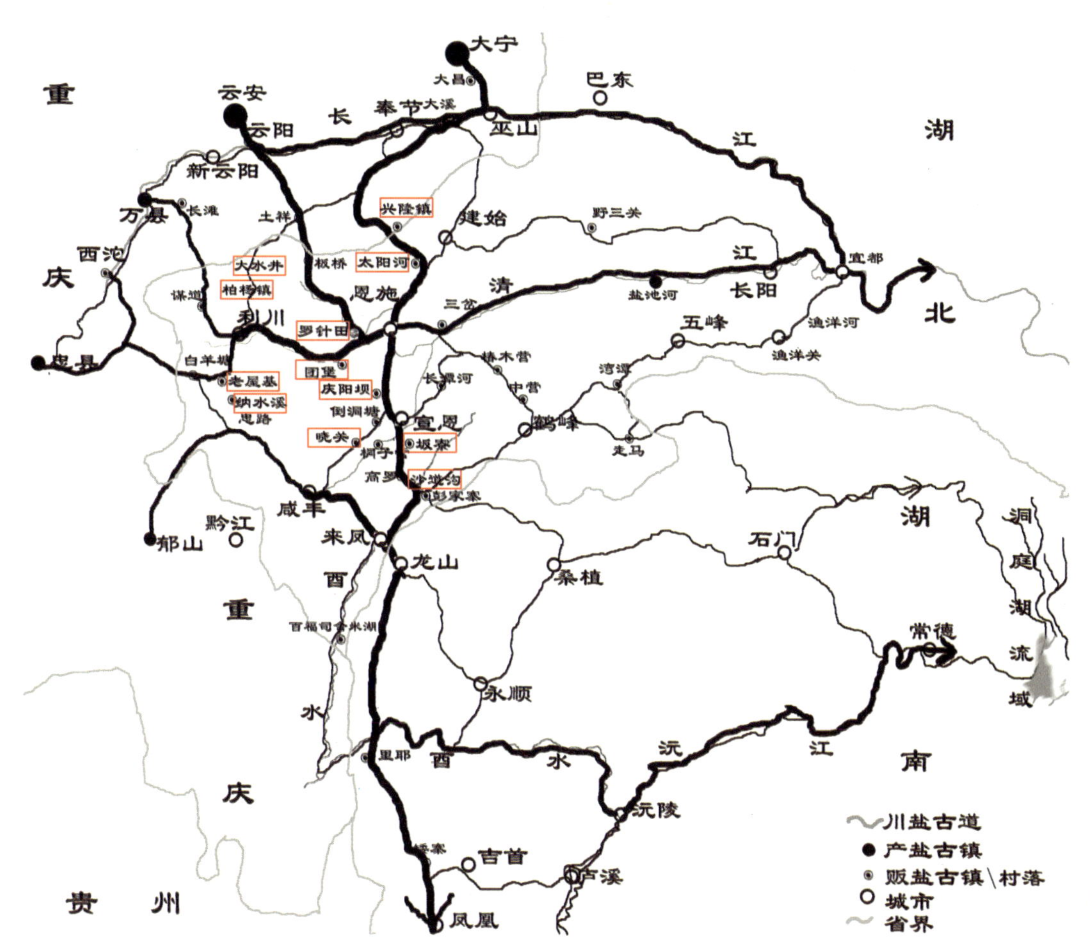

图 1-14 川鄂盐道上的古镇村落分布图

些沿河流呈多维线性分布的聚落环境，构成了动态发展的住居文化的历史走廊。

两湖地区既以“水”得名，显然“江湖”水文化对于地区文化的影响举足轻重。纵观两湖地区水系，其间有中国最大的河流长江横贯东西，湖北境内更有长江最大的支流汉江绵延至西北；而两湖地区最大的湖泊——浩瀚的洞庭湖则吸纳湘江、资江、沅水、澧水，衔远山、吞长江，汉水流域和洞庭湖流域以及与之相应的江汉平原、洞庭湖平原，为本地区人群繁衍生息提供了重要生存保障。这里曾经是中华远古文明的重要发祥地之一，孕育了璀璨的荆楚文化、湖湘文化，也塑造了两湖地区丰富多彩并极具特色的聚居形态。

（二）汉水流域

汉江（汉水）是长江最大支流，为史载四大名水“江河淮汉”之一。其发源于中国西部，主河道由西向东南穿越秦巴山地，入鄂西北经十堰流进丹江口，再向东南，流经襄樊、荆门等地，于汉口汇入长江。汉江流域经由第二级阶梯向第三级阶梯过渡区，表现为复杂地貌中许多山间豁口与河谷川道，是历史时期东部平原通向中部盆地和西部高原的自然和文化走廊。在其山水交融地段（如流经秦岭、大巴山、武当山脉、大洪山等）形成大量河谷山涧，以及因历史洪泛而形成的冲积平原及盆地。江汉流域气候温润，降水丰沛，也是中国重要的粮油茶产地和水源地。

汉江是汉文化的发祥地。自先秦至明清，直至今日，汉江已深深地印刻在华夏民族的记忆深处。“汉民族”、“汉学”、“汉语”这些名称，皆与发祥于汉中得名于汉江的汉朝相关。汉江流域是我国南北自然地理差异的过渡带，以及历代南北文化交融、转换的轴心。

汉江流域历来为政治家、军事家和商帮大贾所看重，也是历代各类移民重要的迁徙走廊，故有大量古城战场、军屯、堡寨、栈驿、桥梁、码头等遗存下来。其中最具流域历史地理特点的线性景观包括：沿江河道、军事隘道、古商道、移民通道等。

由于汉江流域多样化的自然地理条件和厚重的人文环境的历史作用，这一片区域成为历史时期非常重要的人群聚居地。调查表明，该地区聚落类型极为丰富，呈多样化特点：既包括原住民的血缘及业缘型乡村，也包括历代各类移民聚落；既有滨水商贸型古镇（如谷城、汉口、老河口等），又有防御壁垒型的军屯堡寨（如南漳、随县地区大量堡寨）和城池（如襄阳、南阳、宜城、荆门、上津古镇等）；还包括常年游走于江面的船民聚落，即"以舟楫为家的水上船居"。

汉水流域遗存的建筑文化遗产既有官式建筑（甚至皇家建筑），更有大量民间建筑；既有州府县衙署、各级历史城镇和大量村落民居，又有关隘、驿站、会馆、码头、闸口、桥梁。同时汉江还是一条由通商口岸城市（武汉等）深入到内陆腹地的航运通道（逆流而上），至今仍保留着丰富的历史形态的文化遗存，从史前时代的人类遗址直到近现代的汉口租界均有完整的遗存。

从形态上看，汉江流域聚落与民居依河道分布、变迁而呈多样化特征。同时，由于汉江作为南北文化交融、转换的轴心作用，其聚落和民居建筑形态也明显带有南北建筑文化交融的文化特征。这些聚落在形态格局、材料选择、营建技艺等方面均能发现受流域文化的影响巨大，在历史脉络和地理空间分布上，均呈现彼此关联的地方特色。

（三）洞庭湖流域

洞庭湖位于湖南北部，长江荆江河段以南。其南纳湘、资、沅、澧四水，北连长江，曾为华夏第一大淡水湖，面积3968km^2。洞庭湖在地质史上与江汉平原的云梦泽同属于"江汉—洞庭凹陷"。由于历史环境变迁，加上长江泥沙沉积，云梦泽分为南北两部分，长江以北成为沼泽地带，长江以南还保持着浩瀚的水面，称之为洞庭湖。

历史考据表明，历史时期，洞庭湖很早就成为一个相对完整的水系存在和发展着。早在公元4～6世纪，湘、资、沅、澧四水分别注入洞庭湖，湖水方圆500余里，并在逐步扩大。先秦时期，湘、沅、澧诸水在洞庭山（今君山）附近与长江交汇，洞庭湖地区是一片河网交错的平原，其后环绕君山的"洞府之庭"逐渐形成了一个大的湖泊，始有洞庭湖之称。《山海经》："又东南一百二十里，曰洞庭之山，帝之二女居之，是常游于江渊，澧、沅之风，交潇湘之渊。"《庄子·天运》："帝张咸池之乐于洞庭之野"，洞庭于此被称为平野，可以领略历史时期洞庭湖平原旷阔的自然景观。此外，《水经》、《楚辞》中均有洞庭湖记载，《楚辞·九歌·湘夫人》屈原就吟道："袅袅兮秋风，洞庭波兮木叶下。"

东晋、南朝之际，随着荆江内陆三角洲的扩展和云梦泽的日趋萎缩，以及荆江江陵河段金堤的兴筑，强盛的长江来水，向荆江南岸穿越华容最大沉降地带，进入凹陷下沉中的洞庭沼泽平原，形成一片烟波浩瀚的巨泽。历史时期古荆江分水口多在北岸，而南岸的洞庭湖区，很少受到长江泥沙淤积的影响。洞庭湖自唐宋时期起即显示向西南扩展的形势，一直延续至明、清之际，至清道光年间（1821～1850年），洞庭湖"东北属巴陵，西北跨华容、石首、安乡，西连武陵（今常德）、龙阳、沅江，南带益阳而寰湘阴，凡四府一州九邑，横亘八九百里，日月皆出没其中"，堪称"八百里洞庭"全盛时期。近代以来，由于荆江相继决口，泥沙大量输入洞庭湖，历经100余年，湖泊正经历着自然淤积的过程。另外，盲目的围垦也使洞庭湖面积有缩小趋势。

洞庭湖流域历史变迁带来地域文化的特殊性，体现在对于荆楚文化的延续，南方诸地民族文化的会聚，以及孕育了灿烂的湖湘文化等方面。

早在新石器时代，就有远古先民在洞庭湖所处地域游猎生活。宋王朝时期，因干戈不息，汉民族大规模地迁入西南，致使长江中下游和湘、资、沅、澧四水沿岸人口急剧发展。人们垦荒筑堤，挽垸造田。至元末明初，与长江相通东洞庭之水猛增，倒灌西南，与"四水"互相顶托。人们为谋生计，在明初被迫建垸防洪，掀起挽垸高潮。当地居民垦荒耕植、筑堤建垸的同时也造就大量具有湖区特色的滨水聚落。

洞庭湖流域会聚湘、资、沅、澧四水，地理形态上也成为多种文化联系和会聚的区域。主要文化代表为北部楚文化和西部、南部的苗蛮文化、越文化的交融。这里也是中部汉民族聚居地与西南少数民族地区的过渡区。至今该地区聚居着汉族外，还有土家族、苗族、侗族、瑶族、壮族、布依族、回族等等20多个民族。各民族生活方式、生产方式、宗教信仰以及风俗习惯均具自身特点。民族文化相互影响同时也保存和延续着各民族文化特色，使得两湖地区民族文化丰富多彩。反映在聚居方式和聚落格局上，同样呈现多姿多彩的特点，如滨河大量干阑聚落、渔村，平原许多聚族而居的大屋聚落，流动的疍民聚落以及山间坡地吊脚楼聚落等等。

洞庭湖流域一直是中部人文荟萃的地区。同时洞庭湖流域还孕育、培植了极具特色的湖湘文化。

湖湘文化是自南宋起于洞庭湖流域形成和发展起来的一种区域文化，其中“湖”指洞庭湖，“湘”即湘江。一般认为，湖湘文化体系有两个源头：一个是可称为南楚文化的本土源头，它主要体现为民风民俗、性格心理以及民间宗教等通俗文化层面；另一个是从中原正统儒学南渐的湖湘学术，表现为学术、思想、教育及知识群体的精英文化层面。这两个源头使得湖湘文化体系既有很强的丰富性和特征性，又相互影响和渗透。各文化要素以不同的承载主体、传播方式、文化功能，体现出丰满的个性特点。

湖湘文化中蕴含一种博采众家的开放精神与敢为天下先的独立创新精神。其体现形式丰富多样，源自当地的民俗，如长沙花鼓戏、花鼓灯、皮影戏、长沙“木脑壳”、湘绣、浏阳花炮、湘菜、风筝，以及考古马王堆汉墓中的帛画……都是体现湖湘文化很好的印证。湖湘文化渗透于当地人群的思想和生活方式中，同样也体现于居住方式上。因此在湖湘聚落与建筑形态上，也必定凝结着湖湘文化的种种烙印。

四、武陵文化及少数民族文化

（一）武陵文化历史及自然地理背景

今天的武陵地区涉及两湖地区的主要包括湖南省的湘西土家族苗族自治州、怀化市、张家界市，湖北的恩施土家族苗族自治州和长阳、五峰两个自治县，除此以外，历史上的大武陵地区还包括重庆市的石柱、彭水、秀山、酉阳4个自治县及黔江区，贵州省铜仁地区，其总面积超过10万km^2，人口1900多万，聚居着土家、苗、汉、侗、瑶、白、布依等30多个民族。武陵文化就是生活在武陵这块土地上的各族人民共同创造的一种地域文化，是整个两湖地区文化的重要组成部分，而作为其文化载体的民居样式与聚落形态，也深受其影响（图1–15）。

武陵文化，既是一个源自历史的概念，又是一个区域文化的概念，是长期以来各民族人民在这一地区生活上互相影响，文化上互相交流的结果[31]。

（二）武陵文化的历史起源及流变

“武陵”一词源自汉代，汉高帝将原秦代时期的黔中郡改名为武陵郡，这是武陵一词最早见

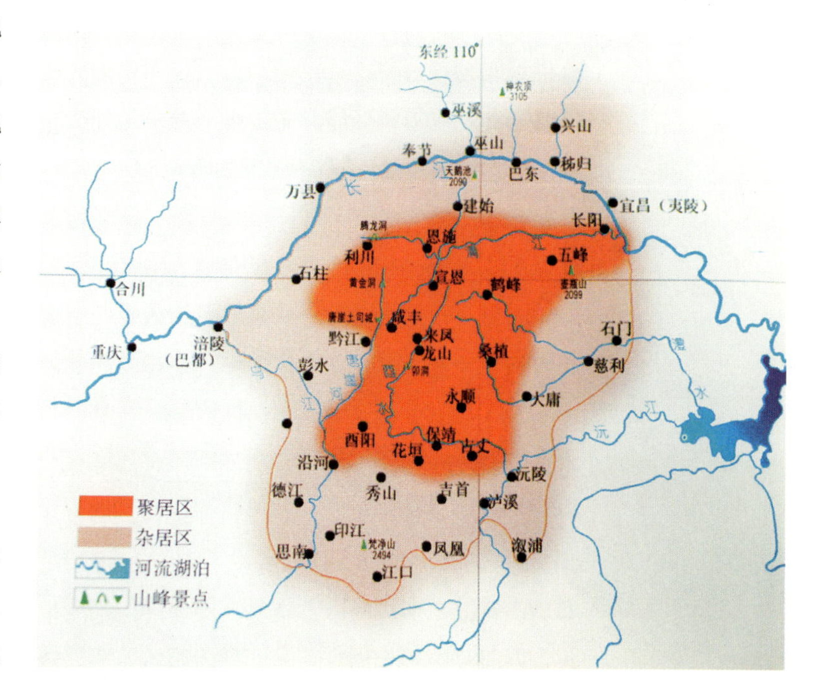

图1–15 武陵土家分布图（郑军 制作）

的起源。由此上溯，这一地域最早见于历史记载则出现在战国时期的著作《山海经》[32]，巴国的范围大致是后来武陵地区的一部分，公元前1000多年，巴人参加武王伐纣的战争，以"勇锐"著称。

春秋时期就已有巴国与楚国交往的记录，后至秦惠文王后元九年（公元前316年），秦并巴国，初置巴郡，以巴氏为"蛮夷君长"。秦昭襄王三十年（公元前277年），秦伐楚，拔楚巫郡、黔中，置黔中郡。西汉时期，改黔中郡为武陵郡。武陵一词从此见于文字历史记载。北周建德三年（574年）在武陵郡地区设施州（今恩施及西南部地区），同时置业州（今建始）。唐高祖武德三至四年（620～621年）唐立峡州刺史，统涪、黔、施、巫等州，置黔州都督府，统黔、施、叶、辰、充等州。唐开元二十一年（733年）清江等地隶黔中道。

宋仁宗年间（1023～1063年），以覃野毛为散毛宣抚使司，并准其世袭。这标志着对后世影响甚大的土司制度的肇始。其后的元明两代对这一地区无一例外地都实施土司制度的管辖，直至清雍正年间。宋仁宗天圣四年（1026年），朝廷令施州等地各溪峒土家首领，三年一至京师朝贡。

元初，至元二十年（1283年）六月，授向世雄等为又巴洞安抚大使及安抚使，此为元代在鄂西授土司职衔之始。元至正二年（1342年），置施南镇边总管府。边沿溪峒招讨司更为施南道宣慰使司，为当时在鄂西最高级别的土司。元至正十一年（1351年），立四川容美洞军民总管府。元至正十二年至二十年（1352～1360年），陈友谅军入湘及鄂西[33]。

明洪武二十二年至二十三年（1389～1390年）散毛、施南、忠建等土司反叛明朝，为明初土家族土司最大的一次反明活动，为明朝镇压，之后，大量土司被废。明洪武二十三年（1390年），设置大田千户所，隶施州军民指挥使司。明永乐元年（1403年），明朝大规模恢复原来的土司政权，并将洪武以来形成的以及新制定的管理土司的政策，以制度的形式固定下来，称为永乐定制，终明一代。明弘治十四年（1501年）朝廷下令：凡承袭土职子弟不入学者，不准承袭。明崇祯九年至十七年（1636～1644年）施南、散毛等司及土兵、土民支持和参加李自成、张献忠起义军。

清顺治十三年（1656年），容美土司最先归附清朝。清康熙三年（1664年），施州卫及鄂西众土司归顺清朝。清雍正五年至十三年（1727～1735年），先后分别在湘鄂川边废除土司制度，设府立县。施南府辖恩施、宣恩、咸丰、利川、来凤、建始。这一改变是清代对西南少数民族地区实施的"改土归流"政治改革的重要部分，所谓"改土归流"，明代中叶在广西等地区已有实施，清雍正年间也对西南一些少数民族地区实施了废除土司制，实行流官制的政治改革。主要是为了去除土司制长期以来的弊端，加强中央集权，同时客观上促进了汉民族与其他少数民族在文化商业等诸多方面的交流与往来。

由上述历史记载可见，其历史上的名称与制度虽然多有改变，但长期以来各民族同胞共同生活，共同创造的文化，正是武陵文化的来源与精髓所在。而反映其居住特点的民居建筑也正是这一文化的集中载体与演出舞台。

（三）武陵文化所处地区的自然地理概况

武陵文化从地域上来讲相当于现今的湘鄂渝黔武陵边区的乌江、沅水、澧水、清江四水流域。《辞海》的解释可知，最初的武陵郡所辖范围很广，北达湖北的清江流域，南及广西北部的三江、龙胜，东起洞庭，西至贵州东部，但此处未把川东南地区划入武陵郡。虽然后来的武陵郡的管辖范围有所缩小，但武陵定位在今天的湘鄂渝黔边是可以肯定的。以上事实表明，"武陵"这一历史上就形成的地域概念仍然持久地保留在人们的记忆中，这种延续，不只是因为地域的亘古未变，更是一种历史传统和文化的力量在起作用。作为一种区域文化，武陵文化的发生发展自然离不开其特定的地理自然环境。

摊开中国地图，在北纬27°～30°、东经107°～110°的位置上，就能找到一条称之为"武

图 1–16 武陵山脉

陵”的山脉，由南至北，贯穿黔、湘、渝、鄂四省市边地。从自然地理分区命名看，“武陵”一词源于武陵山脉。武陵山是横亘于中国中部的一条重要山脉，是中国自然区划由第二级阶梯向第三级阶梯过渡地带。按《中国古今地名大辞典》的说法，在湘鄂渝黔边区似乎有两座武陵山脉，南部武陵山脉从贵州苗岭，向东北穿过湘西北至常德西，北部武陵山脉从贵州北部经川鄂交界处延至鄂西南（图 1–16）。

地质史上来看，区域内的山脉都是“燕山运动”所形成的，有了阳刚的山作骨架，自然还需灵动的水作血脉。于是大自然又在武陵山间孕育了清江、乌江、唐崖河、贡水、酉水、沅水、溇水、澧水……它们在山间错综切割，加之地质史上的燕山运动，把这里雕琢出鬼斧神工的地貌特征。陶渊明笔下的“桃花源”在这里随处可见。其地形地貌形态丰富异常，既有大片的喀斯特（岩溶）地貌，又有发育完善、景象壮观的“丹霞地貌”，如鄂西的利川建南、沐抚（图 1–17）。

这个地处中国腹地的山区，海拔多在 500 ~ 600m，亚热带山区气候，四季分明，冬无严寒，夏无酷暑，平均气温在 10℃左右，最高气温 37℃，最低气温 -4℃，无霜期在 9 个月上下，湿度大，雨量充沛，年平均降雨量 1300 ~ 1400mm，气候条件很适合多种动植物的繁衍生息[34]。

图 1–17 鄂西南常见的山田家园（赵逵 摄）

（四）武陵文化的总体特征

1）武陵文化的成因分析

武陵文化是一种悠久辉煌的地域文化，从其发生形成发展来看既有其历史性，又有其地域性，同时也具有民族性，而从文化角度来看，这种区域文化是历史上生活在这一地区的众多民族与文化长期碰撞融合的结果。以历史上民族与族群发展的顺序来看，主要有：①三苗文化的影响；②百越文化的影响；③巴文化的影响；④楚文化的影响；⑤汉文化的影响。同时，武陵文化又受到本区域内丰富的地域性与气候性的影响，总体来看，主要有山地峡谷文化、河川渡口文化、盆地小流域文化等。

其总体特点可以概括为：相对封闭的地理单元造就的以山地农业与经济为主的经济地理环境，在居住形态上形成了以小规模聚居为主的山居文化，重要的移民与商业贸易活动孔道上聚居点集中，人口相对密集。发展出了当地具有独特风貌的聚居与市镇类型。

2）武陵文化的特征

（1）武陵文化是一种悠久辉煌的地域文化。

长期以来，由于中原文人的偏见，总把武陵地区看作是“蛮夷”之地，其文化也被视为荒野文化。其实不然，武陵文化历史悠久，源远流长。从旧石器时代起，武陵地区的考古文化序列就清晰可辨，完整无缺。

在楚未进入湘西之前，这里主要居住着当地土著民族，《后汉书·南蛮西南夷列传》在记述了盘瓠神话后写道：“其后滋蔓，号日蛮夷。外痴内黠，安土重旧。以先父有功，高辛之女，田作贾贩，无关梁符传，租税之赋。有邑君长，皆赐印绶，冠用獭皮。”这些先民中，一部分向西南方向迁徙，成为苗瑶先民的一部分，继而成为后来史书上所称的“武陵蛮”。他们长期活跃在武陵地区，在继承其先民三苗文化的基础上，又吸收了楚文化、巴文化等相邻文化，创造了独具特色的武陵文化。

“武陵蛮”的称呼源于武陵郡，武陵郡汉高祖改黔中郡设，所以史籍上也有把武陵地区的原始先民称为“黔中蛮”的。虽然武陵蛮的称呼出现在秦汉时期的文献中，但其形成是在春秋战国时期。春秋战国时期，由于楚国的兴起和强大，楚国不断开拓西南，史载：楚“使将军庄跻将兵循江上……略巴黔中西”。不久，楚占领了巴国的首都枳。武陵地区的考古文化在此后明显地出现了土著文化与楚文化、巴文化的交融现象，文化水准进一步提升。如秦代的里耶古城，湘西的南方古长城，巴东的宋城遗址等，出土的陶器和以青铜短剑与铜镦为代表的大量器物都可以证明这一文化特征，同时表明武陵文化在这一时期已经高度发达。

从唐朝开始，“武陵蛮”的称呼逐步发生了变化，宋代史籍中更多出现了“土人”、“土丁”、“苗民”、“苗人”的称呼。从此以后，“蛮”的称呼渐渐消失。历史上被称为“武陵蛮”的族团已有了明确的族际分界。

武陵地区不仅考古文化历史悠久，灿然可观，而且民间的文化同样发达。世居在武陵山区的土家族和苗族，历史上都是有语言而无文字，民族历史和文化知识都用民族语言口耳相传，苗族的《古老话》，土家族的《梯玛歌》、《摆手歌》都如实地反映了人类的起源、民族的迁徙和社会生活情况，堪称创世史诗。干阑建筑、鼓楼和风雨桥被誉为中国古建筑的杰作。所以说，武陵地区虽然地处偏远，交通闭塞，但文化并不落后，它所孕育的文化同样辉煌灿烂，可以与中华其他地域文化媲美[35]。

（2）武陵文化是一种山地文化。武陵山脉是云贵高原过渡到江汉平原的桥梁，平均海拔1000m以上，境内群山起伏，溪河穿梭，峡谷幽深，武陵地区是中国最典型的山区。此种自然环境铸造的文化既不同于北方的草原文化，也不同于青藏云贵的高原文化，既不同于日本等国的海洋文化，也不同于长江、黄河中下游典型的农业文化，武陵文化是独具特色的山地文化。

（3）武陵文化是华夏浪漫主义文化的代表。武陵山一带是中国巫鬼文化的发源地，《世本》说：“巫咸始作巫。”又说：“巫咸以鸿术为帝尧之臣。”始作巫的“巫咸”在《山海经·大荒经》中第一次作了记载。据蒙文通先生考证，《大荒经》是古代巴国的作品。楚灭巴国后，巴人子孙大多流入五溪，自然带去了巫鬼文化。《汉书·地理志》对江汉地区的巫鬼文化作了记载。屈原的《九歌》、《山鬼》等篇明显地受沅湘巫鬼文化的影响，似乎可以这样说，如果没有武陵山盛行的神秘莫测的巫鬼文化，就不可能有屈原《九歌》等杰作。

直到今天，武陵地区的巫鬼文化仍有较大的市场，仍然渗透于百姓的精神生活中。富于神秘性的傩文化在武陵山区民间还大量的存在。如土家族、苗族民间的还傩愿，黔东北地区的傩堂戏，凤凰等地的傩戏，恩施三岔等地的还坛神，土家族的梯玛活动，古丈等地的“跳马”仍是民间喜闻乐见的活动，有的地方还为游客表演。

武陵文化的浪漫可以从多方面表现出来。首先是对自然的顺应和尊重。武凌人热爱他们生活的大自然，他们遵循人生于自然而回归自然的生存法则，大凡老人去世都是一件悲伤的事，但对于武陵山的土家人来说，老人死是“归山”，是走“顺头路”，所以给老人办丧事叫白喜，远乡亲邻都赶去，既不戴纱，也不默哀，或跳丧，或坐丧，歌之舞之，很难看出悲伤的气氛[36]。

（4）武陵文化是一种多元融合共生的文化。武陵地区由于处于中国东西南北的交会点上，历史上就是各种文化的聚焦地，加之多民族的创造，使武陵文化在五方杂处中不断实现着交汇和融通，呈现出多姿多彩的风貌。

以土家族、苗族为主体的武陵文化对传统的楚文化、巴文化、汉文化有选择地吸收，在保持自身山地特征、神秘浪漫、崇尚武勇的前提下，始终显示出文化的开放性、丰富性、多元性特征，这一文化特性正是武陵文化始终以强大的生命力存留于武陵大山的重要原因，以至成为中国的一条文化沉积带和历史文化冰箱[37]。

（五）武陵文化影响下的民居与聚落

1）聚落与市镇

武陵山区面积占绝大部分，而传统的居住形态多为山间散居，同时整个区域内河流高山奇谷深洞遍布，一些山脉间的山垭与河流的冲积小平原就成了古代各个民族为了躲避战乱，迁徙发展的重要落脚点；另外一方面，这一地区物产丰富而同时又需要输入一些重要物资，如棉花与食盐，进而发展出许多重要的商贸马帮路线与集散口岸。这两者是该地区的聚落形成的主要成因，前者如鄂西的彭家寨，后者则可举出历史上有名的盐花大道沿线形成的一批聚落与市镇，如宣恩的庆阳坝，沙道沟等地，此外一些重要河流的物资集散口岸，峡江地区如秭归新滩古镇（图 1–18），乌江畔的龚滩古镇等，也是这一类市镇与聚落的典型代表。除此以外，历史上土司与流官治所所在以及军事防守的需要，也是形成一批重要寨堡的原因之一，如湘西唐崖河的土司城。

这一地区的聚落形态多依山就势，因地制宜。既有随山地起伏而随高就低的布置样式，其中独具特色的如山区为适应该地区雨水丰沛而形成的雨街（双层出檐店铺与住宅，某些地方还可见过街楼，其两侧则搭建雨棚、凉棚等季节性遮蔽物），又有沿河滩岸线水平布置的实例。从整体形态上来说主要分三种：①沿等高线布置；②垂直等高线布置；③网络状布置形态。

图 1–18
湖北秭归新滩古镇

2）民居

这一地区的民居类型大部分为适应当地气候与生活习惯而出现的干阑式建筑，其中最具有代表性的则是土家族的吊脚楼，除此而外，其他少数民族的民族样式中也常见吊脚楼的身影，只是在具体的布置样式，如楼梯开间的布置上略有区别，其代表性的样式可见于湖南永顺的泽家湖，湘西的龙山县等地区，在湖北具代表性的则有宣恩沙道沟的彭家寨、宣恩高罗周家堡、咸丰的刘家大湾等地的吊脚楼（图 1–19）。

3）其他聚落建筑类型——祠堂、学校、寺观、会馆、摆手堂

与民居相伴相生的，是聚落中与其日常生产生活密切相关的一些公共建筑类型，其种类较多。现举其中具有代表性的例子加以梗概介绍：

（1）祠堂。历史上虽然该地区强宗大姓对地区影响甚大，但今天看到的祠堂，与学校一样，多为改土归流以后为了宣扬儒家思想所建立的场所，其典型性的代表实例为利川大水井李氏宗祠（图 1–20）、咸丰严家祠堂（图 1–21）等。其特点是往往在聚落中居于中心位置，为了避战避荒，建筑的防守性较强。

（2）学校。这一地区虽然历史上被看作是蛮荒之地，但事实上前代推行教化的力度很大，而与此相关的学宫、义学、书院等类型也屡见不鲜。可惜由于历史原因，今天能见到的多为残构遗筑。其中具代表性的有湖南的溉阳书院、湖北利川南坪的如膏书院（图 1–22）、郧县的学宫大成殿（图 1–23）等。

（3）寺观。这一地区是中国最早的“巫”文化的起源地，此后出现的道教等本土宗教吸收了相当多的巫文化的内容，是该地区曾经主要流行的宗教，其代表实例如湖北建始的石柱观。而后期这一地区的宗教发展则体现出儒、释、道三教合流的特点，其中代表性的建筑如湖北利川的三元堂（参见 3.7 节）、湖南大庸的普光寺等。

（4）会馆。会馆建筑传统上是作为商业建筑的，但不是进行贸易，而是作为乡党行商聚会的场所，所以此类建筑多见于贸易发达的口岸与市镇，且以地域性来加以区分。历史上此类建筑曾经很多，可惜到今天遗留下来的已经较少了，代表性的建筑有酉阳龙潭的江西会馆等。

图 1–19　咸丰刘家大湾吊脚楼

图 1–20　利川大水井李氏宗祠

图 1–21　咸丰严家祠堂

五、其他思想与礼俗

如果将民居作为一种文化载体，那么两湖地区的民居在文化整体上表现为中华汉文化圈的一部分。由于中华文化本身形成的地域广阔、时间久远，就其形成过程来看，是一个长期积累、兼容并蓄的结果。而两湖地区的传统建筑作为文化载体，在反映文化本身的特征上仍然有其局限性。主要表现在现存的古建筑时间、空间

图 1–22 如膏书院

分布的局限——时间上限不过距今 600 年左右的明代，而且现存古建筑数量并不多，保护状况也值得关注，作为文化研究的标本，其有效样本数量并不充足。

从“礼失求诸野”的角度来看，对于民居建筑的研究可以部分弥补这一不足。由于两湖地区自然地理特征的多样性，也使得作为其载体之一的两湖民居在形式上体现出多样。而由于某些地理上的封闭性，使得这种由民居所承载的多样特征很可能在一定程度上保留了远比建筑本身建造年代更久远的传统。张良皋先生认为，环境通过建筑决定文化。相对于文化而言，建筑就是环境，也是对环境的补充和延伸；相对于环境而言，建筑就是文化，是最先出现的文化现象，是物质文明，与精神文明共同构成文化。在文化的阶级性、民族性和连续性中，隐含着环境。民族性的基础就是地域性，或曰环境。在连续不断形成意识形态的过程中，民族性赋予文化以特色[38]。

文化的形成是一个复杂的现象，某种文化在实际社会生活中可能既是原因又是结果。考究两湖地区建筑文化形成的过程，可以发现既有的传统建筑和民居的文化观念主要来自于中原—江南地区，但荆楚本地的地理因素、历史渊源也融入其中。自唐宋以后，两湖地区整体表现为移民输入，来自于中原—江南地区的移民在物质文化层面的影响体现较多。但从更早的文化传播方向看来，同样存在由两湖向中原文化融合与文化输出的内容。

图 1–23 郧县的学宫（来源 陈家麟《郧阳古风》）

一般认为，中国传统屋顶形式与凤鸟崇拜有关，而凤鸟图腾的产生与兴盛，正是两湖地域贡献给华夏文明的重要遗产之一。从早期干阑式民居形态的发展，以至于影响到中国传统建筑屋顶形态，已经有一系列相关的论著。在湘鄂西部山区，一些仍处于早期原初状态的民居形式中，可能就包含了许多值得关注的文化因素，可以作为与中原—江南建筑体系进行对比研究的重要标本。两湖地区民居中，有相当一部分呈现出原生态的特质，因而可以作为文化比较的样本。

诸如土家族民居文化中所包含的孝亲思想，从其早期流传至今，尽管在后期逐渐受到汉族文化的影响与渗透，但孝亲思想显然是土家族早期文化的独立发展与组成部分，与中原传统汉文化中的孝亲思想，在建筑的形态体现上表现出一系列有趣的异同点。这种“似是而非”的特征应该是值得深入研究与关注的。

注释：

[1] 湖南以在洞庭湖之南而得名。唐属江南西道和黔中道，后设湖南观察使，为湖南得名的开始。宋称荆湖南路；元设岭北湖南道；明属湖广省，后改省为湖广布政使司。湖北以在洞庭湖之北而得名。唐属江南东道、淮南道和山南东道；宋置荆湖北路，简称湖北路，为湖北得名的开始；元设江南湖北道；明属湖广省，后改省为湖广布政使司。清分湖广省置湖北、湖南省。

“湖广”一词作为地名，主要也指湖北、湖南二地。该词的历史可以上溯到元朝。湖广或“湖广行省”、“湖广省”，为元朝和明朝时期直属中国中央政府管辖的国家一级行政区。1276年名为荆湖行省，治潭州（今长沙），后改名湖广行省。1281年移治鄂州（今武昌），治武昌路，今湖北武昌县治，自湖广至广西、贵州及四川南境皆属管辖，即今湖南全境，湖北南部及广东、广西北部。

明初，两广与江西、湖南分开。明朝设湖广承宣布政使司，也简称“湖广”、“湖广行省”、“湖广省”，辖湖北、湖南和河南小部分。湖广承宣布政使司，是明朝时直属中央政府管辖的行政区，治所武昌（今武汉武昌），为明朝15个“承宣布政使司”，即当时的二京十三省之一，辖地为今湖北、湖南全境，下辖16个府。将元代的“湖广省”分为明代湖广、广东、广西三布政使司，湖广才专指两湖之地。

清朝设湖广总督，辖湖南、湖北，亦称两湖总督，管辖湖南、湖北两省的军政事务。而在总督之下，两省各设巡抚。到民国以后，湖南、湖北二省分离，各自成为国家一级行政区。

[2] 本节参考：国家文物局：《中国文物地图集 · 湖北分册》（上、下），西安，西安地图出版社，2002；王风竹：《三峡考古——一个不会消逝的文化世界》，载《中国三峡》，2008（12），31～51页；三峡工程库区文物保护规划组：《长江三峡工程库区文物古迹保护规划报告》，1995。

[3] 高介华：《楚民居——兼议民居研究的深化》，见《民居史论与文化》，广州，华南理工大学出版社，1995。

[4]［宋］陆游：《幽居岁暮》。

[5] 陆游：《入蜀记》第五卷。

[6]《宋会要辑稿 · 方域》一〇《道路》。

[7]《续资治通鉴长编》卷一二七，康定元年六月甲申。

[8] 襄阳府祠庙考（府志）第一五一册之三二页《建苑拾英》375。

[9] 王禹偁：《小畜集》卷一七。

[10]《古今图书集成 · 襄阳府部纪事》第一五一册之五六页。转引自李国豪：《建苑拾英》第二辑（下），378页，上海，同济大学出版社，1997。

[11]《古今图书集成 · 荆州府风俗考（府县志合载）》第一五四册之四八页。转引自李国豪：《建苑拾英》第二辑（下），389页，上海，同济大学出版社，1997。

[12] 陆游：《初春》，见《剑南诗稿》卷七四。

[13] 如郑樵《过桃花洞田家留饮》诗中所说的“竹篱环草屋”，见《郑樵文集》卷一。陆游《入蜀记》第五卷：“芦藩茅屋，宛有幽致。”

[14] 罗愿：《鄂州小集》卷四。

[15] 葛剑雄、吴松弟、曹树基：《中国移民史》，10页，福州，福建人民出版社，1997。

[16] 张国雄：《明清时期的两湖移民》. 西安，陕西人民教育出版社，1995。

[17] 根据家谱和其他史籍文献的整理，鄂东至鄂西北主要迁徙路线为：鄂东—云梦—随州—枣阳（陆路）；鄂东—宜城—襄阳（水路）。

[18] 据光绪《麻城县志前编》之“疆域 · 乡镇”载：孝感乡在明初即见记载，作为建置和地名在明代虽只存在百余年，然其影响却延绵数百年。“孝感乡”今日地域跨现在的红安县、麻城市。

[19] 葛剑雄、吴松弟、曹树基：《中国移民史》，第五卷，127页，福州，福建人民出版社，1997。

从湖南全省的情况看，吉安移民占所有江西移民氏族总数的一半以上，依照《中国移民史》中的相关记载，在明洪武年间，江西各地迁往两湖地区的移民氏族，按照由多到少的顺序依次为：吉安、南昌、袁州、临江和瑞州。

[20] 葛剑雄、吴松弟、曹树基：《中国移民史》，第六卷，148页，福州，福建人民出版社，1997。

其中来自饶州府和南昌府的移民最多，均为19万左右，吉安府约为8万，九江府移民约为3万。

[21] 闽、粤移民迁入两湖主要通过路线有5条。路线1：吉安—永新县—茶陵州、攸县；路线2：袁州—萍乡—醴陵—湘江干流；路线3：瑞州—浏阳；路线4：南昌—修水—平江；路线5：韶州—乐昌—宜章—郴州—湘江干流。

[22] 陈世松：《大迁徙“湖广填四川”历史解读》，310页，成都，四川人民出版社，2005。

[23] 葛剑雄、安介生：《四海同根：移民与中国传统文化》，太原，山西人民出版社，2004。

[24] 社会学方面的研究成果和笔者的田野调查都表明了移民聚居地文化习俗的渊源及其影响。①在语言层面非常深远。湘赣鄂三省交界地区大部为赣语所覆盖，其次是少量客家语区和湘语区。赣语，是汉语七大方言区中通行面积较小、使用人口最少的一个方言。赣方言（并非“江西话”）通行于江西省中部和北部，湘东和闽西北；鄂东南和皖西南一些县市通行的方言，其特点近似赣方言，有的学者认为也可以划入赣方言。由此可见，由于区域间频繁的人口移动带来的语言的共融最能体现移民对文化的影响。②在戏剧文学等方面，湖北阳新民间的戏曲艺术——“阳新采茶戏”与江西武宁采茶戏有不可分割的亲缘关系。它们都是把哭丧和哭嫁与湖北东部流传的“哦嗬腔”结合改造而成的，是两地文化交融的证明。③体现在衣食住行这些风俗习惯上。鄂湘赣三地饮食均以辣著称，其中湘菜、赣菜的菜品色重油浓，口感肥厚，

喜好辣椒更是众所周知。湖北麻城的“九大碗”或“九斗碗”待客之俗便是移民饮食习惯的传承。④习俗与传说。关于“解手”(大小便）的传说、川民喜缠白头巾的习俗，还有湖北人祭奠先人时“立筷子”等习俗皆源自移民时期,此仪式在定居后保留而成民俗。⑤湘鄂赣的许多地方都有地名完全相同的现象，而且很多都是紧邻相近的关系。这种地名上反映的对应关系也早为移民学者所重视，从中也能看出移民影响的端倪。

[25] 根据关华山先生的论述,总体力指该文化社群所拥有的人口、任何物质、社会文化系统及文化的总合力量。如果移民的总体力凌驾于本地社群，他们多会选择建立第二家乡。如果移民与别的社群均势，他们可能彼此和平的同化，也可能成为敌对者。移民会分别采取中庸之道，或建造第二家乡的对策。总体力小的生存型移民在沉重的社会、政治、经济压力下，较多的会完全学习当地的模式，也不乏采取中庸之道者；但是，也会有另一种状况出现：在极端的重压下，产生了反作用力，即移民被迫自卫，建立第二家乡，一为自我认同，一为保护自己。参见关华山，《移民居住环境之理论初探》，见《民居与社会、文化》，129 页，台北，明文书局，1989。

[26] 谭刚毅：《他乡？原乡！——生存型移民及其建成环境》，载《华中建筑》，2004（4），142 页，2004（5）：86−90 页。

[27] [英] 斯蒂芬 · F · 梅森：《自然科学史》，上海，上海人民出版社，1977。

[28] 据民国《四川盐政史 · 运销》记载：清雍正年间，四川实行“计岸”（即码头）售盐，其中“巫楚计岸”九处，即巫山、巴东、秭归、长阳、鹤峰、恩施、宣恩、长乐九县，至长乐（五峰县）最远，计 1240 里。

[29] 严如熤：《三省边防备览》，卷三，《道路考》下。

[30] 万良华：《清代民国时期川盐外运路线初探》，重庆，西南大学，硕士研究生论文，2007。

[31] 黄柏权：《论武陵文化》，载《广西民族研究》，2002（4）。

[32]《山海经》书中记载：“西南有巴国。太皞生咸鸟，咸鸟生乘厘，乘厘生后照，后照时始为巴人。”

[33] [清] 曾国荃等：《光绪湖南通志》，卷四，《地理志四》。

[34] 张良皋：《武陵土家》，北京，生活 · 读书 · 新知三联书店，2001。

[35] 邓辉：《土家族区域的考古文化》，北京，中央民族大学出版社，1999。

[36] 沈从文：《沅陵人》，见《沈从文淳朴人生》，北京，中国戏剧出版社，2000。

[37] 张良皋：《武陵土家》，北京：生活 · 读书 · 新知三联书店，2001。

[38] 张良皋：《巴史别观》，北京，中国建筑工业出版社，2006。

第二章　两湖聚落形态与文化传承

第一节 两湖聚落形态及其分布

一、聚落形态与构成要素

（一）聚落

对于根植于乡土文化的传统民居研究，从研究视野上看，有针对于乡村单体建筑的微观研究，如民宅、祠堂、学塾、会馆等各类型建筑及其要素的分析探讨；有从较大的地域范围对于某一文化区域民居建筑文化整体比照研究，如对于南方民居各文化区系研究等，属于宏观研究视野。而从建筑群体的组织系统进行乡村聚落研究，当属中观的研究视野。从微观的民宅单体研究向中观的聚落研究的延伸，是自20世纪80年代后期以来民居研究的重要拓展。

我们认为，对于两湖民居的研究，在关注于乡村住屋单体认识和分析的同时，必须关注分布于湘鄂地区各种类型的乡村聚落。

由相互依存的社会性生存方式所决定，人类自古具有选择集聚的居住方式的倾向。因而大多情况下，民居建筑都不是单独存在的，总是与其周边其他民居有着种种关联。聚落（settlement），作为民居建筑集聚的形态，是指各地区经过居民长期以来选择、积淀，有一定历史和传统风格的聚居环境系统。它是在特定的地理环境和社会经济背景中，人类活动与自然相互作用的综合结果。

聚落，可以看成是建筑、环境和空间等物态系统，同时也是与物态系统相对应的文化系统、经济系统、社会系统等非物态体系的综合。“聚落作为乡土建筑的系统性整体，它的各种价值都大过于单体建筑价值的总和。”[1] 因此，学界通常也将聚落研究作为民居研究的基本方式，而对于聚落形态的认知是聚落研究的基本出发点。

（二）聚落形态

一般认为，“形态”意指形式要素构成特征及其逻辑原则。理论上，聚落形态（Settlement Morphology）研究包含三个层面的内容：一是聚居状态研究，通过聚落构成物质要素分析对聚落构形的认知，进而了解其聚居状态，如聚落的类型研究，即对聚落进行分类、描述与分析应属这个层面；二是空间结构研究，聚落空间格局与结构特征研究，即对于聚落各类要素的空间分布及其构成聚落的结构关系的探讨；其三为组织系统研究，是研究聚落构形变化的内在秩序及其规律，如聚落的社会组织系统与聚落空间特征的关系研究。

总体上，对于聚落形态我们可以理解为，既包括外在的形式特点（如空间格局或特征、构成要素等），又包括内在隐含的秩序或原则（如生活方式、社会结构等）。

如前一章所述，两湖地区无论在自然地理条件还是在社会人文环境方面都具有特征性，形成了本地区特定的社会生活方式和组织秩序，从而造就了丰富多彩的聚落形态。

（三）聚落构成要素

一座聚落的构成应包括居住主体以及相应的物质要素与非物质要素两类。显然聚落中居住者是最重要的构成要素。一切非物质要素皆由人群衍生出来。非物质要素主要指促进或制约聚落形成和发展的社会秩序、经济保障、宗教信仰以及文化习俗等。聚落非物质构成要素隐含在物态的构成要素中，对聚落形态起着重要的影响作用。

物质要素主要包括环境要素、建构要素以及空间要素。环境要素指的是形成聚落的物质基础，如山川河流、田地、植被等资源要素，以及地方降水量、温湿度等气候条件等。建构要素指的是构成乡村聚落的人工营建的内容，通常包括居住类、祠祀类、商业类、文教类建筑物或构筑物，如民宅、祠堂，书院、学塾，作坊、店铺，会馆、邮驿，仓廪、晒场，亭榭、桥梁，圈棚、绿地等。特殊的聚落如宗教型聚落、防御型聚落还有如寺院、道场、寨墙和望楼等建筑要素。空间要素主要包括聚落外部空间要素和内部空间要素两部分。外部要素主要指聚落与山水等自然环境要素的空间关系以及与周边聚落的空间关联；内部要素指的是聚落中主导建筑布局的街巷空间格局，村落空间范围以及村落中不同层次的空间节点。

（四）聚落的衍化

聚落是人工建造的环境系统。从聚落的初始形成直至发展成熟，是一个在动态平衡中变迁与延续的过程。变迁可以理解为是社会的存在形式在时间上、空间上运动、变化或转移。在变迁过程中，由于受到各种因素的影响，聚落的形态与结构都可能发生改变，但其中肯定有一些主要的要素得以保存下来，它们和发生改变的要素一起，延续着聚落的生命。

聚落的衍化是指聚落由原始雏形向功能完善的社区形态演化，或由于种种干扰和不适应导致聚落活力减弱，功能衰退，格局松散。

传统聚落的变迁一般经历以下过程：择居、适应、衍化。

1）择居过程

择居是聚落形成的初始过程。最简单的理解就是“选择一个符合愿望的地点并居住下来”，其关键是获取信息以决定理想居住空间的关系。这个过程表现为作为主体的人（聚落的最早居民）对自然环境的选择，意味着择居者将定位于某一特定空间位置中并面对着某一特定的环境特征。景观学家认为“对居住环境的选择可以被视为联系人类行为与地景体验的基本行为类型”。[2]

其决定因素有三：①人的客观需求和主观愿望；②自然环境的适宜；③社会经济条件许可。

按生态学观点，这一过程是对该地域自然生态系统加入了人为的干扰。因此，聚落可以看成是自然生态系统中由人为干扰形成的嵌体。所谓嵌体（Patch），是指在外观上不同于周围环境的非线性地表区域。这种干扰包括局部或全部清除嵌体区域的原生态系统，兴建房舍，引进新物种，并保持数十年至数世纪。定居之初，干扰表现为重度干扰，从而获得异质性的聚落轮廓。由于聚落是高度人化的系统，人的活动必然随时间而变化，因此，聚落完善与否很大程度上取决于人类管理的程度和恒定性。

2）适应过程

择居完成后，人工化的聚落环境系统形成，必然呈现对内对外多种环境要素的适应过程。表现为：对特定自然环境的适应——掌握自然环境特征与规律（地理特征、气候条件）利用自然资源等，对特定社会环境的适应——行为符合共同的道德规范行为准则等，对已有人工环境的适应——已形成的聚落格局和建筑形态对续建发展的影响等。在这一系列适应过程中，居民自身对生态环境主观愿望和客观需求的不断得到满足。对于环境的“干扰”呈平稳、持续状态。自然生态系统与聚落“嵌体”逐步相融合，从而形成结构完善并趋于平衡的复合生态系统。

3）衍化过程

聚落生态系统不断与外部大环境进行物质能量信息的输入与输出，以维持自身动态平衡。当输入输出差异增大时，将形成干扰力，从而引起聚落系统进一步调整，出现变异或发展。其中，来自社会环境的干扰力最大，通过聚落的主体——人的作用，形成聚落发展的主要动力。因此，干扰力越大，聚落发展变化越迅速。反之，如若社会环境系统过于稳定，聚落便缺乏活力，环境系统也缺乏发展的动力。

以上分析表明，聚落形成过程无论处于哪一阶段，都表现出人类与特定自然、社会环境和已有人工环境（或传统环境意象）的相互作用。因此总体上是“平衡——干扰——调节——新的平衡”不断运行的过程[3]。

二、两湖地区聚落类型与分布

（一）基于自然地理的多样性特征的聚落类型

作为聚居文化形成的基础，两湖地区自然条件明显具有多样性（Diversity）特征。两湖地区在地理上处于中国第二阶梯到第三阶梯过渡地带，横跨长江中游，大体以洞庭湖为中心，在地貌上既有峡江河谷，又有湖泊溪流；既有平缓的冲积平原，又有高山和丘陵。总体上两湖地区山地丘陵面积约占 80%，平原盆地约占 20%。在气候条件上，两湖地区属亚热带向暖温带过渡的湿润季风气候区，夏热冬冷，四季分明。

长江自西向东贯巴楚而成著名的峡江和荆江；荆江南北分别为以鱼米之乡著称的两湖平原，即洞庭湖平原和江汉平原，低洼地貌类似盆地形状，内部湖泊密布，河流纵横。河湖之间地势平缓，平原、低丘陵分布其间，非常适合稻米耕作等农业生产。在广阔的田园之间，大量的规模不等的村镇聚落分布其间，居民主要以农业生产为主要经济支撑。

江汉平原境内的主要河流有汉水、清江等长江支流，较大的湖泊有梁子湖、三湖、白露湖、洪湖等，湖泊水深大多不超过 7 ~ 8m，为适合鱼类生长的富营养型浅水湖。流经洞庭湖平原的湘江、资江、沅水、澧水从西北、东南方向会聚最大的湖泊——洞庭湖，形成完整的扇形水系。“两湖”以水得名，滨水而居，甚至水上的船民聚落也成为其间重要的聚落形态。

图 2–1　洪湖西后街平面（来源：李百浩　李晓峰《湖北传统民居》2006）

两湖地区作为“中部盆地”，周边由多重山脉、丘陵围合：西北部是夹峙汉水流域的秦岭和巴山山脉，东北部有界分鄂皖的大别山脉，而西南是衔接云贵高原的武陵山和雪峰山，东南由幕阜山、九岭山及罗霄山脉断续环绕并区划湘鄂赣，正南则由横贯东西的南岭与两广分界。丘陵和山脉形成丰富的坡冈地段，成为这些区域聚落的重要的影响因素和适应的对象。

如此多样性的地理条件，对于该地区人居环境作用的结果必然也是多样性的。“这种山区、丘陵、平原湖区错综相间的过渡地貌特征使得两湖聚落形态远较华北平原和江南水乡更为复杂多变。”[4] 我们可以从对自然山水格局适应性出发，将两湖地区传统聚落区分为如下多种类型。

1）平原聚落

两湖平原面积占湘鄂两省总面积的 20% 左右，土地肥沃、物产丰饶。生存条件相对优越，使得平原地区人口总数超过总人口的 30%。平原聚落以江汉平原和洞庭湖平原上的大量村落为代表，也包括坐落于周边山间以及山水之间的平地的村落。通常，平地村落布局受限制较少，但由于两湖平原水网密布，如何避免水患灾害，成为当地居民在居住方式上首要考虑的问题。因此，即使在平原区，居民也多选择地势较高的丘冈和墩台定居。“村落依高阜而居，或百余家，或数十家。”[5] 平原聚落一般街巷平直，多呈“一”字形或“十”字形布局。大型聚落街巷也呈鱼骨状或网络状展开（图 2–1）。尽管平原村落格局受地貌制约因素少，但其选址多以不占良田的河湾和岗地为主，并且布局相当紧凑，体现了居民集约化的土地利用意识（图 2–2）。

2）山地聚落

两湖地区高山丘陵多分布于两湖平原的周边，是形成中部“盆地”的边缘，也成就了当地居民靠山而居的物质基础。这些“山村”因对山地不同的适应方式而具有不同的形态。如在选址上就有位于山脊或山嘴的外凸型的村落，和位于山坳的内凹型村落；有位于山脚的村落和位于山

图 2-2　湖北某河滩平地村落

腰的村落甚至有位于山顶的村落；有平行于等高线的村落和垂直于等高线的村落。在湘鄂西地区大量的木构干阑建筑群——吊脚楼村寨，就是适应不同坡度地貌的普遍的聚居方式（图 2-3）。在湘鄂东南部的丘陵地区，聚落大多选址于山脚缓坡地带，并且主要街道沿等高线呈带状伸展。这类以土、砖、木为主要材料建构的聚落有明显的优势：如山脚村落基本上不会占用山区难得的可耕作平缓土地；沿等高线布局主街道易于修建，方便交通；易于规避可能产生的洪涝灾害等。在两湖东部和西部峡江一带，又能看到许多聚落垂直于山地等高线而建（图 2-4）。此类聚落多由一条商业型主街作为干道从山脚向山上延伸，两侧店铺房舍沿主街“拾级而上”，筑多级台地而建。

图 2-3　鄂西土家山寨宣恩 · 彭家寨

图 2-4　垂直于等高线的鄂东南山地聚落

3）滨水聚落

两湖地区以水得名。总体上以长江中游流域为主导水系，西、北部会聚汉江、清江等支流，并形成江汉平原上大量湖泊和河渠水网；南部连通着接纳湘江、资江、沅水、澧水的洞庭湖流域。此间大量聚落依傍得天独厚的江河湖泊而建，成为具有独特形态的滨水聚落（图 2-5）。从两湖地区聚落名称上也往往能看出滨水特征：江汉平原滨水村落往往为防水患而筑堤御水，故许多村落称“垸”，如何家垸、新屋垸等；还有大量自然村落称为“湾”，如大余湾、石头板湾等，也能表现其滨临河湾的基本特征。滨水聚落的形态往往因水系的形态而变化，如水岸的走向与线形，水位的高低变化，以及自然岸线的地质状况等，均对聚落的形态有直接影响。一般而言，滨水聚落沿水岸方向延展，主要街道与河道岸线平

图 2–5　湖北竹山滨水聚落翁家大院

图 2–6　沱江沿岸吊脚楼（资料来源：http：//www.ynpuretea.com）

图 2–7　1910 年汉口老照片中的船民聚落

行者居多。如湘西沱江边的凤凰、吉首，以及茶洞等吊脚楼聚落（图 2–6），汉江流域的谷城老街、洪湖岸边的瞿家湾镇等，均属此类沿岸延展的带形聚落。而湘西酉水之滨的王村、洪湖西岸的周老嘴镇，还有峡江地区极有特点的“天街”聚落，却是以垂直于水岸的主街为特色。聚落选址与河道线形的关系往往比较讲究，通常位于弯曲河道的内侧，获得“玉带水”，而忌讳“反弓”形水岸。这常常是堪舆学的“相地”结果，更是聚落规避洪患的必然。

4）水上聚落

在宽阔的湖泊和主要河流上，一直以来都有许多以水上作业为生的居民。他们或专门从事捕捞渔业，或从事水上运输和交通，或半渔半耕。许多人常年生活在船上，他们既可单独作业又能联合经营，白天劳作，晚间通常停泊于相对固定的地点（图 2–7）。一些港湾、河汊成为船民经常集聚停泊的场所，形成特有的水上聚落形态。这类流动型水上聚落在规模上大小不一，船只从三五条到上百条不等。由于集中停泊于相对固定的港湾，该地点岸边自然衍生出相关生活服务设施，如商业店铺，摊贩等。还有一些船只专门经营生活服务，甚至还设有“水上学堂”。这类水上聚落历史悠久，历代地方志书上多有记载[6]，目前在洞庭湖流域和汉江流域依然存在，不过，随着水文变迁和航运、捕捞行业的萎缩，许多这类居民转营他业，有的成为水陆两栖型居民。历史上还有一种类似浮岛的特殊的水上聚落称为“茭簰”或曰“蒿簰”。

（二）基于人文环境多元交汇与过渡性特征的聚落类型

文化交融：两湖地区历史人文环境同样具有十分明显的地域性特征。历史上，湘、鄂同称楚地。荆楚文化公认是两湖地区历史文化的主流。因两湖地区周边分别与川陕、黔桂、粤赣、皖豫等不同的文化区域接壤，不可避免受到周边文化的影响而形成多种文化交汇区。如峡江地区成为巴蜀文化与荆楚文化的交汇区，湘鄂西地区则是荆楚文化与苗巫文化交汇区，而湘南地区又凸显粤赣客家文化的余韵。

汉江流域源自中国西部，主河道由西向东，是历史时期东部平原通向中部盆地和西部高原的自然和文化走廊，既是我国南北自然地理差异的过渡带，也是黄河、长江流域南北两大文化板块的接合部，因而也成了南北文化交融、转换的轴心。汉江早在先秦时期已声名远播，是汉文化的发祥地，也是文化遗存极为丰富的文化沉积带。“汉民族”、“汉学”、“汉语”这些名称，皆与发祥于汉中得名于汉江的汉朝相关。自先秦至明清，直至今日，汉江已深深地印刻在华夏民族的记忆深处。

洞庭湖流域自新石器时代就有远古先民在这块旷野平原开始游猎生活。商周至春秋这里已成为楚文化相当发达区域。秦汉时期，以长沙马王堆为代表的文化艺术在某些方面甚至超越中原文化。唐宋至明清，因干戈不息，汉民族大规模迁入西南，致使长江中下游和湘、资、沅、澧四水沿岸筑堤建垸，垦荒耕植，人口逐渐密集，洞庭湖流域已成为人文荟萃的中部家园，并孕育、培植了极具特色的湖湘文化。

两湖地区也是中部汉民族聚居地与西南少数民族地区的过渡区。这里聚居着除汉族外还包括土家族、苗族、侗族、瑶族、壮族、布依族、回族等20多个民族。各民族生活方式、生产方式、宗教信仰以及风俗习惯均具自身特点。民族文化相互影响同时也保存和延续着各民族文化特色，使得两湖地区民族文化灿烂辉煌且多姿多彩。

政治交汇：两湖地区在地缘政治方面也具有交汇性特征。从历史上的政治格局看，中国的政治中心长期位于北方，岭南及西南则多处于政治边缘区，两湖虽不是全国的地缘政治中心，却因其地理区位居中，历代统治者多以其为基地控驭粤桂，进军黔滇。两湖地区长期是北方政治中心控制南方和西南地区的战略要地。

经济格局：在农业经济上，两湖地区在明清时期随着移民的大量涌入，沿江和滨湖地区肥沃的垸田垦殖，使得农业经济一度达到仅次于江南富庶地区的中部粮食生产基地。“湖广熟，天下足”的美誉可以看出其在中国经济格局中的重要性。正因为有了湖广的充足的粮食供给，江南地区经济结构才得以调整和转型，由农业经济向工商业经济过渡；同时，两湖的农业经济客观上也带动了西部和内地山区的经济开发。河流纵横的两湖地区更是东南地区商品经济与中西部地区相互往来交易的运输通道。

移民文化：两湖地区具有十分突出的移民文化特征。在“江西填湖广，湖广填四川”的移民运动中，两湖地区自东向西呈现出一种滚动式阶梯移民，成为长江下游向长江上游人口流动的重要通道和走廊。

总之，两湖地区历来为政治家、军事家和商帮大贾所看重，也是历代各类移民重要的迁徙走廊，故有大量古城战场、军屯、堡寨、栈驿、桥梁、码头等遗存下来。其中最具地域历史地理特点的文化线路包括：江湖航道、军事隘道、商贸廊道、移民通道。大量文化遗存分布其间，使其成为中部地区极为重要的“遗产廊道”。

人文环境的多元交汇特点，使得两湖地区居民类型也呈多样化特点。因此，从居住主体看，这里的聚落又可分为以下类型：

1）原住民聚落

原住民，这里指的是非经各历史时期移民活动迁徙而来的早期定居于某一地区的人口。他们聚居的村落即为原住民聚落。需要说明的是，所谓原住民聚落也是相对于一定历史时期内的移民或流民聚落而言的聚落概念。因为严格说来，人类大多数聚落都是经历迁徙到定居的过程。就两湖地区而言，在调查中发现，位于湘鄂西南部的部分少数民族聚落为本地区原住民聚落，尤其土家、苗、侗、瑶这几个较大的少数民族，基本上属于湘鄂西部土生土长的“原住民”（图2-8）。这些聚落有着悠久的历史和文化传统，住居既有集村又有散居，其建筑形式多属极具特色的干阑体系。

图 2–8 土家族原住民聚落（咸丰县青岗坝村）

图 2–9 由江西瑞昌移民至湖北阳新的扬州村

2）移民聚落

如前所述，由于两湖地区特殊的地理区位和地貌格局，历代均担当北方政治中心控驭南方“夷蛮”地区的延伸基地，同时也是东南经济中心辐射西部的过渡地带。因此无论历史上基于政治因素还是经济因素所造成的移民运动，两湖地区均成为人口迁徙的重要“落脚点”。因而大量的移民聚落分布于这个地区。其中既有移民“目的地”型聚落，也有曾经是“行程中”的由暂居到定居型的聚落。

移民指由于某种原因人们离开原来的聚居地，而在较远的地方再次定居的人口空间移动现象。这种人群变更定居地的流动现象，典型如中国历史上各朝代曾发生过的多次大规模人口迁徙运动。它们大多是由于战乱和灾害造成的。例如，历史上著名的“湖广填四川”，“江西填湖广”就有过两次：其一在元末明初，高峰期在明洪武年间；其二在清代初期，从顺治末年始至嘉庆初年结束，高峰期为康熙中叶至乾隆年间。这两次移民潮是由朝廷官府推行的政治移民。

移民往往使迁入区原有的界域被打破，促成相距甚远的地理空间有了联系。因此移民聚落在聚居文化上具有双重特点：迁出地与迁入地的文化融合。移民将原住地的文化信息携带至新的地理空间，并与当地文化相互作用，从而为新融入的地域空间赋予新的内容。原有区域的持续、稳定的状态可能因移民而产生动摇，同时也可能因移民而产生新的活力。传统社会中，大规模的移民实际上是一个长时段的空间行为。移民虽然有大致的方向和路径，但在整个迁徙过程中实际上也在不断寻求定居点。每一个定居点（聚落）就是一颗原住地文化“种子”。因此，移民的路径往往是迁徙者播撒居住文化“种子”的线路。考察这些线路，定能够获得不同地理空间之间联系的文化轨迹（图 2–9）。

3）船民聚落

即前文所称“水上聚落”。在中国南部，又称“疍民”，也称为连家船民，早期文献也称他们为游艇子、白水郎、蜑等，是生活于沿河湖一带水上的居民，传统上他们终生漂泊于水上，以船为家。长江沿线、洞庭湖流域及汉江流域一直有此类船民。他们和陆地居民语言相通但又有别于当地的族群，有许多独特的习俗，是个相对独立的族群。船民聚落，以船为家，每船首尾翘尖，中间平阔，并有竹篷遮蔽作为船舱。一艘船同时提供了工作和生活的空间，生产劳动在船头的甲板，船舱则是家庭卧室和仓库，而从事水上运输的疍民会将船舱同时作为客舱或货舱，有时疍民还在船尾饲养家禽。早年上岸定居的船民则在江畔、港湾滩涂兴建干阑式民居。先在地面打上木桩，然后或是将原先的连家船架于其上作为房屋，或是在木桩上铺设木板建设房屋，其内部空间非常狭小，这种房屋被称为吊脚楼。20 世纪 50 年代起政府陆续安排船民上岸，有些船民就成为“两栖”

居民。到了 20 世纪初，他们绝大部分已经定居陆上（图 2-10）。

4）流民聚落

流民通常是指那些因战乱或自然灾害导致流离失所而逃亡异地的平民。如明代宣德至成化年间（1426 ~ 1487 年），为土地兼并或租税徭役所迫而大量逃入荆襄山区谋生的农民，史称“荆襄流民”[7]。他们千百为群，开垦荒地，伐木架棚，流徙不定，故亦称“棚民”。流民与有目的的移民不同，他们的迁徙往往不知所终，流动性更大，因此其聚落更带有临时性特征。两湖地区作为鱼米之乡，历史上多有外地流民来此谋生。他们或集聚城镇边缘或依河湖堰堤搭盖临时或长久居所，因流动性大，并且不为本地常住居民所接纳，这类“棚户”往往时兴时废，设施极为简陋。流民聚落在形态上多呈现不确定性。大量流民为了争取生存空间，常常与地方社会组织发生冲突，甚至起事对抗朝廷。如明成化年间“荆襄流民起事”事件，官府驱迫、进讨未能解决问题，不得不施政抚治流民解决这些流动人口的“定居”问题。

（三）基于乡土社会内在结构的两湖地区聚落类型

“社会结构”是社会学的基本范畴，是指特定社会中的人，通过人与人之间的各种关系网络形成的社会结构。其主要构成单位是个人、群体与组织。其中，社会群体及其组织对于乡土社会形态影响尤为突出。

乡村社会群体是乡土社会构成的基本单位。根据维系群体成员的纽带（社会关系）性质不同，中国传统乡村社会群体通常可以划分为血缘群体、地缘群体和业缘群体等。血缘群体是用婚姻和血缘关系结成的群体，基本形式是家庭、家族和宗族。地缘群体，就是因长期居住在一起而结成的邻里关系群体，其基本形式是不同姓氏且经济独立的家庭所组成的聚居群。业缘群体，是因社会分工，从事某些共同或关联的职业而结成的群体。

图 2-10 早期汉江船民（汉口老照片）

在两湖地区传统乡村社会中，起主导地位的是血缘群体，其次是地缘群体，而业缘群体也有相当程度的表现。血缘群体和地缘群体有时也呈现出某种程度的合一。不同的社会群体的集聚形成相应的聚落类型。

1）血缘型聚落

从社会结构角度看，血缘型聚落是两湖地区最大量的聚落类型。在中国传统社会，以血缘关系为纽带而形成的社会群体称为宗族或家族，这是由父系血缘关系的各个家庭在宗法观念规范下组成的“社会群体”。由于天然的血缘关系，个人和家庭均能在家族这个社会群体中获得相应的权利定位，因而聚族而居是最普遍的聚居方式。

在两湖地区，我们会看到，无论是在湘鄂西少数民族地区，还是在江汉平原—洞庭湖平原的汉民族地区，大量乡村聚落为单一姓氏为主的村落。聚落中各家庭彼此皆为“亲戚”关系，只是亲疏远近不同（图 2-11）。村落社会组织除官方行政基层组织外，还有以族长为核心的家族组织。家族组织是以同一始祖的血缘关系为基础，由各房头支派形成的“金字塔式”的组织形态。因此血缘型聚落也呈现出“中心化”且“多层级”的空间组织。以湘鄂东部地区为例，从聚落形态看，一个血缘宗族聚居成为一个聚落，往往表现为以各祠堂为核心，建立起以宗法制度为背景的生活秩序以及相应的空间结构（图 2-12、图 2-13）。血缘型聚落具有内聚性，秩序性、稳定性和排他

图 2-11 湖北通山江源王氏家族血缘型聚落

图 2-12 湘南板梁村落核心 1——中村祠堂

图 2-13 湘南板梁村落核心 2——上村祠堂

性等特征。

在典型的血缘聚落，宗族组织较严谨，聚落布局的结构系统清晰可辨。宗族组织往往严格按“宗祠—支祠—家祠”的伦理格局设置组织体系，对应于聚落布局，就形成“村—落—院”的组织结构形态。而每一组团的布局与聚落整体布局同样具有同构关系。组团（落）即为以支祠或家祠为中心的一组居住建筑群（图 2-14）。聚落的发展就在这样的结构系统下如细胞分裂般地生长。

2）地缘型聚落

地缘型聚落，是指由地缘群体为主要成员组成的聚落。其基本形式是不同姓氏、经济独立的家庭长期居住在同一地点而组成的聚居地。两湖地区地缘型聚落形成一般有以下几个原因：

第一，由血缘聚落演变：传统社会里的血缘型村落，以长久稳定为其聚居特征。但是，在两湖地区一些特定地区，如乡村集市、集镇周围和交通集散地，聚落人口异动趋于频繁，宗族组织的权威作用逐渐弱化，不同姓氏的人群逐步向同一个具有某种生产或经济优势的地点集聚。这样，原有血缘型聚落特点逐渐弱化而被地缘型聚落特征所替代。

第二，受移民运动影响：在大规模的移民运动中，不同族姓的人群迁往同一地点也是常见的。移民有些迁入当地村落，有些则集聚成新的聚落。一部分聚落组织系统已不可能是某一单性家族可以维持的，新的地缘组织将起作用。如湖北的“麻城孝感乡”，在清初“江西填湖广，湖广填四川”的移民运动中，接纳了来自江西、安徽等不同地点的大量移民，形成许多地缘型村落。

第三，由商业经济驱动：两湖地区地处中部，江湖纵横，历来都是南来北往的交通会聚点。一些具有交通、经济优势区域，如靠近水路、码头或主要道路交会点，往往成为各地的商贾首选的定居点。这样的聚落经济结构已不再是单纯的农耕经济，而是商业、服务业、手工农业等多种形态并存的聚落。显然，这也是典型的地缘型聚落。这类聚落是商业城镇的雏形（图 2–15）。

地缘性聚落是一个多族群组合的社会单位。共享地方资源是地缘型聚落的基本特征。各个族群共居一地，相互协调和制约，平衡发展，是居民理想的聚居状态。因而大多村民乐意接受这种“街坊式”、“邻里型”的居住方式。

3）业缘型聚落

在两湖地区传统聚落社会中，血缘群体和地缘群体一直占主导地位。随着社会经济的不断发展，尤其受到早期资本主义萌芽的冲击，另一种群体关系逐渐显露出来：以成员共同从事某种职业或相关行业而形成利益密切关联的业缘群体。

业缘群体是以就业圈为主体的跨血缘、地缘的组织形态。广义地理解，所有农村居民因从事农业生产这一“职业”活动，也是一种业缘。但通常所称的业缘主要指拥有一定必要的知识和技能的人口，因从事非耕种的职业而集聚的人群。业缘组织产生的背景，是商业经济的发展、职业分化以及人口的流动。业缘型聚落通过商品流通与其他地区的联系得以加强。因此，与传统的血缘型和地缘型聚落相比，业缘型聚落“外向性”特点非常明显（图 2–16）。

业缘群体形成聚落，一般在商品经济有一定发展的集镇才有所体现。近代以来业缘型聚落则越来越常见。例如湖北蒲圻羊楼洞镇，主要由茶业产销行业的人群集聚而成（图 2–17）。

4）戍防型聚落

两湖地区还有一类特殊的聚居形态，即戍防型聚落。正规或非正规化武装组织是这类聚落的社会群体组织，大多为习武练兵者和相关服务人群。除家族卫戍型聚落外，戍防型聚落多选址于崇山峻岭之地，沟壑纵横，除按防御体系和兵制要求选址建寨墙外，“走分水地带易守御而节戍卒之效，便施工而收城塞之用”也是寨堡选址的基本原则。

构成戍防型聚落的建造体系一般包括：

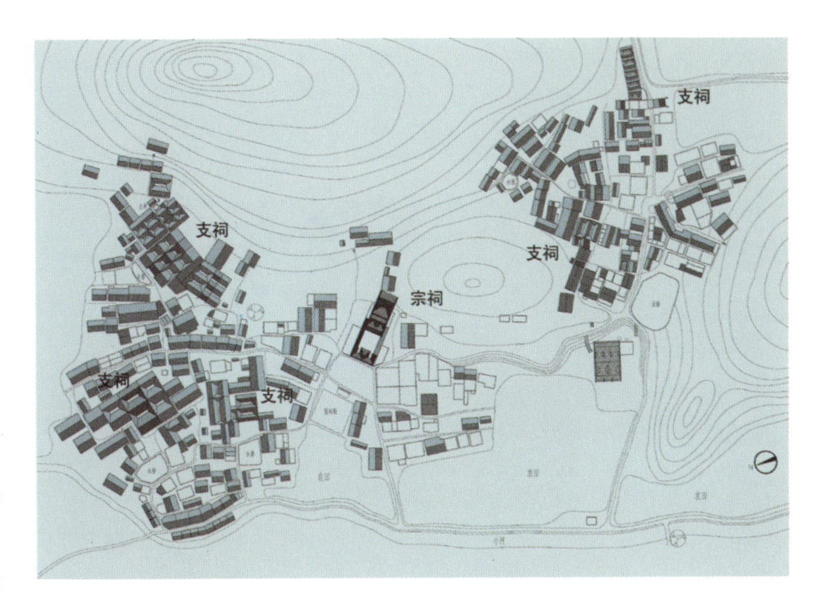

图 2–14　通山玉堍村宗祠、支祠布局

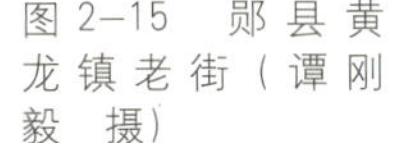
图 2–15　郧县黄龙镇老街（谭刚毅 摄）

图 2–16　鄂南新店镇街市

①防御设施，如寨墙、望楼、军械库、栈桥等；②生活设施，如住屋、粮仓、井台等；③庙宇祭祀空间。湘鄂地区戍防型聚落在类型上也不尽相同。总体上可分为以下几类：

（1）家族卫戍型：如鄂西大水井李氏庄园，庄园周边筑坚固墙垣，如同城堡（图2-18）。而十堰饶氏庄园，为守望整个庄园，专门筑高起的望楼（图2-19）等。

（2）地方寨堡型：如湘鄂西匪寨、鄂北山寨等（图2-20）。

（3）要塞防卫型：如地处鄂西北边塞的郧西上津古镇（图2-21）等。

图2-17 鄂南羊楼洞街市（左）
图2-18 鄂西大水井防御型聚落（右）

图2-19 十堰饶氏庄园望楼

图2-21 郧西上津古镇

图2-20 湖北黄陂龙王尖山寨（谭刚毅 摄）

第二节　聚落构成体系

一、建筑布局

两湖地处中部腹地，正是南北东西风格交会的地区。其东部地区的民居仍然更贴近江西、皖南的民居风格，但内部空间不似赣、徽民居那样内敛和封闭。

湘鄂东部村落建造之初应该是明、清两代聚族而居的大家庭生活再次兴盛之时，大量的属于血缘型聚落。这种聚族而居的集聚性主要体现在村落空间层次上，当然大的宅第建筑也是大家族聚居的范例。在村落空间层次上，血缘型聚落大多表现出明显的中心感，这个中心多由家族祠堂及其广场来体现。祠堂分宗祠、分祠、支祠和家祠多个层级，相应的村落也形成中心、次中心等，体现不同的公共空间层次。不过两湖西南地区少数民族地区聚落构成关系往往同汉民聚落有所不同，如侗族聚落一般以鼓楼为村寨的核心，而土家族传统村落通常在重要位置设摆手堂。

业缘型聚落，如分布于江汉平原的水陆交汇处的商业集镇，其商业街的格局更为重要。一般主街两侧为前铺后寝的商住建筑，而次巷则多为居住建筑出入的通道。街巷格局在整个聚落中起控制作用。

同多数合院式民居一样，两湖地区的民居多以中小家庭为单位组织生活。这类个体家庭多数会营造向心围合式的大型宅第，而采用天井围合方式形成一至二进院落。但数世同堂的殷实的大家庭，其住宅天井院以纵向或横向增加组合，形成“大屋”格局，或可称为单元重复式空间组织（图2–22）。

以湘鄂东南部民居为例。这里的聚落一般倚山面水或背山临田，其庭院结构多是以天井为中心的内向封闭式组合院落，屋宇相连，平面沿轴向对称布置（图2–23）。民居随时间推移和人口的增长，单元还可增添，这符合大家族聚居的习俗。以空间的区位差异也能区分人群的等级关系，反映了宗族合居中尊卑、男女、长幼的封建礼制秩序。民宅前后空间也塑造了住屋渐进的层次。入口门廊和首进庭院是最具公共性的部分，向内逐渐进入半公共性区域如内院起居厅堂，最后是私密性最强的各个卧房（图2–24）。

图2–22　英山县南河镇段氏府第（谭刚毅、雷祖康　摄）

图2–23　桂阳方元镇方元村（谭刚毅　摄）

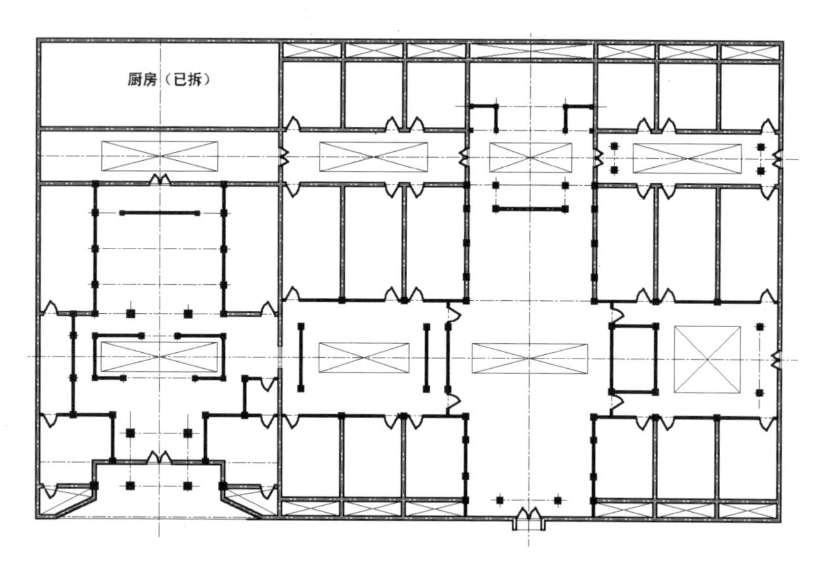

图 2–24　阳新枫林镇陈宅平面

二、道路交通系统

传统民居聚落的交通系统可分为入村（镇）道路和村（镇）内道路两个不同的层级。入村（镇）道路是连接不同聚落之间大路网体系的分支。血缘型聚落一般以村落形式出现，而业缘型聚落往往以集镇的形式较多。

两湖地区的血缘型聚落以家族聚居村落为主，其选址往往较为注重防御性，会与主要官道保持一定距离。因此入村道路通常是唯一道路，其一端连接主要路网（官道），一端连接聚落，在村口形成开放的节点。而某些山区聚落，另外会在村落后面形成防御性的应急道路，通向紧急避难场所。

业缘型聚落则以商业作为聚落形成的主要因素，作为区域聚落群中主要的商业节点，即更多地具备了商业城镇的特征。连接区域内不同村落的路网（官道）会在其内部通过或交汇，交汇处的路口会放大成为镇中心；而紧邻商业街道，也会形成连续密集的前商后住建筑群体。部分相邻建筑之间的狭窄巷道，则引向街区深处的居住部分。

血缘型民居聚落中的村落户外道路交通系统，大体又可分为环绕型、辐射型与网格型三种模式（表 2–1）。

血缘型聚落的室外道路交通系统　　表 2–1

类型	意象图	实例平面
环绕型		阳新县太子镇乐木林村
辐射型		罗田县九资河镇石头坂村
网格型		阳新县龙港镇老屋场

环绕型的交通体系，以一条环形主路作为主干，将聚落整体串联起来。这种形态的村落通常规模不大，在村口会形成聚集的中心。其空间特征往往与地形结合在一起，背后依靠山地，有明确的村前村后空间序列。

辐射型的聚落，其规模较大，地形也较为复杂，通常以祖祠、风水池等形成村落中心，从中心场地向各个方向辐射的道路将村落中各个部分组织在一起。

网格型的聚落规模大，在同一祖先之后分支较广，因此通过一系列网格型的交通系统将村落中各户组织在一起。从构成网格型道路的节点看来，可能具有多个中心，每个中心的空间标志往往是分支宗祠等公共设施。

除了聚落中的室外道路空间，以连通的檐廊和天井走道形成的檐下交通系统往往也是其重要的交通流线。村落中由于同一血缘关系，连通的院落体系之间并不界限分明，在村内人流交通中，这种室内道路空间的使用率一般更高。

业缘型聚落通常规模较大，其室外主干道路交通系统表现为与官道重合的商业街道格局。而每一个单一的前商后住单元往往由于血缘关系的淡漠与社会关系的强化，彼此之间是独立的，因此其室内交通体系不会成为公共道路的一部分。

三、通风隔热系统

两湖地区雨水丰沛，四季中春秋短、冬夏长，尤其是夏季时间长而酷热，并且雨热同季。因此在聚落形成过程中，通风和隔热是民居营建必须重点考虑解决的问题。

从聚落整体看来，街巷格局对村落小气候会起一定影响作用。小气候要素主要是阳光辐射、温湿度、空气流动等方面。两湖地区一般村落建筑多顺应地势和风向布局，密集而规整的街巷既是村落交通系统，同时也是村落通风的重要廊道。许多村落主要街巷走势与夏季主导风向一致，能有效起到通风效果，使得村落巷口小环境更加宜人。另一方面，由于村落内部墙高而巷窄，阳光照射有限，多有阴影而成冷巷（图2–25、图2–26）。而巷道尽端开阔街面和广场则是受阳光照射较多的“热场”，冷巷里相对温度较低的空气与街面“热场”进行冷热交换，形成天然对流的“巷道风”。

图2–25
鄂东村落冷巷

图2–26
湘南桂阳村落冷巷

两湖地区多采用单元重复式合院的民居形态。这种民居形态在当地通过空间组织和一些结构措施就能较好地适应不同的地理、气候环境。如湘鄂东部的传统合院式民居，利用开敞的厅堂、通透的门窗与天井、庭院、连廊、通道相互贯通，内外空间渗透融合，有利于空气的流动，导风效果明显。在建筑外立面处理上，也有很多利于通风的手段。如入口槽门设置，明间向内凹进1～2m，与檐口地面形成“口袋”状入口，有的与八字门墙形成“漏斗”状入口，直接把夏季风引向室内。槽门成了风口，因此门内的庭院以及门槛、石阶多成为村民夏季纳凉的好地方（图2–27）。

图2–27　鄂东村民纳凉的公屋槽门

图2–28　湖北通山民居阁楼

要创造宜人的民居室内小气候，隔热也是重要手段。两湖地区一般民宅出檐较深远，且天井并不大，这使得院内较为阴凉。另一方面，在湘鄂东地区民居中普遍设置阁楼的做法，对于房屋隔热起重要重要。一般情况下阁楼并不住人，在功能上只作为储藏空间。但阁楼在受热的屋面与住人的地面层之间形成一道空气层，有效地阻隔屋顶辐射热进入屋内（图2–28）。

地面抬高的木地板阻隔地下湿气（在农宅中，直接使用夯土地面是常见的做法）；还有用窄天井环包建筑外墙（也就是外层厢房外墙），使外层厢房可向天井开窗间接采光，而阳光又不会直接照射在房间外墙上，另外房间内通风效果自然也更好了（这种做法颇为巧妙，但在调节室内小环境方面所采用的生态而智慧的手段及其达到的效果相当明显）。因此，即使在酷热的夏天，进入民居内都感觉比较干爽凉快。天井、廊道、阁楼等等，民居中这种利用结构措施调节室内微气候的手段比比皆是，都起到积极的作用。

四、给水排水系统

水是生活、生产的重要保障，两湖地区水资源丰富，适合农业生产，因此本地区聚落在寻找合适生产生活水源方面没有很大困难。但由于两湖地区降雨充沛，山区多有山洪暴发，江湖流域亦常有水患，因此，两湖聚落向来重视村落给水排水系统。

一般说来，村落选址选择“负阴抱阳”、“背山面水”之山脚处，“依山造屋、傍水结村”（图2–29）。这样的选址是整个村落用水防涝的基础，能在保障用水的同时，保证地表水能自然排到低处，基地不会被水浸渍。

与中国其他地区的传统聚落、村落一样，两湖地区传统村落、聚落的选址是在传统风水理论的指导下进行的。然而通过对风水学说的简要分析，它也是一种充分考虑气候、地理、建筑环境，综合各方因素，具有一定生态观念和一定科学性的理论。在科学不发达的时代，两湖民居选择的

“风水宝地”也能一定程度满足村民舒适生活的生理、心理需求，以及稳定发展，乃至最利于抗涝防潮的合适基址。

山区村落大多以井水或泉水作为饮用水源。村落“后山”多有山泉，村民往往在山脚挖砌水井，承接山泉，作为饮用和洗涮之用（图 2–30、图 2–31）。讲究的井泉多以青石围砌三个以上水池。通常第一池为源泉，为饮用之水；第二池为淘米洗菜池；第三池为洗衣池。村里对水池使用有严格规定，村民均严格遵守（图 2–32）。

平原村落多以掘挖吊井蓄积地下水作为饮用水源，而洗涮多在池塘或河流。

在排水方面，一方面由于村落多依坡就势布局，一般引沟渠从村后通向两侧，再接入村前水塘和溪流。在村落内部，常常在房屋四周石板巷道之下或一侧设明沟暗渠用于排水。两湖地区大量天井院建筑，屋面雨水通常汇向天井，再由天井下的几条暗沟排向室外巷道沟渠系统，最终排入村边低处河塘或田野。本地民俗视水为财，因此天井排水口多雕刻成铜钱样式。天井汇水，常称为“四水归堂”，“肥水不外流”（图 2–33）。

图 2–29　浏阳白沙镇依山傍水聚落

图 2–30　鄂东石头板湾山溪上游（谭刚毅　摄）

五、安全防卫系统

两湖传统民居的安全防卫系统，与其他地区传统民居相类似，一般由聚落和单体两个层次来完成。

聚落层次上，安全防卫系统首先关注聚落的选址。

至今保存完好的传统村落，其选址往往考虑了传统的风水因素。而传统风水理论中所包含的建筑选址科学因素仍然是值得重视的内容。聚落的选址往往位于风水中的吉位，其中通常包含了对水旱灾害、匪盗兵燹的考虑，但往往被加上了神秘化的包装。实际上考察这些村落，其选址往往位于山水之间，其基准地坪高度的选择通常是综合考虑了取水便捷与防洪安全的结果。在以山水环境取得良好通风、采光等物理环境的同时，也考虑了村落相对独立的位置，并考虑了避难防

图 2–31　鄂东村落水井

图 2–32　湖北大冶水南湾泉池

图 2–33　鄂东天井四水归堂

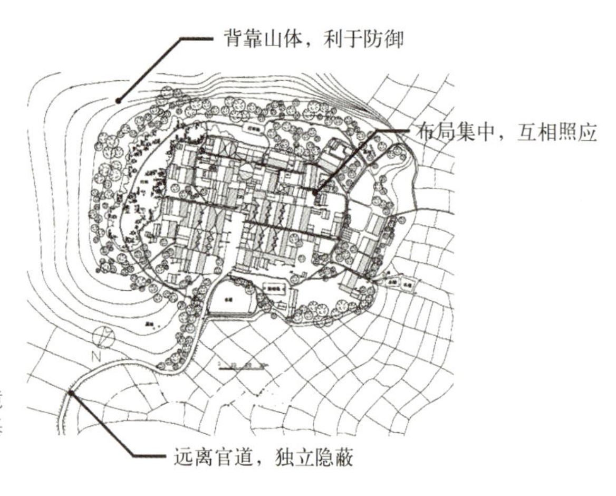

图 2–34　村落环境的安防格局——基址选择

守的安全措施，对于各种可能的自然与人为灾害都有着较充分的考虑。

在聚落形态上，通常以集中的整体规划来强调防卫性。居住集中，使得村落中各家各户能够互相照应，加上传统的宗族文化与民风培养，村落对抗个别匪盗的能力十分强大。有时村落的道路形态较为复杂，这对于村落民众而言是其自然生活方式的一部分，但对于外来匪盗而言，可能就又是一种防御手段（图 2–34）。

在鄂西北等地区，许多村落至今可以看到一座座高出一般屋面一层以上的望楼。望楼设置之初根本的功能需求就是安全防御的作用，其防御对象为当时的匪盗，属于民间自主的防御工事，在明清技术不太发达的时代能起到相当的保护作用。望楼一般高 2 ~ 3 层，设置于地势高处，对于观察周围情况提供便利，在交通不发达的明清时期，望楼可提前提供敌匪来袭的预警；同时，望楼本身体量高大、坚固，在建筑外围结合寨墙本身就是一道防御工事，望楼上开有很多射击孔，架设枪炮，对付进攻武器还多是冷兵器的一般匪盗已经绰绰有余（图 2–35）。

在生存条件较艰苦的地区，兵匪之乱较多。针对此点，通常会以村落为单位，综合设置防卫与避难设施——在鄂东、湘鄂西山区，堡垒化的聚落形态并不罕见，如鄂东的“蕲黄四十八寨”，鄂西的南漳地区堡寨群体，湘南江永某些山地防御型聚落等（图 2–36）。许多聚落依托自然的山地丘陵，在高地上建造堡垒化的居住群落，作为防守避难的场所。日常在堡寨中备有存粮，合理安排有水源，以备灾害时防御避难。

单体层次上的防卫设施，则多以复杂的院落空间组织和坚固的建造材料得以体现（参见第 3 章关于府第、大屋的相关内容）。民居建设首求坚固，外墙材料在有条件的情况下尽量以砖石为主，综合考虑了防洪与防盗。建筑单体往往墙高壁坚，在二楼多设有连通的回廊，便于调配防守力量。同时院落、房间之间的门户交通较为复杂，通过关门落锁，很容易将空间加以区隔，便于防守一方对入侵者各个击破。其对外开口数量严格控制，一般只有较少的出入口，便于集中力量防卫。在最为关键的大门区域，有时还设置有多重

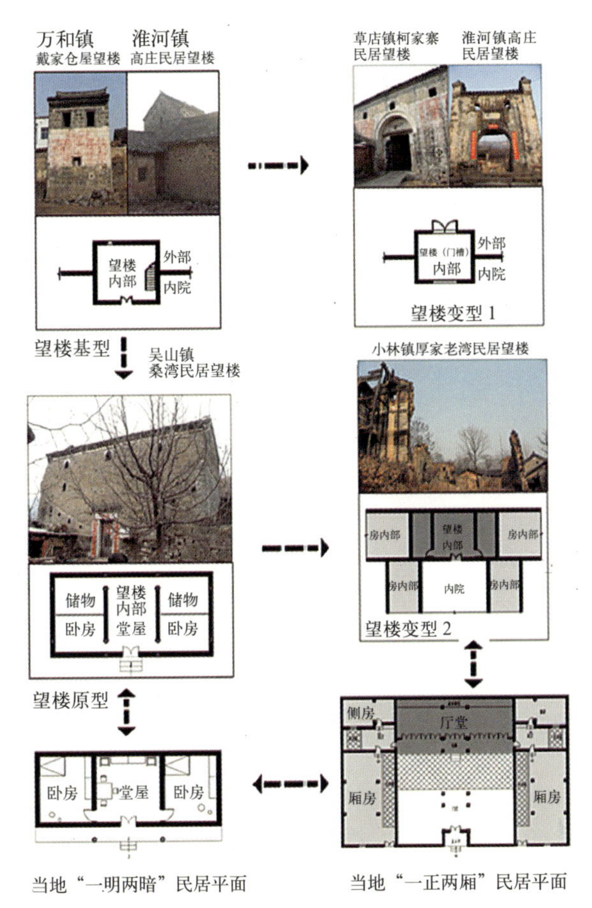

图 2–35　鄂西北望楼类型及其变异形态（殷炜　绘制）（左）

图 2–36　江永勾蓝遥上村石寨门（右）

防御的设计，针对火攻等手段均考虑了机关设施加以应对。外墙上的门窗洞口较少，通常都用砖石加固，有时还在外墙上门户旁边开有火枪射击用的射击孔（图 2–37）。

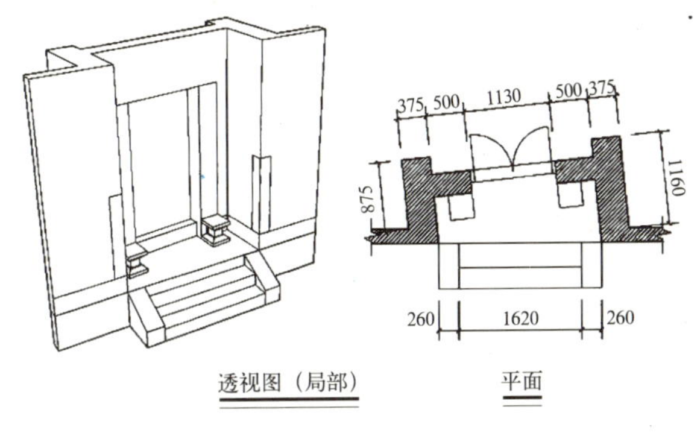

图 2–37　坚固的入口门洞

注释：

[1] 陈志华：《乡土建筑研究提纲——以聚落研究为例》，载《建筑师》(81)。

[2] Jay，Appleton，EXPERIENCE OF LANDCAPE，Chichester，New York，John Wiley & Son，1975.

[3] 李晓峰：《乡土建筑跨学科研究理论与方法》，209 ~ 210 页，北京，中国建筑工业出版社，2005。

[4] 杨国安：《明清两湖地区基础层组织与乡村社会研究》，28 页，武汉，武汉大学出版，2004。

[5] 民国《湖北通志》卷二十一《舆地志 · 风俗》。

[6] 同治《汉川县志 · 风俗》载：“汉川四周皆水，湖居小民以水为家，多结菱草为簰，覆以茆茨，人居其中，谓之茭簰，随波上下，耕时牲畜咸在其中。”“垌冢一带土瘠民贫，秋成即携妻子泛渔艇转徙于河之南、江之东，采菱拾蚌以给食。春时仍事南亩，习以为常。”

乾隆《岳州府志》卷九《风俗》华容县“华容面湖，夏秋霖潦，即被水患。中民之产，不过五十缗，多以舟为居，随水上下。渔舟为业者，十之四五”。

嘉庆《巴陵县志》卷十四《风俗》：巴陵县“水居之民系以网罟为业，编号完课。有钓艇，有篷船，娶妻生子，俱不上岸”。

同治《汉川县志》卷二十一《艺文志下》：汉川竹枝词“六成船户半船居，陆地无家税可除。似较王尼车更好，江湖到处是我庐”。

[7] 荆襄流民起事：明成化元年三月，流民首领刘通（号刘千斤）联合石龙（号石和尚）、刘长子等，在房县立黄旗聚众起事，集众 150 万，称汉王，攻襄、邓，屡败官军，官府视之为“盗贼渊薮”。明廷派工部尚书白圭为提督湖广军务，入山进讨。次年闰三月，刘通兵败被擒，十月，起事失败，白圭在流民中推行强制附籍与发还原籍的政策，导致成化六年流民第二次起事。右都御史项忠受命为总督，俘其首领，并勒令流民选丁，戍湖广边卫，余归籍给田。在官府强行驱迫下，流民不前即杀，戍者舟行多疫死。朝廷为防事态扩大，于成化十二年派左都御史原杰抚治荆襄流民，设置郧阳府与湖广行都司，流民附籍后，垦辟老林，从事农作，开发资源，荆襄山区逐渐民户稠密，商旅不绝。

第三章　两湖各区域民居

本书所涉及的两湖民居研究地域范围，大体涵盖湖南、湖北两省。为表述方便，大致按照图 3–1 中所示区域划分分别进行介绍。虽然这种按照行政区划的方式进行研究和论述有其局限性，但终究行政区划的形成有其自然环境和长期历史文化积淀的原因，在具体的文化和建筑表现上也有其相似性，因而这种叙述方式也有其合理性。

其中鄂东南、鄂东北、鄂西北、湘东、湘南民居如图中区域所示 [1]，江汉平原与洞庭湖流域主要包括江汉平原与湘北地区，湘鄂西则指湘西及鄂西山区，峡江民居主要为长江三峡湖北段的民居。对照图 1–1 我们约略可以感受地理形态和行政区划的历史变化。

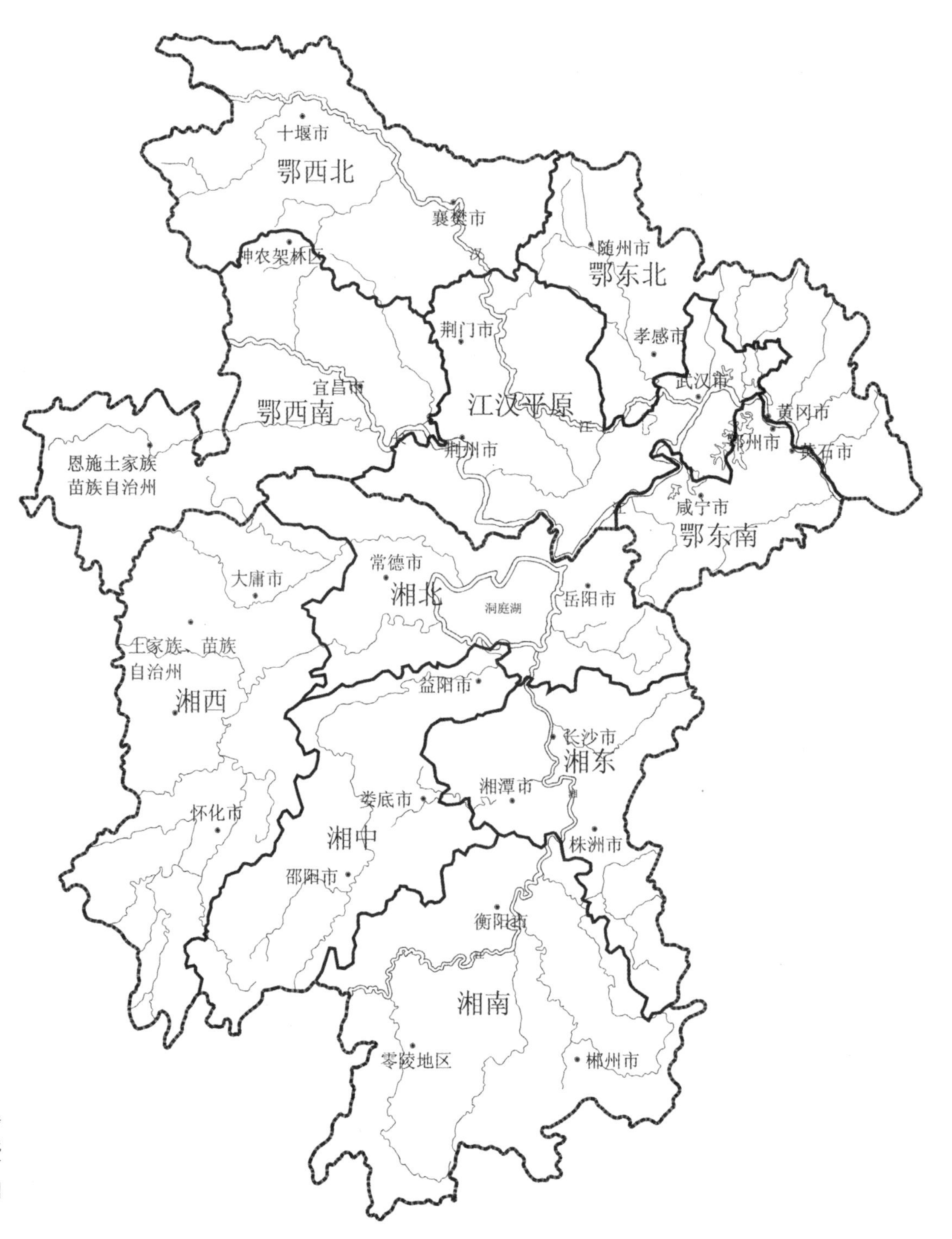

图 3–1 本书所涉及的两湖民居研究地域范围划分（万谦、潘伟根据中国地图绘制）

第一节　鄂东南

一、区位与自然形态

鄂东南通常是指湖北东部长江以南的地区，包括黄石、大冶、阳新、通山、赤壁、崇阳等市县域，与湘、赣、皖三省接壤。鄂东南地理特征主要以地貌复杂的山地、丘陵为主。主要山脉为蜿蜒于湘、鄂、赣边境的幕阜山脉，略呈西南—东北走向。此外还有罗霄山、九岭山等山脉，形成丘陵与小盆地交错分布，山间谷地河流纵横，溪泉密布的复杂地貌。该地区夏热冬寒，四季分明，属北亚热带季风气候区。水土丰美，适于粮食作物和其他经济作物的生长。

鄂东南地区，有起伏连绵的山岭，亦有丰富蜿蜒的水系。长江及其支脉河流以及大量湖泊组成水系网络，孕育了这里厚重的民间文化和乡土环境，为该地区形成多种不同地域民居建筑提供了最基本的物质条件。温和的气候为人们的栖居提供了良好的条件，复杂的地貌为本地村落提供了多样的布局方式。因此该地区成为迄今传统民居建筑遗存十分丰富的地区。

二、文化渊源

鄂东南乡土建筑遗存较丰富并且在村落布局、民居形态上具有明显的特征性。由于地理上与周边省份相连，在气候条件、地形地貌上具有一定的相似性，因而民居建筑在自然生态适应性方面与周边地区存在共性特征。另一方面，历史上这一地区是“江西填湖广，湖广填四川”移民运动的典型移民通道，因此民间文化受到当年江西等经济文化较发达，宗族组织较严密地区的影响，并随人口流动而交流频繁。这也是其间民居形象具有一些共同特征的重要原因。然而，本地区数百年定居于此的居民，在复杂的自然生态环境中生息繁衍，也逐渐形成自身较为独特的聚居文化，使得该地区人文环境也具明显特征性。这些特征从村落形态、单体建筑类型以及结构系统、建造方式、装饰风格等方面中均有充分的体现。

三、民居主要特点与表现

（一）村落

鄂东南传统聚居方式以宗族血缘型聚落为主。多数为早年从江西移民而来的家族定居发展而成。其特征是大量村庄皆为单姓聚落，如通山宝山村为舒氏家族村落，大冶水南湾为曹氏家族村落等。村落形态受自然山水格局影响较大。通常为了获得最佳的生活资源，聚落选址主要在背山面水或背山临田位置，大多靠近山脚，顺应等高线展开，不占可耕田地，亦无渍水潮湿之患。村落通常背山面水，而并不一定强调负阴抱阳，因此村落整体朝向未必向南。这类村落格局除受自然要素和风水理念影响外，还更多受到家族组织的影响。如各类祠堂的分布对村落居住组团格局的制约非常重要。现存的传统民居中，建筑类型较为丰富。既有大量的居住建筑，包括权贵府邸和平民住宅，又有多种类型和级别的祠堂。此外，还包括街市店铺，以及具有明显特色的牌坊屋、廊桥等。

（二）宅第

天井院是鄂东南传统民居最基本的空间组织方式。大的宅第往往由多组天井院纵向或横向延展、组合而成，即形成所谓数十个天井的颇具规模的“大屋”。一组天井院就是一个居住单元，通常包括门屋、天井、面向天井的厅堂、厅堂两边的房间（耳房）、天井两侧的厢房以及联系这些房舍的廊道等要素。在厢房的另一侧常常还辟有小天井，用于解决厢房和正屋梢间的通风和采光问题。因此，一组居住单元通常有一个主天井及两个小天井组合而成。

这里的典型住宅一般采用“三间制”或“五间制”的形制，即一个居住单元通常为横向“三开间”或“五开间”。因此，可以用“五间三天井”或“三间一天井”来表述其居住单元规格。大的宅第多为“五间三天井”的横向或纵向的组合。

鄂东南典型民宅多为两层。上层为阁楼，层高较低，通常不作为居住空间，而作为储存仓屋。阁楼在功能上虽为辅助的储藏空间，但其在屋面与地面层之间形成的夹层空间具有通风隔热效果，使得地面层居住空间热舒适性得以较大改善。

鄂东南大的宅第常常居住数十口人，分别按辈分等级居住在多重院落的不同房间，体现尊卑有序的礼制观念。以四进天井院落为例，通常前院为仆人居住，第二进院多为主人日常起居之所，而第三进院落一般为妇女日常活动的场所，最后一进院落面向天井通常设祖堂，或称“家祠”。天井两侧的厢房，多作为晚辈卧室或储藏空间。

鄂东南传统宅第主立面一般也呈现五间或三间的单元组合特征，可以看出明显的轴线对称关系。由于受山区村落不同的基地条件的影响，许多住宅布局处理也十分灵活，如两侧加减一个开间等皆有可能。建筑外墙一般以石基清水砖墙为主。墙体近檐口处以叠涩处理，退进的入口开间常以白灰粉刷。墙檐常以水墨彩绘勾勒或灰塑装饰，为青灰色墙面镶上一道白底彩绘的轮廓，增加了建筑的神采。

“退步”的槽门——在鄂东南地区，宅第通常设槽门以强调主入口。槽门一般设于当心间中轴线上，即由当心间的外墙向内退进一段距离而形成。通常退进约1.5～3m不等。这种入口退步的做法，自然形成一间高大的入口门廊，成为居民进出家门十分便利的过渡空间。门洞口多用上好的石料镶砌成“石库门”，石过梁上和门头转角常常雕刻有装饰纹样甚至狮龙浮雕；而无论宅第规模大小，门头上方必有一处以砖砌叠涩或彩墨线描镶边的牌匾样白底方框，上书“声震荆南”、“绪衍南州”、“室蔼莲香”等字样，以示屋主地位身份。槽门的檐下部分也是装饰的重点，一般设一道横置的梁枋以承载外挑的屋檐，称“看梁”，而檐下则常以曲面的拱轩作装饰。

偏转的“斜门”——鄂东南民居入口常见偏转的“斜门”，给人很深的印象。所谓“斜门”，即入口门墙并不平行主立面墙体，而是有一定角度的偏转。两湖民间笃信风水，普遍认为门的朝向直接决定了一户的人脉财势兴衰。在鄂东南，由于受到村落整体结构的影响，某座单体房屋的位置、朝向往往相对固定，而槽门却不受主体建筑轴线方位的限制。槽门的朝向和正房的朝向是由风水师分开测定的，在风水说中有不同的理论依据。这样，风水定位的结果，往往使得槽门可能不正对正房，有一定角度的偏转。

总之，为了获得最佳风水，风水师通过调整大门的角度来解决朝向问题，如正对山尖或斜坡被认为“不吉”，故阳宅入口常常被调整到正对一处被认为是吉利的象征的山坳，称“笔架山”，或“马鞍山”等。

（三）祠堂

鄂东南传统村落多为聚族而居的血缘型聚落。祠堂成为村落的形态格局的主要控制要素。作为村落或组团最重要的也是最高级别的建筑，祠堂往往坐落于村落最佳风水吉地。祠堂在外观上明显突出于其他房舍。除了建筑体量比较高大外，入口立面、山墙的处理都有其独特之处。最具特点的是那极富动态气势如游龙般的高高的云墙，当地人称“衮龙脊”，在整个村落中尤为突出。

从功能上看，祠堂建筑既是礼仪化场所，又是村中居民的娱乐中心。祠堂最主要的功能是祭祀。因此，为祭祀仪式而设置的一系列精细的陈设，如祭台香案、牌匾等，以及享堂、鼓乐楼等中轴对称的布局，凸显出肃穆的礼仪氛围。而与之对比鲜明的第一进院落，却是一个相对世俗化的空间，通常是村民集会和举行庆宴的场所。鄂东南许多祠堂均在前院中设戏台。大型祠堂在这个院落两侧还设置敞廊、酒厅。祠堂的这部分显然兼具活动中心的功能。

鄂东南的祠堂依其规模、形态可分为三类。

其一为宗祠，或称总祠，是同一血缘宗族为祭祀其始祖而设立的主祠。依其宗族规模，宗祠可能为一村或多村共建而成。其位置在村落中最为重要，往往独立设置于村口或村落中心。

图 3-2
宝石村远眺

其二为支祠，多与居住建筑联合布局，为家族中支派祠堂。这类祠堂有一定规模，并明示为“宗堂”或称“公屋”。在布局上通常与周边住宅或其他建筑联为一体，这些建筑可能是书院、学堂，当然更多的还是宅第。

其三为家祠，基本上附属于住宅，一般在宅第之间或宅内。有些就是住宅最后一进堂屋，供奉该家族先人牌位，通常称祖堂。这类家祠的位置一般在整栋宅第的中轴线上。

（四）牌坊屋

牌坊屋是鄂东南地区现存的一类特殊形制的建筑，其特点是牌坊与一房屋组合为一体。鄂东南牌坊屋是一种可用来遮风避雨的房屋，功能上兼具住屋、纪念性和教化意义。一般在建筑主入口利用牌坊的构架，按牌坊的规格建造，在立面上增添装饰性构造，如增加牌匾和横枋，使层数增高等，使房屋主立面保持了牌坊的精美和纪念性。牌坊屋结合建筑墙体建造，无需高规格石材，仅需砖砌即可，是一种相对节约的灵活建造方式。

四、主要类型与典型实例

（一）宗族聚落

1）通山宝石村

宝石村位于通山县闯王镇。据《舒氏家谱》记载，宝石村于明朝初年建村。当初舒氏家族先民为了躲避战乱，从江西右江迁移而来并定居于此。历经数百年经营，明末清初达到鼎盛，宝石村发展为三大份若干房的宗族组织。宝石村的地形很符合形势堪舆家的理想模式（图 3-2）。村落的位置恰好是在丘陵地带中间四周环山的缓坡地带。自西南向东北流向的宝石河穿村而过（图 3-3）。这种可耕、可樵、可居的地理环境应该是舒氏先祖定居于此的前提条件（图 3-4）。

宝石村民居群分布在宝石河南北两岸。现存明清建筑 30 余栋（图 3-5），占地 1 万 m^2 以上，建筑形制包括住宅、祠堂、商铺三种类型，北岸 10 余栋保存完好。

从布局上看，宝石村坐落在地势较为平缓的河边坡地。宝石河将村落分为南北两部分。两岸原由舒氏宗祠前的木拱桥相连。村落的主要道路平行于河岸线，垂直于河岸线的多为次一级的道路和小巷。街巷大多曲折蜿蜒，宽窄不尽相同（图 3-6）。窄的不到 1.5m，宽的也有 3 ~ 4m。

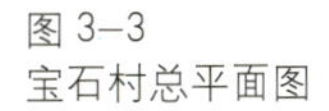

图 3-3
宝石村总平面图

图 3–4 族谱中的宝石村图

图 3–5 巷道天际线

图 3–6 村宅外观

图 3–7 水南湾总平面图

北岸建筑大多顺应街道布置，平行于河岸。祠堂占据了村落中的最佳地理位置，各房派住宅多以祠堂为核心依据血缘关系层级建造。舒氏宗祠为舒氏宗族的总祠，位于宝石村宝石河北岸中段，与南岸民居群隔河相望。宝石村北岸的地形风水师用“双龟下河”来形容。舒氏宗祠四进五重，占据了从龟颈到龟背的地段。第五重作为祭祖的场所，更是占据了村落地势的最高点。宝石河南岸，则有一条平行于河岸布置的商业街。

从村落结构上看，宝石村南北两岸布局结构有显著不同。北岸主要是团块式的。大体上说，是一个房派的成员的住宅簇拥在这个房派的宗祠或者“祖屋”的周围，这些团块再组成村落的主要部分。这种结构原则体现出了血缘村落的宗法组织关系。而南岸却不同，其结构方式为线形和团块式组合型，是商业街市和居住组团的结合，部分体现业缘型聚落的基本特征。

2）大冶水南湾

水南湾位于湖北省东南部大冶市，大箕铺镇东山西麓，距大冶城区 13km，315 省道斜村而过，是大冶市与阳新县交界处的一个古村（图 3–7）。据曹氏家谱记载，水南湾的这一支曹姓族人，于明朝万历年间（1573 ~ 1620 年）从江西瑞昌迁居而来。村落耗时 13 年修建完成。

水南湾坐东朝西，背依青山，面向开阔的田野（图 3–8）。村落建构布局是以“九如堂”为中轴展开的。九如堂是水南湾的曹氏总祠，它和广场以及水池形成了整个村落的中轴线（图 3–9）。作为村里的重要活动场所，其内九重门连通两旁上百间横屋，使整个家族浑然一体，共有 36 个天井，72 个槛窗。“气势恢弘的九如堂，其内九重门连通两旁上百件横屋，呈中轴对称式结构，使整个家族浑然一体。”

水南湾传统民居注重生活的实用性。走进民居，跨进堂屋、正屋、厢房、耳房，梁枋忽高忽低，开间骤大骤小，光线明暗变化，房屋的采光、下水道、通风口等布局合理、错落有致。通常是三进房屋，每进之间都有天井。采光、透气、排水以及宅院安全等方面安排合理。

水南湾古民居处处可见雕梁画栋，其木雕、石雕、砖雕“三雕”艺术，题材广泛，大致分为日常生活、伦理教化、神话传说、戏文故事、花鸟虫鱼、书文楹联六类，体现出巧夺天工的神思与匠心。

3）浮屠玉琬村

玉琬村位于阳新县浮屠镇，是一个历史格局保存比较完整的村落（图 3–10、图 3–11）。在鄂东南玉琬村也是规模比较大的村落。全村多达千余户，人口 6000 左右，多为该村李姓后人。

玉琬村是血缘型聚落，李氏始祖从江西迁入应在明朝（族谱开始有记载）或之前更早的年代。村落有着典型而又特殊的村落结构和布局方式，主要体现在地缘关系与血缘组织共同作用方面。具体说来，体现于与自然环境的协调和宗族组织维系两方面。

从自然条件看，玉琬村选址于山间的一片平缓地段，背依绵延的山脉，坐东南朝西北，沿山坳呈扇形展开。村前的溪流，蜿蜒曲折，宛如一条玉带。据称玉琬可能得名于此。村落格局符合中国风水理论中村落选址背山面水的要求，主要道路大体上也与山体走向一致。村子顺应山势展开，与地形结合十分有机和谐。山的走势和几条主要道路限定了村子的基本结构。

宗族组织对玉琬村格局有相当的影响，主要体现在祠堂的分布及其作为中心的作用。李氏宗祠是整个玉琬村李氏家族的总祠，位于村落的核心地段，也成为村子的控制中心。事实上，该祠堂除祭祀功能外，还是家族聚会、酒宴、观戏的活动中心。直至当今，李氏宗祠还是本村的小学校园。玉琬村自然发展成三个片区，每片均设有 1 ~ 3 个支祠（公屋）。现存五个公屋分布在周围不同区段，又成为与之相应支派家庭住屋的核心，形成明显的组团格局。民宅与公屋结合紧密，可以与公屋共墙，并在共墙上设入口，也可以通过巷道与公屋相连通。

图 3–8　水南湾俯瞰

图 3–9　水南湾九如堂

图 3–10　玉琬村总平面图

玉琬村有多处保留比较完好的民居，其中规模最大、规格最高的当属李衡石官厅光禄大夫宅。此外各时期建造的房舍虽在单体形式上有时代烙印，但布局上大多遵循村落既已形成的格局，因此村落结构保存比较完好。

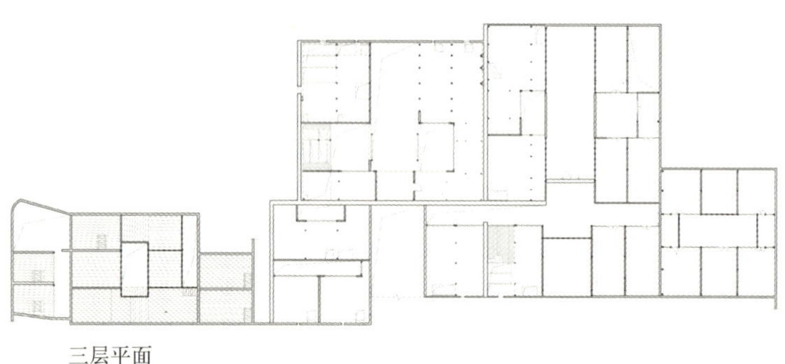

三层平面

二层平面

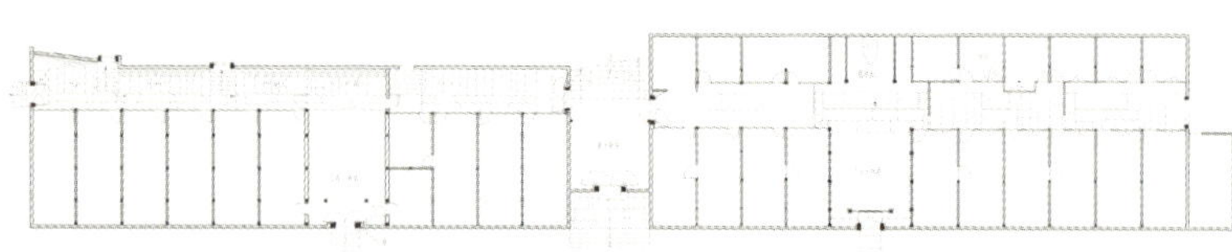

一层平面

图 3-11　玉琬村宅第鸟瞰（上）
图 3-12　扬州村平面图（下）

4）排市扬州村

扬州村位于湖北省阳新县排市镇，地处幕阜山脉北麓，东南临近江西瑞昌（图 3-12、图 3-13）。扬州村人大都姓李，据李氏宗谱记载，明万历年间 [2]，李氏怀楚公迁至兴国州（今湖北阳新县）厚岭山马峰尖杨树坑堡居住。李氏先人清代为官，曾受康熙钦赐家训 [3]。

扬州村中最重要的建筑——李家大屋，其选址符合标准的"风水宝地"择地模式。其北有主山、坐山为屏障，左右有"青龙"、"白虎"二山环抱，前有河流蜿蜒经过，水前又有案山对景呼应。基址恰处于这个山水环抱的中央，内有良田，山林葱郁。"吉地不可无水"，村中有泉眼两处，泉水绕村中经老屋前交会，蜿蜒而过，满足了日常生活的需要。"有山泉融注于宅前者，凡味甘色莹气香，四时不涸不溢，夏凉冬暖者为嘉泉，主富贵长寿"，正符合了风水学中择水模式。

大屋是一栋保存较好，较为完整和成熟的多串堂厢式住宅。大屋体量庞大，占地面积约 17635.85m^2，面宽达 72.35m，共有大小天井 18 个。平面看似复杂，但分解来看，由三个并联单元组成，即三落。其中中间一落是主要单元，为"五开间三进式"，其主入口平面为鄂东南地区典型的"退步"形式。右边一落设有戏台。大屋的剖面空间独特和精彩，"三进"院落均在不同标高处，在第一进天井处，依地形设台阶逐级而上，使得室内空间颇具气势且富有层次，这种处理手法在鄂东南地区传统民居中颇为少见。

5）三溪乐木林

乐木林村位于阳新县三溪镇，是一个相对较小的村落（图 3-14）。全村约 30 余户人家。其位置在丘陵中间的缓坡地带。山坡上遍植绿树，郁郁葱葱，形成一道绿色的屏障。村落背依高坡，面向西面广阔的田地和池塘。小村基址一直被称为一块风水宝地。村子的东边种有一片竹林，为村子增添了雅致的景观。

乐木林村是一座小型血缘型聚落。乐氏祠堂（公屋）位于村子的正中央，民宅均围着祠堂进行布置。祠堂前有较宽阔的矩形场院，三面围合，向西开敞而获得开阔的视野。该场院为进入小村的入口广场，既有集散、交往功能，又成为村民晒谷的好地方。场地前方还有较大的水塘，几棵大树矗立在旁边，成为村民夏天纳凉聊天的好去处。

整个聚落的民居保存得都比较完好，以天井院民宅居多，偶尔穿插着一些新建的小平房。民宅规模较大的有三进房舍，内向封闭，内外界限明确肯定，私密性较高。住宅多为硬山瓦顶，砖木结构，硬山搁檩。大木构架有抬梁和穿斗两种。聚落的街巷大多曲折蜿蜒，宽窄 1.5 ~ 3m，不尽相同。

6）太子大屋李村

大屋李村是位于阳新太子镇旁父子山脚下的一座不大的村落（图 3–15、图 3–16），居民均为李姓。村落的历史可上溯到明朝末年，李姓祖先从江西辗转迁至太子镇，在父子山下停留下来，从此开基垦田，造屋建村。历经400余年生息繁衍，逐渐发展成若干村落，大屋李村是其一。

大屋李村的民居建筑群古朴厚重，高高的马头墙掩映着参天大树。虽历经沧桑，历史风韵尚存。基于当地血缘聚落整体营建理念而形成的聚落格局依旧清晰。村落整体的营造当由位于轴向位置的祠堂（公屋）生发而来，分别向左右两翼横向展开。公屋入口方向或因风水关系与主要轴线之间存有夹角，并且正对村前的水塘。纵向延伸的四进天井院落分别向东西两翼开设门洞，延展出去形成村落的鱼骨状巷道骨架。巷道两旁民宅或以单栋建筑或以合院形式进行组合，构成一定规模的村落主体结构。

大屋李村中保存的单体民宅多为两进天井院，在规模上并不算大屋，但诸多宅院紧密簇拥祠堂布局的方式，则组合成连体的有一定规模的建筑群。此或可为村名大屋李的由来。

（二）宅第

1）通山王明璠大夫第

王明璠大夫第位于通山县城外 7km 处大路乡。这是一组清末建造的“复合天井院”式联体大宅院。府第主人王明璠，通山人，为清咸丰年间举人，曾任江西上饶、南康、瑞昌、萍乡等县知事，同治十二年（1873 年）告老还乡居此宅院。“大夫第”是王明璠兄弟二人的府第。

图 3–13　扬州村鸟瞰

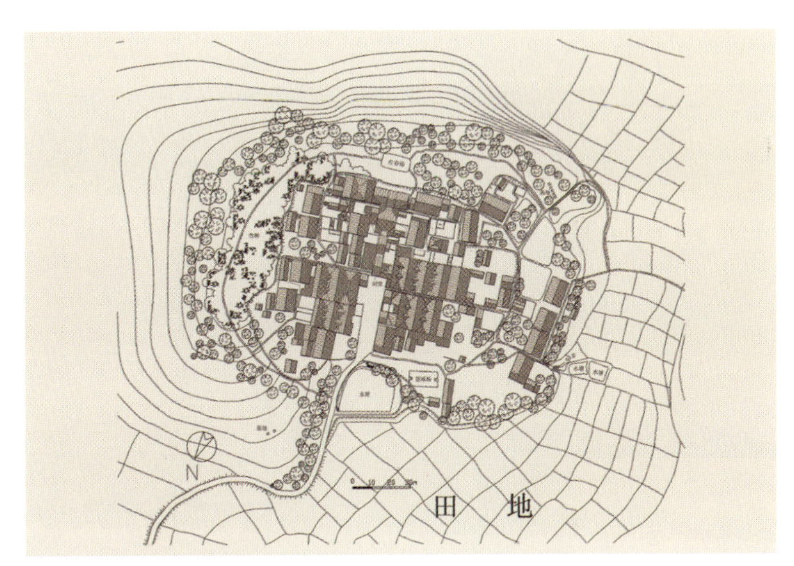

图 3–14　乐木林村总平面图

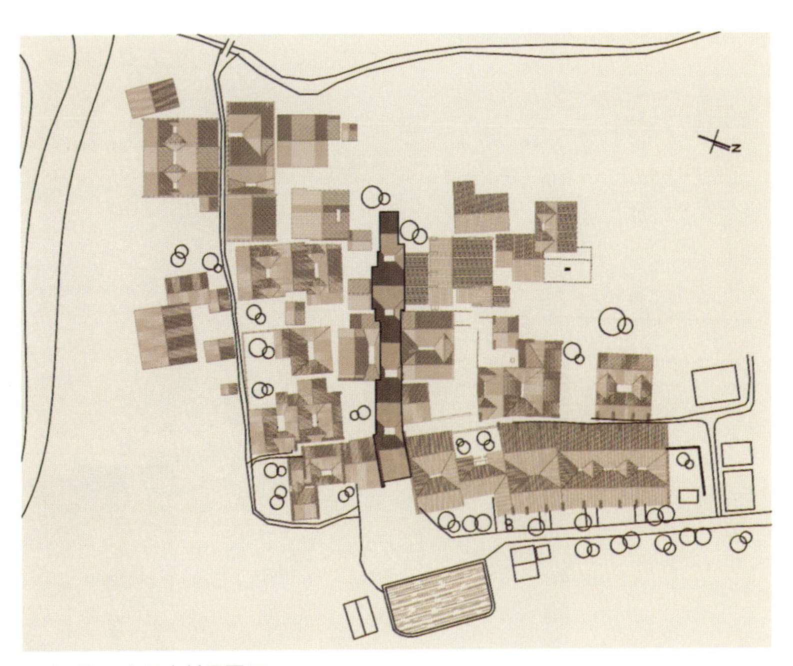

图 3–15　大屋李村平面图

图 3–16　大屋李村口民宅

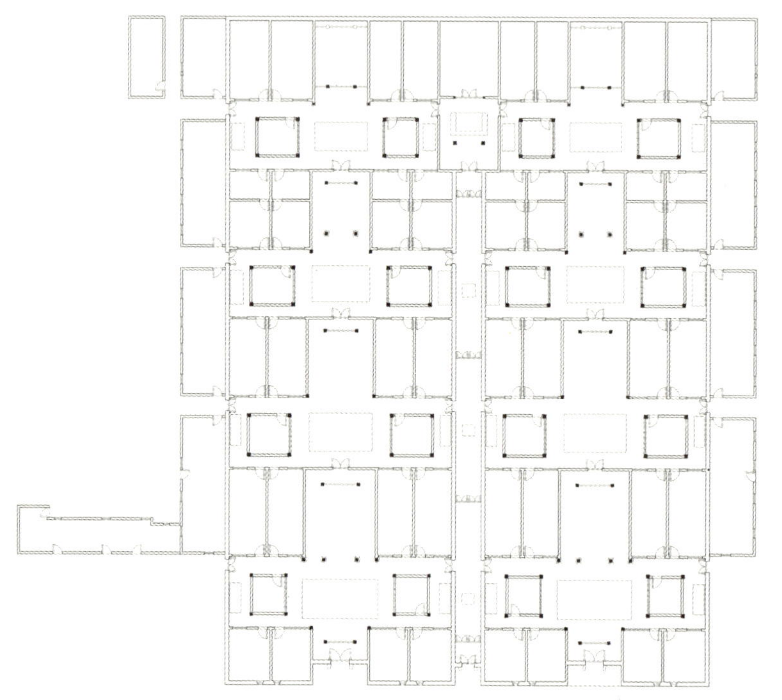
图 3–17　大夫第平面图

图 3–18
大夫第外观

府第坐西北朝东南，占地面积近 3000m²，共有 28 个大小天井。从平面上看，这座宅第布局相当规整，属于鄂东南典型的“祠宅合一”的格局（图 3–17、图 3–18）。整栋建筑由左右两组宅院和中间祠堂三部分组成。分属两兄弟的两组宅第由居中的“宗祠”（实为家祠）相连接（图 3–19）。宗祠仅为单开间，前后由 4 个小天井串联，形成明暗相间的狭长的廊道空间，直达后端祖堂（图 3–20），形成整个宅第的中轴线。左右两路宅院均为四进院落，各有门庭、前厅、中厅、后厅、祖堂及厢房（图 3–21）。两路宅院以天井为中心对称布局，厅堂空间高大宽敞，与周围其他房舍对比鲜明，足见房主当年的身份地位非同一般。作为家族公共空间的家祠，每进均有阁楼，为家族公共的“仓楼”。至最后一进祖堂，面阔加大，天井前设阁楼如小戏台，上有八角形藻井，绘八卦图样。檐下施如意斗栱，阁楼栏板、挂落雕饰精美。

主立面同样展现出严谨的对称格局。正立面入口有三处，中为祠堂入口，上书“宗祠”，两侧则是规格相近的宽大的宅门。入口处理属于鄂东南地区典型的“槽门”做法，每一入口檐下均设一道略向上拱起的“看梁”，上有彩画和雕饰，并承托其上的檐口轩拱。由于“祠宅合一”的格局，中间祠堂屋顶以及两侧封火山墙均做成云墙式样，称“五花猫拱背”或“衮龙脊”（图 3–22）。这些云墙根据房屋山面和院落外墙高低有节律地起伏，从正面一直绵延至后墙，宛如数条游龙，列队潜行，为这座严整的宅第增加了灵动的气势。

2）熊家大屋

位于通山县岭下村的熊家大屋，为清朝末年建造的连体大屋（图 3–23），主人为清末武举人熊占鳌。主入口门匾有墨书“声振荆南”四个大字，颇有气势。坐南朝北的熊家大屋选址也十分讲究，中路主轴线正对宅后的山脊，而正面向北是开阔的农田（图 3–24）。主入口为槽门做法，却与主轴线不平行，而向西北偏转一角度，正对远处笔架形山峰，显然为了获得好风水。

图 3-19　家祠入口

图 3-21　厢房

图 3-20　家祠祖堂

图 3-22
屋面与衮龙脊

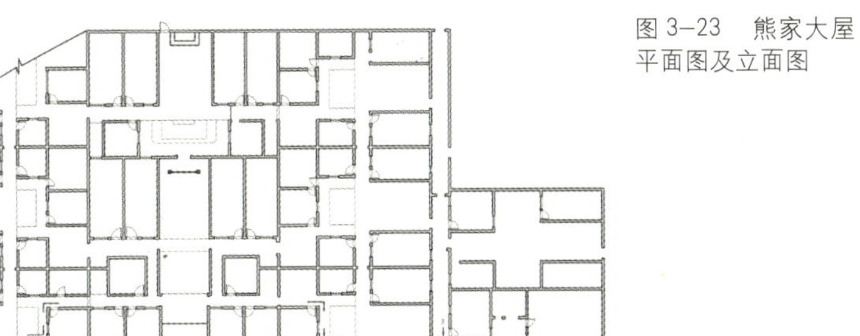

图 3-23　熊家大屋
平面图及立面图

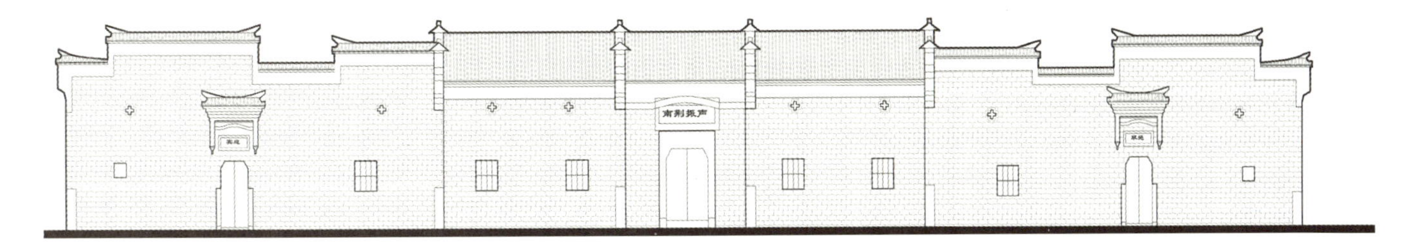

图 3–24（上）
熊家大屋北向外观
图 3–25（中）
熊家大屋俯视
图 3–26（下）
光禄大夫宅外观

该建筑为砖木混合结构，墙体承重，开间并不大，做法在鄂东南较为典型（图 3–25）。

大屋在布局上秩序井然，分为中路和左路、右路三部分。左右基本对称，向心性极强。中路部分为较典型的“五间三天井”格局。由于大屋紧靠山体，房舍南北纵向发展受到限制，因此主轴线上仅有前后两组天井院，最后一进为家祠，或称“祖堂”，供奉着该家族祖先牌位。

中路宅院两侧，是各有三组天井院的东西两路房舍。其布局与中路不同，并非沿南北方向层层递进，而是垂直于中路轴线铺展。所以，北向主立面两侧高低错落的马头墙，实为东西路宅院的山墙。正面共三入口，除中间宽阔的主入口槽门外，还有东西两路较窄小的侧门。侧门规格虽不大，但设计也颇为讲究。除方形石门墩、门槛与中间正门完全相同外，门上部还有砖砌盖瓦的精致门楼，颇似木构垂花门样式。门楼下方嵌有白底黑字的牌匾，分别书“迎岚”和“挹翠”，映照该宅院所处背山面屏的田园风光，堪称点睛之笔。

3）玉琬光禄大夫宅

光禄大夫宅，亦称“李氏官厅”，位于阳新浮屠镇玉琬村村口（图 3–26）。该官宅建于清末，为清朝武官李蘅石告老还乡所建。李蘅石（1838 ~ 1892 年）字守吾，曾游太学，任县丞，后投左宗棠部出征新疆；曾出使沙俄，为收复伊犁而不辱使命。钦赏二品封典，诰授光禄大夫。

光禄大夫宅为鄂东南地区高规格宅第。虽为典型的“五间制”民居格局（图 3–27），面阔五间，纵深三进，但其开间宽阔，用材硕大，比一般民宅规格要高得多。明间入口开间较大，退步为槽门，形成带有双立柱的宽敞的门廊，也显示出此宅第不同一般的规格（图 3–28）。

此宅前后有两组共五个较大天井（图 3–29、图 3–30）。由于是官宅，布局更加讲究对称、有序。因此各进之间均有隔扇门分隔空间，另外在二三进之间还做了垂花门，也反映了官宅的特色。

光禄大夫宅外墙为硬山封火墙，门窗的洞口比一般民宅开得多也开得大。正门立柱为典型的“一柱双料”做法。立柱做工精细，用材讲究。另外，开在东面山墙上的侧门也做了精致的门罩，以青砖叠涩砌筑而成。

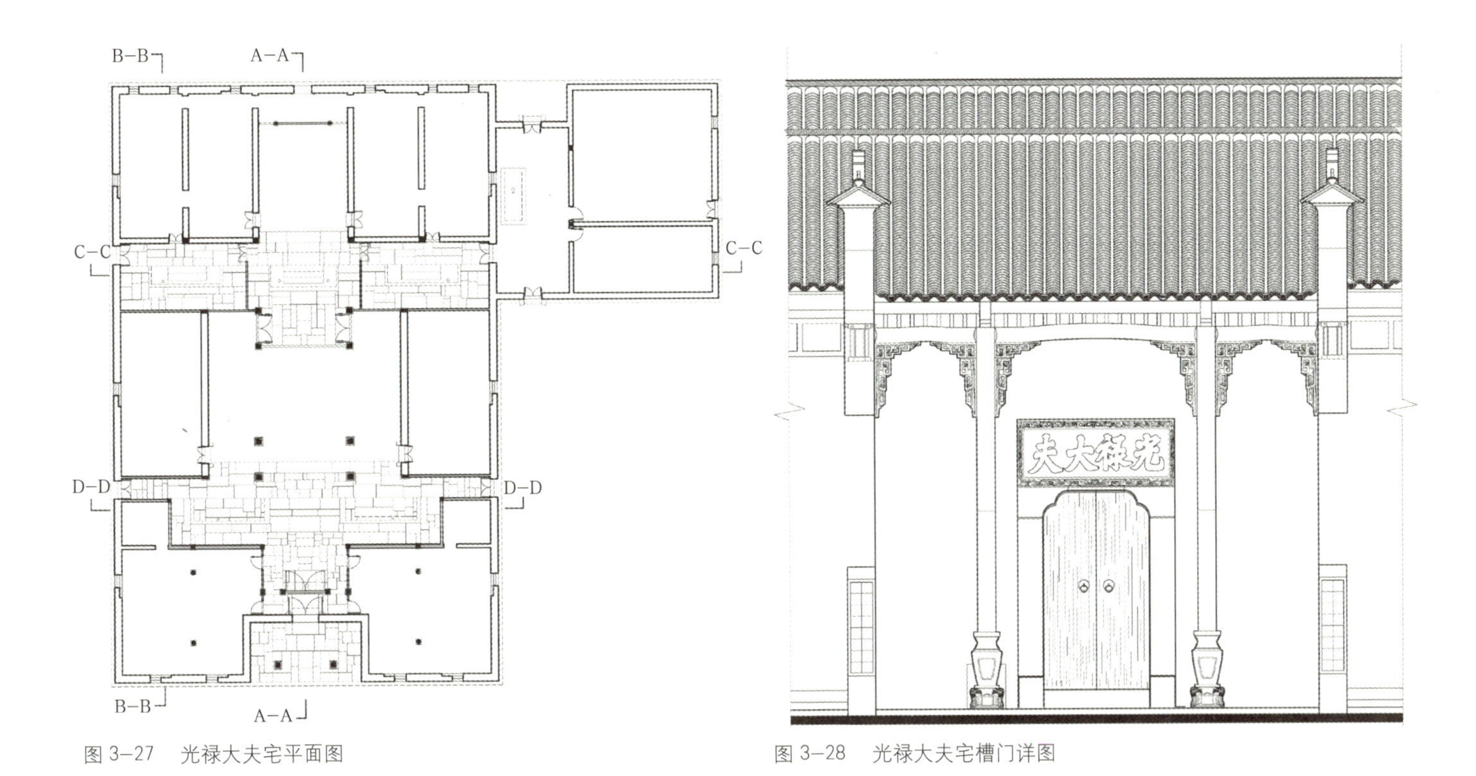

图 3-27 光禄大夫宅平面图

图 3-28 光禄大夫宅槽门详图

屋架是穿斗与叠梁结合的做法，柱列整齐，但柱距并不大。檐下全做了平棊天花，中间有两处藻井分别为八角和方形覆斗。除最后一进祖堂外所有的房间上空都做了阁楼。阁楼仅用寻杖栏杆围合，由于彼此贯通，使得内部空间显得很通透。

凡厅堂铺地都是添加糯米汁的三合土筑成，相当结实，至今保存完好。卧室均以木地板架空铺设。天井附近以青石板墁铺。为防雨水潮湿，围绕天井的则为整根的石柱，以宝瓶状方柱础落地。

图 3-29 光禄大夫宅天井（一）

4）江源王宅

王宅位于阳新洪港镇江源村，始建于1895年，坐南朝北，建筑面积1100m^2（图 3-31、图 3-32）。该建筑为砖木结构，横向两路，通深三进（图 3-33）。正屋入口做八字门墙，与当地其他宅第不同。大门外设有两根木质大柱（雕花石柱础），柱上有看梁、穿梁、挑檐梁、穿插枋均为木质人物山水浮雕，穿梁上为卷棚，整个墙体为实砌砖墙，高低错落马头墙叠瓦成脊，卷画状墀头饰瓦质翼角。

图 3-30 光禄大夫宅天井（二）

图 3–31 江源王宅鸟瞰

图 3–32 江源王宅立面

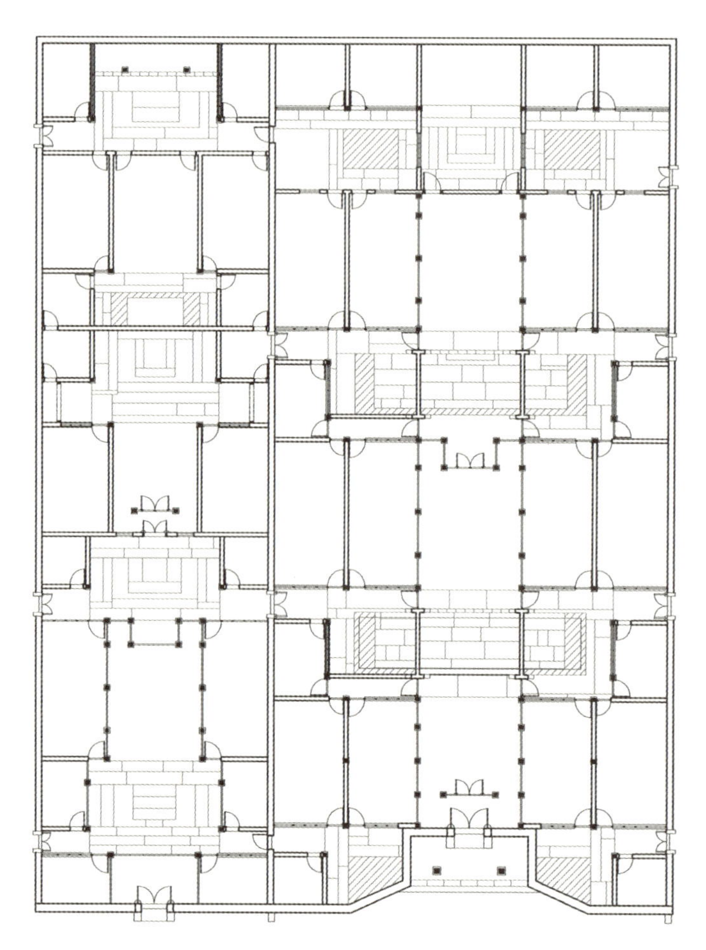

王南丰老宅平面图

中间正屋一进为青石板天井，天井两边建有精致花墙（图 3–34）；二进为中厅，五架梁结构，挑檐梁穿插枋均有花卉浮雕，中厅有一通道，贯通东西偏屋。

侧路设有大门，大门顶上饰有门罩。一进天井，东西厢房，厢房格扇为花卉浮雕，保存十分完好；二进为中厅，明间为卧房，通道贯通正屋，中厅设有屏壁，屏壁两边仪门饰有虬腿罩。

（三）祠堂

1）阳新梁氏宗祠

梁氏宗祠，又称光裕堂，坐落于阳新县白沙镇梁公铺，坐北朝南，前有案山，背靠高坡（图 3–35）。门前地势缓降，视野开敞。祠堂始建于清康熙己卯年间，距今约有 300 多年的历史。据梁氏族谱载，当年主持祠堂修建的是康熙朝正二品大员梁勇孟，由当时梁氏宗族的六大户头出资出力共建而成。

梁氏宗祠是当地保存最完整的大型祠堂，算上阁楼计有房屋 99 间，形态复杂多样的天井有 30 口，总建筑面积达 $2475m^2$（图 3–36）。祠堂

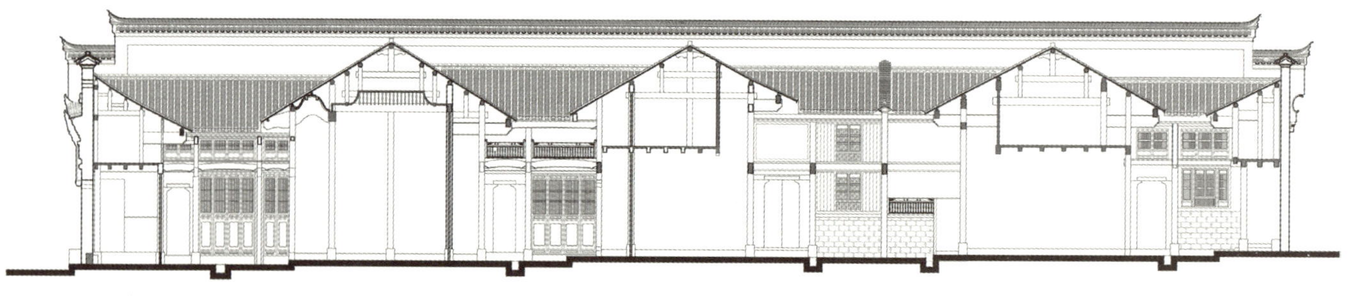

图 3–33 王宅平面图及剖面图

图 3–34　王宅天井院

图 3–35　梁氏宗祠远眺

以南北向纵轴对称布局，主入口为槽门联合八字门墙做法，有抱鼓石分立两侧（图 3–37）。建筑分为前中后三进，由连廊和厢房贯联：大门与戏台连体合为一进，两侧有双层宽敞的回廊；中间一进为享堂，设有祭祀歌诗台，有巨大匾额高悬；最后一进为祖宗堂神龛，供奉梁氏远祖塑像和牌位。享堂与祖宗堂之间由左右双天井分隔，以抱厅相连，两厢有鼓乐楼（图 3–38）。祖宗堂两边（酒厅的后方）另设先贤祠和乡贤祠。与主祠呈三祠并立格局，这在鄂东南仅此一例。值得一提的是，每当族里举行大型活动时，各分户头会轮流出资请戏班唱戏，并摆下酒席款待各地来的族人及宾客，故戏台两侧回廊之后，还建有对称的两个花厅，称“酒

图 3–36　梁氏宗祠平面图及立面图

图 3–37
梁氏宗祠槽门

图 3–38
从享堂看戏台

图 3–39　衮龙脊

厅”，相应设厨房、宾兴馆、钱谷房等。酒厅面积极大，可同时摆下百桌以上的酒席。

梁氏宗祠许多细部做法也颇具特色。从主立面看去，高出屋面的衮龙脊（图 3–39），配合八字门墙使主入口非常突出，天际轮廓生动，气宇轩昂。大门背后，石柱将戏台抬起的高度恰好与入口尺度合适，既限定了内部空间又不致使入口太压抑。享堂前部屋面出歇山抱厦与戏台相映成趣。其他如檐下木雕、墀头砖雕、宝瓶柱础、牌匾题刻等，工艺均具相当高的水平。

2）玉琬李氏宗祠

玉琬李氏宗祠位于阳新浮屠镇玉琬村中心地段，处于背山面水的村落环境中（图 3–40）。据族谱记载，该祠堂建于清咸丰年间，由朝廷钦封二品大员，特授新疆、甘肃布政使，光禄大夫李衡石告老还乡后主持修建。

李氏宗祠为三进四合院（图 3–41、图 3–42）。前院为设有架空戏台的廊院，中为享堂敞厅，后院为祭祀的祖堂空间。进入大门必先穿越戏台下方进入前院。从外观看，李氏宗祠的主立面与本地其他典型传统建筑不同。既没有常见的槽门，也没有如其他宗祠做成高大的落地牌坊门直接伸出屋面。其入口上部墙体伸出檐口，与两侧山面云墙组合成“山”形轮廓。以这片墙体为背景，正面有三开间牌坊式垂花门楣，其下是石制门框，上有“李氏宗祠”阳文石刻。两侧硬山做衮龙脊，显示出该建筑的地位与气势。

主立面高墙向内一侧是面向厅堂的戏台，大致呈方形的平面（图 3–43）。戏台屏风后是贯通的后台空间。戏台为歇山屋面，翼角飞翘，嫩戗发戗。

李氏宗祠为砖木混合结构。如厅堂屋架中部为抬梁式，两侧则为硬山搁檩做法，由砖墙直接承托横枋、檩、椽和屋面。檐下做平棊天花。戏台正中，厅堂中间天花都做藻井，有斗四藻井和斗八藻井。石柱础皆为方形截面，有多种规格。在地势最高，最不易淋雨的最后一进厅堂的柱础高约半米。檐柱柱础相当高大，达 1.2m，其上为“一柱双料”石木对接的方柱。宝瓶柱础上以动物花鸟为题材的雕饰十分精美，很具匠心。

3）通山焦氏宗祠

通山焦氏宗祠为晚清建筑。该宗祠选址村落东侧，坐西朝东。祠堂左前为一参天古榕，右为碧水一潭。前方一片开阔的田野连接远处秀美起伏的山峦。整个祠堂可以说占据了村中极佳的“风水宝地”。

焦氏宗祠为三进院落，砖木结构，硬山搁檩。

前院曾建有戏台，惜早年已毁。现存二、三进建筑，占地约400m^2，均完整保存。中厅为享堂，建筑高大，八根方形石柱与木柱对接，为典

图 3–40　李氏宗祠外观

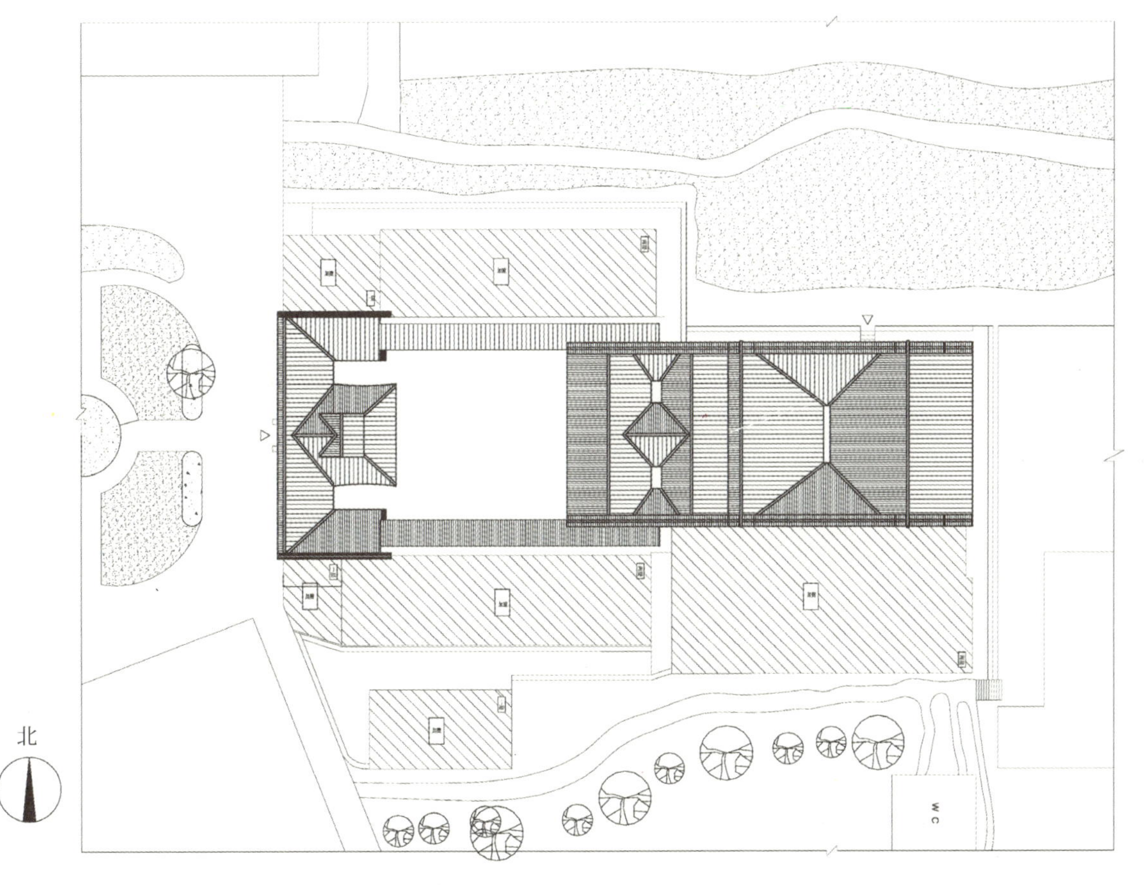

图 3–41（上）
李氏宗祠总平面

图 3–42（下）
李氏宗祠横剖面图

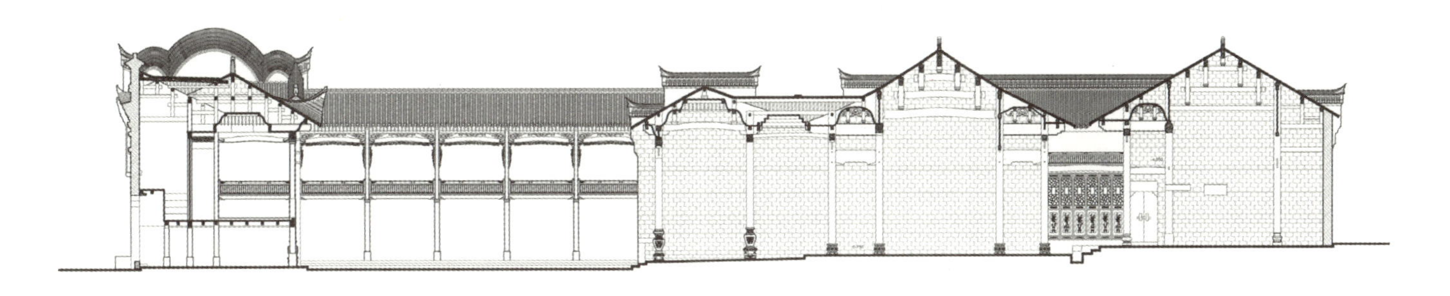

图 3–43　戏台

图 3–44
焦氏宗祠中厅轩拱

图 3–45　鳌鱼挑

型的“一柱双料”做法。两山砖墙皆直接承托檩条，排山为抬梁式构架，童柱和梁头均做精美的雕饰。其前后檐廊均做轩拱装饰（图 3–44）。明间一对挑尖梁做成硕大雄壮的龙首鱼尾形象，称“鳌鱼挑”，背抵拱轩，尾承房檐，极有气势（图 3–45）。中间排山与脊檩交接处通过类似如意斗栱的米字形构件承托，称“燕子步梁”。

三进祠前天井正中设方形石砌祭台，祭台尽端为供奉先祖的神龛。两侧为双层廊道式鼓乐楼，楼上均为木质雕花栏杆。祭台上建木构方形拜亭（图 3–46），飞檐翘角，气韵生动。亭内有藻井天花，以四福盘寿雕饰。亭檐下饰如意斗栱，额枋、雀替皆为木刻透雕，极为精美（图 3–47）。尤其额枋上“三龙戏珠”透雕栩栩如生，堪称鄂东南传统建筑木雕之极品。

4）三溪伍氏祠

位于阳新县三溪镇的伍氏祠，是由牌楼门墙、戏台、场院、厅堂和围绕场院的附属用房组成的一组建筑群，为当地高规格祠堂之一（图 3–48）。

宗祠坐南朝北，背倚屏山，面朝旷野。入口门楼是一座较完整的三间五楼砖砌牌坊门，门楼上施以系列灰塑和彩绘（图 3–49）。主入口石制过梁和转角石均有精致的雕刻。祠堂主体建筑面阔三间，侧面有厨房、仓储等附属用房构成的跨院。面向戏台的前院空间十分开阔，便于举行宗族大型集会。前厅门廊面向戏台所在的场院开敞，其檐柱为木石双料。

主体建筑进深方向共三进。前两进均为三间矩形平面，是家族聚会活动的场所。最后一进院落为祖堂和祭祀空间（图 3–50），周围环以双层连廊，中间有抱厅连通中厅和地坪抬高的祭台。

窄天井是该祠堂空间的重要特点（图 3–51）。除前两进厅堂之间的东西向窄天井外，第三进院落中间做抱厅式祭台，因而在两侧又形成一对南北向狭长天井。窄而长的天井在幽深的屋顶上构成了一条条透入天色的光带。每当晴日早晚间，金色的阳光斜射进来，聚洒在祭台和香炉上，与

图 3-46
拜亭（左）
图 3-47
拜亭木雕（右）

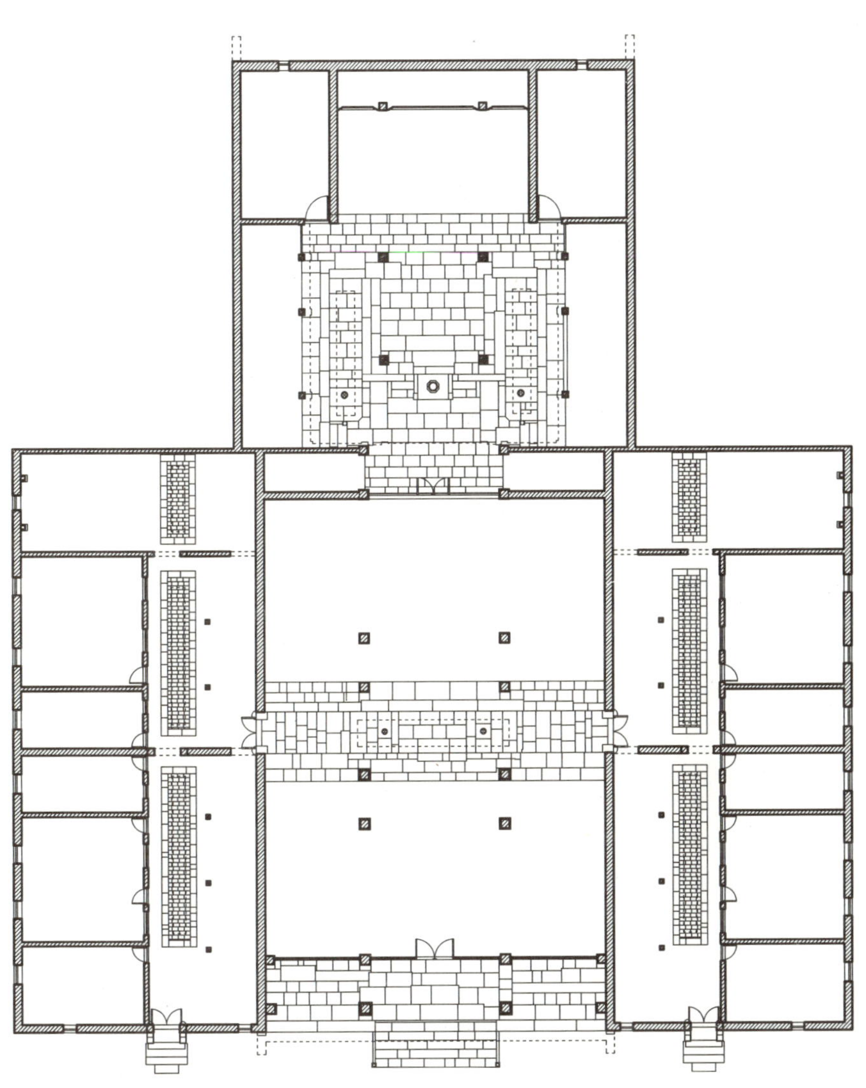

伍氏宗祠主体平面图

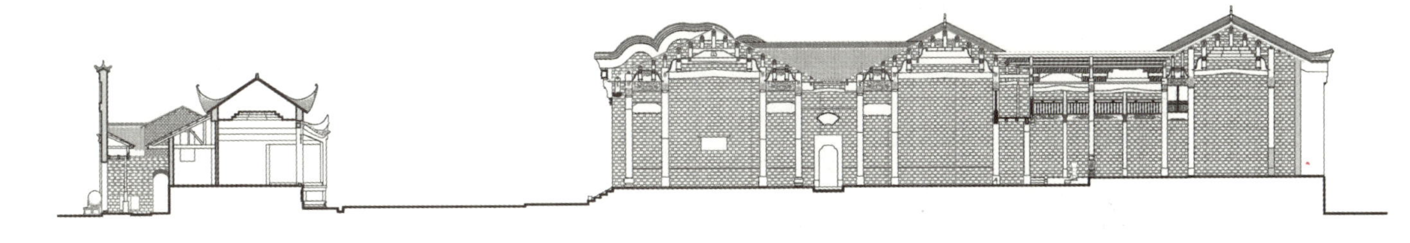

图 3-48　伍氏宗祠主体平面图及轴向剖面图

图 3-49
入口门头（左）
图 3-50
祭台与香炉（右）

图 3-51　窄天井

厅堂和祭坛深处的幽暗对比鲜明；几柱青色的香烟轻绕在梁柱间，更透一种神秘、肃穆而又宁静、安详的氛围。

祠堂内多做平棊天花，并在前两进殿堂明间的正中和抱厅下做多个嵌有如意斗栱的藻井。殿堂中有大量精美的木雕、石雕。如主体建筑之前厅明间挑檐檩下做四根垂花短柱，柱底垂花为极其精美的木雕花篮。木雕主要展现在檩、枋、梁、柱、雀替以及隔扇、栏杆、垂花门等构件上。精美石雕不仅出现在门框、柱础上，还有祭台，以及石质香炉等。

5）太子徐氏宗祠

徐氏宗祠屹立在阳新太子镇四门楼村（图3-52）。该祠堂始建于清光绪年间，富商徐庭堂出资修建。徐氏祠堂距太子镇中心不足 1km，沿途林木茂盛。在徐氏祠堂门前不远处有两棵百年

图 3-52
徐氏宗祠远眺

古樟如撑开的巨伞，守望着古祠堂。

祠堂建筑面积约 1000m²，为三间三进两院式格局（图 3–53、图 3–54）。第一进结合入口建一个面向内院的戏台（图 3–55）。进门从背向戏台的下部空间进入，经过天井便是中间的主要厅堂。厅堂中部设立屏风，从两侧空间可以进入第二进院落（图 3–56）。

穿过厅堂即到达安放祭台的祖堂。天井与过厅的明暗空间交替一直通向祭台，祠堂显得格外幽深。与第一进世俗喧闹的戏台空间相比，中部的厅堂空间显得肃穆，与最后一进的祭台空间的幽静相得益彰，空间序列的变化也在这巧妙地空间布局中凸显出来。

站在古祠堂外眺望，硬朗的“马头山墙”和柔美的“衮龙屋脊”都在这座古祠堂中完美体现。戏台的歇山屋脊上有一座 5 层的宝塔脊饰，宝塔两侧则是两条青龙。祠堂前两侧为衮龙脊，脊上有数条天狗向天眺望，称天狗望月。入祠堂内，古戏台、古亭台上均是龙凤、人物、花卉等精美的木雕，其人物走兽形象生动，惟妙惟肖，花卉动物件件栩栩如生，雕刻技巧高超，层次分明。

（四）牌坊屋

1）唐家垄牌坊屋

这座牌坊屋位于通山县通羊镇唐家垄，建于清同治六年，占地面积仅 30 余平方米，但牌坊

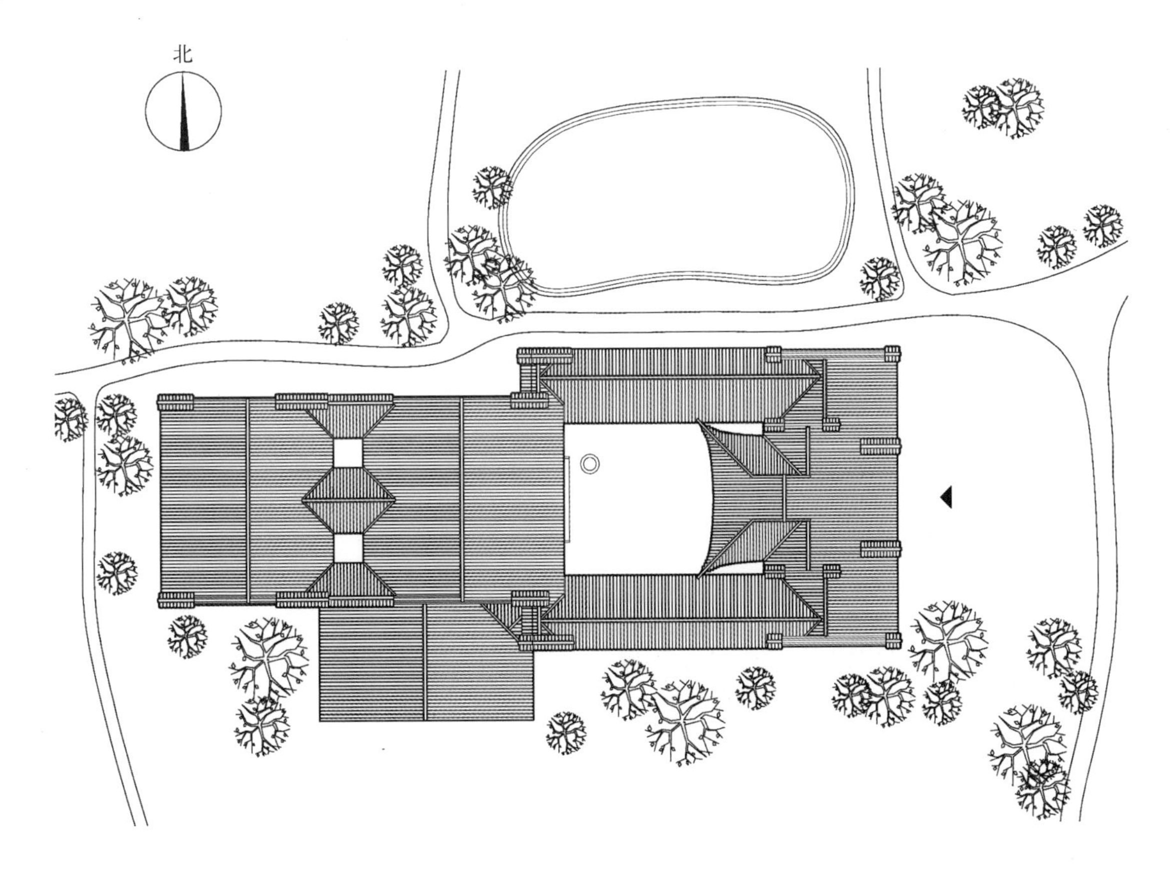

图 3–53
徐氏宗祠总平面

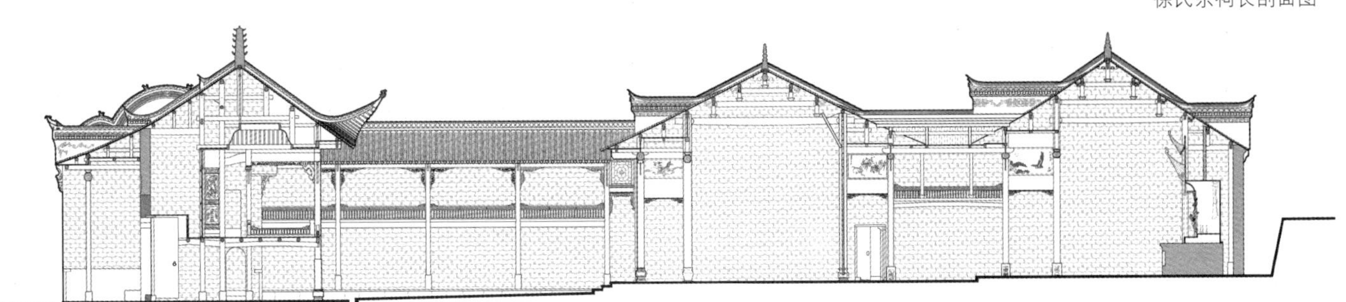

图 3–54
徐氏宗祠长剖面图

图 3–55 戏台

的式样却非常正式（图 3–57）。牌坊为青石梁柱，三间三楼，嵌于这座硬山顶的小屋正立面上，与房屋融为一体。从牌坊上的铭文看，这是一座“节孝”坊。楼檐下为砖制如意斗栱，中间最高处悬挂“皇恩旌表”的石雕牌匾，其下就是石刻阳文“节孝”两个大字。字匾两侧还有人物故事彩墨灰塑，格调雅致。当心间上下额枋表面均有精美的砖雕。房屋入口开在当心间，门墩做抱鼓石样式。整个牌坊屋会聚砖雕、石艺、灰塑和彩墨绘画于一体，有较高的艺术价值。

2）株林牌坊屋

位于通山杨芳林乡株林村。这座三间牌坊与住宅合为一体的牌坊屋，建于清光绪年间（图 3–58）。

从依稀可辨的石制牌匾上，还可以看出“旨皇恩旌表”、“节孝坊”以及“冰清”、“霜操”等字样。三层横枋均有砖雕或彩墨灰塑。凸出墙面的立柱皆以青砖砌筑，抹灰粉刷后即为牌坊立柱的形象。当心间开门，石门框用料硕大，做方形石门墩。

3）宝石牌坊屋

位于通山宝石村的牌坊屋，其“牌坊”事实上已简化到仅为有上部牌坊式样的门罩（图 3–59）。立面上已无“皇恩旌表”字样，只是房屋厅堂里还有一块红漆木牌记录宣统皇帝的御批：“宣统辛亥年”，“旌表节孝准予建坊”，“儒士舒朴夫之妻陈氏立”。牌坊为五间三楼式，但六根立柱皆不落地，因此这个牌坊屋更像是一个放大了的垂花门。三组坊楼檐下有砖制如

图 3–56 侧入口

图 3–57 唐家垄牌坊屋

图 3–58 株林村牌坊屋

意斗栱，次梢间额枋做成扇面月梁式样。枋间墙体以六边形龟背锦面砖贴饰。当心间大门石过梁较为讲究，有4个凸起的圆形石刻象征门簪，门下有方形石门墩。

（五）集市街屋

鄂东南聚落除大量单性血缘型聚落外，还有位于集镇和水陆交通要冲的业缘型聚落。这类聚落以商铺街屋为主要特点，显然买卖经商是这里居民最重要的经济方式。

1）羊楼洞古街

羊楼洞古街是一个已被列入省级文物保护单位的古街道，位于赤壁市西南松峰山下（图3-60）。古镇始建于明天启年间（1626年），至清道光年间已极其繁盛。羊楼洞为“松峰茶”原产地，故曾以茶叶经济而繁荣。鼎盛时期，镇上五条主街曾经分布数百家店铺，聚落人口达4万，规模也达到历史最大。据称当年茶商们在这里把茶叶加工后，送到新店，从新店下河入江，运往国内外。20世纪30年代日军侵占蒲圻县，羊楼洞茶叶生产和贸易遭受严重破坏，古镇商铺和街道从此衰落。

现存古街由庙场街和复兴街前后相接而成，全长约1000m，宽约6m，有数条丁字小巷与之垂直相通。街道因松峰港溪水走向而弯曲，街面全部以青石板铺设，古朴有致，尺度宜人。古街两旁分布着许多早年建造的木构架店铺，大多属于“前铺后寝”格局，其中许多门面至今仍做店铺之用。

2）宝石村南街商铺

古时以河为道，河埠之处多为商业繁荣之地。宝石村南岸老街原是商业街（图3-61），此处商贾以家开店，前堂置铺，后堂住人，中间以一道砖墙分隔，称塞墙。前厅大多为三开间；亦有因地制宜做一开间或二开间。前厅门板多为可拆卸的铺板（图3-62）。柜台常常沿檐柱至金柱处呈“L”形，明间为通道。因宝石河桥毁坏而另择址修建，交通改道，宝石南街失去区位优势而逐渐衰落。

3）新店老街

新店古镇位于湖北赤壁市西南，与湖南省临湘市隔河相望。其老街始建于明洪武年间（1368～1398年），距今有620多年的历

图3-59　宝石村牌坊屋

图3-60　羊楼洞街市

图3-61　宝石村南街

图 3–62
宝石村南街商铺

图 3–63　新店商铺（来源：李百浩、李晓峰《湖北传统民居》）

史。街道全长 1700 多米，共有民主街、建设街、胜利街三条街道。沿新溪河排列着大小 6 座码头、6 座寺庙，是古时水运及茶文化的真实反映，被誉为“鄂南古茶港”。垂直于新溪河的是陆上商贸主干道，全由麻青石板铺砌，蜿蜒 800 余米（图 3–63）。沿街设有几十家著名店铺商行，以及清代和民国年间居住建筑数十座。

第二节　湘东

一、区位与自然形态

通常指的湘东就是湖南东部地区，包括岳阳、长沙四县市（浏阳、宁乡、长沙县、望城）、株洲五县市（株洲县、醴陵、攸县、茶陵、炎陵）等地。东以幕阜山、武功山、罗霄山系与江西交界，北以幕阜山、洞庭湖与湖北东南部接壤，属亚热带季风性湿润气候，四季分明，雨量充沛集中、光热充足、资源丰富，年平均气温 16 ~ 18℃。由于受季风和地形的影响，气温分布总趋势是湘东高于湘西，南部高于北部。

二、文化渊源

湘东历史渊源深厚，远古时期，株洲地区就有先民生息繁衍，炎陵县鹿原陂安葬着中华民族的始祖炎帝神农氏。湘东地区东近吴越，北临中原，受中国传统文化的影响较大。长沙早在春秋时期，就是楚国雄踞南方的战略要地之一。从尧舜与“三苗”之战，到楚人南来，从元代的“土司制度”，到清代的“改土归流”，大量汉民移入湖南，带来深刻的文化影响，促进了民族文化的交融和生产技术的进步。清顺治七年（1650 年），江西商人在株洲修建宁码头，商业又有发展。

南北贯穿的湘江和武功山、罗霄山系成为该区域最为明显的地貌特征。湘东可谓鱼米之乡，是名副其实的膏腴之地。湘东与江西、湖北接壤，虽有山脉阻隔，但在文化上的交流和相互影响频繁而深远，同时受中原文化、封建礼教和宗族观念的影响，也表现出农耕社会自给自足的封闭特点。

三、民居主要特点与表现

湘东地区以丘陵地貌为主的环境，举族迁移开拓等历史原因，决定了湘东聚落形态和民居类型主要表现为丘陵聚落，如炎陵县水口镇圳头至下存乡的梯田村落（图 3–64）；山地的坪坝聚落，如岳阳的张谷英村；滨水聚落如位于浏阳捞刀河畔龙伏镇东岸新开村的沈家大屋以及沙市镇秧田村的秧田大屋等（图 3-65）。另外除了血缘型聚落外，还有按业缘型分有：军事重镇，如靖港镇；商业老街，如大围山镇；庙会集市闻名的榔梨镇等等。具体有如下类型：

1）湘东北的“大屋”和湘东南的府第官邸

湘东地区最有特点的民居当属“大屋”。这些大屋毗连扩张，聚族而居，较为普遍，甚至全村紧密联系，形成庞大的建筑群体。现今保存较好的传统民居有张谷英大屋、黄泥湾大屋、桃树湾大屋、沈家大屋和锦绶堂大屋等，其建筑选址、布局、装饰及居住文化等，较多地体现了中国传统文化的特点[4]。湘东南的府第官邸主要有株洲攸县的大夫第、翰林第、鸾山洋屋等。

湘东北地区大屋民居多以堂屋为中心，以家为单位，通过天井或院落组成建筑群组（图 3-66）。多是一种居祀型的住居形式。湘东北地区大屋民居中主次轴线上的堂屋，都为一个大进深，一般不作分割，在堂屋后部正中设神龛，供奉祖先牌位和神灵的塑像。建筑空间通过堂屋来组织，它既是家庭起居会客的公共空间，又是家庭祭祀祖先、举行重大活动的地方。

湘东北地区大屋中院落、天井作为建筑平面的组成部分，室内外空间融为一体，以房廊和巷道作为过渡空间，院周围建筑相互联系，注重人、自然与生活的和谐。所有大屋总体布局都是依地形呈“干支式”结构，内部按长幼划分家支用房。主堂与横堂皆以天井为中心组成单元，分则自成庭院，合则贯为一体，完整而宁静（图 3-67）。

大屋强调中轴线，建筑布局高密度紧凑，外部封闭，内部呈现向中呼应的趋势，有强烈的凝聚力和向心力，顾盼有情。湘东北地区大屋民居入口处多有槽门（朝门，有的地方称为台门）。纵横轴线上的厅（或亭）、堂四角都由四根柱子支撑（两侧为正房和厢房），《周礼·考工记》谓之“四阿”屋（图 3-68、图 3-69）。这样的内部空间组织实为一个简化了的《周易》文王

图 3-64 炎陵县水口镇圳头至下存乡梯田上的村落

图 3-65 浏阳沙市镇秧田村的秧田大屋

图 3-66 通过天井或院落联系居屋（浏阳锦绶堂）

图 3-67 浏阳大围山镇锦绶堂

图 3-68 浏阳大围山镇锦绶堂的过亭

图 3-69 浏阳金刚镇清江村桃树湾大屋的过亭

阴阳八卦方位图。段玉裁的《说文》注："古者屋四柱，东西南北皆交复也。"故每进堂屋的四根柱子把内部空间的平面区域划分为西南（左下）、西北（左上）、东北（右上）、东南（右下）四个方位，此即八卦方位的"四隅"。

2）湘东北长沙地区的历史文化村镇

长沙地区约公元前 5000 年就有先民开始过定居生活，形成村落。该地考古发掘丰富，文化深厚，名人辈出。在 2004 年 2 月确定的"长沙地区历史文化村镇"共计 7 个：铜官镇、沈家大屋、靖港镇、文家市、榔梨镇、沩山、大围山镇。

铜官镇地处长沙城北湘江下行东侧约 30km，马王堆汉墓出土的文物就有铜官陶器，在三国时为吴蜀分界处。靖港镇为古代主要军事重镇，昔日淮盐主经销口岸和湖南四大米市之一。文家市是北伐战争时期和国共内战时期的历史见证，有刘家祠堂、河口大屋等地的大量红军的宣传标语。榔梨镇最负盛名的是陶公庙与庙会，庙会为每年的农历正月十三与八月十七，每届庙会持续时间为 10 天左右。沩山地处宁乡西部，素有"小西藏"之称。主要建筑有密印寺，始建于唐宪宗元和二年（807 年），兴盛时僧侣多达千余人。大围山镇的老街保存完好，宁静、古朴，素有"小上海"之称。

3）祠堂、宗庙等

著名的如醴陵的潘氏宗祠、彭氏祠堂，攸县的谭氏祠堂，茶陵的陈石泉宗祠、龙家祠，炎陵的朱家祠、周家祠、叶家祠等。

4）大量特色独具的书院

湖南的书院在宋代有 50 多所，到明代有 124 所，到清代更达 280 多所，且地域分布广泛，在湘东体现尤为充分。最著名的当属长沙的岳麓书院，还有衡阳石鼓书院。其他如岳阳的金鹗书院、醴陵的渌江书院、炎陵的洣泉书院等。

湖南书院的学术研究提升了湖湘文化的理论思维高度。湖湘士人的学术研究多与书院紧密相连。清中叶以后，岳麓书院的众多汉学家也正是

图 3–70　张谷英村鸟瞰（来源：杨慎初《湖南传统建筑》）

以其“覃思幽微”的学术创造活动推动着湖湘学术文化的发展，从而使湖湘文化不断为中国社会的发展贡献思想资源。其次，书院的普及与文化传播活动拓展了湖湘文化的空间分布。书院的藏书、刻书事业促进了湖湘文化的发展。

5）牌坊、桥梁等其他类乡土建筑

这些建筑或旌表着先人的功绩，或为人们的生活出行等发挥着重要作用，如散落在株洲大地之上的渌江桥、袁氏牌坊，茶陵的龙家祠中宪大夫牌坊、陈家大屋陈家牌坊等。

下面撷取湘东地区上述类型聚落和民居的典型案例进行分述。

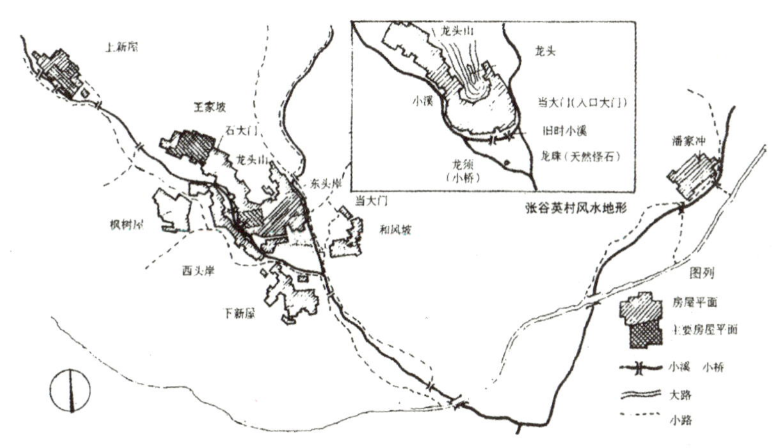

图 3–71　张谷英村总平面示意图（来源：黄家瑾、邱灿红《湖南传统民居》）

四、主要类型与典型实例

（一）“大屋”名村

1）湖南岳阳张谷英村

有“江南第一村”、“岳阳楼外楼”美誉的古建筑群张谷英大屋，位于岳阳楼东南方向 70 余公里远的岳阳县张谷英镇张谷英村。该大屋（民居群）自明洪武四年（1371 年），经明清两代多次续建而成，大屋经历 600 多年，先后建成房屋 1732 间，占地 5 万多 m^2，至今保持着明清传统建筑的风貌（图 3–70）。大屋由当大门、王家塅、上新屋三大群体组成（图 3–71），其“丰”字形的布局，曲折环绕的巷道，玄妙的天井，鳞次栉比的屋顶，目不暇接的雕画，雅而不奢的用材，合理通达、从不涝渍的排水系统，堪称湘东乃至江南民居建筑的标本（图 3–72 ~ 图 3–74）。

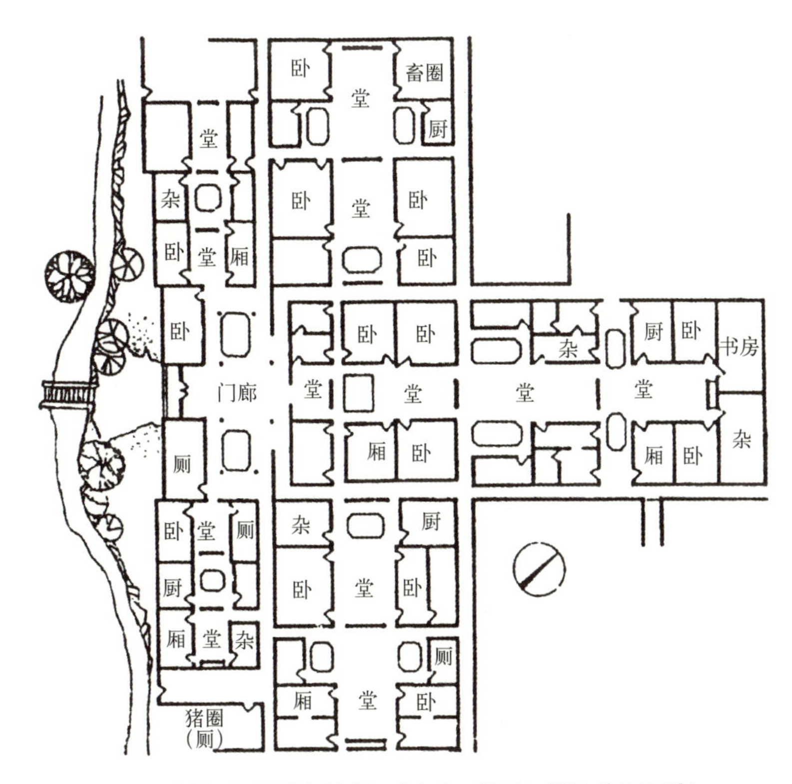

图 3–72　张谷英村上新屋平面（来源：黄家瑾、邱灿红《湖南传统民居》）

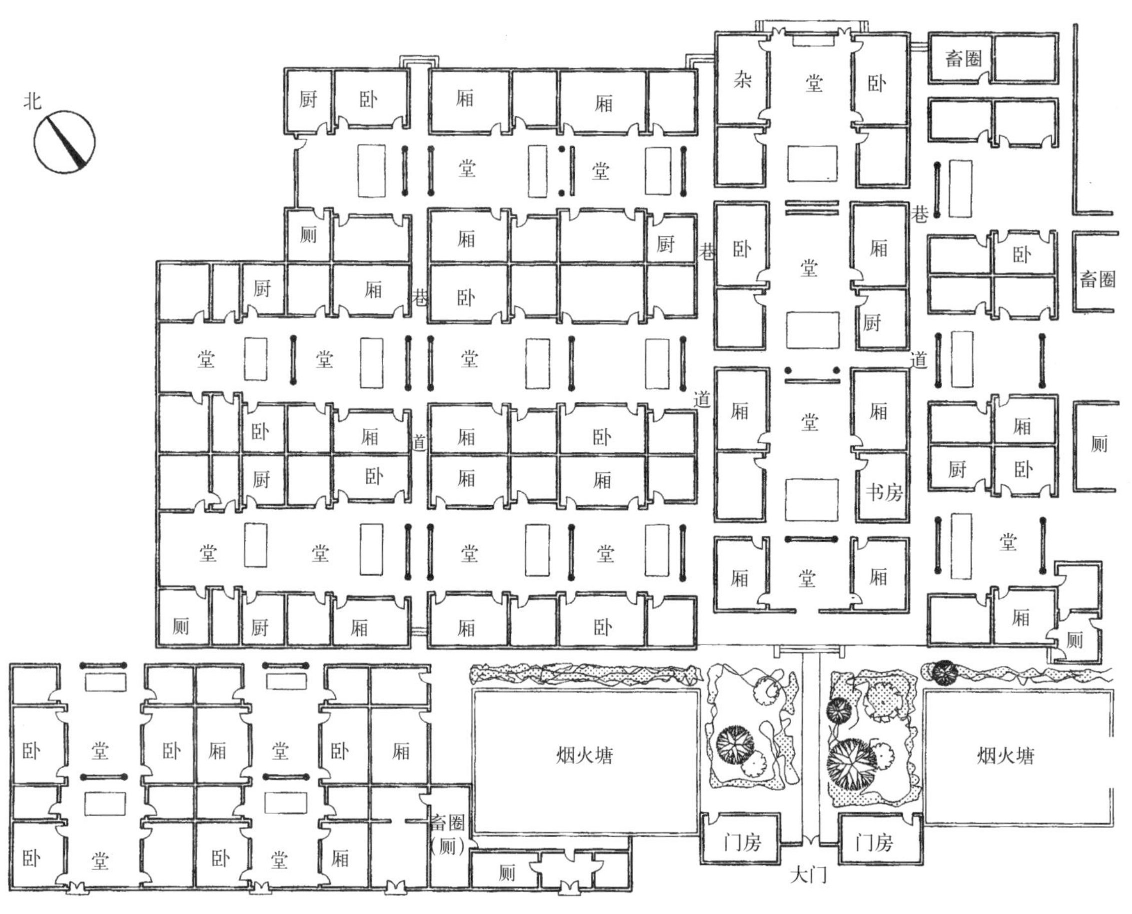

图 3–73　张谷英村王家塅平面（来源：黄家瑾、邱灿红《湖南传统民居》）

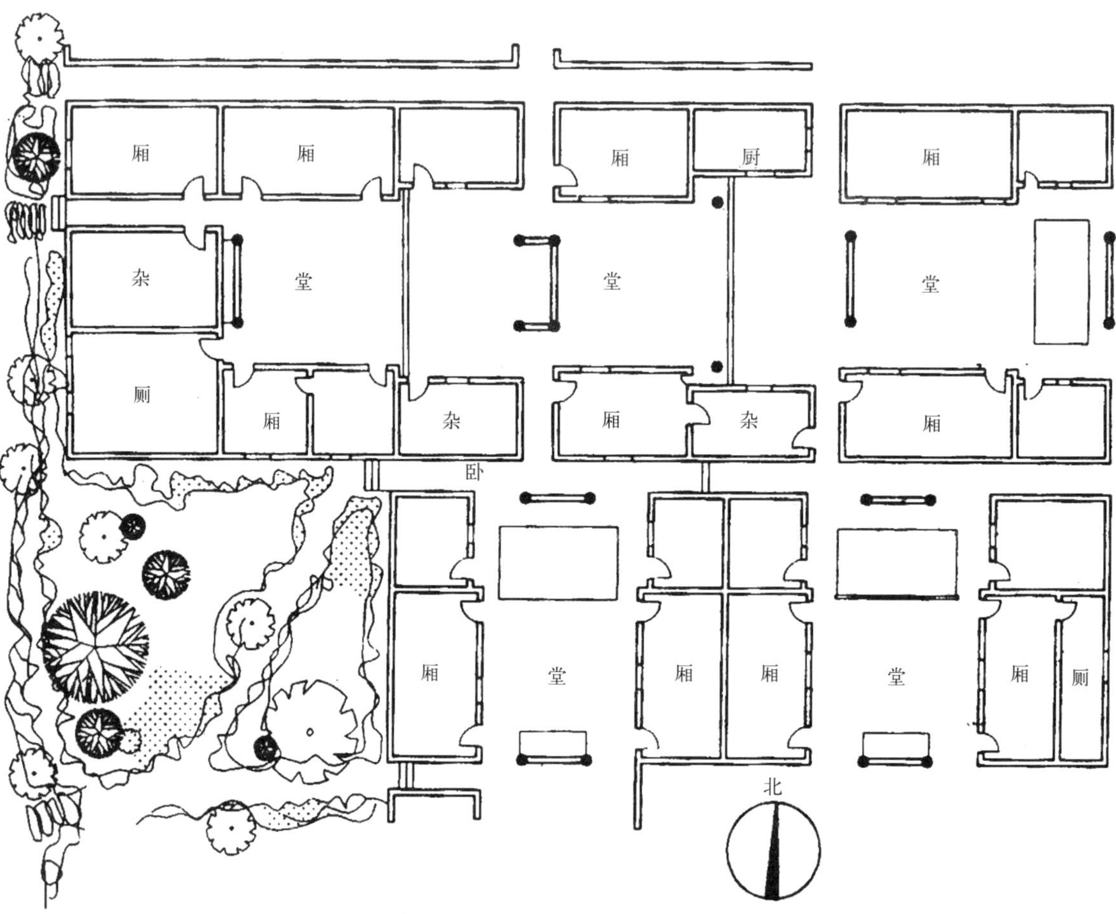

图 3–74　张谷英村西头岸平面（来源：黄家瑾、邱灿红《湖南传统民居》）

张谷英村的择址和建筑组合布局形式是乡村血缘型聚落发展的一个鲜明个案。

大屋的选址和布局有着明显的风水考量。明洪武年间，精通风水的张谷英，来到岳阳县渭洞山区，发现一片四面环山中间一条河水穿过的平地，便带领族人们在此陆续建成大屋。张谷英大屋属于“四灵地”：(左)青龙蜿蜒，(右)白虎顺伏，(前)朱雀翔舞，(后)玄武昂首。后山(即玄武)“龙形山”，来脉远接盘亘湘、鄂、赣周围500里的幕阜山，雄阔壮美，气韵悠远。在村口四望，只见左山（即青龙）蜿蜒盘旋，山丘隐约“神龙不见首尾”；右山（即白虎）有一股雄性的力量之美，高大壮阔，线条圆浑简练，若以象形观之，确有猛虎蛰伏金牛下海之相；前山（即朱雀）当文昌笔架山，挺拔俏丽，树木葱茏，晨光夕照中宛若孔雀开屏。前面山脚有一条笔直的大路直通峰间，酷似一支如椽巨笔直搁在笔架山上，笔架山下有一四方湖泊（桐木水库）象征着“砚池”。前人诗云：“山当笔架紫云开，天然湖泊作砚台。子孙挥动如椽笔，唤得文昌武运来。”[5]

图3-75　张谷英村当大门往东侧出角度朝向桐木坳

张谷英村四面环山，背依“龙身”，正屋“当大门”处在“龙头”前面。“当大门正堂屋的大门稍稍往东侧出一个角度朝向东南方向的桐木坳，符合风水‘坟对山头户当坳’，所谓聚风聚气之要求。”[6]（图3-75）渭洞河水横贯全村（图3-76），俗称“金带环抱”，河上有大小石桥58座。大屋坐北朝南，砖木石混合结构，小青瓦屋面。

图3-76　渭洞河水贯穿张谷英村

巷道是大屋的经脉，也是大屋最大的特色之一。幽深的巷道，把大屋里的千余间房屋联络成一个整体，四通八达。生活在大屋里的人们可以晴不曝日，雨不湿鞋。天井经巷道和轴线串起来。天井四周和底部由长条花岗石和青砖砌成(图3-77)。天井通过连贯的暗道管渠排水，并与宅前池塘（有的兼作防火之用，图3-78)、沟渠和渭洞河形成严整的排水体系。

2）浏阳大围山锦绶堂

锦绶堂大屋坐落在浏阳市大围山镇东门近郊

图3-77　张谷英村的天井

图 3-78　张谷英村宅前池塘兼做防火之用

图 3-79　浏阳大围山锦绶堂与周边环境

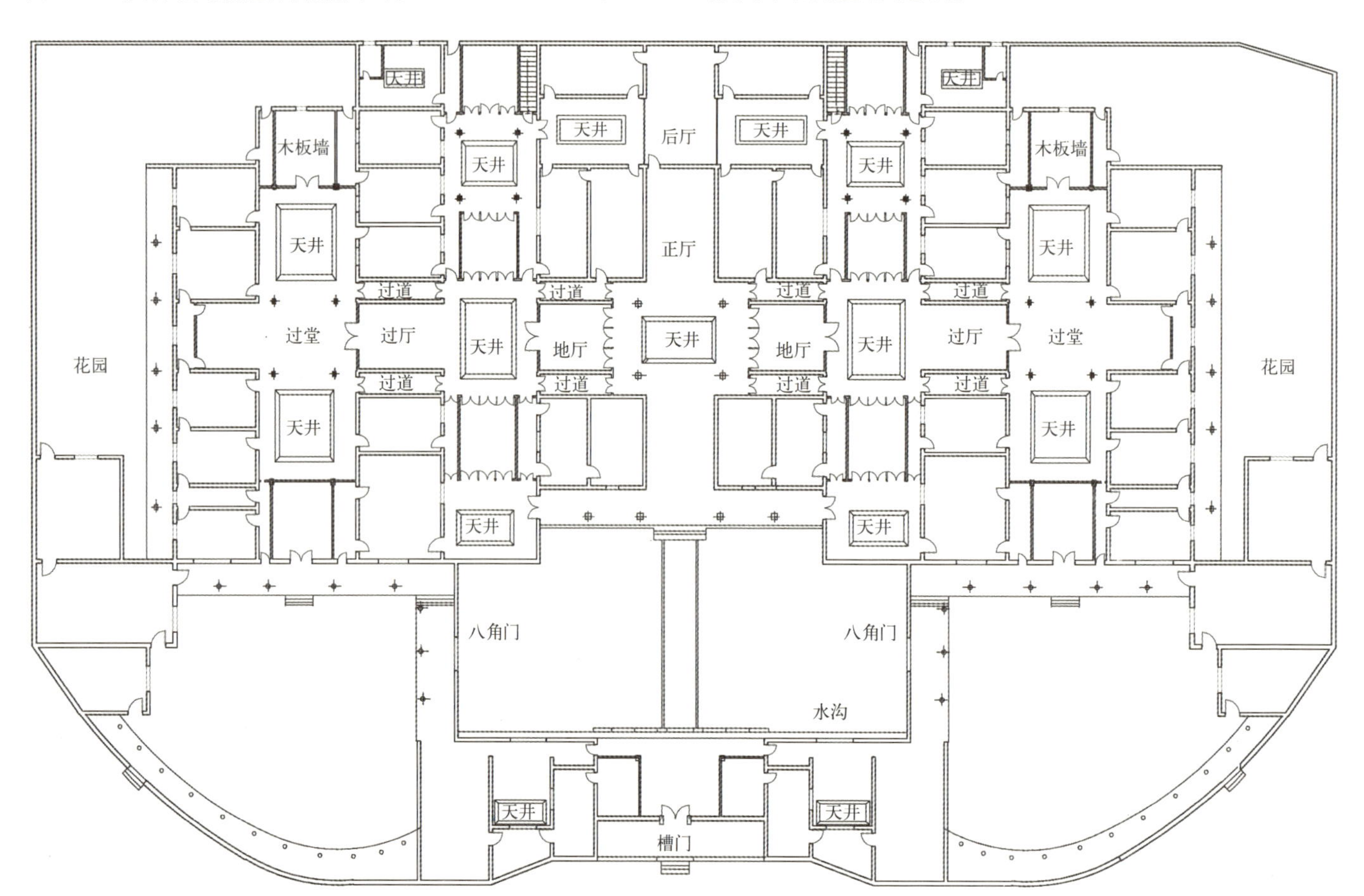

图 3-80
锦绶堂平面图

漾水湾，清光绪二十三年（1897 年）所建，坐北朝南，初始周野环境已不可考，但如今屋前有大片稻田，紧邻“大溪河”，视线开阔（图 3-79）。大屋总占地面积 4000 多 m^2，建筑面积 2800 多 m^2，砖木结构，悬山顶，三进五开间，左右各两列横屋，并在第二进天井处设置过厅，是横屋前的矩形天井在空间上有了变化（图 3-80、图 3-81）。两层楼房，原有大小房屋 100 余间，天井 19 个。外有围墙，屋内雕梁画栋，走廊、天井错落有致，梁、柱、卷棚、墙壁均绘有各种精美图案及名人诗赋。布局合理，结构紧凑，装饰豪华，建筑精湛（图 3-82）。现为湖南省级文物保护单位。

大围山的锦绶堂可谓是体现湘东北大屋特点最为典型的案例。锦绶堂呈严格的中轴对称。中

苏维埃旧址锦绶堂第二进前厅与东西厢房正立面图

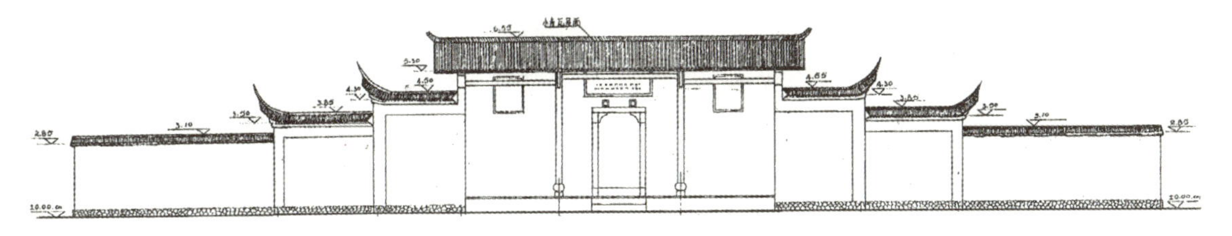

苏维埃旧址锦绶堂第一进槽门正立面图

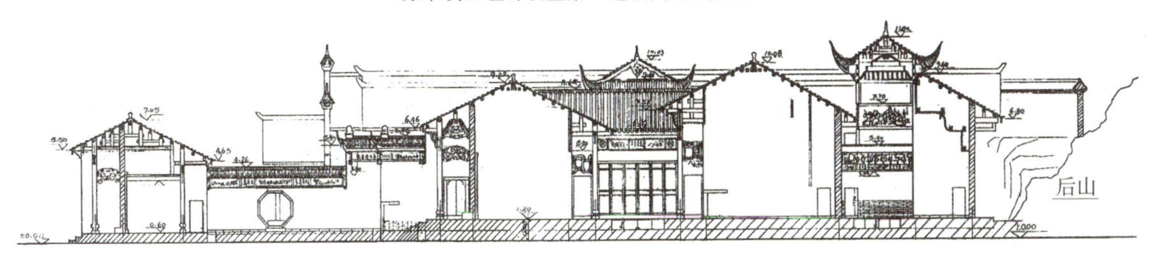

苏维埃旧址锦绶堂东视中轴线纵深剖面图

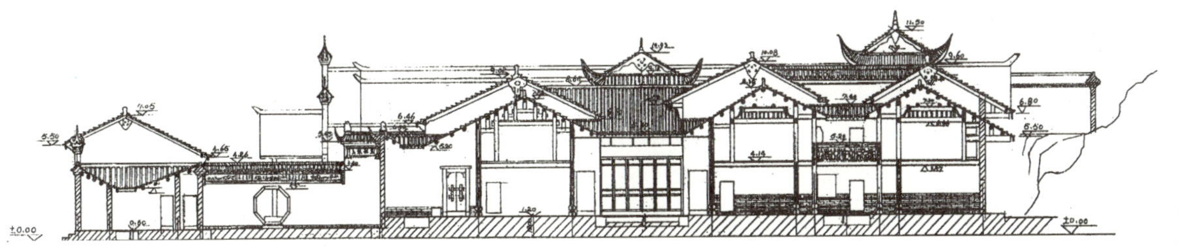

苏维埃旧址锦绶堂东向次轴线纵深剖面图

图 3–81　锦绶堂立面图与剖面图（来源：湖南省浏阳市文物管理处）

轴线上串起槽门、外庭院、门厅、天井（群）和堂屋。厅和房围绕天井布局，虚实相生，紧凑而又有节奏感。外部封闭，弧形的院墙更加强了封闭和向中心呼应的趋势，有强烈的凝聚力和向心力（图 3–83）。锦绶堂纵横轴线上的厅（或亭）、堂四角都由四根柱子支撑，即上文所述的“四阿屋”（图 3–84）。

锦绶堂布局严整，主从明确、阴阳有序。四象空间的对应设置按照阴阳理论的“四象”时空观，天井（包括院落）式建筑的阴阳空间划分更为细致。可以将天井式民居建筑中的空间对照阴阳理论的“四象空间”划分为：“太阴”空间——室内空间（内檐空间），即私密空间；“少阴”空间——廊檐空间（外檐空间），即过渡空间（图

图 3–82　浏阳锦绶堂前院

图 3-83 浏阳锦绥堂弧形院墙与侧屋

图 3-84
锦绥堂的过亭

图 3-85
锦绥堂的“少阴”空间——廊檐空间

3-85)；“少阳”空间——天井空间，即半私密空间；“太阳”空间——户外空间，即开敞空间[7]。天井本为采光和通风之用，但一年四季，一日之内，阴阳冷暖，皆可从天井中得之。

3）浏阳金刚镇桃树湾刘家大屋

桃树湾刘家大屋位于浏阳市金刚镇清江村，据大屋内碑刻，此屋建成于清咸丰三年(1853 年)，为清“朝议大夫”刘礼卿祖屋。文物资料记载，老屋面积达 21000m^2（图 3-86、图 3-87）。刘家大屋背依五台山（当地称谓），延绵种山、霜华山、石霜山，面朝斑鸡山。屋前开阔，有河水静流。大屋为砖木结构，小青瓦屋面，大屋两侧耸立高出屋面的两级翘角封火山墙，墙头盖有青瓦墙檐。中轴线上建筑两端全用马头墙，余为悬山顶屋面（图 3-88）。中轴线上建筑空间纵横开阖，富有秩序，先后贯穿槽门、开阔的头进院落、前厅、玲珑的过亭、中厅和后厅。平面为五开间四进大屋，两端各有两行横屋。横屋与主屋通过一组由过厅和天井组成的过渡空间相联系，大屋槽门内的头进院落常用作大型晒谷场。

刘家大屋天井错落，廊道回环，有“雨不湿鞋”的老话[8]。屋前立有砖木结构牌楼，两侧砖柱，两柱间的枋额为木结构。主轴线上的过亭六柱，亭顶有精美的四角藻井，并在过亭的两边有幸存的 4 块完好雕花木板，具有一定的艺术价值。房间的木门窗，木栏杆制作也较精细。刘家大屋多处设两层阁楼，既住人，又可储物。2002 年刘家大屋公布为长沙市文物保护单位。

4）浏阳龙伏镇新开村沈家大屋

沈家大屋位于浏阳龙伏镇新开村，坐落在捞刀河东岸 200m 处，后踞连云山余脉，为群山环抱、坐东朝西的砖木石混合建筑，大屋占地面积 22450m^2，是一组混合布局的庄园式建筑群（图 3-89、图 3-90）。主体建筑始建于同治四年(1865 年)，距今已经有 140 余年的历史。大屋槽门南偏北 14°，面对捞刀河上游流水，名为“上水槽门”，取招财进宝之意，其主体建筑永庆堂为三

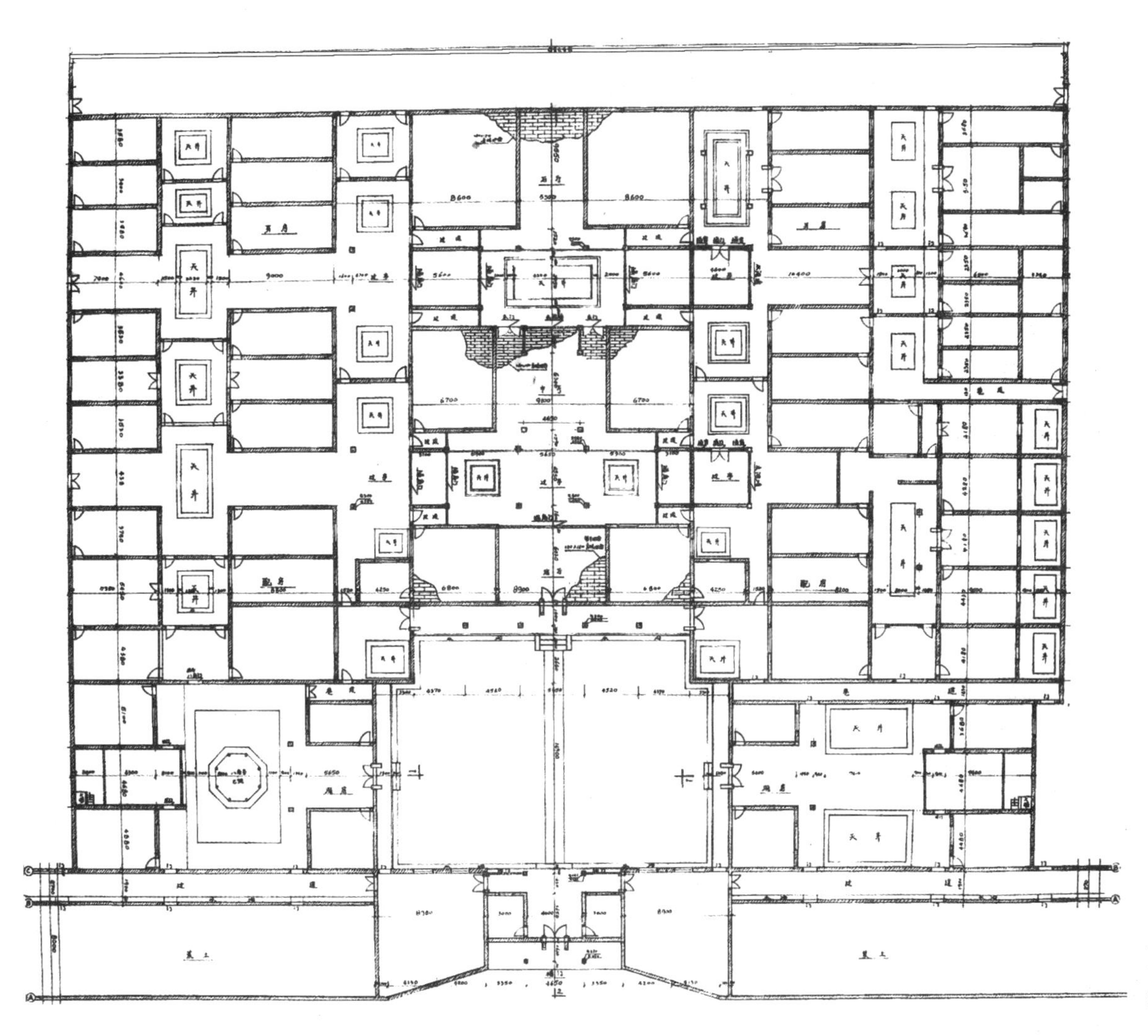

图 3–86　桃树湾总平面图（来源：湖南省浏阳市文物管理处）

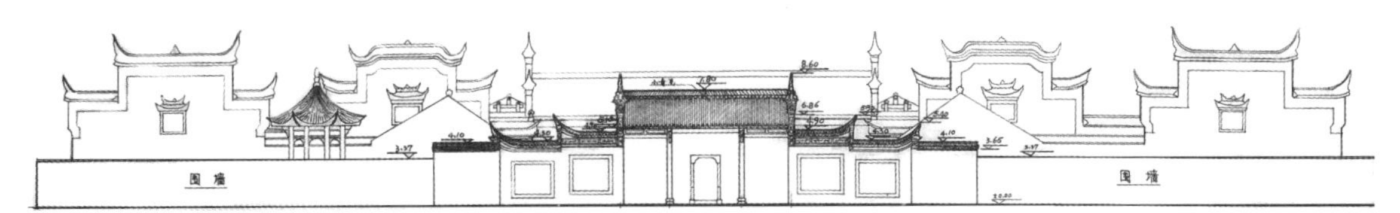

桃树湾槽门口正立面图

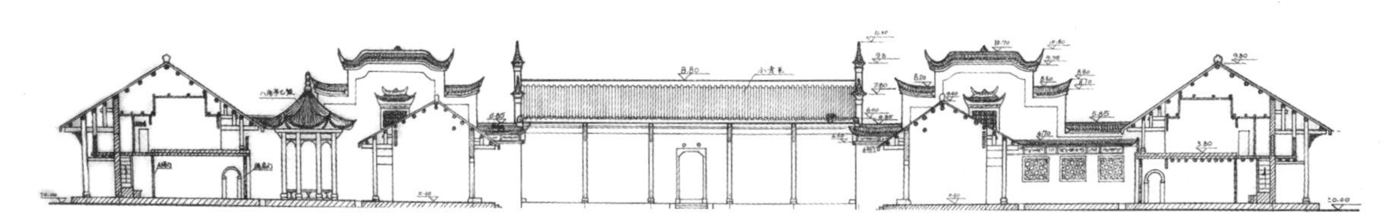

桃树湾前厅正立面图

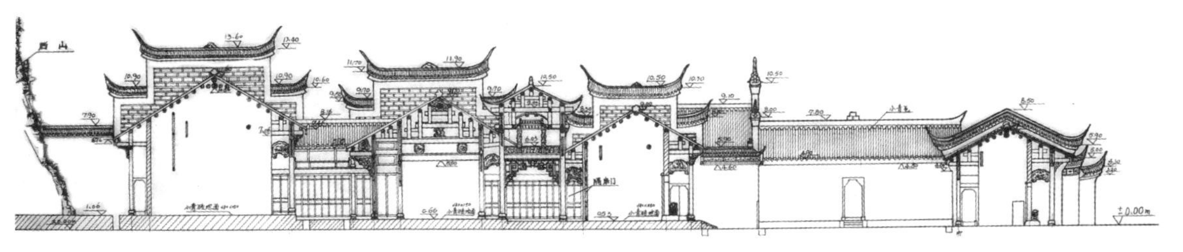

桃树湾西向中心线纵剖面图

图 3–87　桃树湾正立面图与西向纵剖面图（来源：湖南省浏阳市文物管理处）

图 3-88 浏阳金刚镇清江村桃树湾鸟瞰

进七开间形式，两侧各有三开间横屋（也称排屋），增设两个横堂屋并与中心正厅相对，平面轴线上出现了十字交叠。随着时间的推进，子孙的分枝散叶，以永庆堂为中心，随着地形向一边扩散开来。形成了今天的永庆堂、三寿堂、崇基堂、�竹堂等主次分明的布局方式。整个沈家大屋墙基皆为 5 层共 1.5m 红色麻石砌筑而成，体现出了一个完整的血缘性家族屋场的特征。沈家大屋是长沙市文物保护单位。

5）茶陵市虎踞镇乔下村陈家大屋

陈家大屋位于茶陵市虎踞镇乔下村，总占地面 6000 余 m^2，建筑面积 3200 多 m^2，为三进五开间形制（图 3–91），清同治三年（1864 年）建成，距今已有 140 余年的历史。

建筑坐东南朝西北建于一片开阔地段，背后据有林木茂盛的马鞍形高山，屋前为大片水稻良田，两边是茂盛的翠竹。据当地陈师傅[9]介绍：“先辈相传，祖公为了择地建房，走遍了很多地方，最终才选中这块风水宝地——‘飞龙探海’的龙口里。这里坐东南，朝西北，依山傍水，后高前低。犹如一条飞龙腾跃张口飞向前方的沫江。一条小溪经上

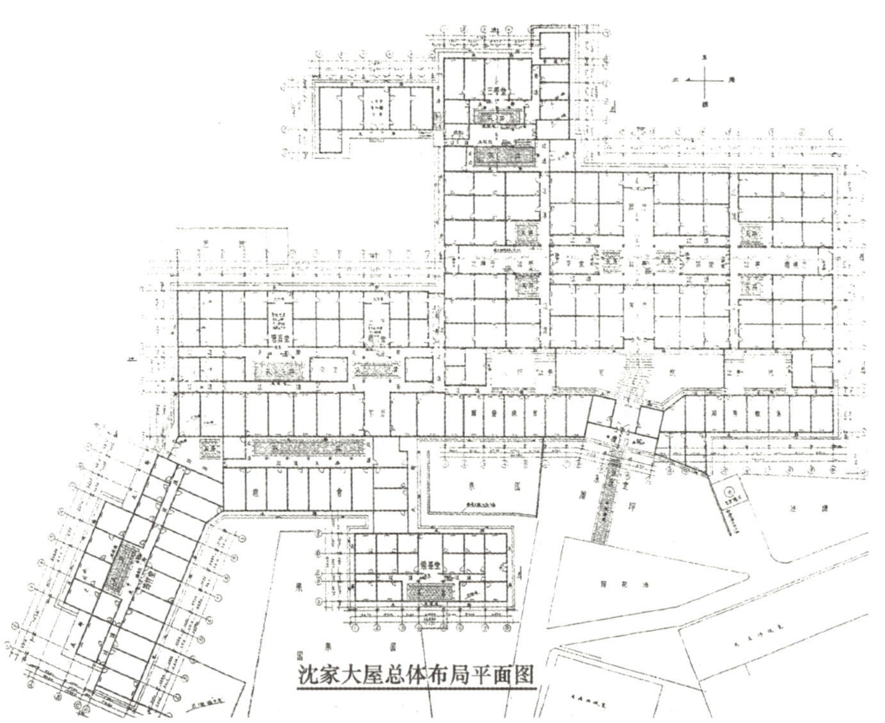

图 3-89　沈家大屋总平面图（来源：湖南省浏阳市文物管理处）

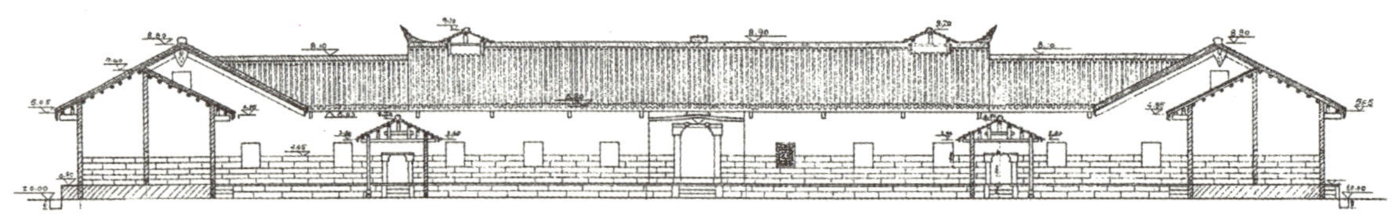

沈家大屋永庆堂前厅横向正立面图

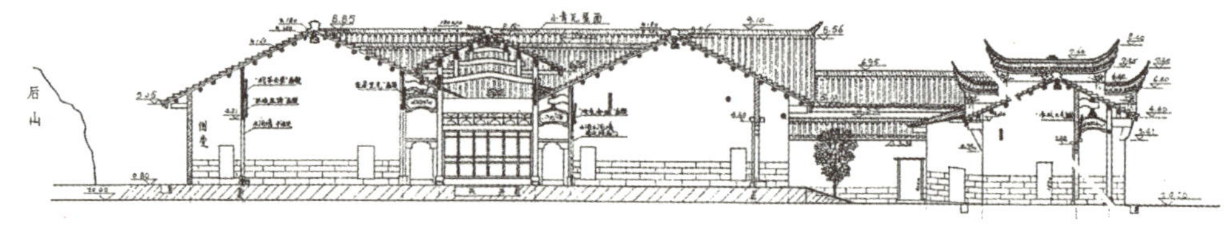

沈家大屋永庆堂中轴线东视纵剖面图

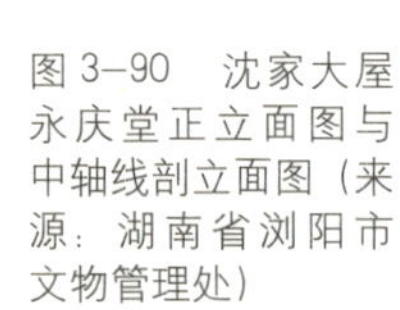

图 3-90　沈家大屋永庆堂正立面图与中轴线剖立面图（来源：湖南省浏阳市文物管理处）

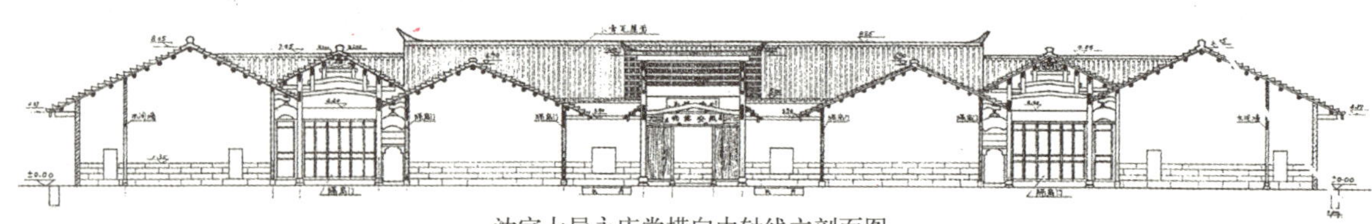

沈家大屋永庆堂横向中轴线立剖面图

腭流经口中，下唇有一口龙井甘泉，房前圆形水塘是含在龙口中的一颗明珠，两条青石板路是龙须，将大屋与乔下陈氏家族相连。”

整座古屋以砖木构架为主，结构对称严谨，布局采光合理，造型古朴而实用，采用青砖砌筑，青瓦盖顶，青石铺底，没有饰檐（图3-92）。其有一处典型的特征，即全屋没有檐柱，全为砖墙承重，木结构仅作屋顶承托之用，在天井处以一横木支撑厢房的挑檐。

大屋类的民居还有位于浏阳市文家市镇五神村的彭家大屋，建于清道光五年（1825年），为清代正五品武官、敕封武德骑尉彭先畴所建。整个建筑群占地4000余m^2，建筑面积约2500m^2，原有数百米三合土夯筑围墙，今残存小部分。位于浏阳沙市镇秧田村的秧田大屋，坐北朝南，后倚红岩丘岗，前瞰捞刀河，依地势栋宇逐次抬升。原规模宏大，门厅数重，正厅两侧有横厅，横厅之外又有院落小厅，外墙青砖，内墙木壁。一般这些屋场由槽门、前后厅、正厅堂屋和天井院落串联或并联而成。

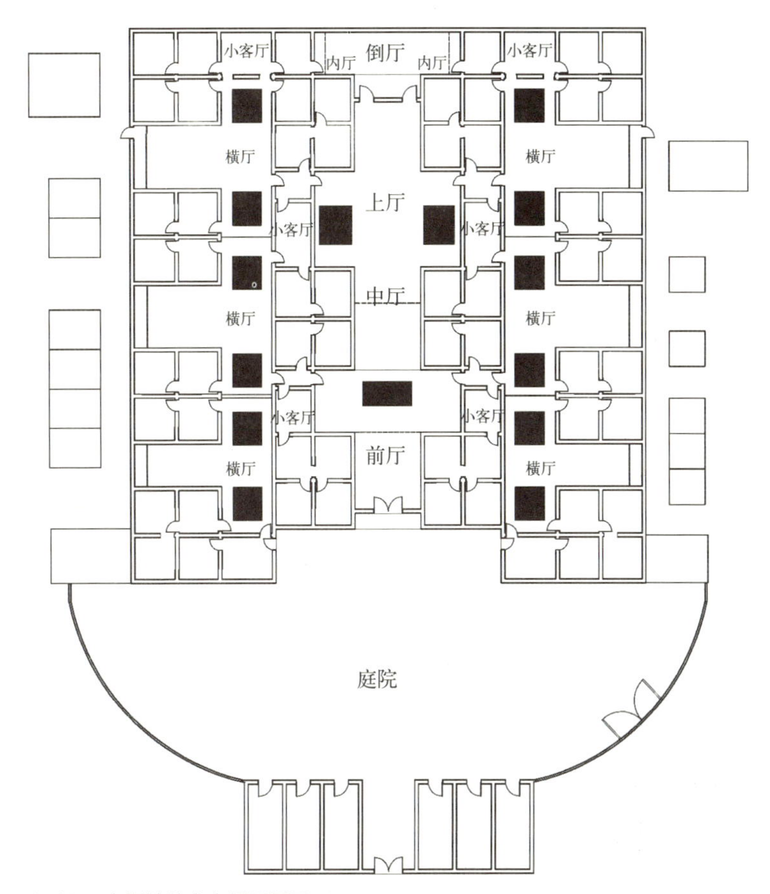

图3-91　虎踞镇陈家大屋平面图

（二）府邸（故居）宅屋

1）浏阳市谭嗣同故居

现在位于浏阳市区正南路98号的谭嗣同故居处于一片高楼绿地之中，只剩下原规模的1/3（图3-93）。这座房子始建于明末，主体部分占地面积2000余m^2。三进两重院落（图3-94），中间有过亭（图3-95）。清咸丰九年（1859年），谭嗣同的父亲谭继洵中进士，官至湖北巡抚兼署湖广总督，因其官阶显赫，奉旨命名其宅为“大夫第官邸”，因此谭嗣同故居又简称“大夫第”。现保存有他的书房、卧室、会客厅等（图3-96），是谭嗣同读书会友，寻求救国真理，从事维新变法活动的地点之一。1996年11月，国务院公布谭嗣同故居为全国重点文物保护单位。

图3-92　茶陵市虎踞镇陈家大屋外观

2）长沙市蔡和森故居

位于长沙市河西荣湾镇周家台子。建于清光绪二十年（1804年），原为刘氏的墓庐，名为刘

图3-93　从拆除部分形成的广场看谭嗣同故居

家台子。1917 年，蔡和森全家迁此居住两年多。1918 年蔡和森、毛泽东等进步青年发起组织革命团体新民学会，4 月 14 日在此召开成立会，为中国共产党的创建作出了杰出的贡献，被列为省级重点文物（图 3–97）。该建筑在抗战时被毁，1985 年按原貌重建。建筑面积 175m^2。房屋为木构架竹织壁粉灰，小青瓦屋面，木板门和支撑窗。屋前围墙，辟槽门（图 3–98），门额书“伪痴寄庐”四字，颇具湘中农舍的特点。

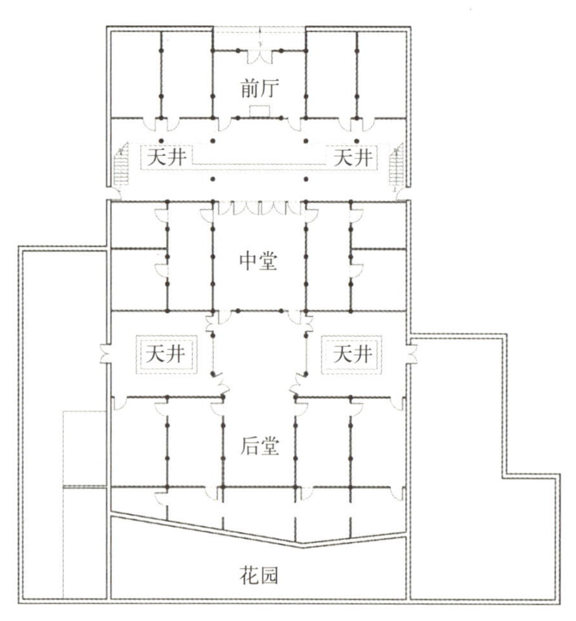

图 3–94　浏阳市谭嗣同故居平面

湘东存有大量的名人故居，与蔡和森故居相似，多为当地农舍的特点，如宁乡的刘少奇故居等。还有一些故居属于“大屋”类民居，有槽门（屋）、院落和厅堂，只是规模体量略小。如浏阳市社港镇廖静文故居。该故居位于浏阳市社港镇清源村，建筑面积 451m^2。大屋坐东朝西，依山傍水而建，为抬梁式结构，其实也属于“大屋”类民居，由槽门屋和南侧横厅的上下厅、过亭、左右天井、巷道、厢房等组成。老屋中处处雕梁画栋，门窗皆精镂细刻而成，两扇保存完好的小门，精美雕刻的图案清晰可见。正方形的天井独具一格，天井中央用 5 条长花岗石砌成一个 1 尺高的平台，平台与四周的走廊之间形成深尺余的水沟，通向下水道，任凭倾盆大雨，屋场也不会

图 3–95　浏阳市谭嗣同故居的过亭（左）
图 3–96　浏阳市谭嗣同故居正房（右上）
图 3–97　长沙市蔡和森故居（来源：杨慎初《湖南传统建筑》）（右下）

遭到大水的侵扰[10]。

3）炎陵县水口镇水口村

普通老百姓和一般大户人家的宅屋炎陵县水口镇水口村的宅屋为主要代表。在炎陵县水口镇水口村的公路两侧分列两组老屋：一侧普遍地采用“一明两暗”的格局。中间一间为堂屋，是会客、聚会、就餐、祭祀的地方；两边房屋是卧室。数家房屋“一”字形排开便形成如图3–99的格局。另一侧为水口村江家组，为“一正两厢”的堂庑式布局。既有砖木混合结构，也有土木构造，两厢还为楼式结构。两组老屋前都为稻田和菜地，居住空间和生产劳作之地近在咫尺（图3–100）。

（三）祠堂家庙

1）浏阳李氏家庙

李氏家庙位于浏阳市大围山镇浏河源村（原白沙乡狮口村），为唐太宗后裔浏东李氏三门于清代所建（图3–101）。始建时间为清嘉庆二十年（1815年），为典型的古祠宇（家庙）建筑。面阔五间（三正二稍），两边稍间照墙边接“八”字形围墙（图3–102）。清道光六年（1826年）即建祠11年后，两侧用花岗石砌围墙。历年来家庙由李氏家族维修，建筑现保存完好，建筑通体高大坚固，集木作（雕刻）、石作、泥塑、彩绘工艺的精华。

李氏家庙坐北朝南，砖木石混合结构。鳞次栉比的封火山墙、硬山顶颇具特色。祠宇中轴线上依次排列有前栋（也称前厅）过亭、后栋（称后厅）、倒堂（祀奉始远祖设神龛之所），过亭两边设长方形天井，再设茶堂。过亭由四木柱支撑上部抬梁式构架，正中设八方藻井（卷棚式）下端绘有彩画（“文革”已毁），后厅立四木圆柱支撑上部七步梁木构架。梁枋之间饰挂落、雀替、厅后中央处原设神龛祀奉各房先祖（原物早毁）。前厅与过亭后厅交接处原设格扇门，过亭靠天井上部两边同样设格窗页，后厅两厢房门为券形石门架，前厅两厢房门为圆弧形石门架，这是一般民居不采用的做法，整座建筑均采用实砌砖的砌筑法在浏阳境内罕见。

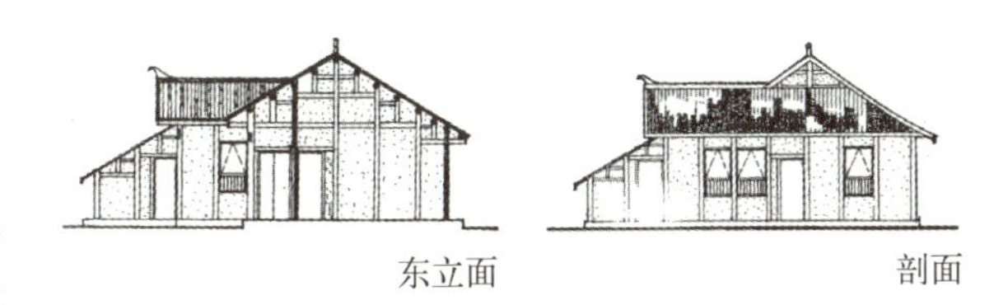

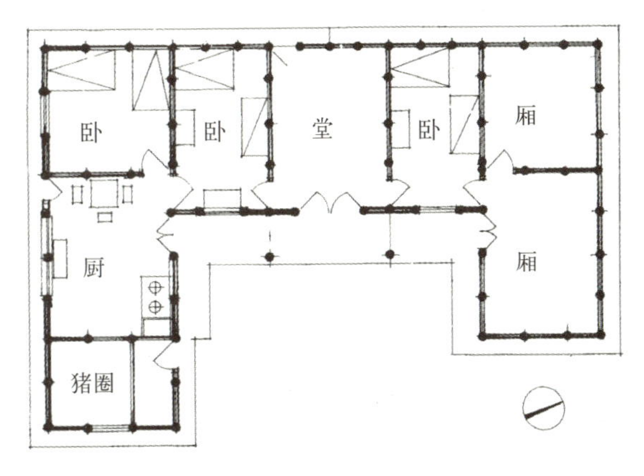

图3–98　长沙市蔡和森故居平面（来源：杨慎初《湖南传统建筑》）

图3–99　炎陵县水口镇水口村

图3–100　炎陵县水口镇水口村江家组

图3–101　浏阳李氏家庙外观

2）浏阳白沙镇刘家祠堂

刘家祠堂现为浏阳白沙镇完全小学，已公布为长沙市市级文物保护单位（图 3–103）。北纬：27° 51′ ~ 28° 34′，南北跨纬度 43′，东经：113° 10′ ~ 114° 15′，东西跨经度 1° 05′。1927 年 9 月 11 日，毛泽东率秋收起义部队——工农革命军第三团由江西铜鼓向湖南浏阳挺进，在此与敌军第八军一部及反动武装激战，起义部队全胜。白沙完全小学内现仍保存起义部队与 1930 年红军写下的革命标语多幅，起义部队驻扎在此刘家祠堂内，具有较高的历史价值。

祠堂类还有浏阳金刚镇青山乡的刘家祠堂，曾用作该乡的完全小学（图 3–104）；位于浏阳张坊镇的陈家祠堂为乾隆二十八年（1763 年）重建，坐西朝东，面阔三间 12.98m，进深三进 35.01m，雕刻木作精美（图 3–105、图 3–106）。

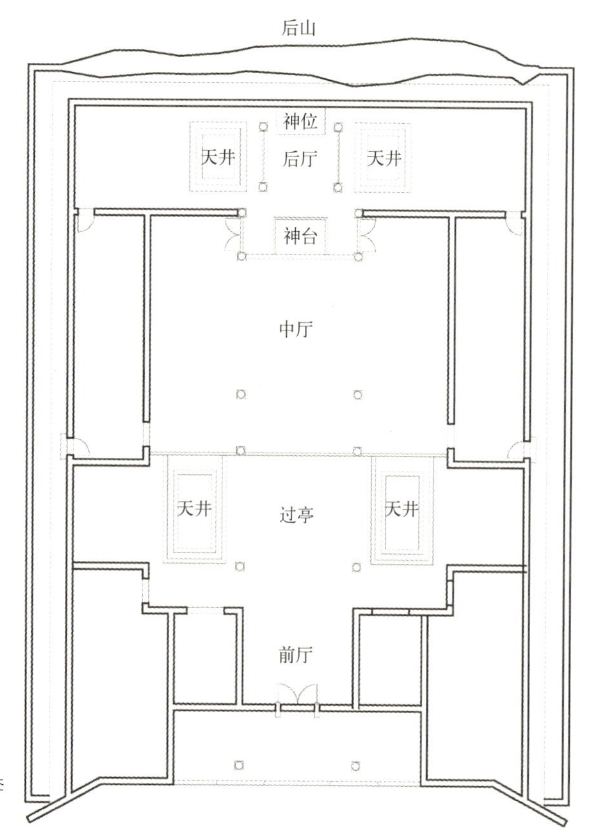

图 3–102　浏阳李氏家庙平面图

图 3–103　浏阳白沙镇刘家祠堂

图 3–104　浏阳金刚镇青山乡完全小学

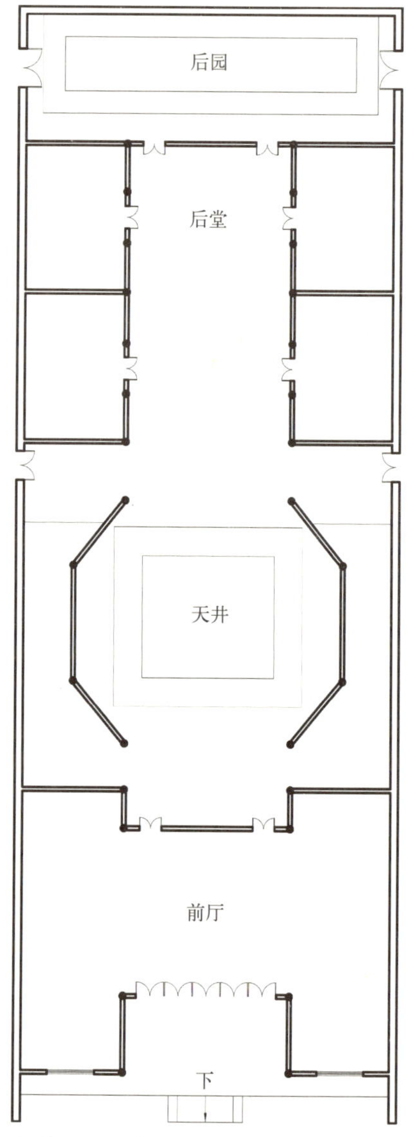

图 3–105　浏阳张坊镇的陈家祠堂平面图

（四）书院

书院中岳麓书院和衡阳石鼓书院因其著名，研究成果较多，这里仅介绍几个颇具乡土风味的书院。

1）炎陵县洣泉书院

洣泉书院位于炎陵县城区，现为炎陵县的“博物馆”。洣泉书院始建于宋代，原名烈山书院。现洣泉书院建于1753年，清嘉庆二年（1797年）增修斋舍，因县境内有耕熟岭，山下清泉，涓涓不息，是为洣水之源，学者诚如泉水，则百川归海，无所不包，故改名为洣泉书院（图3–107）。

洣泉书院系砖木结构，分前院、讲堂、寝堂三进两厢式建筑。两厢为诸生学舍，共58间，房舍狭窗，有“寒窗”的书香气氛（图3–108）。坐北朝南，南北为中轴线，东西两厢房对称，阴阳合瓦硬山顶，屋面勾头滴水，封火山墙，房檐四角起翘高挑，玲珑别致，属江南清初祠堂建筑形式。分三进：一进为天井式室内庭院，两株古桂花树，每至八月满院芳香；二进是中厅，

图3–106
浏阳张坊镇的陈家祠堂木构雕饰

图3–107
炎陵县洣泉书院

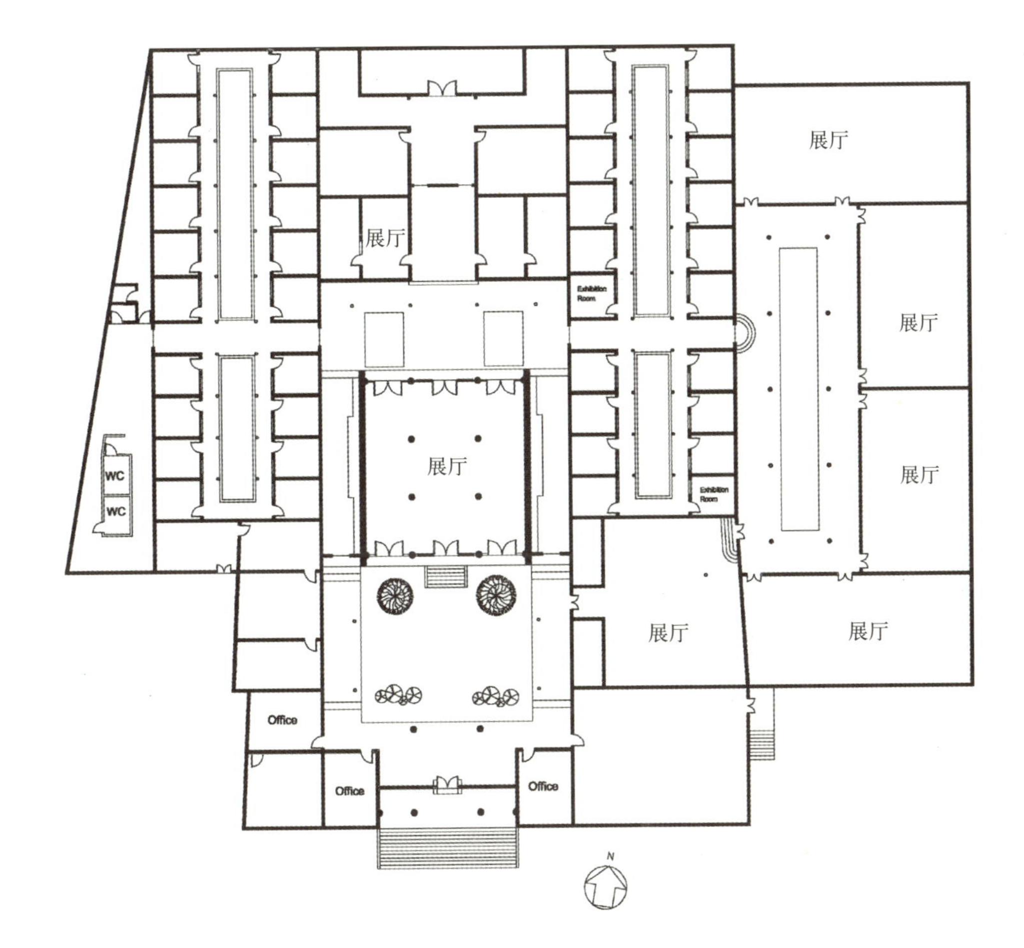

图3–108
洣泉书院平面

图 3–109
炎陵县洣泉书院两侧的寝房

图 3–110　浏阳大围山镇围山书院的三进院落及过亭

图 3–111　湘潭湘乡市东山书院（来源：杨慎初《湖南传统建筑》）

为讲堂，先生在此讲课授业，中厅和东厢房已辟为陈列馆；三进后厅，中设孔子神位，两侧为先生寝房（图 3–109）。

洣泉书院是省级文物保护单位，全国百个爱国主义教育基地之一。1928 年 3 月，工农革命军第一军第一师第一团团部就设在洣泉书院内。1928 年 4 月，毛泽东曾率部在洣泉书院后厅办公住宿，并亲自部署指挥了接龙桥阻击战。1977 年 9 月 15 日，郭沫若亲自题写了陈列馆馆名。

2）浏阳大围山镇围山书院

浏阳大围山镇的围山书院于清光绪二十四年（1898 年）由名儒谭嗣同的老师涂启先领衔捐建，今为大围山镇中心完小和中学。占地面积 $3039m^2$，建筑面积 $1635m^2$，为当时浏阳四大书院之一。书院坐北朝南，青砖、石柱、木梁结构，今存建筑面阔五间，沿中轴线五单元对称排列，有春满堂、大成殿、嘉惠祠等。三进院落，中栋内设过亭、抬梁式构架，左右设天井（图 3–110）。光绪三十一年（1905 年），围山书院更名为“上东围山高等小学堂”（“山长”也改称“堂长”），学习内容及教学形式也有了相应改革，现代科学文明开始叩开山区的大门，并经由课堂深入人心。

3）湘潭湘乡市东山书院

东山书院位于湘乡市涟水河东东台山下（图 3–111）。清光绪十六年（1890 年）乡绅发起集资，在县令陈吴萃赞助下创建。早年毛泽东曾在此学习，1958 年曾题额“东山学校”。1972 年列为省级文物保护单位。

书院建筑保存完整，面临涟水，背依东台山，与湘乡县城隔河相望，环境清幽，有所谓“东台起风”之说。建筑群处于原有成“品”字形三个池塘环绕之中，并将塘挖通形成 20 余米宽的环状水面，以为“龙脉”所在，入门经桥进入书院主体，桥与主体建筑中轴略有偏移，均反映受风水观念影响（图 3–112）。主体依中轴布置大门、堂、大成殿（藏书楼）。东西两侧中部各有一条长廊串联六个狭长的天井，两层高的斋舍同向排列，环境幽雅安静，极具书院特色。

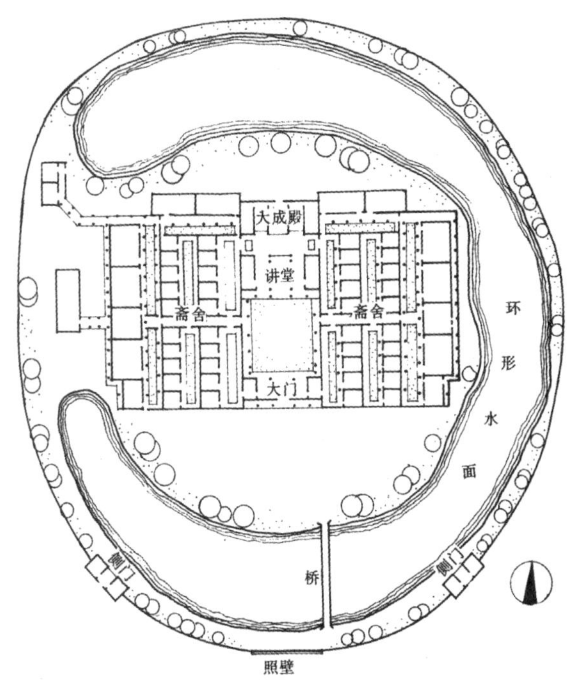

图 3–112　湘潭湘乡市东山书院平面图（来源：杨慎初《湖南传统建筑》）

第三节　鄂东北

一、区位与自然形态

鄂东北以低山丘陵为主，西有大洪山，北有桐柏山、大别山，长江中游北岸，北接河南，东连安徽，南与鄂州、黄石、九江隔江相望。组成一个相对独立的区域地理单位，鄂东北包括黄冈、孝感两个地区和随州市。为叙述方便，将随州市归入鄂西北地区，同时将黄陂、新洲等地归入鄂东北地区。鄂东北属亚热带大陆性季风气候，江淮小气候区。四季光热界线分明。光照丰富，雨量充足，为植物的生长提供了得天独厚的有利条件。

二、文化渊源

鄂东北的麻城孝感乡是中国八大移民集散地之一。在鄂东北一带流行一种竞技性的儿童游戏"闯麻城"便与造成当年移民的战争相关，甚至孝感俗语将睡觉做梦说是"到麻城去了"，就因麻城是移民的老家。孝感人还在神龛上供着"麻城土主，张七相公"的神位，以示自己的祖籍在麻城。游戏、传说以及今天孝感一带尚存的许多习俗反映了古代的移民情况。

鄂东北自古以人文发达，文才武将，群星灿烂，这里有全国闻名的"教授县"、"将军县"。鄂东北方言在湖北方言中别具一格，它基本上属于北方方言，是古楚语与早期北方方言融合后的变体。有的语言学家将鄂东北方言与九江、安庆等沿江市县的方言划为"楚语区"，鄂东北的方言俚语反映了其独特的风俗民情。"楚语区"居民的风土习尚质朴淳厚。其优越的区位环境势和适宜的气候条件使其自古以来就成为人们栖息生活的首选，至今黄冈境内还保存有大量的寨堡、村落和传统民居。

三、民居主要特点与表现

鄂东北是著名的红色圣地，遗存的革命旧址非常多，在统计调查的黄冈地区（市）的 90 个革命旧址中，民宅和祠堂分别占了 79.8% 和 9%（图 3–113)。这一类的民居建筑还是根据其本身的建筑特性进行划分和分析。鄂东北的地形以丘陵为主，山地和平坝与之相连。鄂东北民居最主要的特点就是民居类型和亚型都非常丰富。

按聚落和民居所处位置的地形来看，鄂东北最具特色的当属位处山凹处的宗族聚落，位于平坝地带的府第和宅屋，以及位于山顶的堡寨。宗族聚落规模都相对较大，讲究山水格局，而且历史演进的痕迹相对比较明晰。府邸宅屋形制丰富，有的规模宏大，甚至"独屋成村"，有的大屋的格局与江西的围屋（围子）颇为相近。山寨既有军事山寨，也有民防山寨，与居住、兵屯的距离及关系根据其远近亦有好几种类型[11]。

公共类的建筑如戏台、祠堂等现存较多。值得一书的是红安吴氏祠，有着"鄂东第一祠"的美誉，被列入国家重点文物保护单位，集中反映了鄂东北的建筑及木雕、石雕等装饰艺术的最高成就。

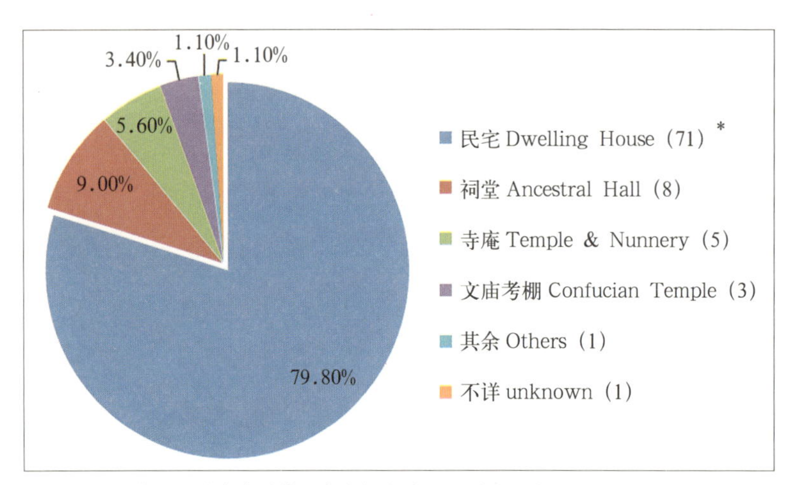

图 3-113　黄冈市革命遗址的原来功能统计图（刘勇　绘制）

图 3-114　罗田九资河镇新屋垸

四、主要类型与典型实例

（一）宗族聚落

1）罗田县九资河镇新屋垸

罗家畈村位于罗田县东北部的九资河镇三省垴脚下，距九资河风景区 8km。罗家畈村为单姓血缘性聚落，全村有 30 来户人家，共 120 人左右，所有居民均姓罗。据《罗氏族谱》记载："自始祖鼎公字继祖，名福三号太昂于明洪武二年徙居由江西吉水迁鄂麻邑南白果镇西北五里许驻赤山咀唐家巷以来，迄今六百五十有年矣。"罗氏家族四世均起公大房则迁居于罗田九子河（即九资河）罗家畈新屋垸罗壁垸，从此罗氏家族便在罗家畈村安家落户。

新屋垸民居依山傍水而建（图 3-114）。新屋垸选址于奔流不息的山溪的"汭位"，整个村庄是"山围水，水围垸"，房屋则是"垸围院，院围屋"（图 3-115）。新屋垸南北长 168m，东西宽 48m，总建筑面积 6000 余 m^2。整个建筑群以东西中轴线、左右对称、主次分明。新屋垸总共有 99 间房，32 个天井（图 3-116）。这个建筑群是由三个生活单元组成的，进里面大门之后有左、中、右三道大门，既可以单独起来，又互相联系（图 3-117）。每个

图 3-115　罗田九资河镇新屋垸总平面图

图 3-116　罗田九资河镇新屋垸鸟瞰

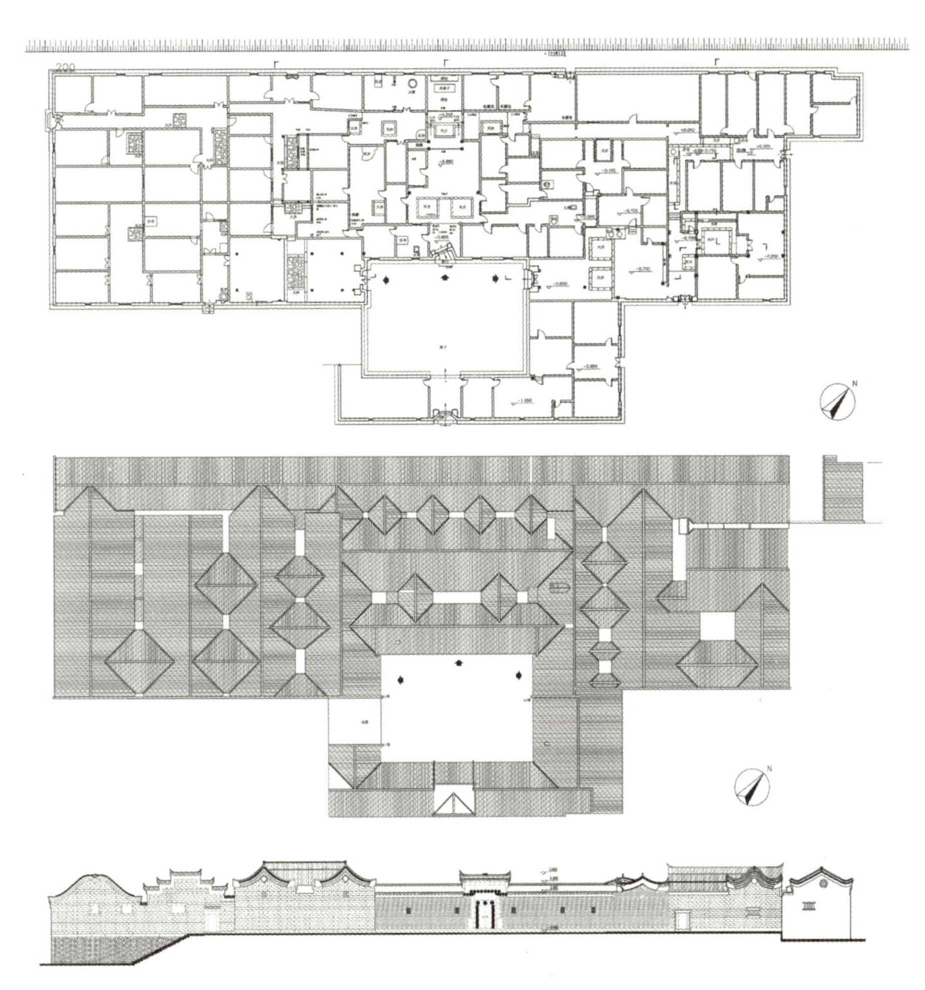

图 3-117　罗田九资河镇新屋垸平面图、正立面图

单元进门之后都有戏楼，接着是厅堂，分上、下殿，供看戏、会客和供奉祖先之用，中间就是厨房、书房、闺房、神房（供奉家神）、客厅、水井，足不出户；后边就是花园、马房。新屋垸不仅布局紧凑，而且建筑结构、梁架挂落、石雕装饰等都非常精巧（图 3-118，并参见第 5 章）。

图 3-118
罗新屋垸的前院

2）麻城市木子店镇石头板湾

石头板湾位处麻城山区的一个小型宗族聚落，山水田园，得天独厚。村中有三座公屋，属詹氏族人共有（图 3-119）。按当地人的叫法分别为“老堂”、“高新屋”和“低新屋”。老堂在当地方言中意指祭祀祖宗、举办婚、丧等仪式、接待客人的地方，是村中等级最高的建筑（图 3-120）。老堂门前是溪畔的小型广场，并与廊桥相连，是现在村民常聚集的一个地方，算是村落的中心。其他宅居地簇拥在侧，随地形变化灵活布局，建设用地依照等高线修整为不同高度的台地，形成三个组团（图 3-121）。老堂西侧的

图 3-119　石头板湾

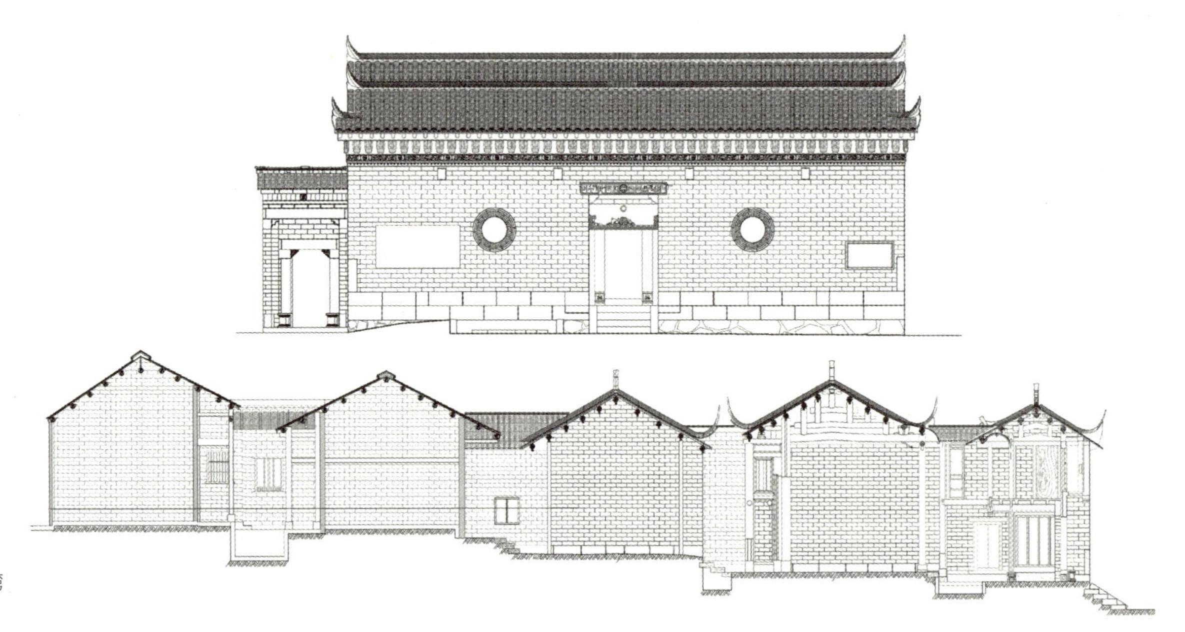

图 3–120 石头板湾祖屋的立面与剖面

图 3–121 石头板湾总平面图

图 3–122　石头板湾中的"低新屋"及前面的水塘

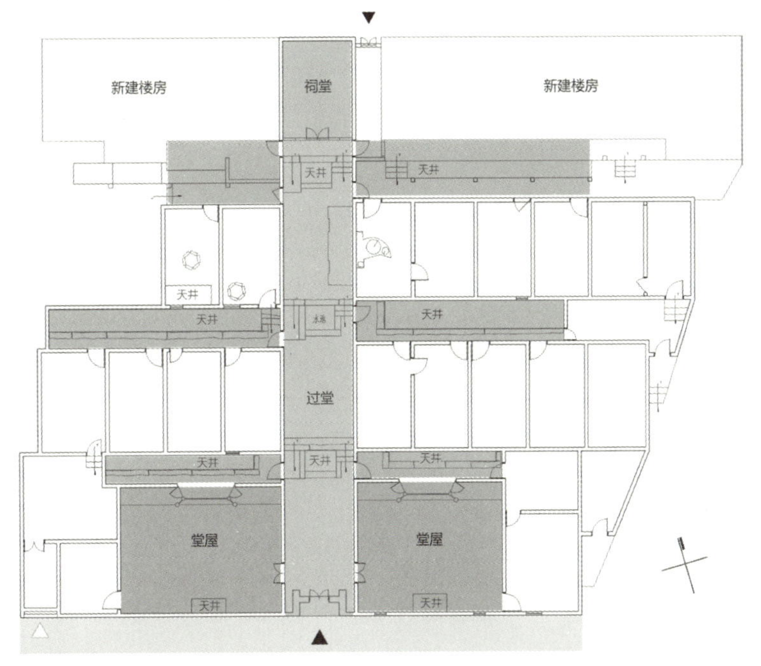

图 3–123　石头板湾高新屋所反映的公共空间层次

组团，巷道基本平行，在端头因山溪与岩石形成的岬角而因势略呈发散状，同时也朝向山谷，迎纳气流。建筑都含蓄地侧身，让入口与溪流的夹角空间形成惬意的前庭。老堂东侧组团多为坐南朝北，只有外缘的新建的建筑坐北朝南，充分体现出聚落的向心感。河溪南岸的组团以南岸老宅为依托发展出一片新村。

因三面环抱的地形限制，村落主要呈现出以公屋为中心的向心形的格局。现状道路也顺应建筑和溪水走势，形成了以广场–公屋为中心，向村落边缘发散的枝杈状巷道系统。村子的三个公屋前分别有两处人工开凿的泮池（方形）、月塘（弯月形，图 3–122）和两处水井（参见图 3–121）。石头板湾排水系统较完善，由溪流、水渠、水塘和明沟、阴沟组成，可满足生活排水和夏季山洪倾泻的需要。

石头板湾中的建筑以三座公屋为代表，厅堂与天井虚实相生，表现出明显的公共空间层次（图 3–123）。建筑主要采用青砖和土坯砖建造，而在三座公屋的檐口都有比较精彩的彩绘，尤其是老堂的屋檐采用"斗栱"的形式——以砖材来模拟木构形式，非常精巧。

石头板湾是詹氏家族聚居的村落，现有人口 600 多人，依然保持着以农为本、自给自足的家庭经济生存模式。村中所藏的怀义堂刊《詹氏宗谱》一直顺溯其詹姓家族的来龙去脉。记载有"（詹）英一始迁黄州麻城东义洲为入籍一世祖"，即该村为詹英一及其子孙所建，据宗谱中河间世系关于各代迁移的记载，初步断定该村为元末明初时期所建，与元末明初的移民潮的时间较吻合，约有 700 年的历史[12]，为江西九江府彭泽之移民。

图 3–124　红安华家河镇祝家楼村

3）红安县华家河镇祝家楼村

位于湖北省红安县华家河镇的祝家楼村坐北向南，依山傍水，东西两侧群山环抱（图 3–124）。房屋 300 多间，建筑面积约 3 万 m^2。村落布局由 3 条平行巷道串起大小院落 30 多座，每条巷道住有居民 5 ~ 7 户。民居以巷道为单元，既相

图 3-125　红安祝家楼村总平面图（汪氏乐　绘制）

图 3-126　大悟黄站熊畈村

图 3-127　大悟黄站熊畈村的天井群（一）

对独立，又户户相通，是以血缘关系为纽带的家族关系在建筑布局上的反映（图 3-125）。

祝家楼村第一代祖先从江西南昌迁到此地，至今已有 21 代了。从明朝起很长一段时间内祝家楼的子民积累一定财富后定会回乡修房盖屋，积累了大量的财富，因此祝家楼跟其他鄂东民居最大的不同在于村周围修建了一道城墙，用于防御土匪的掠夺。

4）大悟县黄站镇的熊畈村

湖北孝感市大悟县黄站镇熊畈村位于竹竿河畔，与 108 省道平行。被称为“九重屋”的熊家畈古建筑实则有十一进，规模非常庞大，据说为了避人耳目才处理成“9+2”进的格局（现场可见头两进面宽略窄，图 3-126）。经考证，这处古民居建于清光绪年间。“九重屋”外实内虚，严实高耸的封火墙围着内部一个个小天井院（图 3-127、图 3-128）。内部门廊相通，联系十分方便，空间组织得相当精妙。

上述宗族聚落多位于深山老林等偏僻之地，保存相对较好。这些宗族聚落基本都是移民村落，村落的环境和风水格局都比较考究，一般都背山面水，或是位处河川平坝地带，反映出其先民们在建设新家园时非常注重择地和辨方正位。这些聚落规模宏大，规制较工整，空间位序较严格，反映出这些移民家族在客乡安身尤其注重礼制人伦，谨严发展，如大悟县双桥镇民居（图 3-129）、湖北安陆县孛畈乡柳林村（图 3-130）、随州市洛阳镇凌家花屋（图 3-131、图 3-132）等。

（二）府第宅屋

1）英山南河镇灵芝湾村段氏府第

“段氏府”是集历史文化遗迹和革命历史旧址于一体的省级文物保护单位，位于英山县南河镇，系清光绪年间湖北候补知县段昭灼的府第及庄园，又称兴贤庄（图 3-133）。段氏府第始建于清光绪二十二年（1896 年），以后不断续建，占地约 1.4 万 m^2，形成了集住宅、园林于一体的建筑格局。现在住宅依旧，庄园围墙部分尚在，但花园等附属建筑荡然无存。

图 3–128　大悟黄站熊畈村的天井群（二）

图 3–129　大悟县双桥镇民居

图 3–130　安陆县孛畈乡柳林村（谭刚毅　雷祖康　摄）

图 3–131　随州市洛阳镇凌家花屋（一）（谭刚毅　雷祖康　摄）

图 3–132　随州市洛阳镇凌家花屋（二）

段氏府第现有建筑占地 1700 多 m^2，未经改动的有 800 多 m^2。建筑布局坐北朝南，三进院落，左右对称，共有大小天井 24 个，房间、通道纵横交错（图 3–134）。天井形态各异，组织巧妙，富于变化（图 3–135）。其建筑构造采用了木结构屋架和承重墙结合的构造方式，木构架采用抬梁与穿斗相结合的形式，梁架均为草架，下施天花（参见第 5 章）。屋顶系小青瓦两坡顶，屋顶的组合大小纷呈，高低错落，变化多端。

在极富装饰性的石作、瓦作和装修部分，浓缩了当地建筑艺术的精华，展现了人们的审美心

图 3–133　英山县南河镇段氏府第

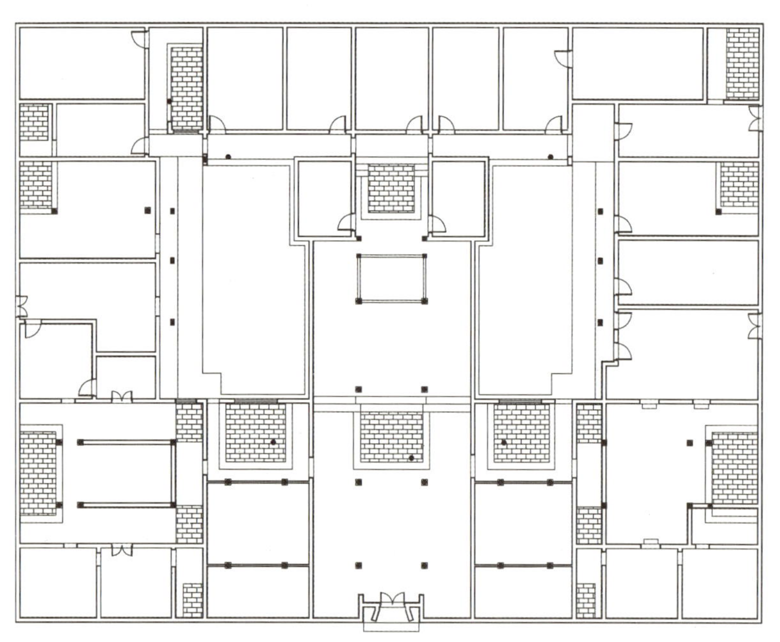

图 3-134　段氏府第平面图

图 3-135　段氏府第中路的天井

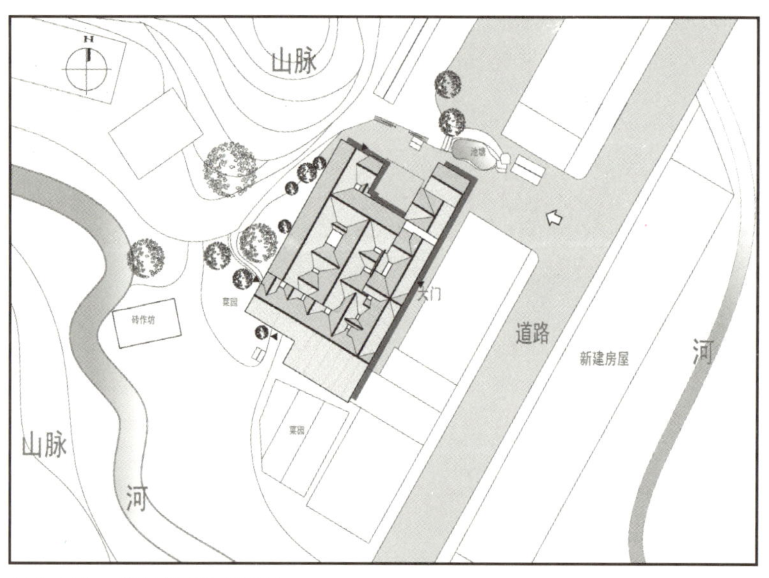

图 3-136　安家老屋总平面图

理和审美情绪。山墙脊饰用瓦片叠垒得宛如腾云驾雾之龙，鳞片翅逼真，首尾呼应；檐梁屏柱雕龙画风、绘制乐伎歌女、奇花异草；封护檐下的砖砌斗栱排列有序，层次分明；斗栱下的仿木枋上绘有花鸟鱼虫、人物故事等彩画，色彩艳丽，形态逼真。革命战争年代，红十五军、红四军、红二十五军以及刘邓大军都在这里安营扎寨，是刘邓大军指挥部所在地。

2）英山县陶河乡严家坳村安家大屋

安家大屋位于湖北省英山县陶河乡，大别山的余脉牛头山的山脚。安家大屋有两组——安家老屋和安家新屋。《安氏宗谱》民国三十一年（1942年）修编本记载："安氏系出颛顼，燕蓟人口昌盛，派流川鲁，数百代宗支蕃衍……至琥公清初入英，系传已十余世矣……"同时据后人的回忆等资料可推断出老屋的建造年代大致在乾隆末年，新屋的建造年代大致在咸丰年间。两组建筑群距离1km左右。老屋破败得比较严重，新屋稍好。

安家老屋原来的地形与环境已发生很大变化，但依然可以从周边的环境看出原来选址的匠心。老屋基地的右前侧有一条小溪，溪水从山上流下来，屋后是山，山坡上是安家的坟地。符合背山面水的选址原则（图 3-136）。安家新屋的周边环境较为清晰，新屋背靠一座高高的孤山作主山。孤山两侧是连续的山脉。新屋前面是开阔的田地，再远处是平缓的山脉作案山。田地中有两股水从右侧在此会聚成一股，缓缓从新屋前的田地中流过。符合理想的风水环境模式（图 3-137）。

除此之外，安家大屋所在的村子均有"歪门"的处理。据当地的风水师讲，大屋中的"歪门"源于对良好风水的追求，在宅心已定的情况下，调整大门的朝向偏转弥补住宅方位的不足，更好地纳气聚财。

通过复原平面，可以看出老屋以三进式房屋为主，两侧各有竖向排屋，其平面还是比较对称和规整的。再反过来看看老屋的现状平面，在其复杂的布局和产权背后还是可以清晰地找出"四大明廊"的水平交通系统（图 3-138）。

图 3-137
安家新屋平面图

图 3-138
英山安家老屋平面图与立面图

图 3-139　团风县杜皮乡百丈岩林氏府第

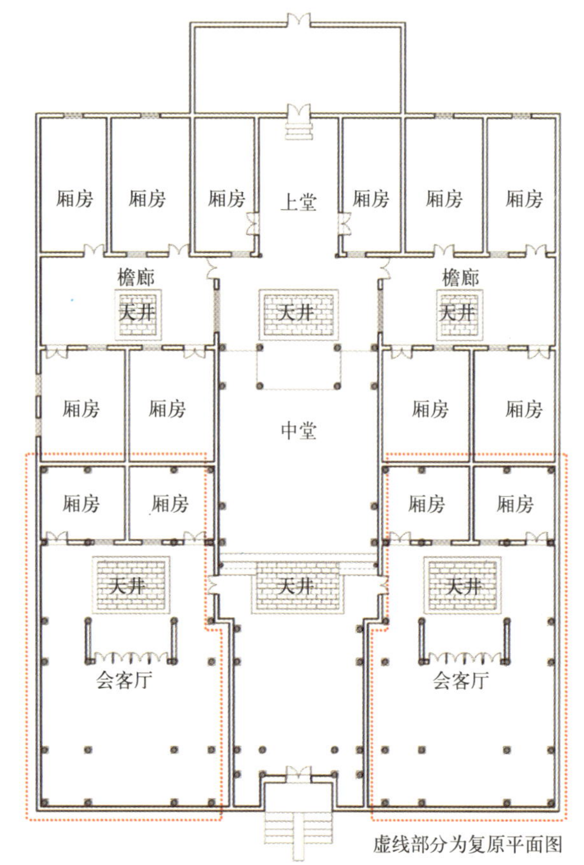

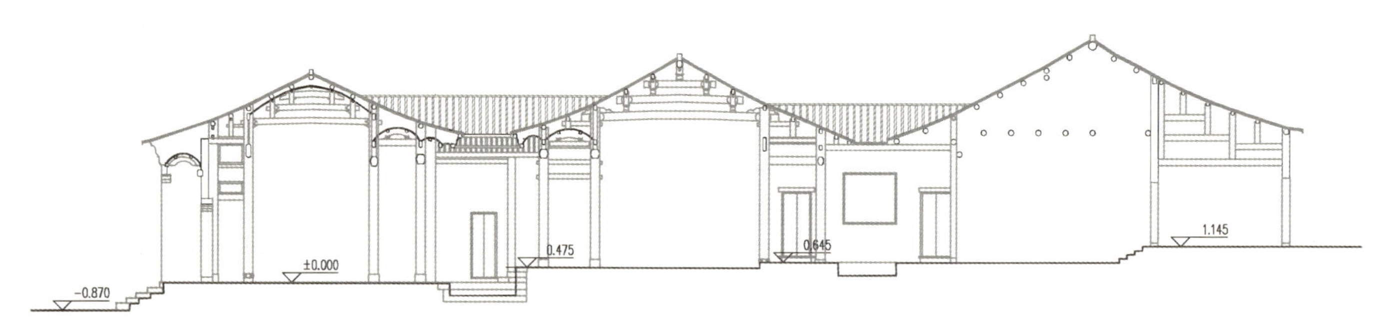

图 3-140　百丈岩村林氏府第平面图及剖面图

3）团风县杜皮乡百丈岩林氏府第

百丈岩村坐落于团风县东北部的杜皮乡，龙王山脚下(图 3-139)，距离团风县城 50km。据《林氏宗谱》和《黄冈县志》记载，中湾老宅是清道光年间开封知府林竹堂的旧居。中湾老宅规模较大，现存建筑面积 600 多 m^2，三进七间，室内有六个天井，为砖木结构悬山建筑（图 3-140)。上堂、中堂、下堂以及两个天井位于整个住宅的中轴线上，北面两侧各布置两开间的卧房，南面两侧设有两个会客厅。

4）黄梅县杉木乡安乐村牌楼湾古民居

黄梅县杉木乡安乐村牌楼湾古民居群，建于清朝乾隆年间。牌楼湾古民居群占地 8000 多 m^2，整个建筑群有 8 栋，图 3-141 是其中保存最好的一栋。该建筑平面十分规整，规模适中，其平面布局十分典型，同时包含中庭型和三合天井式两种基本形态（图 3-142）。

5）大悟县宣化镇姚畈铁店民居

大悟县宣化镇铁店村是原国民党时期河南省财政厅厅长丁正拓之孙女婿华继平的故居（图 3-143）。占地面积约 30 亩，前后五进合院式房屋，共 100 余间，前四进格局、规模相同，后排两边各建一座炮楼，炮楼高三层，主体均由长约 28cm，厚约 8cm 的正方形青砖建造，内有土炮各一门，炮楼今已不存。前面每进六个单元，每个单元有一院落，均为“四水归池，八柱落脚”。

6）团风县林彪故居和林毓英故居

林彪故居位于团风县回龙山镇林家大湾。林彪故居现又名“帅门”，于 1936 年建造，两年后被日军烧过，1995 年由林彪侄子林从安按照原状

图 3–141　黄梅县杉木乡牌楼湾古民居

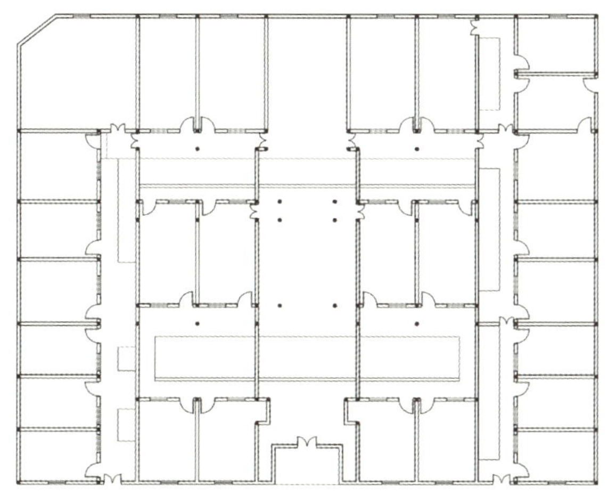

图 3–142　牌楼湾古民居平面图

图 3–143　大悟宣化镇姚畈铁店老宅

图 3–144　团风县回龙山镇 林彪故居

修复（图 3–144）。林彪故居主体建筑是一进五开间的砖瓦住宅，故居正中是厅堂，堂前有一天井，两边是厢房卧室，对称排列（图 3–145）。

林毓英故居位于团风县回龙山镇林家大湾（图 3–146）。从南立面来看，有四个入口，以前可能分别为自家四户使用。每户入口正对的是厅堂和天井，厅堂两侧设有卧房和水平联系的厢房（图 3–147）。

7）新洲徐源泉公馆

徐源泉公馆坐落于新洲区仓埠南下街（图 3–148）。据该馆史料记载，1931 年，国民党中央执委第 26 集团军陆军上将徐源泉耗资十万大洋修建了这座公馆，占地面积 4230m^2（含庭院），全部建筑面积约 1170m^2。右房建有地下室，外有规模不小的一排卫兵室。

徐源泉公馆外有高墙，门楼外重檐叠构，角牙飞耸。檐上雕有如意斗栱，檐下饰有各种故事。内有院落。正楼上下两层楼，进深 36.8m，面积

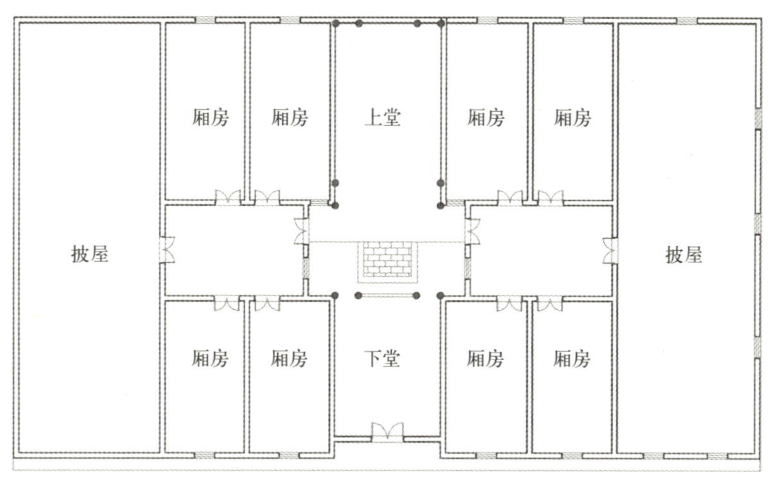

图 3–145　林彪故居平面图

图 3–146　团风县回龙山镇林毓英旧居

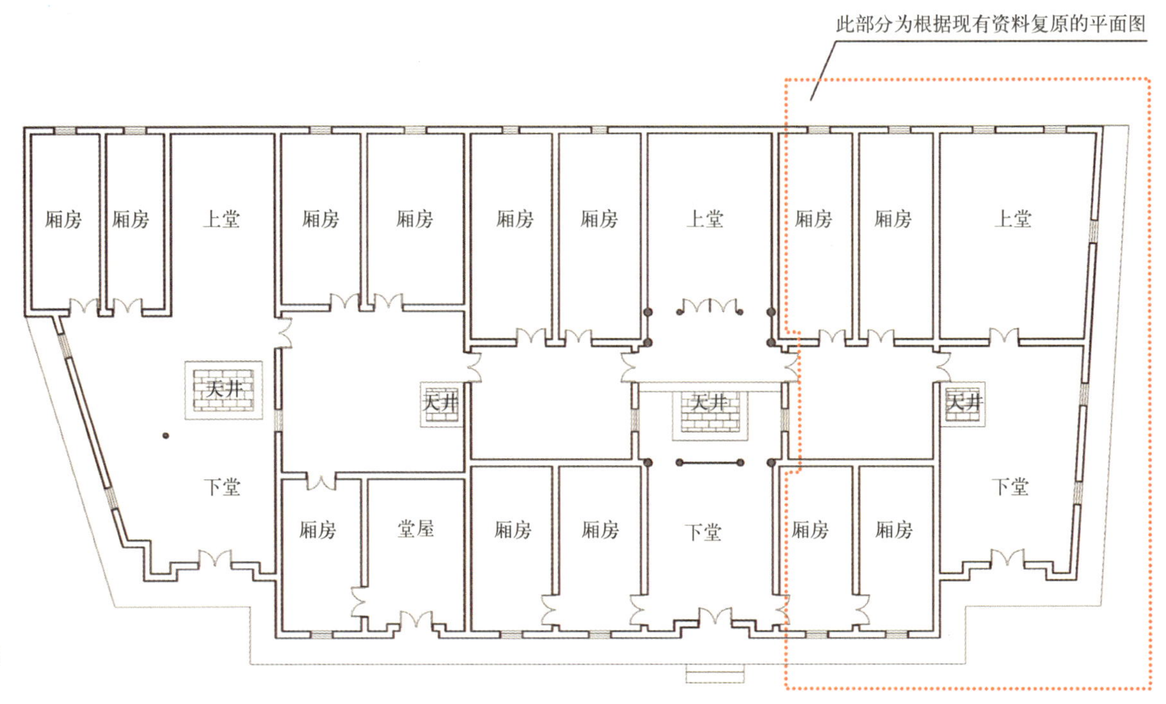

图 3–147　林毓英故居复原平面图

图 3–148（左）新洲徐源泉公馆
图 3–149（右）新洲徐源泉公馆的“西洋”风格立面

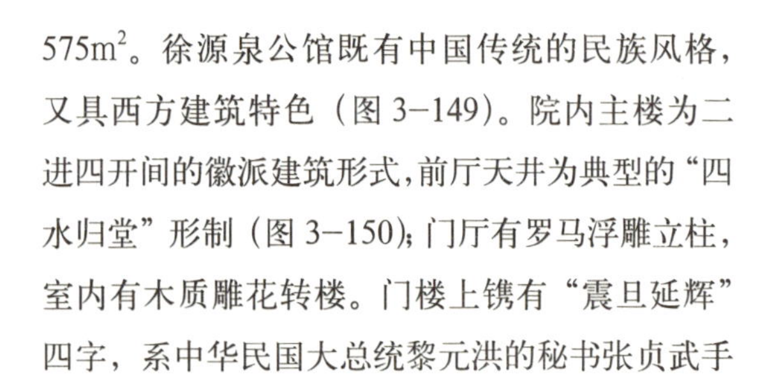

575m^2。徐源泉公馆既有中国传统的民族风格，又具西方建筑特色（图 3–149）。院内主楼为二进四开间的徽派建筑形式，前厅天井为典型的“四水归堂”形制（图 3–150）；门厅有罗马浮雕立柱，室内有木质雕花转楼。门楼上镌有“震旦延辉”四字，系中华民国大总统黎元洪的秘书张贞武手书（“文化大革命”中被铲平，现在的字为今人所提）。

徐源泉公馆坐西朝东，现偏处一隅。实际上20 世纪 30 年代，公馆门前是一片名为西湖的湖泊，据当地人介绍，这片湖泊可直通长江。“仓”为粮仓，“埠”为港埠之意，当时，仓埠一带湖

图 3-150（左）
新洲徐源泉公馆的前厅天井
图 3-151（右）
新洲徐源泉公馆的“退园”

汉纵横，水上运输繁忙，算得上一个大码头。徐家当时拥有 13 条钢驳船，作为物品运输和接来送往工具。徐源泉公馆时常有达官显贵来访，大多数便是乘坐这些船只。

徐源泉公馆建成后，徐源泉将公馆命名为“退园”（图 3-151），暗寓引退之意。徐源泉公馆之侧，即为徐当年所创办的“正源中学”（现为新洲区第二中学）。1949 年后，徐源泉公馆作为了新洲县第二中学教师宿舍，1984 年，被列为武汉市及新洲县政府“文物保护单位”。

通过上述几个案例可以看出，鄂东北的府邸宅屋一般表现出强烈的轴线关系，往往有数条纵横交错的轴线（但会存在一条主轴线），所以其平面大多呈现出规整、对称的格局。在这条主轴线上从前到后依次间隔布置有厅堂、天井和两侧的厢房，形成一进进的纵向递进的空间层次关系和序列。这种形制的民居还有原黄陂县王家河镇罗岗村（图 3-152）、王家河镇红十月村汪西湾民居（图 3-153）、罗田县胜利纸棚河村（图 3-154）。此外大型的府邸多有私家花园，如英山的段氏府第和仓埠的徐源泉公馆。而随州万合镇的戴家仓屋规模宏大（图 3-155、图 3-156），与河南省的庄园式的传统民居非常相近，还具有防御性的望楼、更屋等。

鄂东北另外比较典型的三合天井或四合天井式的独栋民居，如与黄陂大余湾民居[13]相近的黄陂王家河镇文兹民居、麻城市歧亭镇城门塘老宅（图 3-157）等。

图 3-152　黄陂王家河镇罗岗村民居

图 3-153　王家河镇红十月村汪西湾民居

图 3-154　罗田县胜利纸棚河村

图 3-155　随州万合戴家仓屋

（三）山寨（寨堡）

山寨是民间自建的一种防御工事，其最初的形式可上溯至魏晋时期的坞壁。筑于高山之上称为“寨”，平地而筑名为“堡”。鄂东北可谓“有山必有寨（山寨）”，堡寨数量之多，分布之广，并不亚于鄂西北地区。根据《黄冈县志》记载，明清时期鄂东北黄冈地区山寨的修建是一普遍现象：其中蕲春有 52 座，罗田有 49 座，浠水有 51 座，麻城有 101 座。这与当年连年的征战、移民的迁徙、“御匪安民”和家族的自卫等密不可分，清人王葆心所著《蕲黄四十八砦纪事》中：“蕲黄有山砦三百有奇，名砦四十八。”同时此书有：“自蕲黄上接之德安、汝宁等处山砦又有四百八十九。”而蕲黄与河南商城、固始，安徽霍山等地同处于大别山区，当时众多山寨林立，可以互通声息，互为犄角。形成了庞大的防御工事。因此我们可以推断“蕲黄四十八砦”已成为整个大别山区成百上千座山寨的统称。大规模的寨堡群得以形成，与当时动荡的局势和大别山区险峻的地形、险要的地势都不无关系。

黄冈市修筑有山寨的四个区域位于丘陵与山脉的过渡地带，宽裕的丘陵环境可以满足广大乡民进行农业生产，而北倚的山势刚好是营造山寨躲避战乱的理想条件。英山县土地较贫瘠，多为山脉，在明清时期并不是理想的农耕生活环境，所以并没有山寨。团风县一带虽然临近长江，土壤肥沃，适宜居住，但是其地势较平坦，故少有

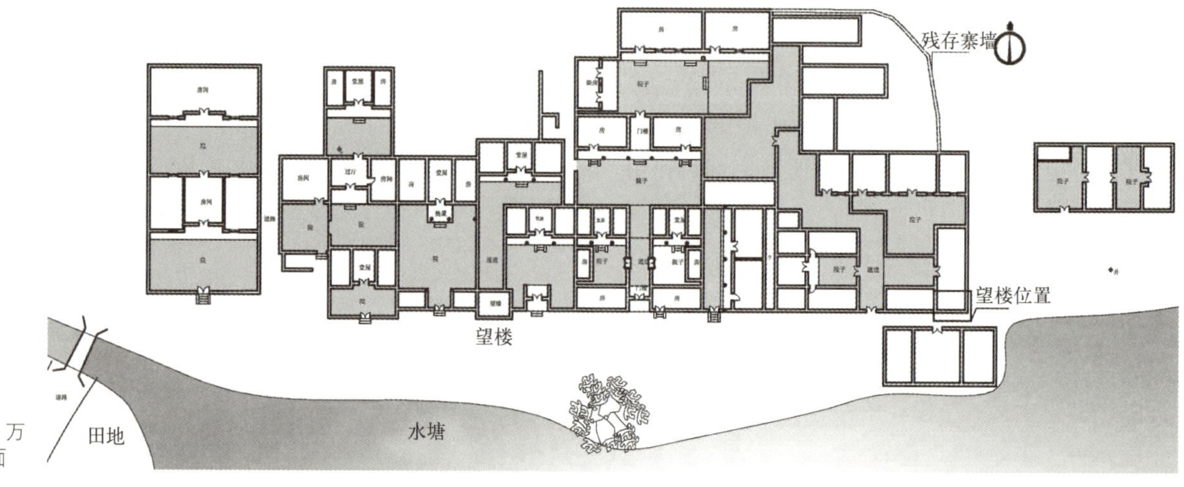

图 3-156　随州万合戴家仓屋总平面

山寨。山寨均为干砌，大小不等，各自耸立在山巅和悬崖峭壁之上。而今这些山寨毁损严重，几乎全部成为残垣破壁。另外在武汉的黄陂有数十座明清时期修筑的古山寨，如洪关山寨、西峰尖寨、平峰顶寨、张家寨、周家寨、谌家寨等等，只有龙王尖山寨，保存尚算完好——寨墙中下部基本完好，石板屋多数存留半墙以上。

1）麻城山寨

麻城的山寨最有名的属麻城顺河镇凤到山山寨，该寨因山而得名。山寨保存基本完好的是寨墙和上山巨岩石庙（图 3–158）。该寨凭借凤凰山的天然险境，用于民防和回击曾经进攻的捻军。同治三年（1864 年）五月廿一日，捻军一部围攻山寨，寨内挤满十里八乡的避乱平民，可只有一口泉眼，逢天大旱，水源枯竭富人早已将所有蓄水买空，穷人们难以生存，逼迫打开山门寻水，捻军趁机冲入寨内，无论穷富杀得血水成河。至今的农历五月廿一日，仍有本地和他乡的后人来此祭供先人，当地人把这一天叫死人节。现凤凰山有“三台八景”，每个景点都有优美的传说相佐，趣味盎然。

麻城的山寨（寨堡）还有因寨主名字而得名的，位于三河口东北的康王寨、位于木子店镇马牙山，修于太平年间的邵家寨和位于龟峰山旅游风景区关口坳公路左侧山头的雁门寨，雁门寨因原寨主名叫“鲍雁门”而得名。雁门寨最高处海拔 857m，山寨随着地势起伏，砌起石叠城墙，蜿蜒数公里，巍然屹立，古色苍苍。雁门寨自古便是兵家必争之地，也是著名的古战场[14]。此外，也有因山形而得名的堡寨，如位于张家畈镇李家山、林峰、门前垸之间的什子山寨。

2）浠水县山寨

在 1983 ~ 1992 年文物普查过程中，浠水普查山寨 50 余座。浠水山寨延续时间长，分布广泛，规模大小不等，建筑各异，形成了独特的山寨文化。以浠水山寨为集体代表的鄂东北山寨延续时间长，数量较多，分布广泛，规模大小不等，建筑各异，形成了独特的山寨文化。山寨的平面形式与山形地势（尤其是山顶平台）密切关联，或工整如圆形、方形、椭圆形等；或随形就势，蜿蜒曲折。

图 3–157　麻城岐亭镇城门塘老宅

图 3–158　麻城凤到山山寨

与下文所讲的龙王尖山寨防御和居住功能一体山寨不同，通过统计分析山寨与其附近所属村落的水平距离，以及山寨的海拔等发现，山寨与其附近所属村落的水平距离的长短在一定程度上反映出战乱时期村民逃生的难易程度[15]。

（1）距离在 1km 左右的山寨多在主要交通要道附近，平均海拔不高，既可有效地控扼地势，又可方便附近居民迅速撤离到寨内避险，所以多属防御型的山寨，也有可能是军事型山寨。

(2) 距离在 1 ～ 2km 之间的山寨平均海拔比上一类山寨要高，使其在防御过程中具有潜在的地理优势，山寨与所属村落适中的水平距离保证居民生活生产的便利性，故此类山寨多为防御避乱型的山寨。

(3) 距离在 2km 以上的山寨均远离主要交通路径，平均海拔高，有的高达 347.2m。选择离村落较远较高的山脉建寨多是因为居住地附近地势较平坦，不便防御，所以舍近求远，在地势高耸的山上建寨，利于防守。故此类山寨多为单纯避难型山寨。

3) 龙王尖山寨

龙王尖山寨又名永安寨或永安寨城堡，坐落于武汉市黄陂区李集镇东北和长轩岭镇西的交界处。始建于景泰七年（1456 年），为"御匪安民"和防范北坡山火，村民集资兴建龙王尖山寨。明清之际，山寨经过多次维修和复建。至清同治七年（1868 年）秋，城堡式的龙王尖山寨全面建成，时黄陂知县刘昌绪前往祝贺，并取名永安寨。

龙王尖山寨倚山踞岭，气势磅礴（图 3-159）。围城的山寨周长 12.5km，圈地超过 1.5 余 km^2。山寨按九曲八卦阵建造，共有四大寨门，多座烽火台，其中一座置龙王庙峰巅，一座置西寨门。这种城堡式的山寨，易守难攻。寨内有粮有水，生活资料齐全，即便遭受围攻，也可坚守待援。

龙王尖山寨自成一方天地，除了完备的聚落物质形态要素外，还有一套完整的社会管理制度。龙王尖山寨管理上的健全严格亦是一般山寨所不具备的。龙王尖山寨的总负责人为堡首，堡首以下，乡勇有舵掌统领，舵掌以下设队总、队长、队目负责各层武装事务。商会有会长，会长指派行头具体管理商务。调解民事矛盾纠纷设有公局。再者，各姓有头人，大族有族长，帮会有会长，众坛有坛主协助堡首处理各类事务。就防范山火、进出寨门、饮用水源、牧放牲畜等立有寨规，并指定专管人员。这个特别的社会聚落成为研究明清两朝，尤其是咸丰同治时期社会状况的理想标本。

（四）祠堂戏台

1）红安县八里湾的吴氏祠

在湖北红安县八里湾陡山村的一处坡岗地中间有座吴氏祠，被誉为"鄂东第一祠"。吴氏祠始建于清乾隆廿八年（1763 年），同治十年（1871

图 3-159　龙王尖山寨的寨墙与民房

图 3-160　红安县吴氏祠外观

图 3-161　吴氏祠的戏台"观乐亭"

年）重修，现吴氏祠为光绪廿八年（1902 年）新建。吴氏祠布局严谨，保存较好，牌楼式的入口石雕非常精致（图 3-160），建筑内部木雕更是异常精美。当推门而入时，虽经百年的沧桑，但看起来依然富丽堂皇。祠内门、柱、廊无一不雕龙画凤，题材广泛，造型生动。祠堂院落格局进门为戏台"观乐楼"，两侧为两层观戏用的厢廊，走过前院，就是祠堂的上殿——拜殿，这里殿厅宽阔，为宗祠议事之处。第三进为寝殿，是家族头人们议事后休息住宿的地方。后庭的东西两边为厢房，每间厢房的房门皆镂空雕花，渔、樵、耕、读四字由无数只凤鸟组成，随意赋形，巧夺天工。就在吴氏祠的戏台"观乐亭"的楼檐台裙上有一处绝无仅有的木雕精品"武汉三镇江景图"，近 9m 长，令人叹服（图 3-161）。据说吴氏祠的建筑班底是当时最负盛名的肖家石匠班子和闻名两湖（湖北、湖南）的"黄孝帮"木工班子，极尽雕画镌刻之能事。

吴氏祠的平面格局为典型的鄂东祠堂格局。祠堂面朝南向，占地面积 1410m²。面阔五间共 25m，通进深 56m。布局方式为合院式，有前厅（戏楼）、中厅（享殿）、正殿（寝殿）及偏房（图 3-162）。戏楼平面呈"凸"字形，分前后台，前

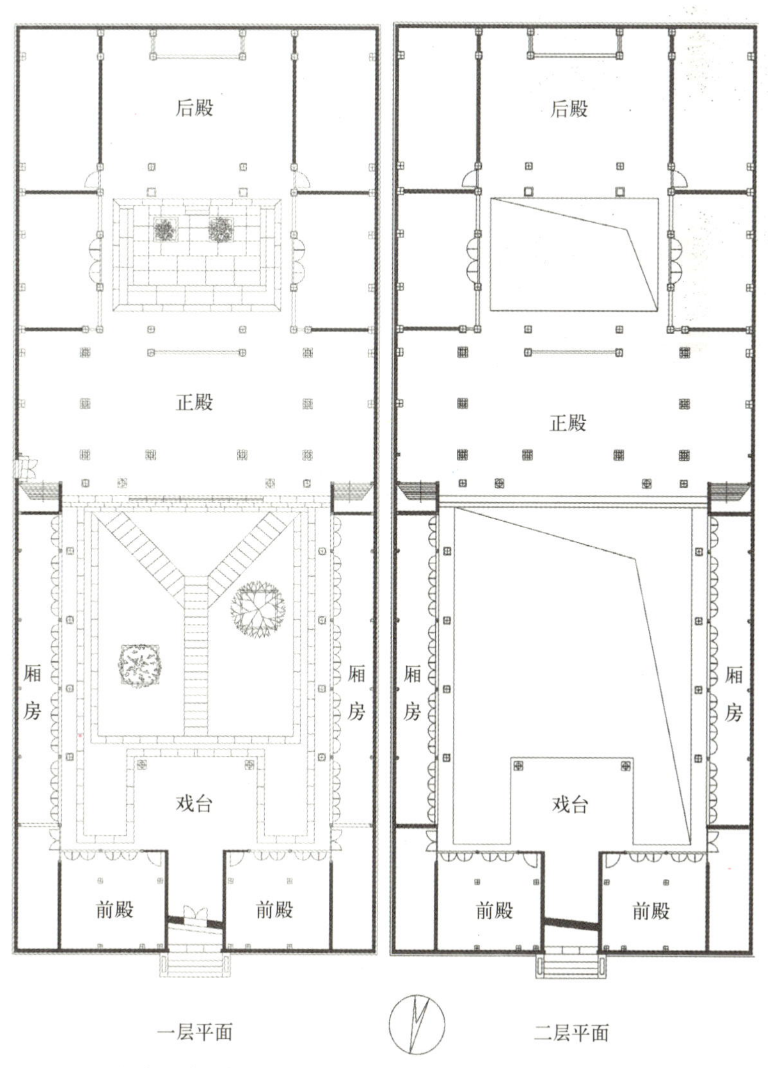

图 3-162　红安吴氏祠堂平面

图3-163　麻城盐田河雷氏祠（左）
图3-164　麻城盐田河雷氏祠前天井及雕饰（右）

台为单檐歇山灰瓦顶，后台为单檐硬山灰瓦顶；明间屋顶高出稍间2.5m，分上、下两层；中厅、正殿为单檐硬山灰瓦顶，明间结构方式为抬梁式构架，次、稍间则为穿斗式构架。吴氏祠堂规模较大，入口处设有一戏台，在举行家族仪式活动时可能会聚集大量人流，所以需要一个相对较大的室外空间。吴氏祠已被列为全国重点文物保护单位。

2）麻城盐田河东界岭雷氏祠

雷氏宗祠位于盐田河百亩堰村（图3-163），始建于嘉庆六年（1801年）。该祠占地面积1300m^2，于1985年被公布为麻城第一批重点文物保护单位，2007年被列入省级重点文物保护单位。雷氏宗祠前后三殿分别为门厅（戏楼）、享殿和寝殿，另有鼓乐楼。两侧分别设有边室、花厅后室、耳房等，分布对称。明间为石柱台梁结构，次间为穿斗构架。祠立石柱20根，设天井八眼，垒石门17座。祠内设有大戏楼、议事厅、香火堂和九间偏殿，有九口天井。祠内雕梁画栋，人像动物惟妙惟肖，栩栩如生；祠外飞檐翘角，狮兽奔腾，气宇非凡（图3-164）。正门左右置立式石狮一对。内部装饰以前殿戏楼、盘龙柱石雕和丰富的人物故事石雕及木雕装饰为突出特色。其雕刻作品以雕工精细繁缛、内容丰富多彩著称。邻近的盐田河刘家祠有着非常相似的特点（图3-165），而红安七里坪的秦氏祠堂则更简练一些（图3-166）。

图3-165
麻城盐田河刘家祠

3）团风县回龙山镇回龙山大庙万年台

回龙山古戏楼位于回龙镇大街南端，始建于明洪武年间（1368～1398年），明万历二年（1514年）重修，重建后的戏楼距今有500年的历史了（图3-167）。

古戏楼上题有“春台”，即以上演春节前后的乡戏、社戏为主，但平时也有众多的酬神、祝寿、庆功、闹丰收等名目的戏剧演出。古戏楼又称万年台，它是固定的演出场地，豪华气派，有别于临时搭建的“草台”。因其雕梁画栋，精美绝伦故又名“花戏台”。

古戏楼又称大庙戏楼，它是回龙山大庙（又称东岳庙）建筑的一部分，回龙山大庙，释道合一，始建于明洪武年间（1368 ~ 1398 年），抗日战争年代被日军烧毁。现存山门殿、钟鼓楼、月池拱桥等，部分建筑和地基被附近居民和学校（张浩小学）占用。月池拱桥和右边的钟鼓楼残存，可以窥视当年的形制规模。

戏台正面为扇形的坡地，因地制宜，露天列座观赏，视线良好。回龙山大庙和古戏楼也是著名的“回龙山农民暴动”旧址，是红色教育的基地。可以想象，无论是大戏演出，还是当年的革命者在春台上演讲，效果都非常理想。

无论地形地势，还是构造方式都有异曲同工之妙的戏台还有湖北浠水县马垅镇的万年台（图 3-168、图 3-169）。

（五）市集街屋

与其他地区一样，鄂东北也存在很多以商业交换为主的商业集镇。罗田县胜利镇屯兵堡街和红安县七里坪镇长胜街就是这种类型规模较大的两个历史街区。

胜利镇坐落于罗田西北山区，既是大别山腹地重要的物资集散地，又是罗田县西北部的政治、经济、文化中心（图 3-170）。胜利镇原称屯兵铺，亦名屯兵堡，又名滕家堡，最早建于明嘉靖二十二年（1543 年），因防寇驻兵设铺（堡）在此而得名，是历代军事要塞和商贸重镇。镇里有一条全长 800 余米的老街。它由一条主街和几条岔街构成。街路用青石板或花岗石板错缝而铺，街面宽 2 ~ 3m。巷道幽深迂回、四通八达，前门临街，后门临河或依山。老街上的建筑均为明清时期的传统民居，多为石、砖、木结构。一进几重，天井穿插其间。光线通过天井泻入厅内，宽敞气派。临街面多为两层楼房，上宿下店或前店后房，一层均用板门、板壁，形成鳞次栉比的

图 3-166　红安县秦氏祠堂

图 3-167　团风县回龙山大庙万年台

图 3-168　浠水县马垅镇万年台

图 3-169　浠水县马垅镇万年台细部

店铺。

七里坪镇坐落于湖北红安县大别山南麓、鄂豫两省交界处，是黄麻起义策源地也是红四方面军诞生地、红二十五军重建地、红二十八军改编地，又是秦基伟、郑位三等143位共和国将军的故乡。有着几百年历史明清古街——长胜街，是七里坪镇的主街道，全长1200m，曲折逶迤（图3–171）。街两旁是明清时期的老房子，均为砖木结构。有的是一层的，有的是两层的，高低错落。

图 3–170 罗田县胜利镇屯兵堡街

图 3–171 红安县七里坪镇长胜街

图 3–172 红安县长胜街的封火山墙

青砖、黛瓦、飞檐、马头墙，各具特色。天井很好地解决了房子内的采光问题。

和传统住宅相比，街屋不仅要满足人们最基本的居住功能，而且要解决好面街的商业功能。为了充分利用好寸土寸金的商业门面，通常街屋并列排布得十分密集，每户的进深较大，采用“前店后宅”或者“下店上宅”的布局模式（图3–172），并且其空间形态根据地形条件和户主当时的财力不同而灵活多样。在本文我们将这种商住合二为一的传统民居建筑称之为“街屋”。街屋建筑多共用山墙，利用突出的山墙屋脊进行划分，一方面是为了进行不同住户的区别，另一方面也是为了避免失火时火势的蔓延。

第四节 鄂西北

一、区位与自然形态

鄂西北是湖北省西北部的简称，属于汉江中游地区，汉江贯穿整个区域。鄂西北通常指十堰地区、襄樊地区、神农架林区和随州的部分地区等。其东接湖北随州地区，西与陕西安康地区交界，南连神农架林区、重庆市的万州地区，北与河南南阳地区、陕西商洛地区毗邻，即地处鄂、豫、川、陕之交会区，古时被称为中国中部的“四塞奥区”，到明清时期又被称为“三边之区”，是历史上重要的移民、流民聚居之所，也是历来兵家必争之地。

鄂西北拥有湖北省1/5左右的土地面积，区内山峰错落，沟壑纵横，素有“八山一水一分田”之称。区内有号称“华中屋脊”的神农架最高峰——神农顶，海拔达3105m，此外还有大巴山、武当山等著名山峰。整个鄂西北位于湖北省地势最高处。

鄂西北的水系较为发达，主要形成以汉江为主干的枝状水系，其中代表性的水系除汉江外，还有其第一大支流——堵河及丹江口水库。千百年来，汉江和堵河已经成为鄂西北人民的母亲河。可以说，汉江、堵河水系孕育了鄂西北丰富而独特的地方文化，同时又为当地带来了数以百万计的电能和清洁的水源。鉴于鄂西北水利资源十分丰富，这里也成为国家实施“南水北调”工程的水源地。

鄂西北地区属北亚热带大陆性季风气候，且具有南北过渡型特征，光热资源较丰富。受海拔高度、坡向等地形地貌因素影响，该地区的气候复杂多样，素有“高一丈，不一样”，“阴阳坡，差得多”之说。这里雨量充沛，气候宜人，植被茂密，物产丰富，自然成为古代人们理想的宜居之地。

二、文化渊源

鄂西北的历史十分悠久而丰富。从新石器时代以来，就是黄河流域与长江流域文明交相契合之区。仰韶文化、屈家岭文化及龙山文化，都延伸到了鄂西北。据《郧县志》（康熙版本）、《房县志》和《竹山县志》等文献的记载，这里曾是古麋国和古庸国所在地。该地区因位于鄂、豫、川、陕四省交会之处，自古就有“四省通衢”的美称，所以一直是南北文化激烈交锋的前沿阵地。随着历史的发展，鄂西北地区更是受到了秦巴文化的渗透而形成了自己独有的地域文化特征，即对多方面文化基因的包容性。明初，鄂西北先后被朝廷实施封禁，至明中后期，各地民不聊生的流民蜂拥至此定居，致使朝廷也只能认可这个事实。此外，明末清初的人口迁移也成就了著名的“随枣走廊”。鄂西北人口的变迁，必然带来了该地区文化的交流、融合，与文化息息相关的该地区的建筑风格也就呈现出多元文化影响下的特殊形式。

在广泛的调研考察中，我们从鄂西北传统建筑中能够感受到来自中原传统建筑、赣皖等地传统建筑，乃至南方传统建筑所带来的深刻影响，也可以看到因本土文化、气候特点、材料来源、技术水平等不同而形成融合后的新型建筑风格。从调查情况看，鄂西北传统建筑基本都属于合院式民居，尽管襄樊地区的枣阳、宜城、老河口乃至襄阳等地也都有传统建筑遗存，但是，最具代表性的还是当属南漳、保康、谷城等地传统建筑。这一带是传统建筑相对比较集中的区域，而其中又以南漳最为集中且特色鲜明。十堰地区的传统建筑分布较为分散，数量也较多，主要在竹山、竹溪、郧县、郧西、丹江口的浪河等地，其中也包括古镇、村落、祠堂等。

三、民居主要特点与表现

鄂西北传统民居在空间形态、结构造型、营造技艺等方面因长期受多元文化的影响而呈现出“中庸”状态，特色不是十分鲜明。其间我们能感受到中原、江南、岭南、秦巴等各地域文化在民居中的隐约体现，但也能看到多元文化与本土文化交会融合之后形成的特质。这种特质经过数百年的积累沉淀，也就逐渐形成了鄂西北传统民居的特色。

1）多路少进，横向展开

“多路少进，横向展开”是鄂西北传统民居的主要布局特点之一（图 3–173）。坐北朝南的位相是大多数宅院的第一选择，北高南低的地势造就了其依山就势、逐级升高的建筑格局，因山区土地资源十分紧张，人们为了生存，都将不可多得的平地用于种植农作物，而宅基地多选择山脚坡地。这种选址逐渐成为习惯，其民居依山而建，横向多路，进深受限，多为 2 ~ 3 进就成为地域性特征了。这种特征也是北方合院式民居在南方解体后的新形式。当然，这里也有其他朝向的布局，如坐西朝东等，但是主要是根据山势走

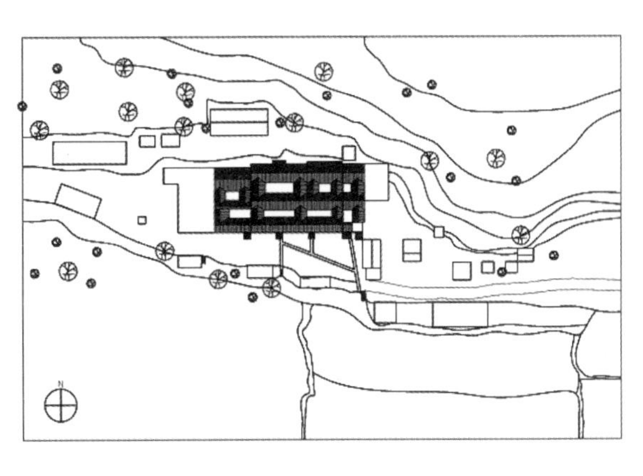

图 3–173
陶家老宅总平面

向和聚落环境来决定的。然而在这样的布局中，鄂西北民居还是遵从“左上右下”、“东尊西卑”的基本规律的。通过实测证实，每路院落的东侧厢房都比西侧厢房要略宽一点。

2）实体围合、防御性较强

鄂西北民居的院落多为建筑实体围合，少数采用墙体结合建筑围合。院落外墙实墙居多，正面每个开间会有一个不大的石雕漏窗，二层阁楼对外常设直径约 0.2m 的通气孔。侧面厢房背后基本不开窗，正房背后多不开窗，也有少量开小型石雕漏窗。总体来说，鄂西北民居比较注重防御，对院落内部的保护较强。在鄂西北还有部分民居设有带射击孔的碉楼，其防御性更是得到加强。这种特性也是与明清时期鄂西北不断的战乱有关，屋主为求自保，必然注重宅院的安全性设计（图 3–174）。

图 3–174
襄樊南漳雷坪陶家

图 3–175
三盛院的山墙

图 3–176
翁家庄院马头山墙

3）硬山封火，墀头多变

鄂西北民居比较突出的是山墙的形式和墀头的装饰。鄂西北民居的屋顶基本都是采用硬山灰瓦形式，山墙的形式多样，其中针对大型宅院的建筑封火山墙，常常运用马头墙、“猫弓背”、镬耳墙、云形墙等样式（图 3–175、图 3–176）。这些也能从侧面说明鄂西北民居是受到南北各方多重文化影响的。另外，墀头的装饰也是鄂西北民居中的特征之一，只要是较正式的民居建筑，都有丰富的墀头形式，有动物、植物灰塑，也有彩绘、线描，更有器物直接镶入，叠涩则是常用手法。一般院落正门都会设置内外两组墀头，内部中间是起强化入口的作用，有时会形成专门的门楼；外部两侧这是结合山墙形成整体界定（图 3–177）。墀头装饰的复杂程度及所定内容也能反映家族院落的级别高低和所取得的功名（图 3–178）。

4）栏板采用滴珠板装饰

鄂西北襄樊地区的民居常常在二层木制栏板中采用一种被称为“滴珠板”的特殊装饰，基本形式就是将木制栏板竖向划分成宽度约 0.3m 左右的若干份，每份之间均用木条分隔，比较讲究的有将木条做成云形花边，也有做成宝剑（图 3–179）、钱串等形式。每份的木板下部多做成滴水状，有的还在滴水表面雕刻如意花纹。连续的滴水，形成强烈的韵律，装饰性很强（图 3–180）。这种形式只是襄樊地区民居中所特有，其他地区并不多见。因此滴珠板装饰是襄樊地区传统民居特色之一。

四、主要类型与典型实例

鄂西北传统建筑的类型并不是很多，这与古

图 3–177
高家花屋正立面

图 3–178（左）
墀头装饰
图 3–179（右）
陶家“滴珠板”辟邪宝剑装饰

代生活方式有关，主要有民居、祠堂、会馆、店铺、戏楼、城墙城楼、山寨等。在鄂西北的土地上，分布最多的还是民居，其次是商业建筑，如店铺、商业街等。根据资料我们了解到，原来鄂西北存在有大量会馆类建筑，这类建筑基本是脱胎于民居，但因为功能与使用者的文化背景等原因，造成这类建筑具有其自身有别于民居的特征，也证明鄂西北地区曾经在商业上有着十分辉煌的过去。然而，因为保护和其他一些原因，这些建筑损毁严重，至今能够保存下来的已经不多了，我们只能从遗存的名字想象当年的盛景。关于祠堂，根据中国传统聚落的特点，这类建筑应该在村落中比较多见，特别是血缘型聚落，更是应该常见。然而，在鄂西北，祠堂保存下来的十分稀少，能够见到的也只有柯氏祠堂、甘家祠堂、郭营祠堂等为数不多的祠堂建筑。山寨建筑是特殊的民居聚落类型，因为形制特殊，将在专门章节单独进行论述。城墙寨墙实例不多，只有上津古城保存有较为完整的城墙和城门等。

图 3–180　南漳民居"滴珠板"

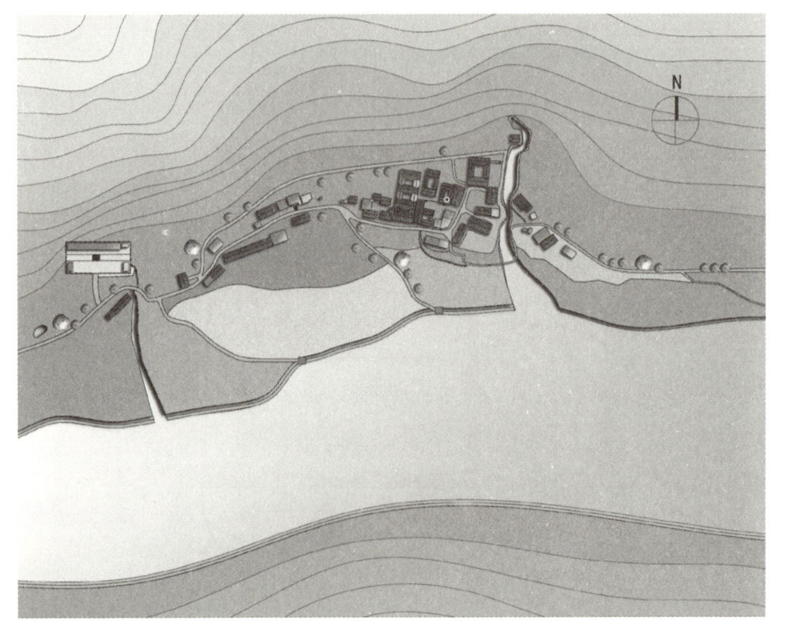

图 3–181　烂泥湾总图

图 3–182　烂泥湾聚落鸟瞰

（一）宗族聚落

1）竹溪县新洲乡烂泥湾村

十堰市竹溪县新洲乡的烂泥湾村是一个由翁姓家族自清乾隆年间开始营建的血缘型宗族聚落。烂泥湾，顾名思义，这里的交通环境不是很好，充满着烂泥。也正因为这样，才使这里还能保留着较为原始的风貌。烂泥湾村是以翁氏庄院为核心的聚落，全村大约 20 多户人，80% 的人都姓翁。根据翁家的族谱，翁家在清代早期还是武昌人士，后来移民才转到这里。当时的翁家庄院应该是十分壮观的，据《中国文物地图集 · 湖北分册》记载，翁氏庄院原占地面积约 1.5 万 m^2，中轴对称，五路二、三进四合院，中部三路三进，主体建筑均面阔五间。虽然这些宅院不是同一时期建造的，但是从鼎盛时期的嘉庆年间直到民国初年，一直陆续在建。然而，"文化大革命"的洗劫，致使翁家壮丽的情景再也不复出现了。

烂泥湾村选址于竹溪县南部山区的阳坡山凹中，背倚高山，面朝堵河，东有小溪相隔，西靠山坡围合，自然环境十分幽静（图 3–181）。村庄的用地呈南北窄、东西长、中部宽、两头尖的梭状，因此该村聚落的格局也是顺应这样的空间形式，村落建筑布局均坐北朝南、依山就势，现仅存的四组翁家宅院集中在村庄中部，基本沿堵河一字排开，只因损毁程度不同而呈现前后错落的布局。其中，只有西一路的"状元府"为完整的三进四重布局，东侧三组院落均为单进四合院（图 3–182）。据现场考察，东侧三组院落的位置靠后，特别是东一路的院落紧靠山边，前面十分开敞，结合状元府的格局和原先的记载，这三个院落前面应该还有一、二进院落，西一路西边应该还有一路两进院落。这样的布局才构成了烂泥湾村的聚落核心——翁氏庄院（图 3–183）。在这五路宅院两侧还有少量的零散民宅分布，但基本都是坐南朝北布置。由于人为和自然的破坏，翁氏庄院损毁严重，现在占地仅余 2000 多 m^2。尽管如此，烂泥湾村聚落的基本格局还是得以保存下来。

图 3–183　烂泥湾“安土敦仁”门楼

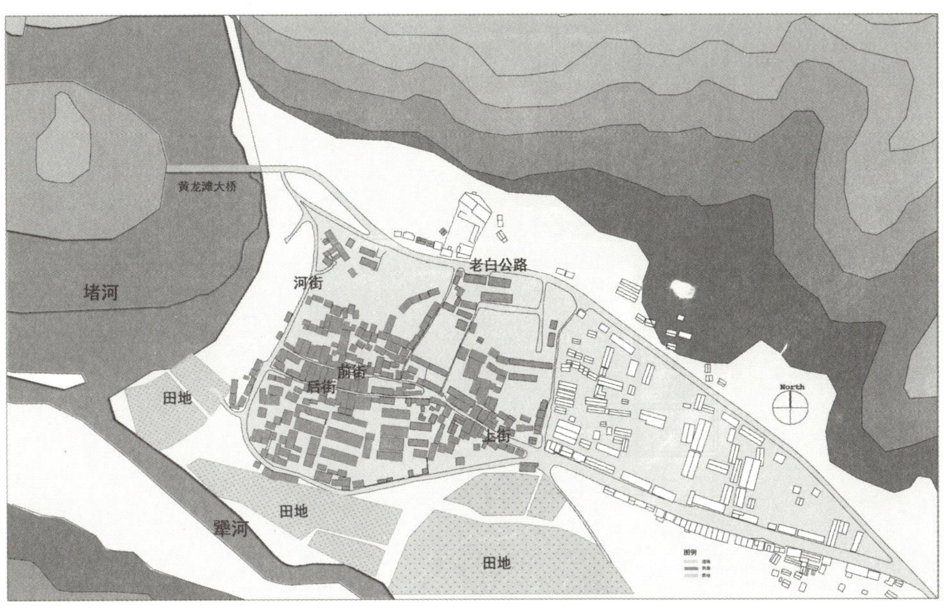

图 3–184　黄龙镇总平面

2）十堰市张湾区黄龙古镇

黄龙古镇位于十堰市张湾区西郊，始建于明末清初，是以余氏家族为主体的一座鄂西北商业重镇。当时，黄龙镇凭借区域内的水运优势，溯水而上，近至竹山、竹溪，远涉陕西、四川等省；顺水而下，还可达襄阳、汉口。因此，作为汉江最大的支流——堵河，自然拥有了“黄金水道”的美誉。当地民间曾广为流传的一段顺口溜：“叶大‘州府’门楼县，‘皮鼓’好像金銮殿，问你为啥不到黄龙滩，我无事不到外国转。”从侧面也能反映黄龙镇的繁荣。明末清初，镇内商贾云集，商铺林立，街市繁华，曾被人们誉为“小汉口”，是当时鄂西北地区的商业、文化、航运中心（图 3–184）。

图 3–185
黄龙镇武昌会馆

图 3–186
黄龙镇余氏宅屋

黄龙镇地势北高南低，处于河道冲击下形成的一道狭长的河谷平川。周边山峦起伏，林木茂盛，更有堵河、犟河两大水系在此交汇，自然条件和交通条件均十分优越。整个古镇由前街、后街、上街和河街四条街道组成，整体呈团状。其中前街、后街和上街属内街，构成整个古镇聚落的“Y”形主体骨架，俗称“扬岔把”；河街则是外街，沿河布置，形成外围联系各码头的通道，大部分为半边街，主要的三个码头均分布在河街西侧的堵河岸边。古镇武昌会馆（图 3–185）的东边是原余氏家族的宅院，为中轴对称的多路多进四合院。此外，古镇上的其他民宅也多以合院形式联排成片布置（图 3–186），古镇聚落由西向东逐渐稀疏。

此类宗族聚落还有枣阳市新市镇的前湾村(图 3–187)，是邱家宗族的聚居之地。

（二）大型宅屋

1）冯哲夫老宅

冯哲夫老宅位于襄樊市南漳县板桥镇鞠家湾，始建于明朝崇祯年间（1628 年），现为清末建筑。老宅的主人是辛亥革命国民临时政府内务部长、国务总监、国共两次合作时期的高层民主志士、清朝留日学士冯开浚，字哲夫。建筑背倚大山形酷似一顶官帽，面对的山形如笔架，建筑依山而建，坐北朝南，横向多路展开，前低后高（图 3–188）。宅前为石砌围堰，形成入口前开阔地，围堰前方有东西走向的冲沟和水田。

图 3–187 枣阳市新市镇前湾村邱家民居

该宅院占地达 8100m²，有大小房间 105 间，呈明三暗六九天井的对称格局（图 3–189）。建筑南面外观是三个入口，形成三路布局态势，从各自大门进入一进院落后，又都分成两路进入第二进院落，侧门可以连接其他院落。这种布局是冯哲夫老宅的特征，也是鄂西北民居的一个孤例。

中路正门采用了凹入式石门楼的形式，门匾题字、檐口轩顶收口，突出重点入口，也是规模最大的一路院落。第一进为东西狭长的长方形院落，两个中门面对一进院落对称开门。中门采用了石鼓、石坎的石门匾题字的形式。中厅比一进院落高出七级台阶，第二进院落正堂也高出院落七级台阶，形成了三级台地，自然地利用了地形高差，使空间变化较丰富。正堂前为穿廊，设置侧门及与二楼联系的楼梯。两旁东西厢房对称布置，二楼采用独特的挑廊处理，不形成环廊，栏板为滴珠板。

左右对称的两边路院落规模较小，正门均为

图 3–188 冯哲夫老宅全景

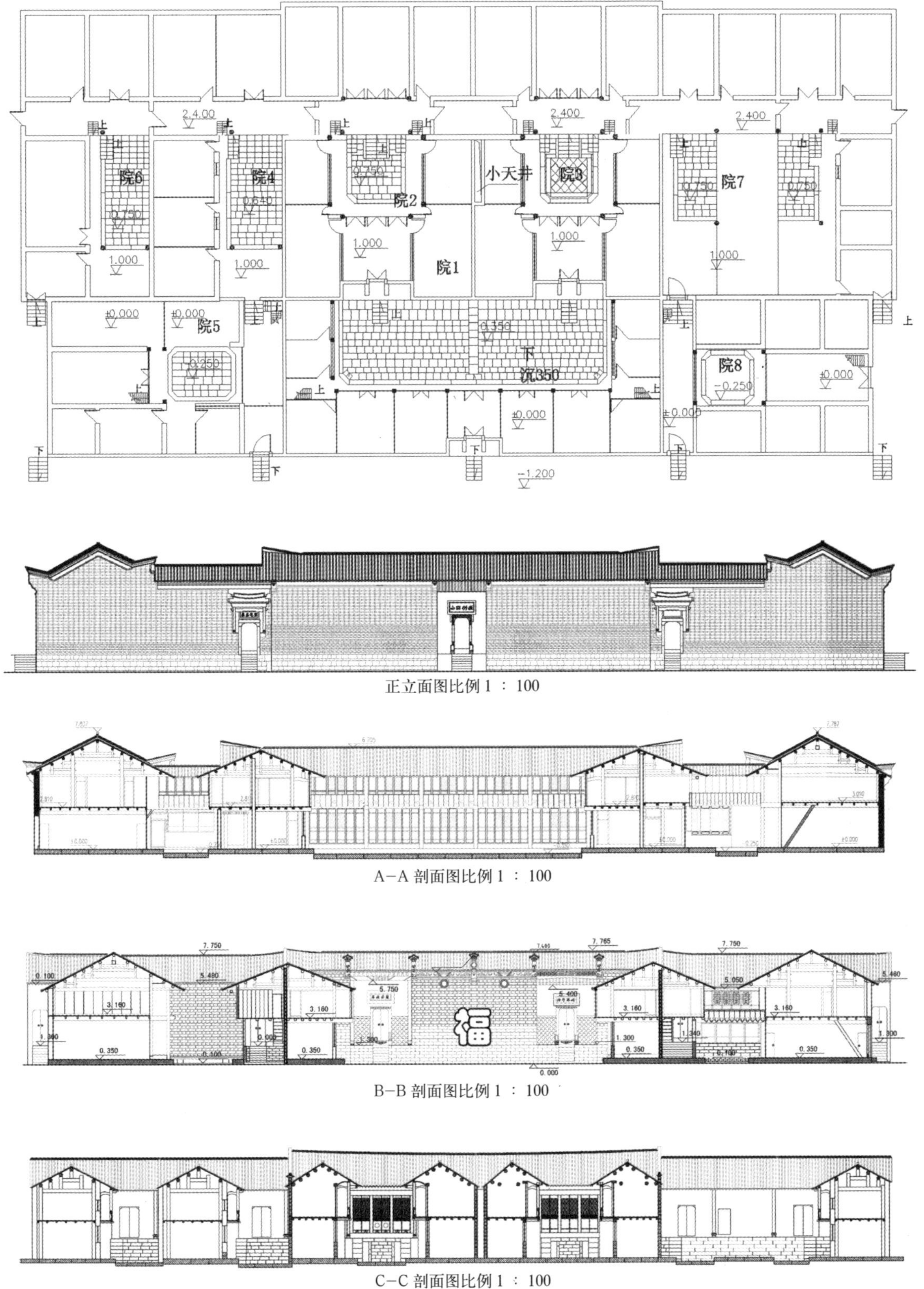

正立面图比例 1 ∶ 100

A–A 剖面图比例 1 ∶ 100

B–B 剖面图比例 1 ∶ 100

C–C 剖面图比例 1 ∶ 100

图 3–189
冯哲夫老宅平面、立面、剖面图

砖石仿木的贴墙门楼式大门。内部也都再分成两路二进院。地形高差利用和中路院落一样。

建筑外墙均为石砌，较为坚固。南面立面很宽，两端用封火山墙造型，与一般民居山墙在两侧不同，较为特别。该宅院的装饰也有自身特色，主要在门窗、门闩、石制抱鼓等处（图 3–190）。

2）陶家老宅

陶家老宅位于湖北省襄樊市南漳县板桥乡的

图 3-190（左）
入口抱鼓石
图 3-191（右）
陶家老宅外观立面

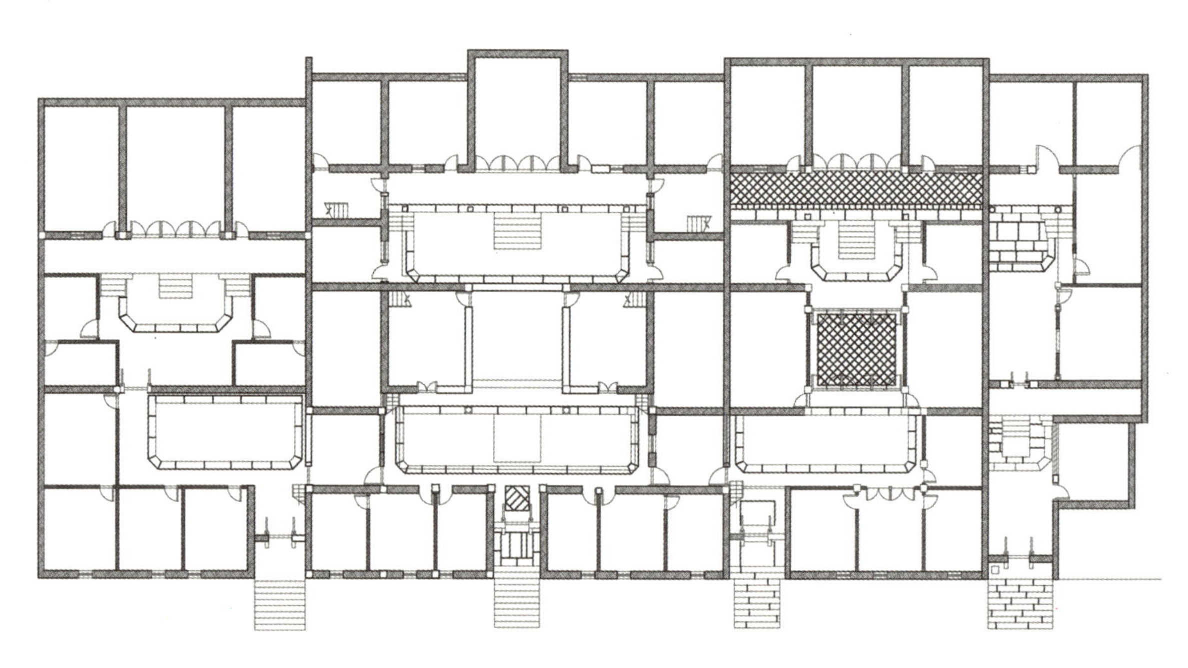

图 3-192
陶家老宅一层平面

焦家湾，始建于清末（图 3-191）。老宅选址于一东西走向的山冲里，坐北朝南，依山而建，宅前是一处低凹地，内有一圆形池塘，北边残存有宽 1m，高 1.5m 的防护墙遗迹，房前屋后众山环抱，环境宜人。整体地势呈南低北高，西低东高。尽管老宅部分损毁，但仍保留有上下两层房屋约 99 间，占地约 4000m²（图 3-192）。

这是一座四路二进两层的合院式民居，自东向西一字排开。其中西二路为主院落，中轴对称，布局完整，门厅、中厅、正房、两侧厢房齐备。两侧院落均为不完全对称布局，西一路院落基本对称，但大门偏向主院落，东二路是完整对称布局，但是正门也是偏向主院落，东一路这是完全不对称布局，只有一侧厢房。因地势原因，老宅西侧三路均利用高差设置了半地下架空层，用于储藏和饲养牲畜，这是陶家老宅的最特别之处，有干阑式民居的遗风，能较好地通风隔潮，更是增加了老宅的气势。老宅的天井院是鄂西北襄樊地区常用的横向扁长形布局，适应这里的用地特点，整体面宽大而进深浅（图 3-193）。

老宅的院落空间变化丰富，主次分明，建筑外观装饰精美，体现文化，是鄂西北典型的传统民居。

图 3-193　陶家东二路二进院

图 3-194　三盛院鸟瞰

3）三盛院

三盛院建筑群位于湖北省十堰市竹山和竹溪两县交界的马家河乡两河村，始建于清末同治年间，是原籍麻城县八角庙三盛湾的王应魁移民竹山并在竹山发家后，选择在马家河的两河口兴建的大型庄院，其“三盛”之名有原籍地名之因，更是取“人盛、地盛、财盛”之意。该庄院规模庞大，跨越竹山竹溪两县，原占地面积约为3.7万 m^2,后多处被毁,现仅存四组院落（图3-194）。

三盛院建筑群坐西朝东，面临汇湾河与官渡河的交汇口，背靠大山，环境优美和谐。三盛院的四组院落均为原三盛院建筑群的一部分，各建筑之间联系紧密、相辅相成，形成一个较为完整的建筑群体，也秉承了这一区域的历史文脉。院落之一“紫气东来”,建筑大部被毁,仅余写有“紫气东来”牌匾的门楼一座（图3-195）。院落之二“珠树联辉”，由主体和附属建筑组成。主体建筑正门额嵌“珠树联辉”石匾。平面呈规则长方形布局，面阔三间，通面阔13m，进深为五进四院（天井）楼阁式建筑，占地面积约718m^2。南侧有“山月林风”门楼，设高8m，厚0.5m的如意封火墙。院落之三“八字门”，正门设有八字墙，四个墀头装饰精美。其平面呈规则长方形布局,建筑面积526.12m^2。为三进院落式布局，依次为前厅、一进天井和厢房、中堂、二进天井和厢房、后堂。院落之四“横向入口”，其平面呈规则长方形布局，建筑面积906m^2。该建筑面阔五间，东侧巷道一间，通面两层，三进三重两组四合院，前厅、中堂、后堂均设有廊。整个院落为封闭式的两个四合院，前厅正面没有设门视为后檐，而后檐设门视为前檐，生活起居由侧门出入，因此较为独特（图3-196、图3-197）。

图 3-195　三盛院“紫气东来”门楼

据考证，三盛院建筑群原有48个天井，其

图 3–196　三盛院"横向入口"院

图 3–197　三盛院二楼戏台

图 3–198　高家花屋外观

规模在鄂西北也是首屈一指的，但是人为破坏和自然衰败的双重影响，三盛院早已不复当年盛况了。但是，从剩余的这些部分还是能一窥原来的风采。

（三）精致庄院

1）高家花屋

高家花屋位于十堰市竹山县竹坪乡解家沟村的白马山上，建于清末，屋主人叫高方，原籍武昌。据说该建筑是高方为孝敬母亲而建，从 1810 年建到 1840 年，历时 30 年。

高家花屋坐北朝南，依山就势，自南向北分两院三台地，逐步升高。前后院落差高达 2.7m，前院设计成两层楼，其二层与后院巧妙地利用高差衔接成一个整体（图 3–198）。西侧为主院落，东侧为附属院落（已破败）。

高家花屋的南立面明间设单间砖砌突出式八字雕花门楼，高出屋面的墀头略向上翘起，装饰精美（图 3–199）。大门高约 12m，门头镶嵌门匾，上书"庆衍共城"四个大字。门楼两侧墙壁上的石板雕刻精细。门楼两侧墙面上分别镶嵌了带"福""禄""寿""喜"四个字的石雕漏窗，下部还有带戏曲人物窗芯雕刻的石雕漏窗。

门前设 13 级青石板台阶，门厅与前院下屋合设，面阔七间。与一般民间豪宅不同的是，高家花屋的门厅二楼还有一个小型戏台。前院天井正中设置了 17 层台阶与后院和二层回廊相连，同时，台阶也是很好的看台（图 3–200、图 3–201）。前后院之间是中厅，中厅、前院两层东西厢房和前院下屋围合成环状回廊，施拱顶。中厅面阔五间，进深三间，为前后檐廊式，中设两道六扇木制雕花隔扇门。后院为内院，带阁楼的两层正房和东西厢房（图 3–202）。正房面阔五间，进深两间，设檐廊，正面有圆形、方形木制雕花漏窗多樘。至今还能看到十分精细的木雕工艺。

高家花屋门前有石鼓（图 3–203），正面屋角上都有四只龙爪状的狰狞飞檐兽，称为"吞口"（图 3–204）。正檐下和两侧有各长约十几米的长幅壁画，分别取材于民间故事。图中人物刻画细致生动，线条简洁流畅，色彩鲜艳。该宅院内共有 10 种石制柱础，均雕刻精美，尺度高大，依不同位置而设置，这是高家花屋的亮点所在。

2）饶家庄院

饶家庄院坐落于十堰地区丹江口市浪河镇黄龙村，建于清末民初。庄院处于海拔 700m 的山凹坪地之中，坐西北朝东南，占地 1330m^2，建筑面积 1118m^2，房屋 40 余间，分南北两院，为偏正布局（图 3–205）。北院为正院，主体建筑均带檐廊，为正规两层建筑。南院为偏院，主要供下人居住，建筑形式简单，装饰简朴，不对称偏心三合院布局，天井院宽大。正院中轴对称布局，依次由大门、前院、正门、中厅、后院、正房及南北厢房组成，除中厅两层通高外，其余建筑均为两层（图 3–206）。该庄院最显著的特征就是在前院的南侧有一座四层砖砌带挑廊的碉楼，能够很好地对庄院进行防御。据说屋主原打算对称设置两座相同的碉楼，只是庄院还未建完就死了，于是留下这座带有残缺美的特殊庄院，这在鄂西北传统民居中实为罕见。

该院碉楼共四层，从第二层至顶层均有瞭望孔与射击孔，顶层有四面外挑的木制廊道，结合四角攒尖顶和木制栏杆、雕刻斜撑，碉楼比例十分协调（图 3–207、图 3–208）。从庄院正立面看，尽管碉楼较为庞大，但整个庄院因为防御性要求而采用高大的实体马头山墙装饰，总体显得和谐、匀称，如果加上北侧未完成的碉楼，整个庄院布局就是十分完美的。

另外，庄院的门楼也是特点鲜明。该门楼自成一体，与两侧高大的院墙结合紧密，双层门的设计增强了庄院入口的防御性，而多重雕刻、绘画及造型的安排则强化了门楼的装饰性（图 3–209 ~ 图 3–211）。

庄院除碉楼外均为硬山灰瓦顶，中厅（厅堂）为大木构架，余为抬梁式构架。整座建筑雕梁画栋，有砖雕、石雕、木雕，在建筑物柱础、抱鼓、门槛、檐枋、雀替、楼板枋、挑头等部位均有应用。挑头采取线刻、浮雕手法雕刻有“十八学士登瀛

图 3–199　高家花屋正门门楼

图 3–200　高家花屋前院

图 3–201　高家花屋前院台阶

图 3–202 高家花屋平面、剖面图

图3–203　高家花屋门前石鼓

图 3–204　高家花屋墀头吞口

图3–205　饶氏庄院鸟瞰

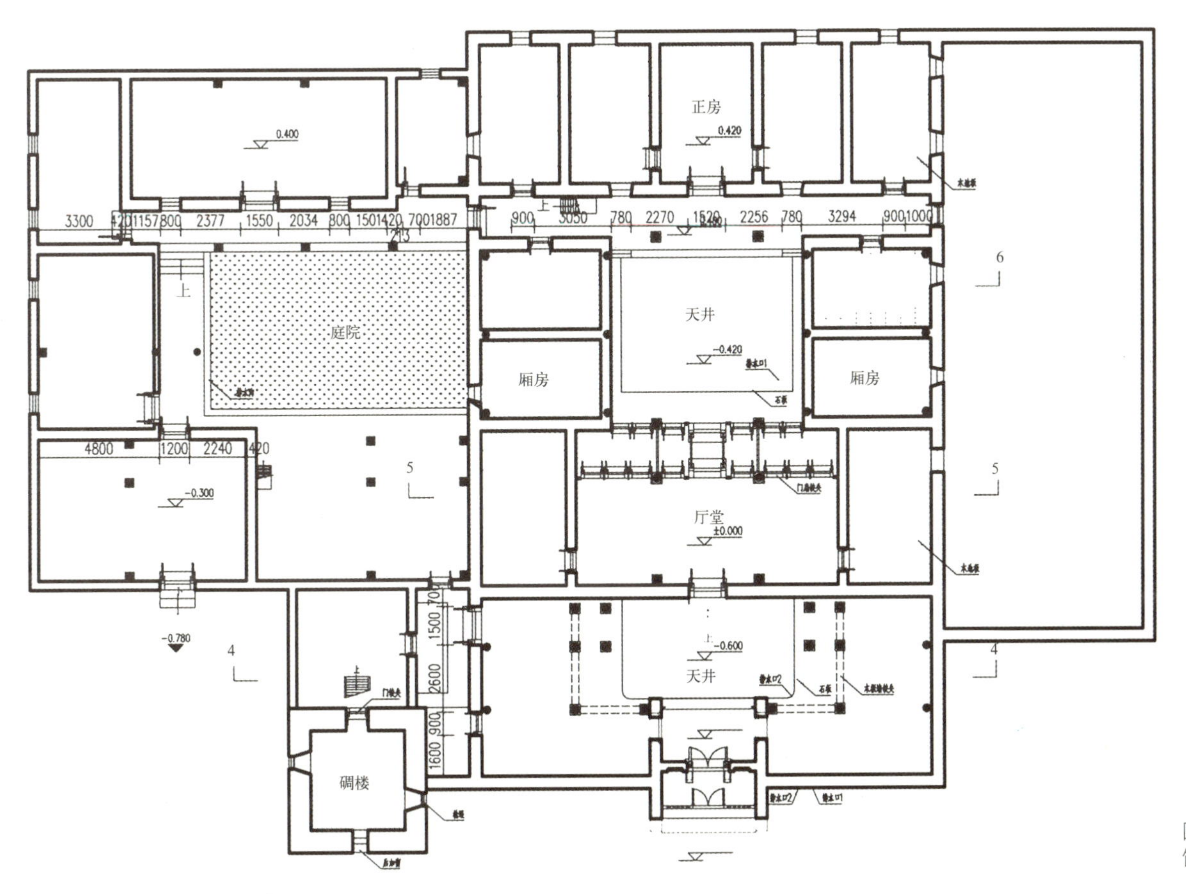

图 3–206
饶氏庄院平面

图 3–207　饶氏庄院碉楼

图 3–208　饶氏碉楼内部结构

图 3–209　饶氏门楼鸟瞰

图 3–210　饶氏门楼

图 3–211
饶氏门楼墀头局部

图 3–212
甘氏宗祠入口

洲”，檐枋、楼板边枋采用透雕、线刻手法雕刻有“三官寿星图”、“三岔口故事”、“刘海砍樵”、“梁祝故事”、“赴京赶考图”、“福禄寿图”等，其他部位雕刻有龙凤、麒麟、动植物、八宝、太极图等图案。雕刻纹饰有云纹、龙纹、汉文、缠枝纹、雷纹等，比较集中地展示了清代传统的雕刻手法与技艺。

（四）家族宗祠

1）甘氏宗祠

甘氏宗祠位于十堰市竹溪县中峰镇甘家岭村，是甘氏家族的宗祠，始建于清乾隆二十二年（1757 年），第五批省级文物保护单位，现存主院落建筑为 2007 年修复的。甘氏宗祠坐北朝南，占地面积约 400m^2，为两路两进四合院偏正布置。东一路为该宗祠的主院落，前厅及一进院平面均有明显对称轴线。正门采用三间四柱牌楼式门头，砖砌仿木贴壁柱不落地，牌楼正中、门楣上方嵌有一方石匾，上横书“甘宗祠”三个楷体大字，两侧山墙墀头精致（图 3–212）。门楣及门脸都有石雕装饰，抱鼓半人高且往内收进，上置小石狮子。前厅、正堂均面阔三间，左右厢房面阔两间，正中置天井。正堂外檐柱开间较内柱宽，因此形成八字梁枋。正院的木柱均较粗大，配以精雕石制柱础，显示出正堂的威严。正院西侧开有一个侧门，连接西侧的偏院，门外上方也采用了单间双柱不落地门头装饰。偏院为三合院（图 3–213），南面开有一门，门上方也设有单间双柱不落地门头装饰、只是宽度较大。门楣上方也嵌有一方石匾，上刻“燕序处”。该偏院虽是辅助性院落，但木柱、石柱础、木雕望板、轩顶等做工十分精美（图 3–214）。该宗祠最特别之处就是后院是从偏院进入而非对称入口布置。后院天井十分狭窄而扁长，后堂前壁开窗，两侧边开门，窗上部是木制拼花漏窗和雕花雀替，窗下部是砖墙。后堂据说是作为教学场所用，在后院正堂的背墙上有精细的线描工笔壁画，因年代久远已经不甚清楚，但隐约能看到建筑、人物等。

该宗祠的山墙形式是鄂西北传统建筑中最多

的，共有马头墙、半圆墙、硬山墙、三级不对称猫弓背等四种。宗祠屋顶均为单檐硬山灰瓦顶，两山穿斗式构架，中部抬梁式构架。

2）郭营祠堂

郭营祠堂位于枣阳市鹿头镇郭营村，是郭氏家族祭祀祖先的场所，始建年代不详，现存建筑为清末所建。

该祠堂为一座带门楼三合院，坐北朝南，占地面积约为400m^2。主体建筑有门楼、两侧厢房及中部正堂，东侧带一个不规则偏院（图3–215）。郭营祠堂的门楼外观十分特别，它采用了单片高墙上贴两级仿木砖砌斗栱牌楼门头，仅设两侧步柱带瓜头不落地，门楣上方嵌上下、长短两片石匾，上部刻有三个篆书字体，下部为两侧斜卐字纹拱卫的“义路礼门”四个正楷大字（图3–216）。门洞为砖砌，两侧设两个砖砌十字孔漏窗，门内侧是一片较简单的单坡屋架。厢房为面阔三间进深两间的独立对称式单体建筑，两侧山墙为硬山带向院内墀头装饰，南侧山墙与门楼共同构成祠堂丰富的正立面。厢房正立面均朝内院，明间设带亮木门，门上设四个圆柱状门簪，两侧次间设带亮木制密格窗。檐面出檐较大，为支承檐口，明间梁架的主梁向外延伸悬挑立短柱来解决。正堂与厢房分开约2m，面阔五间，进深四间，抬梁式结构，山面穿斗，硬山灰瓦顶，有浮雕山花。正堂构架为内外双排柱，中部抬梁架空形成正堂祭祀空间。前排双柱形成柱廊，上设轩顶，下部每间均有月梁，月梁两面均设不同内容的浮雕（图3–217）。外部穿枋外施浮雕，上嵌漏雕（图3–218）。正堂背后为实墙，厢房背后在次间开有两个窗。西侧偏院与主院落用圆形月洞门在西侧厢房与正堂之间连接。

3）柯家祠堂

柯家祠堂位于十堰市郧西县香口乡（图3–219），1947年曾为陕南军区医院，1985年8月15日被公布为郧西县第一批县级文物保护单位。

柯家祠堂现存建筑为一座单进独立四合院，坐北朝南，面阔三间，占地约250m^2，前后均马

图3–213　甘氏宗祠的院落（谭刚毅　摄）

图3–214
甘氏宗祠檐口

图3–215
郭营祠堂门后院落

图3–216
枣阳郭营的郭氏祠堂

图 3–17
郭营祠堂院落

图 3–218　郭营祠堂梁架（谭刚毅　摄）

图 3–219
柯家祠堂正立面

图 3–220
柯家祠堂侧立面

头山墙灰瓦顶，山墙墀头上原有兽形灰塑装饰，现已毁。墙砖上间或出现铸有“柯祠堂”字样的定制砖（图 3–220）。该祠堂前厅正门还保持着原有带两个圆形门簪的形式，门楣上方嵌横向砖匾，字迹已毁，两侧的窗已经被换成现在民宅上常用的三扇平开窗了。内院天井为横向扁长形，两侧厢房进深较浅，正堂为带檐廊的抬梁式构架，进深为两边小中间大的三间，两山墙承檩。因正堂需要较为开敞的空间，因此正脊及两边檩条均用短柱支承，再用大梁承载短柱跨越正堂中部空间。两边小跨丰富了建筑空间，减小了大梁的跨度，后部自然形成牌位、供桌、案几的祭祀空间，前部形成檐廊。

（五）会馆集群

因为鄂西北的十堰是旧时的流民集散之地，也是移民通道或驿路上的重要商业集镇集中之地，所以现存有较多的会馆，甚至有的呈集群方式出现。

1）黄龙古镇会馆群

十堰市张湾区黄龙古镇的中心在三条内街的交会处，这里分布了多进院落的武昌会馆、黄州会馆以及天主教堂等较大型公共建筑（图 3–221），临街均设有商铺。这里商铺多连续设置，通过檐廊或双层檐形成良好的带形商业空间。此外，在古镇西北部的民宅群中还有江西会馆、山陕会馆。

2）郧西城关会馆群

郧西，北依秦岭，南临汉江，史称“秦之咽喉，楚之门户”，是历史上兵家必争之地，也是湖北省内最早得到解放的县份之一。

在郧西县城关镇民联社区保存有山陕会馆（当地又称“两西馆”）、黄州馆、江西馆（图 3–222）。山陕会馆建于清康熙四十八年（1709 年），为山西、陕西两省旅居客民所建，占地面积 10 多亩，建筑十分宏伟；黄州馆又称地主庙，于清雍正年间由黄州府游居客民集资兴建，占地面积 10 多亩，建筑气势可与两西馆相媲美；江西馆地处黄州馆以北，与黄州馆仅一墙之隔，

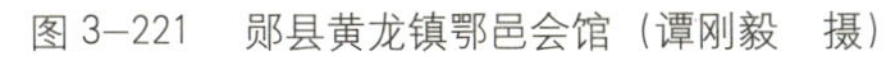

图 3–221　郧县黄龙镇鄂邑会馆（谭刚毅　摄）

图 3–222　郧西城关会馆群（谭刚毅　摄）

占地约 6 亩，清雍正九年（1731 年）由江西旅居郧西的客民集资所建。会馆有殿宇两重，后殿供奉数尊神像，殿前有戏楼一座，抵街而进，殿宇、戏楼与黄州馆并列，但建筑气势则稍逊于黄州馆。

3）山陕馆

山陕馆又名南会馆或陕西会馆。它坐落于上津古城外东北方约 250m 处的后山腰上。会馆坐东朝西，总长约 17.8m，宽约 11.6m，占地面积约为 207m^2。该建筑为单路单进式建筑，结构体系采用抬梁与砖墙混合承檩式结构。建筑面阔三间，前后厅中间围合出小型天井并设有半圆形台阶与后厅连接。根据推测原始主入口应当位于建筑西面，但因某些原因西立面被毁坏，当地居民将此立面用砖墙封闭并开以窗户（图 3–223）。现有建筑也仅在天井南侧设有小门供人进出（图 3–224）。屋顶为硬山灰瓦顶，其中前厅部分为少见的卷棚式，后厅则为传统的两坡式硬山顶（图 3–224）。山墙垂脊上原有的精美花草雕饰如今也残缺不全，破坏严重（图 3–225）。墙砖上多刻有“山陕馆”字样（图 3–223 ~ 图 3–225）。

图 3–223　上津山陕会馆北立面

图 3–224　山陕会馆南立面

（六）城池县府

1）上津古城

素有“朝秦暮楚”之称的上津古城地处湖北省十堰市郧西县城西北约 60km 处，北枕秦岭，

图 3–225
山陕会馆檐口

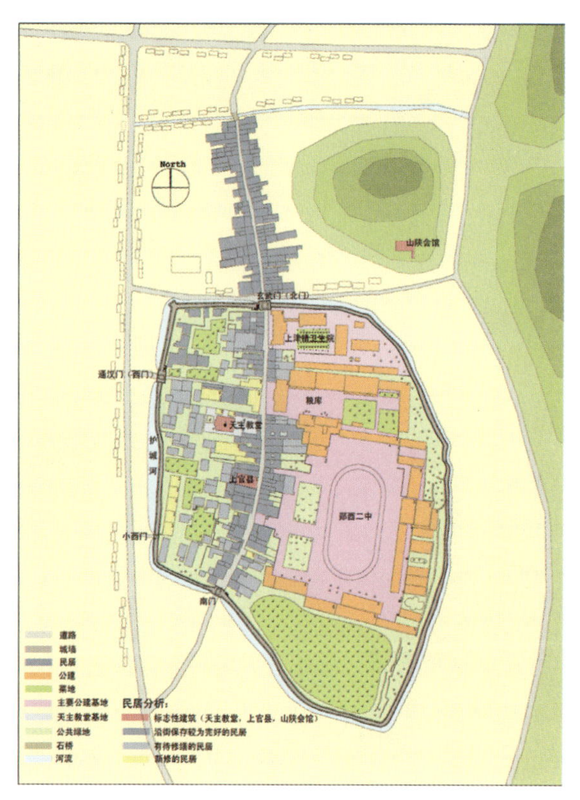

图 3–226
上津古城总图

南邻汉江，自古就是南北交会、兵家必争之地。古城属国家级历史文化名镇、第三批省级文物保护单位，比邻的金钱河更是曾经的黄金水道，直接汉江，交通便捷。上津至少有 1500 年的历史。最初叫平阳县，其后历经兴晋县、长利县、北上洛郡、南洛州、上津县、上津郡等等，历代或因战火或为政治，上津曾 14 次建县、6 次设郡、2 次置州。

上津古城的传统建筑曾经较多，后来多数被毁，现在仅剩保存完好的上津古城城门及城墙、山陕馆和上关县旧址（图 3–226）。现存上津古城城墙遗址为清嘉庆七年（1802 年）全面复修后的城墙，至今每一块青砖上都有“嘉庆七年”，“上津公修”等字样，以志其事。古城总平面呈靴形，南北门之间长为 300m，东西宽为 305m，城墙周长 1236m，面积 8 万 m^2，现状城墙剖面呈下大上小的梯形，外侧高度 4.9m，内侧高度 3.77m，下系青石浆砌而成，上用青砖复修，城墙顶部建有雉堞（“文革”期间大部分被毁，现已重新修复），城墙拐角处建有城楼（已毁）。城设五门：“东曰通郧，北曰接秦，南曰达楚，西曰通汉，西南便门。”其中以北门规模最大，保存也最为完整，其门高约 8m，门内侧宽 4.8m，拱顶距地面高度为 5.5m（图 3–227）；为防止山洪水患，东边的通郧门被封死，已经不能供人通行；西面除设有通汉门之外（图 3–228），西南角另开设一个小门以方便百姓进出，叫做便民门。城中偏西有一连接南北门的古商业街，并延伸至北门外，其中城内长 287m，城外长 191m，青石街道宽 3m。街道和建筑布局大部分仍能保持当年的样貌。环绕古城还建有护城河（现已干涸），现测宽 4.6m，深 1.2m。河四周植柳围城，因此上津城曾经也被称作“柳州城”。作为历史见证的古城，在向人们诉说历史的沧桑的同时，也展示着上津古代高超的建筑艺术，既是上津古代文明的象征，更是当时繁荣程度的标志。

2）上关县

1947 年 11 月解放军在上津成立了“上关县民主政府”，这是湖北省成立的第一个县级民主人民政府。上关县民主政府旧址位于上津城内主街西侧，紧邻天主教堂，为一路一进式建筑。建筑由前厅、后厅以及两侧厢房组成，前后厅与厢

图 3–227　上津古城北门

图 3–228　上津古城通汉门

房共同围合出狭长的天井，前厅与两侧厢房均有二层。上关县旧址为硬山屋顶，满铺青瓦，其结构为抬梁与砖墙混合承檩结构。入口上方繁体楷书写着“上关县”字样，建筑内还完好地保留了过去的陈设。

第五节　江汉平原与洞庭湖流域

一、区位与自然形态

江汉平原是由长江与汉江冲积而成的平原，境内河渠纵横交织，湖泊星罗棋布。以长江、汉江、东荆河、内荆河、长夏水、朱家河、洪湖等等组成的水系是江汉平原经济文化发展的重要条件之一，也影响到民居和集镇聚落的形态及发展。

江汉平原是在古云梦泽的基础上，由于长江和汉水所夹带泥沙的长期堆积，湖泊三角洲不断扩展合并，湖泊景观向平原景观逐渐演变形成。它的形成伴随着云梦泽的历史演变、长江汉江河道形态的变迁及其汊流水系河网的演变。在汉江主河道不断向南过程中，右侧的汊流逐渐汇入长江主河道，而左岸汊流逐渐淤塞形成三角洲平原。

同时，水系在江汉平原南部集镇聚落的发展过程中起到了重要作用。历史时期江汉平原南部陆路交通系统一直不甚发达，交通网的建立也较晚，丰富的水系为历史时期江汉平原南部的商品交换提供了交通上的便利。明清时期“江西填湖广”移民大规模迁入促进了江汉平原的开发，农业经济发达，涌现了大批以交换农产品为主的农业集市和集镇，而这些集镇绝大多数都是临河而建。明代嘉靖年以后，长江北岸大堤连成一线，长江北岸的淤积也更加明显。如在长江中游的荆江平原，明代中期，太白湖在长江和汉水的作用下迅速淤塞，大片土地出水成陆，流民遂蜂拥而至，进一步引发了较大规模的人口迁移。而人口的增加，又进一步加剧了对于江滩淤积地带的开垦，一系列堤垸沿着长江北岸形成，有的也形成了繁华市集。

二、文化渊源

在文化属性上，江汉平原南部文化认知上主要是受历史上“楚地”“江汉”文化区域的辐射影响。唐代之前监利、沔阳同在以荆州为核心的乡土文化区的辐射范围内，根据张伟然《湖北历史文化地理研究》这个乡土文化区就是“江汉”文化区。关于“江汉”文化区的由来可追溯至《史记 · 楚世家》记载，“江汉”概念的出现说明江汉之间出现可成型的文化区域。自唐宋开始，江汉平原进入开发阶段，到明清时江汉平原已经高度开发。

江汉平原并不完整地属于某个语言区，而是不同的区域属于不同语言区，这源于其历史上政区的复杂划分。湖北省行政区在元代以前曾属于若干个不同的一级政区，语言也受毗邻省份影响深刻。而江汉平原由于受到河流水系自然变迁的影响，其区域缺乏自然凭证，不论是行政区划还是语言归属都显得复杂。

在很多研究中，江汉平原常常与洞庭湖平原合称“两湖平原”，汉代的荆州还包含湖南全省，很重要的因素是两湖平原地理环境、农业耕作方式相似，彼此交流频繁。但到唐代时，江汉平原与洞庭湖以南地区文化开始出现差异，《全唐诗》中张九龄的《南还以诗代书赠京师旧僚》诗中：“土风从楚别，山水入湘奇。”湘籍诗僧齐已在《过鹿门作》中也有：“诗过洞庭空”。地理意象的流露也反映了文化的差异。这也是为什么本书能单独以江汉平原为研究对象，而不用太多涉及湘北的原因。另外必须提出的是，“江西填湖广”移民的进入带来了不同的文化和技术，如移民把长江中下游先进的生产技术传入了湖南、湖北。江西迁往湖北的移民主要来自赣北的环鄱阳湖地区，在这一地区的文化核心是赣鄱文化，是赣文化的母体。文化的碰撞导致的结果更多的是两者的融合。通过对比湖北、江西的民俗，可以发现两地有很多习俗是相似的，也可从中寻找江汉文化与赣鄱文化的交融的例证痕迹。

三、民居主要特点与表现

江汉平原与洞庭湖平原，是两湖地区的历史传统中心区域。因其平原地区的地理特征，民居较多地以聚落形态存在。平原地区的城镇聚落分布密集，商业化程度较高，经济也比较发达。因此该地区民居的主要形态和特点主要表现在通常表现为“垸田”形态的聚落、商业市集（图 3–229），以及或合院或独栋形式的民宅。

明代以后沿长江筑堤垸的活动也带动了当地民居、聚落的发展。很多零散民居最初是沿堤而建，久而久之，这些住户繁衍壮大，形成聚落。还有的因地势临河等优势而成为农村集市，因此在江汉平原南部地区可以看到很多村子或集镇的名称中带有“堤”、“垸”，典型的例子就是洪湖的新堤（参见第 2 章），针对汉江的筑堤、垸活动也对聚落的发展产生了同样的效果。

总体看来，江汉平原民居在城市中心、城门关厢、大型集镇等交通、商业发达的区域往往自然形成商业街道。商业街道两侧的建筑因地价因素，多以连续店铺的形式出现。前店后宅或前店后作坊式的纵深型院落成为常见的形式，如监利的程集（图 3–230、图 3–231）和周老

图 3–229 洪湖瞿家湾老街（来源：李百浩、李晓峰《湖北传统民居》）

嘴正街（图 3-232），张集老街的 187 号民宅更是将此特点发挥到了极致（图 3-233）。

传统的大型合院式民居在 20 世纪 80 年代的荆州等地尚有部分遗存[16]，大型合院式民居与经济发展程度密切相关，还与传统的家族、宗族发展有关。往往大型合院式民居的建筑极为精美，其房主多为地方大族。城市内的合院式民居中，宗族的影响相对减弱，但仍然以完整有序的轴线序列在空间上体现了传统宗族文化。又因为市镇本身的商业特征，在高地价的繁华商业街区中，联排形前店后宅型的商住建筑则成为较普遍的形式，点缀其中的大型合院式民居则往往成为孤立的所在，同时往往又是街区的中心。

总体而言，由于平原地区的经济较为发达，建筑更新的速度也较快。同时由于洪水兵燹等因素的影响，能够长期原貌保存的民居也较为罕见。

图 3-230　监利程集

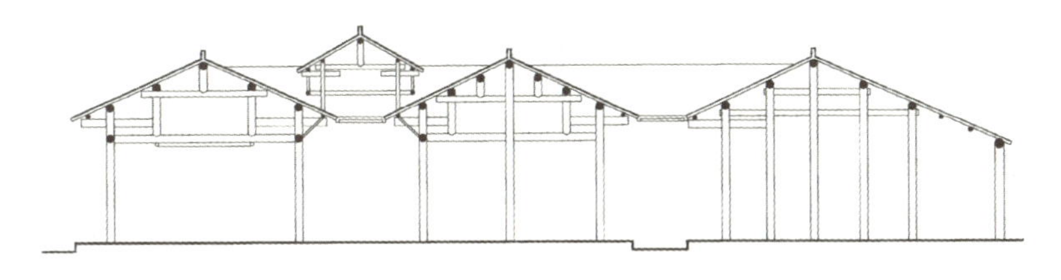
图 3-231　程集老街 126 号（来源：李百浩、李晓峰《湖北传统民居》）

四、主要类型与典型实例

江汉平原在明清得以大力开发，商业逐渐发达，与水运通道密切关联，民居逐渐分化为沿河发展成集市或集镇的集镇建筑，以及不靠河流的乡村建筑。江汉平原内部不同区域有的地理与文化风貌（其中包括建筑风貌）同样存在较大差别。根据区域内地理与文化风貌的一致性原则，江汉平原基本上可以分为三部分：以钟祥、京山为代表的江汉平原北部；以潜江市、天门市、沙洋县为代表的江汉平原中部；以监利县、洪湖市为主，以及仙桃市部分地区作为代表的江汉平原南部。

商业市集也多与水运通道关联密切（图 3-234）。临街店铺特征主要在于临街立面的开放——临街立面多采用可以拆卸的木板作为墙面，商业特征明显（图 3-235、图 3-236）。

图 3-232　监利周老嘴正街（来源：李百浩、李晓峰《湖北传统民居》）

图 3-233　张集老街 187 号民宅剖面

图 3-234 钟祥张集老街（一）

图 3-235 钟祥张集老街（二）（谭刚毅 摄）

图 3-236 京山平坝老街（谭刚毅 摄）

总体看来，合院式民居仍是江汉平原具有代表性的民居样式。北部的院落式民居多受山地丘陵影响，是适应地形较灵活的三合院，如湖北京山绿林镇吴集村二组（图 3-237、图 3-238）、京山县东桥镇墩岭村八组等（图 3-239 ~ 图 3-241）。而江汉平原南部的院落式建筑与平原地区发达的手工业与商业相适应，以轴线布置纵深型的四合院落。其前部入口处的正房往往是三开间，正房主要功能布局有店堂、储藏。正房后面是堂屋，两者在一条纵轴线上前后相隔 4 ~ 8m，其间用矮墙连接成天井院落（图 3-242）。

传统的大型合院式民居以位于天门市竟陵雁叫街孝子里的胡家花园为典型代表（图 3-243），只可惜现在已毁。据史载，胡家花园始建于 1899 年，总占地面积约 18000m^2，主体建筑面积约 3000 余 m^2，为清代山西巡抚胡聘之故居。胡家花园是湖北省仅有的一座巡抚官厅，是保存最为完整，规模最大的晚清官邸。

在江汉平原因为处于商业比较发达的地区，现存的宗族祠堂甚少，仅在江汉平原南部少数宗族聚落存在（图 3-244、图 3-245），空间形态和装饰与两湖其他地区并无二致。

由于江汉平原土质疏松且水患频繁，人们往往将底层架空，于是在江汉平原南部很早就出现了楼式建筑与干阑式建筑，干阑式建筑在江汉平原南部当地人称“吊楼子”。随着明清时期江汉平原大开发，人们应对水灾的策略（如广修河堤）也越来越成熟，干阑式建筑越来越少。随着商业经济大发展，能提供更多空间的楼式建筑更符合人们的需求，于是楼式建筑得以大量建造，尤其是在江汉平原南部各个集镇中楼式建筑占了很大部分，即常见的下店上宅式。

现存乡村民居的典型平面是：正屋通常是三间或两间，明二暗四或者明三暗六。以明二暗四为例，左为卧室，右前为堂屋，右后为杂物间。杂物房与卧室间有一条道通向厨房，此走道与大门及厨房的门基本在一条线上，这样通风顺畅。正屋与厨房间用矮墙连接成院子，院子内置杂物，

图 3-237　湖北京山绿林镇吴集村二组（谭刚毅　摄）

图 3-240　京山县永兴镇南庄村（荣蓉　摄）

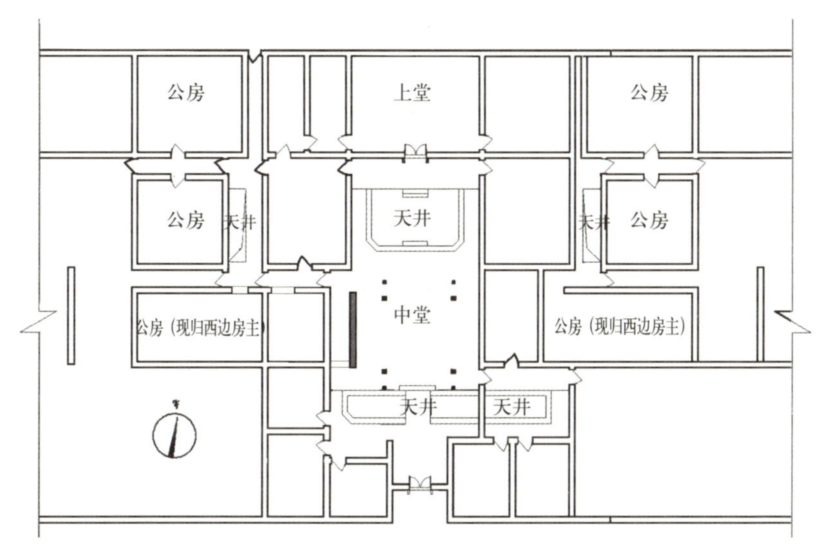

图 3-238　湖北京山绿林镇吴集村二组 47 号宅平面

图 3-241　京山县钱场镇荆条村车牛垱湾（方盈　摄）

图 3-239　京山县东桥镇墩岭村八组（谭刚毅　摄）

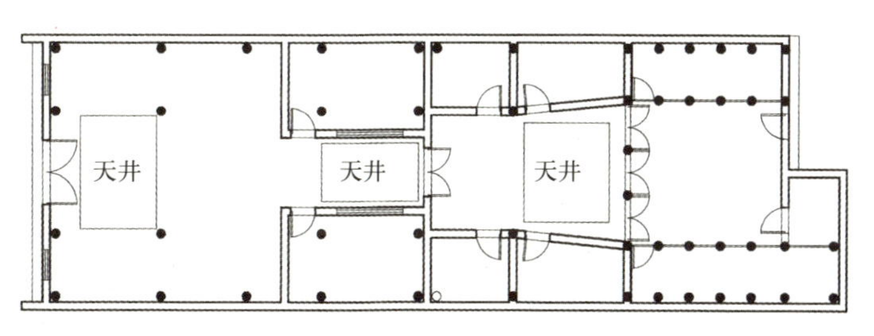

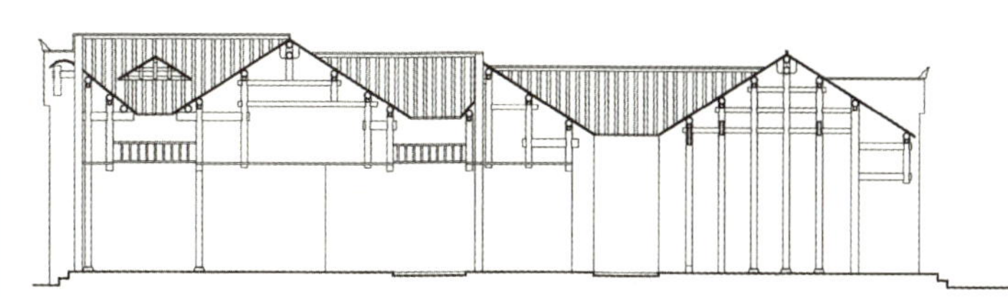
图 3-242　洪湖府场镇黄宅（来源：李百浩、李晓峰《湖北传统民居》）

并且一般有水井及一些花草植物。厕所、牲畜屋都在厨房后不远。所有的建筑呈纵向分布，屋后往往有菜园或竹园、树林。总体看来，有以下几种常见类型（表 3-1）。

（1）扑搭子：又称钥匙头子。若两边各加一房的称撮箕屋。

（2）明暗式：分茅屋和瓦房，有明二暗四、明三暗六、明三暗五、明四暗八等。“明”就是外观上的开间，江汉平原南部当地称明三为“三间（音 gan）”或明二为“两间（音 gan）”“暗”就是室内共划分的间数。例如明三暗六房子在外面看是三大间，里面隔成六间，中间一大间不隔开的，称“明三暗五”。江汉平原常说的三间三拖或两间两拖就是指明暗式。大门位于明间，上方常常简单地用木头挑出，上面盖有小青瓦形成门罩。

（3）卧槽式：明暗式住房大门外呈“凹”字形。

（4）塞口屋：明暗式两边厢房连接成门楼或厅屋。

（5）四水归池：方形建筑结构，前一幢后一幢，两边有厢房相连，中间是天井。前幢由门厅、左右侧厅组成，侧厅主要用于拴放牲畜。后幢有正堂和左右侧房，正堂是供神位、举行重大仪式的地方，左右侧房是卧房。左右厢房作厨房和火垅之用。如南庄民居现存部分。

（6）八大间：或称“四井口”，由两幢门厅、两个后堂、四个厢房组成，称“两厅六房围一井”，以天井为中心呈“井”字分布。这种房屋有两个大门、两个天井，可容多人居住。有家族大者，逐年在两边增加房屋，形成多个大门、多个天井的湾子，如京山县绿林镇吴集村二组。

（7）老人头：在八大间前厅前面加一个门厅两个厢房，形成另一重天井。

（8）铺面式：多建于集镇街道，是一种商住一体的民居类型。

（9）连三间：也称“一条龙”。就是三间房屋一字排开，正中为堂屋，两侧为厢房。建国后，农家修建新连三间，前后两排，前为堂屋房间，

图 3-243　晚清巡抚官邸——天门“胡家花园”（资料来源：http://.bbs.cnhubei.com）

图 3-244　洪湖瞿家湾宗伯府（瞿氏祠）（来源：李百浩、李晓峰《湖北传统民居》）

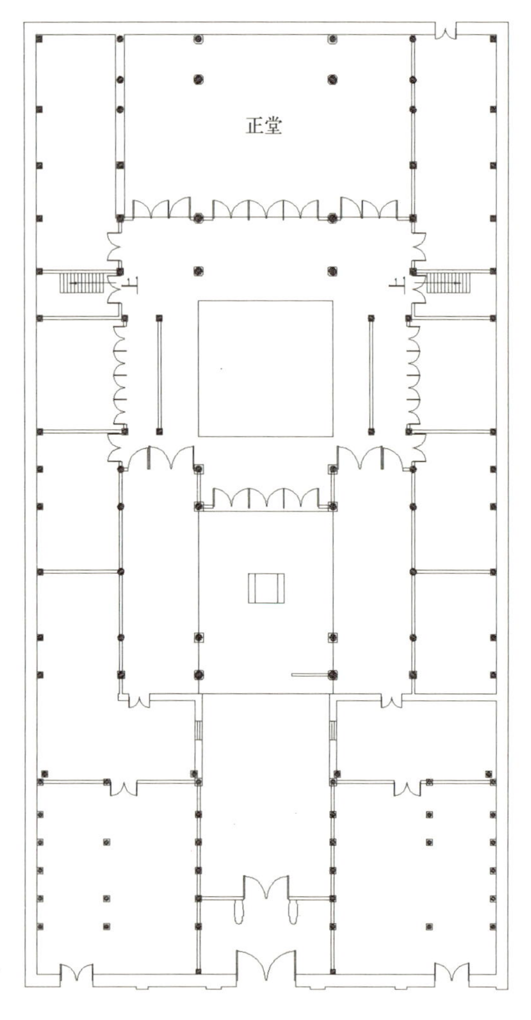

图 3-245　洪湖瞿氏宗祠平面图

江汉平原民居常见的类型 **表 3–1**

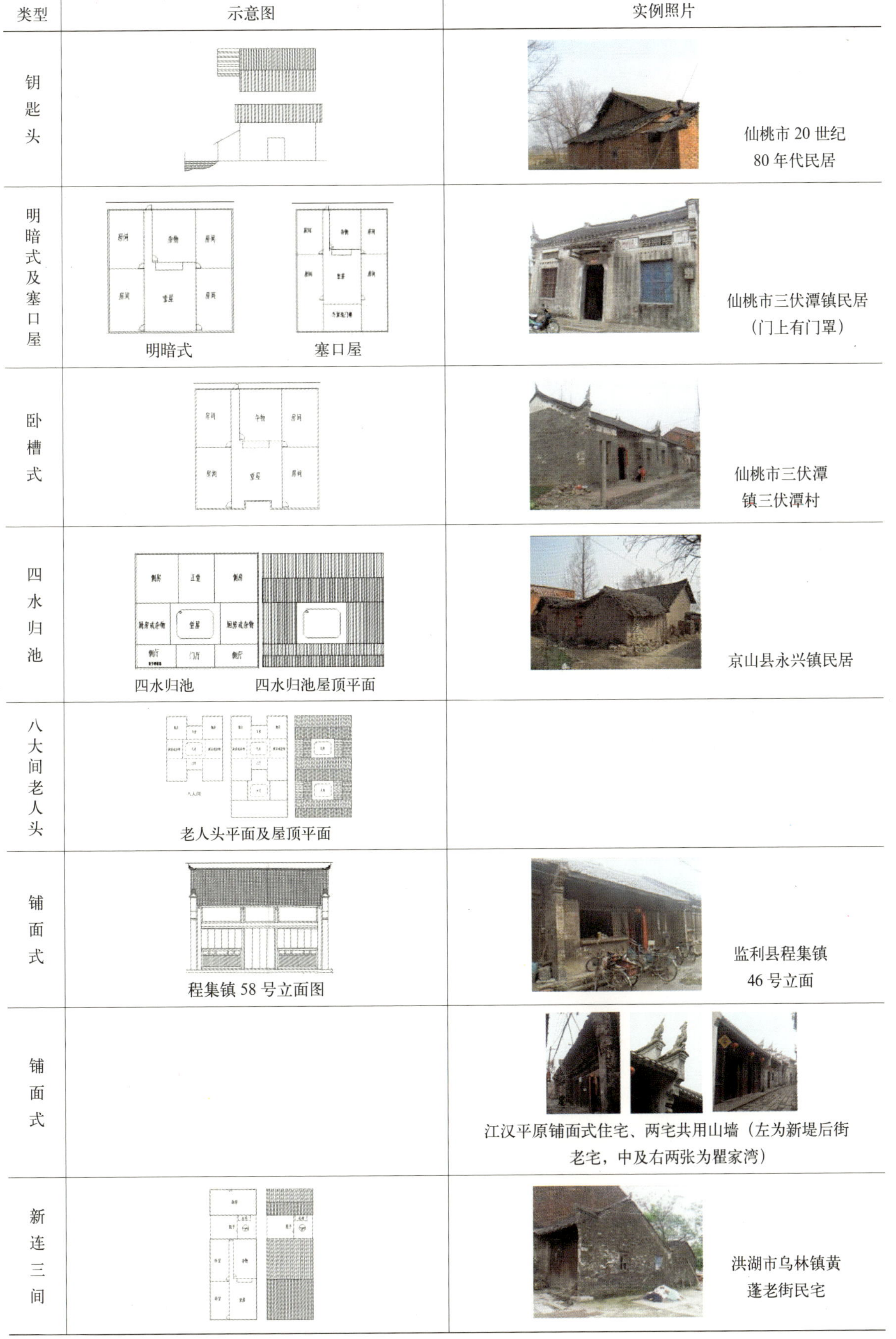

类型	示意图	实例照片
钥匙头		仙桃市 20 世纪 80 年代民居
明暗式及塞口屋	明暗式 塞口屋	仙桃市三伏潭镇民居（门上有门罩）
卧槽式		仙桃市三伏潭镇三伏潭村
四水归池	四水归池 四水归池屋顶平面	京山县永兴镇民居
八大间老人头	老人头平面及屋顶平面	
铺面式	程集镇 58 号立面图	监利县程集镇 46 号立面
铺面式		江汉平原铺面式住宅、两宅共用山墙（左为新堤后街老宅，中及右两张为瞿家湾）
新连三间		洪湖市乌林镇黄蓬老街民宅

（来源：荣蓉拍摄、绘图并制表）

后为厨房，其间连接山墙而围成院落（当地称天井），但其相比传统的天井更大，且两边没有厢房，而是用两片围墙与邻居的院落隔开而已，天井里多栽有植物，有水井。

由于明清时期江汉平原地区垸田的大发展，社会分工日益扩大，从事工商业的人口不断增多，为市镇发展提供了坚实的基础。在此基础上，市镇数量都有了不同程度的增加。如监利朱家河、沔阳仙桃等镇即是在集市的基础上发展起来的，日后成为重要的集镇居民点。集镇最初的存在是因为四周的大小村庄利用规模不一的集市，其主要职能是作为当地各个村庄共同的市场。集镇通常设在十字街口或河谷的出入口，即位于两个不同的生产地区的交界处。在以水路交通为主的江汉平原地区，几乎所有的集镇都位于河流的两岸。在这种情况下，集镇的形态也受到河流的控制，呈现出沿河岸伸展的态势，主要街道多与河岸平行或重心向河岸倾斜。江汉平原地区的集镇主要可分为商业与手工业集镇两种。商业集镇从规模上看，普通的商业集镇只是墟市的扩大，而开放型的大型市镇随后可能成长为较大规模的城镇，如监利县新堤；手工业集镇主要是棉纺织手工业专业市镇，这类市镇在江汉平原有一定数量。市镇的兴盛产生一些附属物，如茶楼、酒肆、旅馆等。江汉平原地区的集市、集镇与水的关系可以概括为几种模式（表 3–2）：①单侧沿水体发展，如洪湖螺山镇；②在水体一侧呈鱼骨形发展，如仙桃市的夏埠头老街、洪湖珂理湾老街；③呈鱼骨形与水体垂直，如洪湖市的黄蓬老街、天门麻洋镇老街（与汉水垂直）；④沿水体两侧发展，如朱家河镇；⑤“金带环抱”式，即水体围绕式，如瞿家湾镇。

江汉平原集镇模式 **表 3–2**

序号	模式	平面模式	实例
1	沿水体一侧	街巷 水体	螺山镇老街
2	在水体一侧呈鱼骨形发展	街巷 水体	珂理湾老街
3	呈鱼骨形与水体垂直	街巷 水体	原本为垂直河流，现今河流取直改道
4	沿水体两侧发展	古镇 河流	朱家河镇老街
5	“金带环抱”式	古镇 河流	瞿家湾总体模型

第六节　峡江民居

一、区位与自然形态

长江是中华民族文明的摇篮之一。地处鄂西渝东的峡江地区蕴藏有极丰富的文物资源，这里地上众多内涵丰富的古代建筑，是我们祖先流传下来的珍贵历史文化遗产，长江三峡由瞿塘峡、巫峡和西陵峡组成，属于我国地理位置第二阶梯向第三阶梯的过渡地段。地处中温带，属亚热带大陆性季风气候。

这里是大巴山断褶带、川东断褶带和川鄂湘黔隆起褶皱带三个构造单元的交会处，我国东、西接合部，长江上游与中游接壤地段是巴楚文化的发祥地，秦巴、巴蜀、巴渝地理及其文化接合部。由于原始长江深深切过石灰岩背斜山地，挟雪山奔涌之水，会聚四川盆地大小支流，以4512亿 m^3 的年均流量涌入三峡，区内山势雄奇险峻，江流奔腾湍急，峡区礁滩接踵，夹岸峰插云天，平均海拔1000m以上，最高海拔3032m。

长江自西向东横穿巴东、秭归、宜昌三县，其支流香溪河由北向南穿过兴山县境注入长江。重点县域主要包括宜昌市和湖北省恩施土家族苗族自治州下辖的兴山、秭归、云县的巴东、宜昌县及四川省境内的奉节、巫山（万县、云阳）等地（图3–246）。

二、文化渊源

现代考古发现证实：远在200多万年前，三峡巫山地区便出现了原始人类活动的足迹，此后绵绵繁衍而世代人丁兴旺，多个氏族部落在峡江两岸河谷山地间迅速崛起。三峡地区丰厚的渔猎、盐、丹砂资源，为人类的生存与发展提供了良好的环境。据先秦文献记载，自夏商以降不断有外来氏族部落迁徙入峡。在距今5000多年的大溪文化时期，三峡大峡谷地区就已成为众多民族选择聚居之地。根据古文献记载和已发掘出的考古学文化类型综合分析，从春秋中后期至战国时代开始，三峡地区居民中的民族结构主体是巴人和楚人，即长期在三峡扎根立国的巴民族和春秋中期逐渐入侵三峡的楚民族。

峡江文化是个多元融汇、兼收并蓄的开放性文化体系。博大精深的楚文化赋予峡江文化以灵气和浪漫，巴人及其后裔土家族创造的巴文化则使峡江文化具有雄奇强健的阳刚之气。巴文化与楚文化在峡江地区碰撞和交融，再加上中段巫溪、巫山一带的远古的巫文化互相影响和渗透，显示出兼容并包的恢弘气度和开放精神。

由于峡江地区又曾经受到巴文化、蜀文化、楚文化的影响，多元文化交替作用、共生共融使这里形成了独特的人文环境。在这种特定的自然环境和独特的人文环境的共同作用下，三峡地区

图3–246　峡江地域及其民居主要分布（来源：国务院三峡工程建设委员会办公室、国家文物局《三峡湖北库区传统建筑》）

逐渐形成了具有三峡地域特色的传统民居。

城镇建设方面。早在新石器时代，三峡地区的人群主要集中在沿江的一些平坝、岛、山前台地、缓坡地带居住，并形成了一个个占地面积较大的聚落遗址。秦汉以后三峡沿岸地区许多的城市、集镇大都是在先前一些聚落遗址基础上逐渐发展建设起来的。三峡地区城市、集镇较多，但由于受地理环境的影响，三峡地区的一些城镇占地面积都不太大。

三、民居类型与空间形态特征

峡江地区由于自然和地理条件的不同，材料的差异，社会生产力的发展，以及民族习俗的影响，在这片地区上形成了山地特色和传统特色的居住方式。同时，不同民族的不同生活方式在此地交织，使民居建筑具有鲜明的地域特色和民族风情。这些几百年的古民居建筑类型多样，空间形态丰富，充分体现了峡江的地域特色。

峡江地区的文化是多元的，不仅在整体呈现出各种文化彼此交织、多种文化共融共通的格局，而且处于这一文化影响下的峡江地区传统民居在单体建筑形制上都折射出地域文化的复杂性与多样性。仅从民居建筑的单体居住类型和空间布局形态来看，可以将其分为：传统院落式、吊脚楼底层架空式、前（下）店（作）后宅式、独栋“一”字形等，而从建筑样式与文化角度出发，可以将峡江地区的民居建筑分为：吊脚楼式、封火山墙式、多元风格式。

除此以外，作为整个民居建筑聚落中的重要组合部分，峡江地区还有其他的聚落建筑类型，如祠堂、祠庙、作坊、牌坊、亭阁、塔碑、水井等建筑与构筑物类型。

现从居住类型与空间形态特征分类概述。

（一）传统院落式民居建筑

传统院落式民居建筑在峡江地区相当普遍，在格局方面保存了院落式并以中轴序列进行建筑空间组织的布局方式，并在中轴序列中间或以天井或以院的形式作为停顿；在立面样式方面沿袭南方传统民居的做法，多采用封火山墙的形式，但在结构体系方面大量存在穿斗构架与搁檩墙混用的情况，因而使功能布局灵活多变。按空间形态可以分为三类。

1）四合头式院落

四面均有房屋围合的合院单元在三峡地区称作“四合头式”，这是峡江地区最主要的一种合院形式，其平面呈“回”字形，主要的构成元素为厅屋、厢房和正房以及其围合形成的天井。从整体平面形态上看，一般情况厅屋与正房的间数和面阔大致相当，厢房的后檐墙与前后正厅、厅屋的硬山墙面齐，形成进深方向为长向的较为规整的方形平面。

天井是整个合院建筑中的重要空间。天井的原意，是指“古代军事上称四周高峻中间低洼的地形”（《辞海》），《孙子 · 行军》中有言：“凡地有绝涧、天井、天牢、天罗、天陷、天隙，必亟去之，勿近也。”后来，天井的概念被引入建筑中，指四围或三面房屋和围墙中间的空地，《辞海》中这样描述：“其形如井而露天，故以为名。”天井既是建筑采光以及和自然相连的空间，也是日常生活的空间。三峡地区的天井形态各异，有进深方向较长的，也有开间方向较长的，厢房、正房均向天井敞开，或为落地雕花格子门，或窗扇排开，室内外连通效果较显著。

由于山地中建设用地局限，“正房”即为传统通常面阔三间，向中心的天井敞开，两侧的厢房一间、两间、三间不等，天井的长宽比也因此各异。厅屋是整个合院序列的开始，主入口一般就设于厅屋的明间，直通天井。厅屋明间梁架结构多为抬梁，山面有硬山搁檩，也有穿斗和封护墙结合的做法。明间两侧次间光线较幽暗，一般作厨房和储藏用。厢房及正屋多为穿斗式构架，山间均设二层。这样使得建筑虽只有一组院落，但功能布局并不简单，平面虽囿于用地局促的关系，但通过向上发展解决了面积不够的问题。也有四围均做二层的，如秭归王永泉老屋（图 3–247）。若主入口位于厢

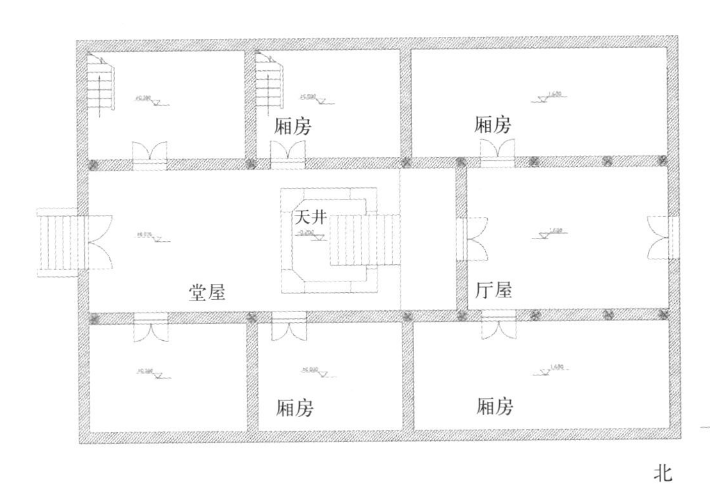

王永泉老屋一层面图

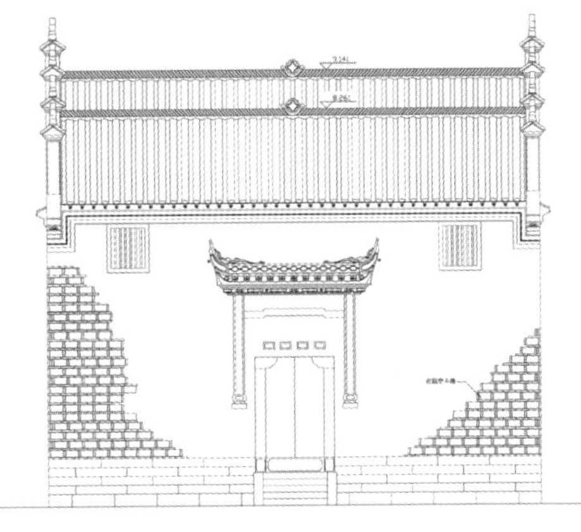

王永泉老屋正立面图

图 3–247　王永泉老屋平立面图

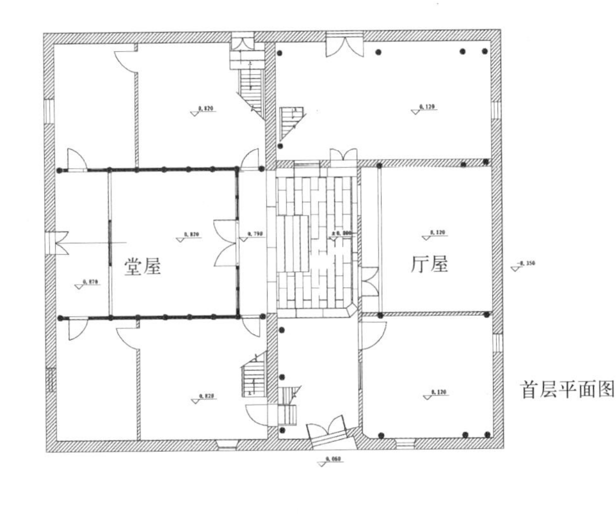

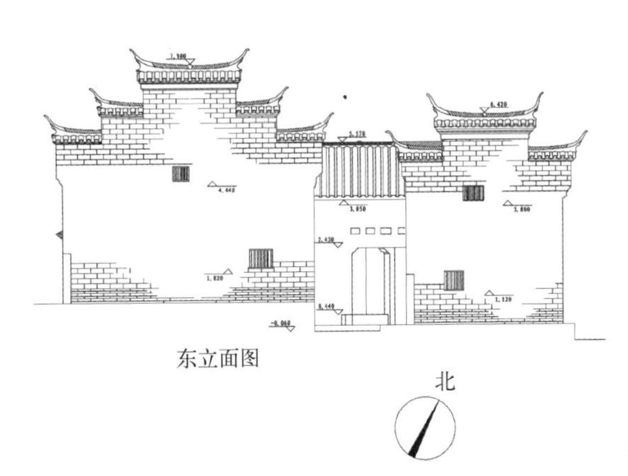

图 3–248　王九老爷老屋平立面图

房侧，则一般情况下天井四周均设二层，此时堂屋不再为通高，对中轴线序列的强调有所削弱，如秭归王九老爷老屋（图 3–248）。

此类四合头式建筑的出入口一般为两个以上。厅屋明间处的主入口通常是整个建筑的重点装饰部位，主人的身份、地位和财富等由此体现（图 3–249）。由于峡江地区特殊地形的缘故，在天井处解决正房和厅屋之间高差的做法较普遍，因此，位于不同标高上的建筑物还可能会有其他标高的次要出入口，其中于正房后侧设置一个次要出入口的方式较为常见。正房明间一般为堂屋，其后用隔扇分割，形成了类似吊脚楼建筑中后部道房的空间，直接对外开门，并且由此向两侧开门进入作为卧室之用的正房两侧次间。

四合头式建筑的出入口还有在厢房侧设主入口的，如秭归县新滩镇桂林村的王九老爷老屋，东西厢后檐墙各开一门洞，并做重点雕饰，出于风水考虑东侧主入口与房屋主开间方向约呈 15°角。虽然主入口方向为房屋开间方向，但是整个建筑的功能秩序与主入口位于厅屋明间相同，进深方向中轴序列依旧存在，只是不像主入口位于山墙面而不处于中轴线上表现得那么明显。

然而在三峡地区的兴山县，还存在一类很有特点的两进天井的四合头院落变体。这类建筑在正入口处竖起一面高墙，上开门洞，做装饰较为华丽的门脸。进入后并非厅屋，而是第一进天井，沿整个建筑开间方向展开，纵短横长呈狭长形。这种进门即为狭长天井的做法在江西民居和徽州民居中较多使用，而在湖北省境内民居建造中却不多见。越过天井是第一进房屋，一般为三开间，中间为厅屋，两侧次间设楼梯上至二层。这一进房屋的后檐墙做法是这类院落的又一特别之处：

图 3–249　秭归新滩镇八老爷老屋堂屋正门

图 3–250　兴山陈伯炎老屋原状

再次高出屋面，并两侧做马头墙。明间开门并做数步台阶通向第二进天井，朝向天井的檐墙面门洞上方做一层檐口齐天井两侧厢房檐口的小披檐，从功能角度推断应是保证雨天时高墙之后的第二进天井内外交通方便。这进天井后厢房和正屋格局同一般一进式四合头院落的格局相同，为两层，只不过正屋明间的夹层标高较高，其上一般不用于居住，只起搁物防尘的作用（图 3–250、图 3–251）。

两个四合头横向叠加的方式常在地势较平坦等地形条件允许时出现，相较而言，在峡江地区此种叠加方式并不常见。院落的主要组合方式为纵向展开，这是传统院落遇到需要大规模扩建时，常被优先采用的方式，但是这种纵向展开的院落形式在三峡地区的分布以重庆境内实例较多，在湖北省境内相对较少。

还有一类组合方式是方式更加随意自由的组合——四合头院落与建筑单体的组合，这种情况通常是在四合头基础上通过小规模加建形成。这类附加的建筑单体有两种形式：没有院门仅建筑实体或有门楼的附属小院落。由于峡江地区缺少大面积平整的建筑基地，因此在规整的四合头院落之外随行就市地加建单体房屋是一种用来扩大规模的较经济可行的方式。加建这样的单体房屋，一般选择临近主入口的位置，以便于组织交通。秭归县新滩镇崔栋昌老屋就是这一类典型的实例。这座建筑在东厢侧设主入口，于主入口南侧紧邻正房次间加建了一个开间的房屋，使得整个平面布局呈“L”形（图 3–252）。此外还有出于风水原因加建的。这类加建，加建部分常为一个较小的院落和一个院门，院门做法较讲究，做成门楼，这些是在建造时就作了整体考虑的。秭归县新滩镇桂林村彭树元老屋正是如此（图 3–253）。从风水角度看来，其四合头院落建筑的入口位于“兑”位，导致正房处不利方位。在四合头之外另建“龙门”，既调整方位解决了这一问题，又增加了建筑空间的层次。

总体而言，三峡地区四合头院落这种以天井为中心的平面形式可以说是该地区院落形式的基

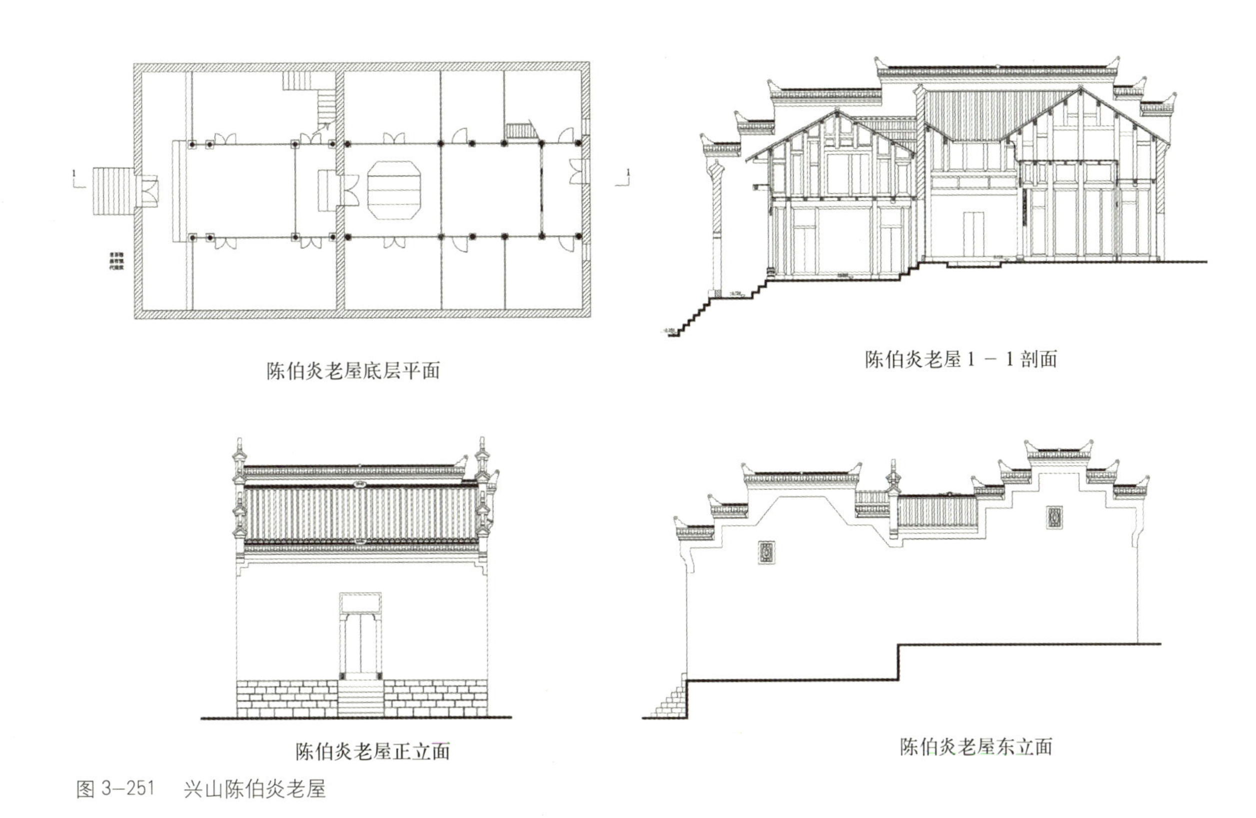

陈伯炎老屋底层平面　陈伯炎老屋1－1剖面

陈伯炎老屋正立面　陈伯炎老屋东立面

图3-251　兴山陈伯炎老屋

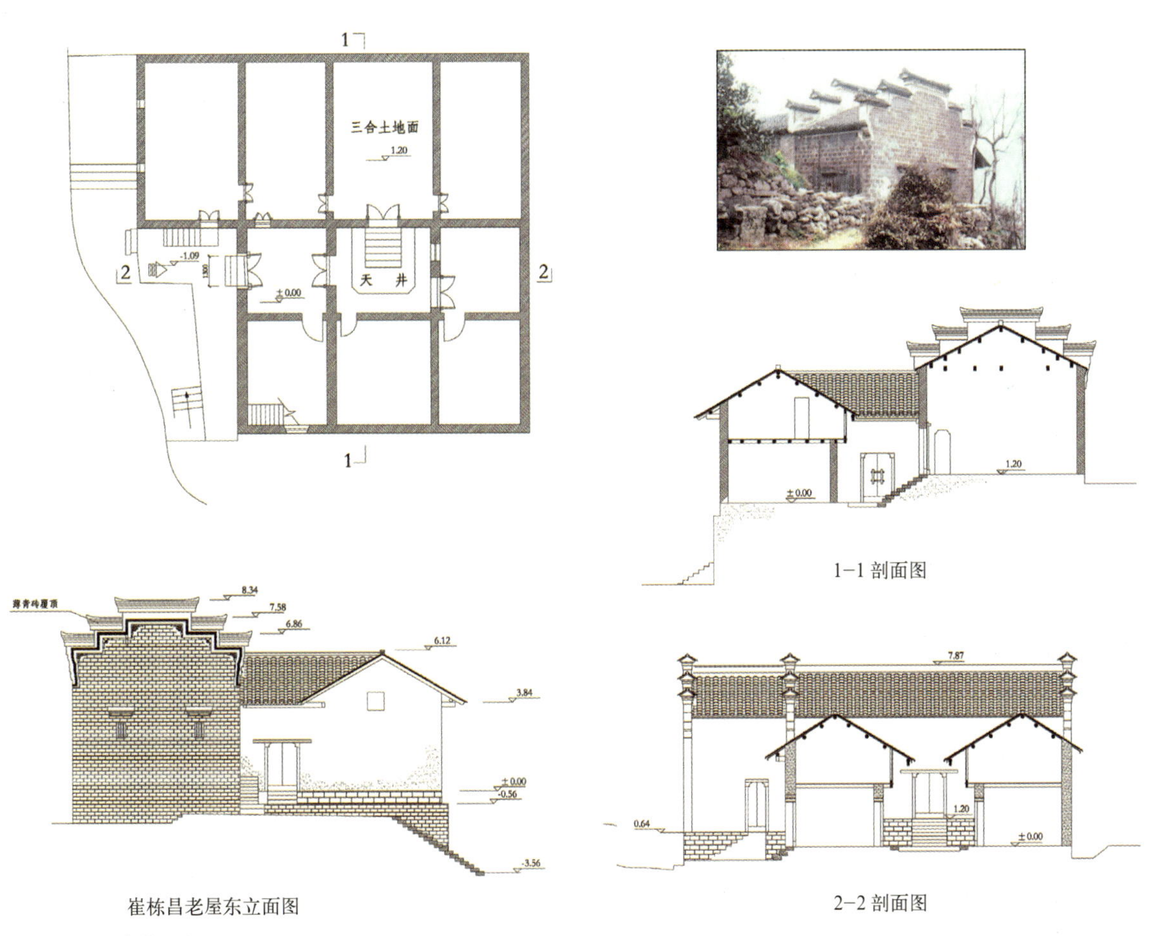

1-1剖面图

崔栋昌老屋东立面图　2-2剖面图

图3-252　崔栋昌老屋

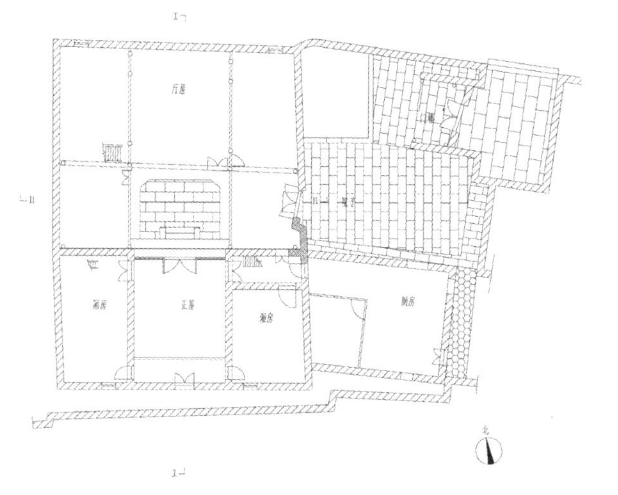

彭树元老屋首层平面图

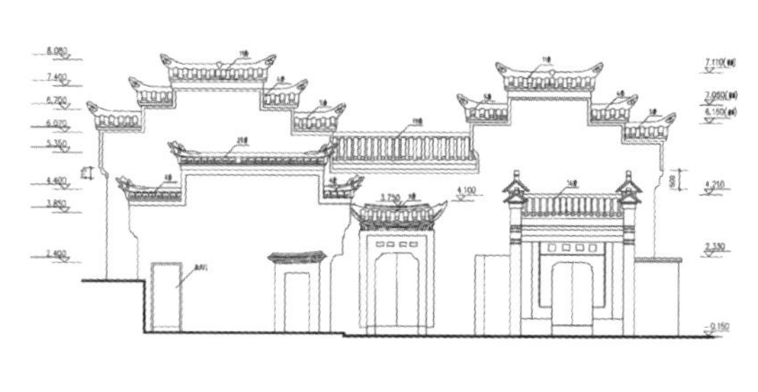

彭树元老屋立面图

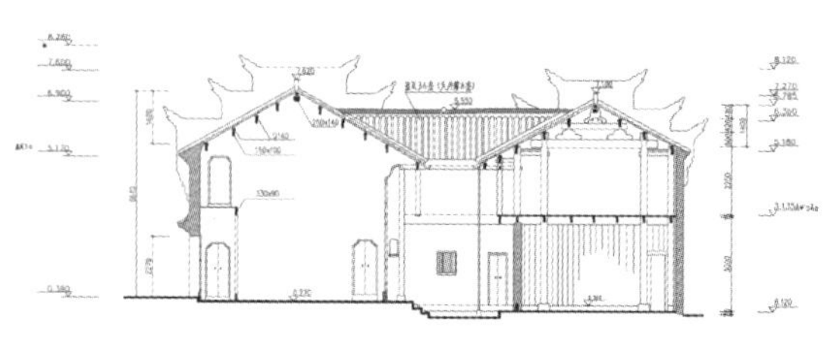

Ⅰ－Ⅰ剖面图

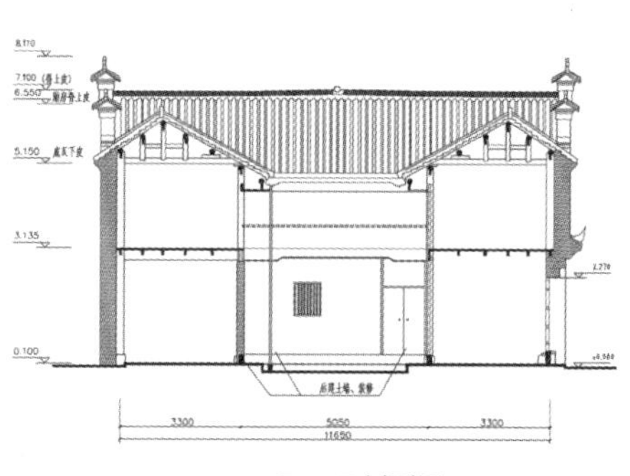

Ⅱ－Ⅱ剖面图

图 3-253
彭树元老屋

本形式。

2）其他合院形式

三峡地区院落式建筑除上述四合头式之外，还有一类也是四面围合的以院落作为空间组织的建筑形式，但这类民居只有正屋和两厢三个建筑体量，没有厅屋，建筑体量部分呈“凹”字形，但厅屋面仍以墙面围合，外观上依然呈四面围合封闭的形态。这类建筑厢房和正屋布局与四合头式类似，替代厅屋的墙面后有做坡向天井方向的披檐的做法以形成廊道空间。整体建筑布局的空间组织中，多在此面墙上开门洞做主入口，仍能形成较强的中轴序列感；也有入口位于厢房侧的，平面形态并非规整的长方形，而是随着地形有所变化。这类三合院建筑的正房明间入口处门脸做工讲究，常做精美雕饰。

3）庄园式

庄园式民居是由一些较大规模的合院形成，通常是官吏宅邸或士绅庄园。这一类带有天井的四合院建筑群，不仅仅有着宏大的规模，还常在居所旁设置花园，用以休闲。整个建筑群外围设高墙围合，形成内部或开敞或紧凑的节奏有致的空间以及整体对外封闭的空间效果。

（二）吊脚楼式民居建筑

峡江地区湖北巴东县属于古代巴境，这里生活的土家族人即为巴人后代。吊脚楼这种建筑类型在该地区分布广泛，这种吊脚楼建筑主要有以下两点特征：①底层架空，它体现了吊脚楼建筑在功能布局和空间划分上诸多独特的理念；②转角屋，作为最经典的带转角楼的吊脚楼，是有着别具特色的形式与功能兼备的组合。

1）局部架空——实用美观兼得的空间利用

吊脚楼这种源自土家族的传统民居，属于干阑式建筑的一种，主要分布在地形复杂、地势陡峭的山地地区，也有不少临水而建的实例（图 3-254、图 3-255）。

吊脚楼建筑广泛存在于我国鄂、渝、湘、黔等省相毗邻的少数民族地区，它之所以如此富有生命力，正是因为它在一定环境制约因素下所具备的极强的适应能力——局部架空。吊脚楼建筑选址活泼多变，可以依山，也可临水。在南方，尤其是长江流域及山区这些多雨高湿的环境条件下，架空为防潮避湿提供了有效途径，使得整个建筑得以保持通风干爽；通常这部分空间也并未被闲置，常用于杂物堆放或圈养牲畜。

峡江地区的吊脚楼经历了世代演进，到今日，底层架空部分不平整的用地多已被居民整平，相应的架空空间被居民用木板、砖加建改造成封闭的储藏空间，鲜能见到原汁原味的“吊脚”景象。在城镇化加速的今天，吊脚楼正在消失。根据资料记载，巴东县楠木园村万明兴老屋是一座较典型的吊脚楼，它采用典型的层台式吊脚楼建构方式，即“座子屋”（即正屋）和“龛子”（即两厢，此处为单侧厢房）分别处于不同高程的台地上，平面为“━┓”形，俗称“钥匙头”。主屋为南北向，三间三层带阁楼，南临小溪，北、东两面走廊采用吊脚悬挑结构，由此可眺远景。

吊脚楼曾是三峡不少集镇临江传统民居中广泛采用的木构房屋，现在存留却已经很少，仅在库区偏远山区集镇中还有一定数量的保留。

2）转角屋——灵活的加建

最基本的吊脚楼为“一”字形。“一”字形吊脚楼平面通常为三开间，一明两暗三开间，中心间的面阔（两榀构架之间的距离）一般较两旁的稍大，也有的为五开间。其穿斗构架为两层通高，中间不设楼板，两榀构架从上至下施以木板壁隔墙，称作“立帖”，用以分割出一个高耸的空间。这个空间不仅所在的位置是整个吊脚楼建筑的形式中心，其功能更是整个建筑的精神核心，因为保佑全家平安六畜兴旺的神灵即被供奉在此。一般说来，吊脚楼进深方向都较长，因此这个空间常会被一道设于两立帖之间的一层高的板壁划分为前后一大一小两部分，前一部分即为堂屋，神龛就被安放在这部分朝向大门的板壁上，在神龛前还置供桌，用以存放草纸香蜡，每逢年事与重要节庆，全家就在此拜神祈福。板壁上神龛旁开应门，通往中心间的后部，由于这部分空间进深较小，呈狭长的走廊形状，因此这个像过道一样的小房间被称作“道房”。道房是吊脚楼中的一个特有的联系空间，它既通往两侧的卧房，也是吊脚楼背面室外空间与室内堂屋之间的巧妙过渡。

图 3-254
王宗科老屋

图 3-255
王宗科老屋吊脚

堂屋两侧为“绕间”。绕间分前后两间进深，通常左绕间前间为火铺或火塘屋，后间便为父

图 3–256
巴东楠木园万明兴
老屋二层“司檐”

图 3–257　张家老屋

母居住的卧室。子女均住在右绕间内。居住在吊脚楼中的人家到第二个儿子成家时，就要开始加建厢房。这种由“座子屋”单侧或双侧加建厢房发展而来的吊脚楼，被称作“7 字屋”，或“拐子屋”、“钥匙头”。加厢房须先修转角屋，用“将军柱”或称“伞把柱”的构造做法将屋面分成一脊二面。厢房视经济情况确定修一间或几间。座子屋常选在较局促的平地上，纵向展开修建厢屋时平地常不够，所以需要用前述的“吊脚”来保证厢屋和座子屋水平，这样的厢屋处的悬空，在独栋吊脚楼中最常见。厢房檐下二层在各面均有可能设有围栏，形成楼廊，即为可眺望远景的“司檐”（图 3–256）。

（三）前（下）店（作）后宅民居建筑

在峡江地区，还广泛存在着一种以峡江特有的山水地形与沿江商贸文化为背景的民居类型——前（下）店（作）后宅式民居建筑。这类民居建筑取合院式住宅的规整和吊脚楼的灵活布置之长，在沿江横向狭长的地形中鳞次栉比，有机组合成蜿蜒于山水之间的条条老街，是三峡地区场镇中较典型的一类建筑类型。

这种具有商业性质的民居以商铺居多。三峡地区地形地貌以山地为主，可用于建筑的大片平地面积有限，因此，在有限的场镇范围内，要提供尽量多的商业铺面，使该地区建筑群和建筑单体面阔、规模普遍较小。这类前（下）店（作）后宅式民居在布局与空间组织上自由度不大，需要考虑与街道以及相邻建筑的关系，一般在纵深方向变化较多，依地形处理成两进三进，并设天井，也有在临江而建的背街侧采用吊脚楼形式的，以及采用前后连褡屋形式的（图 3–257 ~ 图 3–259）。封火山墙在此类建筑中运用甚多，主要是由其防火功能决定。商贸背景之下形成的场镇主要由街市组成。前（下）店（作）后宅式建筑内部常采用穿斗木构建造，为利于防火，前檐为木板壁，两山及后檐墙为砖墙。封火山墙从上至下分割相互紧挨着的铺面，对整个街面的防火能力有了较大的提高，是建筑富有特定经济文化背景的地域特征的突出体现。封火山墙沿街排列，给人一气呵成的感觉，也加强了街市的整体感觉。

这种前（下）店（作）后宅式建筑除了作商铺，

还有作驿馆客栈等其他用途的，如巴东县楠木园上街向宅等。

（四）独栋“一”字形民居

独栋的“一”字形普通大量存在，主要存在于农业型传统聚落中。这类建筑一般没有天井，建筑内部联系紧密，布局紧凑。经济较发达的场镇中做法一般较为讲究，欠发达地区的做法则更乡土。常见的“一”字形民居多为三开间，明间设主入口，两次间一般分割为前后两间，明间后部设道房，通向两次间后一间房间，前一间房间则直接由明间两侧进入。这类独栋式民居有明间通高，次间两层的，也有三开间均为两层的；其结构基本为砖墙承重，也有明间两侧穿斗构架的。这类独栋式民居常常位于场镇中地形较狭长的不能以院落形式展开建筑空间组织的区域，顺应地形，或沿街道布置，或临近峭壁，用地空间虽紧凑，但却迥异于同为建在用地狭窄的吊脚楼的做法（图 3-260）。

因经济条件局限，沿江较为平坦、开阔的地带，还有一种夯土墙和穿斗构架结合的民居，有的辅以毛石堆砌。这类建筑平面布局规整，一般为前后两个进深。房屋后檐及山面以夯土墙封护，内部有穿斗构架，也有夯土填实一层，上露穿斗构架的。这类形式的建筑以巴东县楠木园镇的建筑最为典型（图 3-261）。

四、主要类型与典型实例

（一）民宅

1）杜烈祥老屋

杜烈祥老屋位于太平溪镇端坊溪村三组，中心地理坐标为东经 110° 55′，北纬 30° 52′。背靠大林子山，海拔高程 134m。杜烈祥老屋在民国十九年（1930 年）时曾作为第三区公所的所在地，后代进行过多次维修和扩建，建筑原貌有较多改变，现在该建筑已为太平溪端坊溪小学使用，校大礼堂是原来的榨坊。

建筑布局：该建筑为砖结构建筑，坐东朝西。平面呈“凹”字形布局，中间形成一个院落，共有 16 间大小不等的房间。正面通面阔约 37.31m，侧面通深约 25.51m，占地面积约 952m^2，建筑面积约 555m^2。建筑所在地势较平坦，左侧有一水塘。室外地面与室内高差约 0.45m，基本为对称布局，正屋建筑共有九间，两侧耳房分别为南侧五间，北侧两间，其中一间较大。

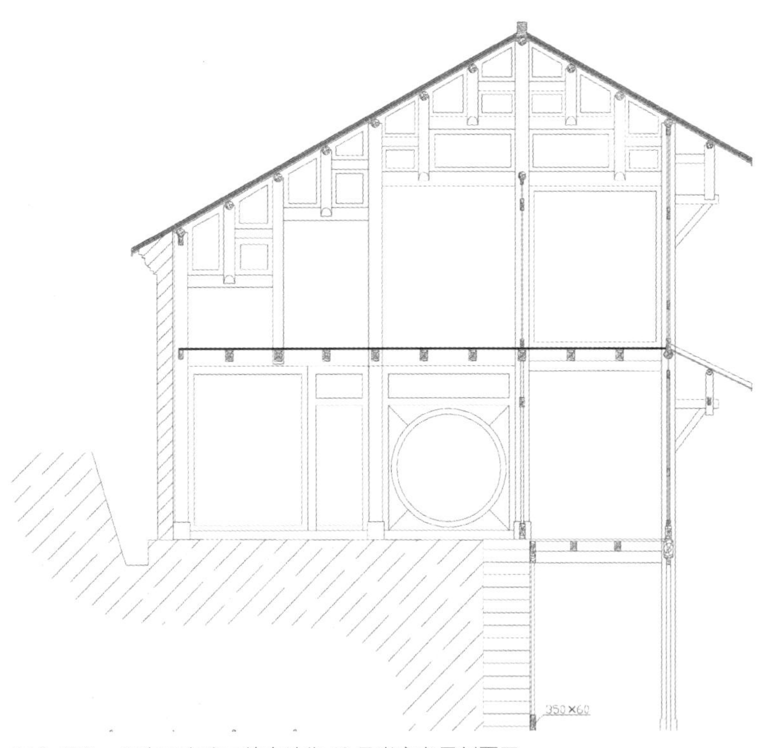

图 3-258　巴东县官渡口镇车站街 42 号张家老屋剖面图

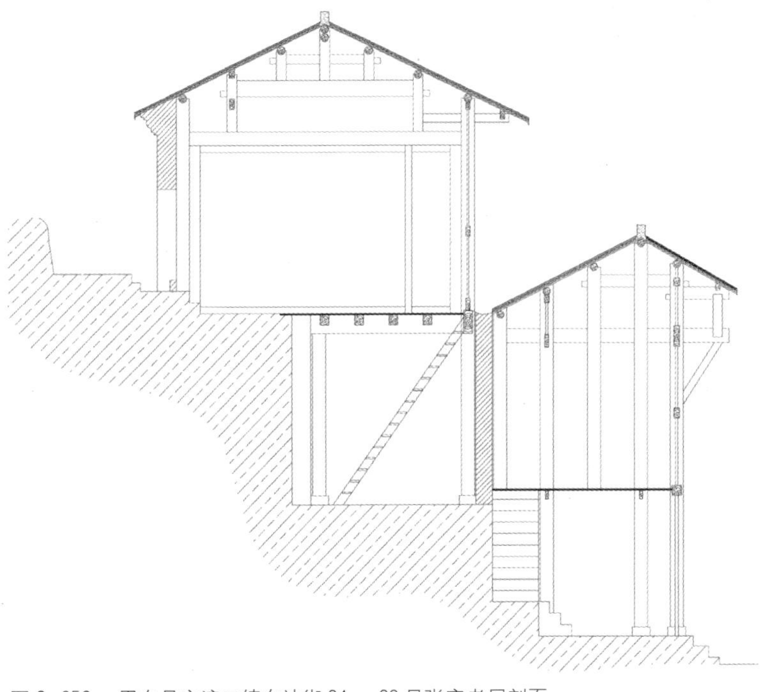

图 3-259　巴东县官渡口镇车站街 34 ~ 38 号张家老屋剖面

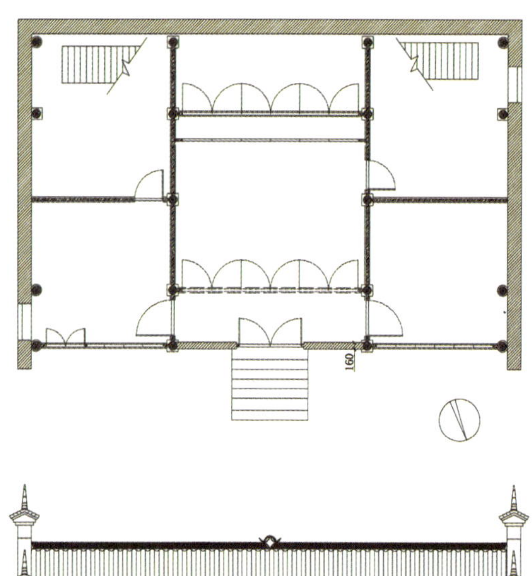

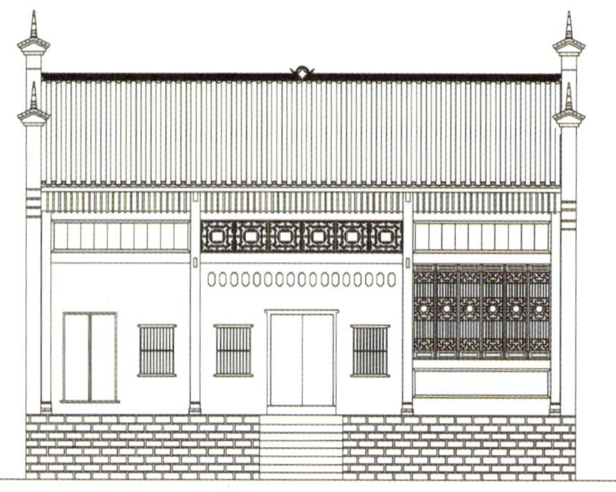

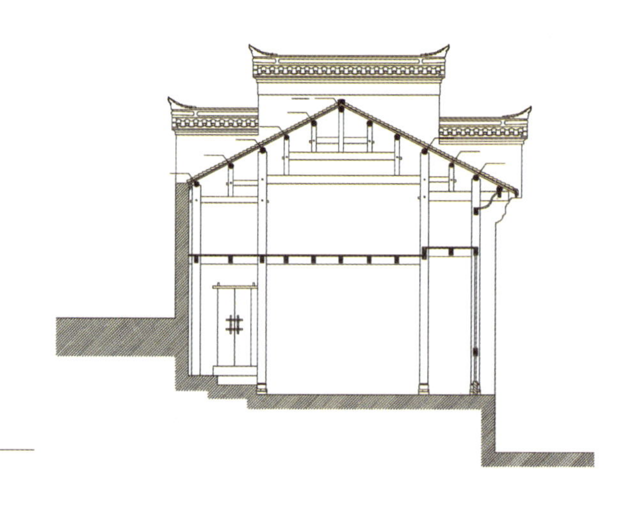

图 3-260
秭归县何怀德老屋

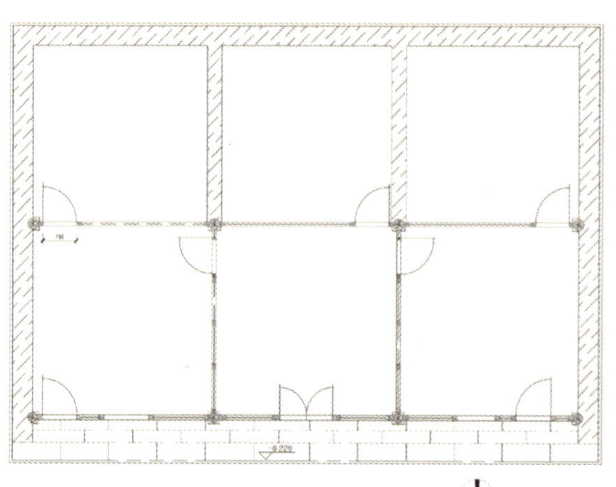

图 3-261
巴东县楠木园毛文甫老屋测绘

结构做法：建筑为砖结构，不施梁架，所有墙体皆为承重墙，檩子均搁在墙上，为硬山搁檩建筑。墙体均为清水墙，空斗砌法。两侧耳房也为硬山搁檩建筑，内部开间稍小于正屋。

建筑台基均用当地石块砌筑，较为完整。所有室内地面均为三合土地面。所有屋面均为小青瓦冷摊屋面，屋面坡度为 25°（图 3-262）。

2）王九老爷老屋

该建筑位于新滩镇桂林村，中心地理坐标，东经 110° 48′，北纬 30° 56′，海拔高程 135m，清代建筑。秭归县新滩镇是因滩险拉纤而形成的集镇聚落，位于长江南北两岸，原是峡区中一个重要的物资集散地，于是不少船主、商家在此落户建房，并竞相攀比，出现了许多豪宅大院。院子多依山就势，与地形紧密结合，其布局多以厅堂、天井和堂屋为中轴，两旁为厢房，天井居中。结构上以砖木结构为主，主体梁架多为穿斗式。硬山屋顶，建筑两侧做封火山墙。

建筑布局：该建筑坐南朝北，门开向东，四合围院。前厅后堂，中间天井院，两边夹厢房。

结构做法：前厅面阔三间，木构架为抬梁式，两面坡封火山墙两层楼建筑。其屋面前坡长后坡短，后披檐口与厢房檐口持平交圈，二层栏杆滴露板装饰，五架及三架抬梁上的矮柱采用角背代替，角背中间坐芦斗。

后堂面阔三间，木构架为穿斗式，两面坡封火山墙两层楼建筑。两次间有二层阁楼，楼梯靠前檐墙。两厢房靠后堂构架为穿斗式，前面檩条与前厅搭交，交接处做简沟。大门面向东开，但不是正向开启，门地槛与山墙呈4°夹角，门对开。与大门相对应的后门为正向开启，门外上做有门楼，两柱悬贴（图3－263）。

3）赵子俊老屋

赵子俊老屋位于新滩镇桂坪村一组，清代建筑，中心地理坐标为东经110°48′，北纬30°57′，海拔高程112m。1994年4月调查，

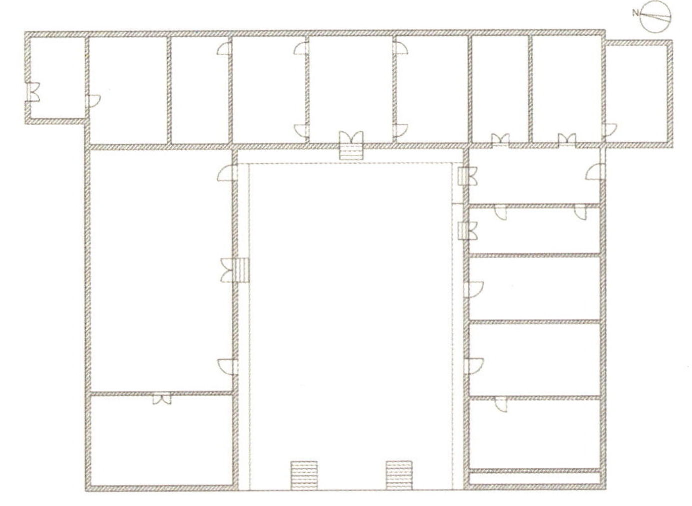

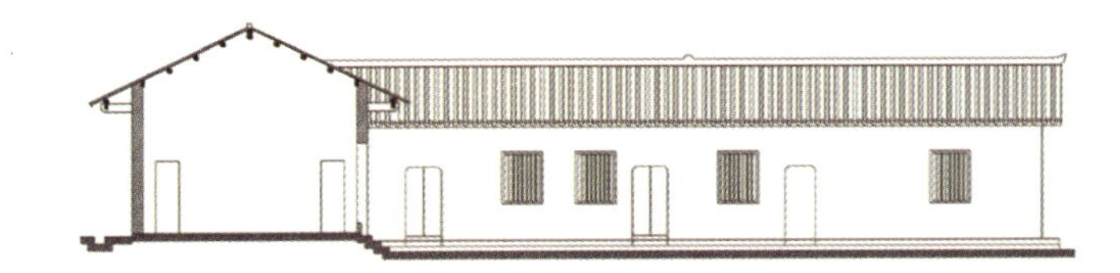

图3－262
杜烈祥老屋测绘

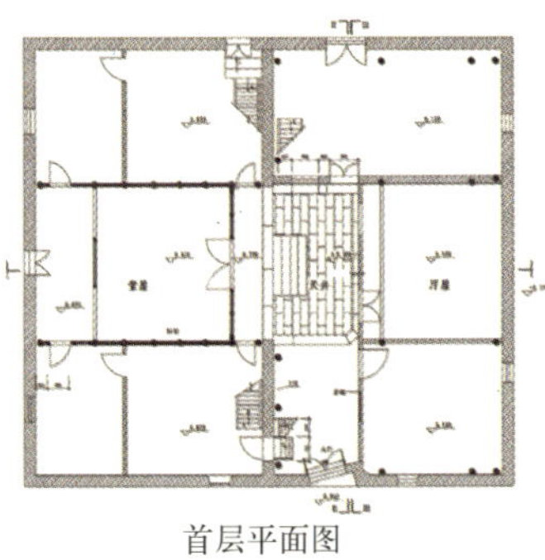

首层平面图

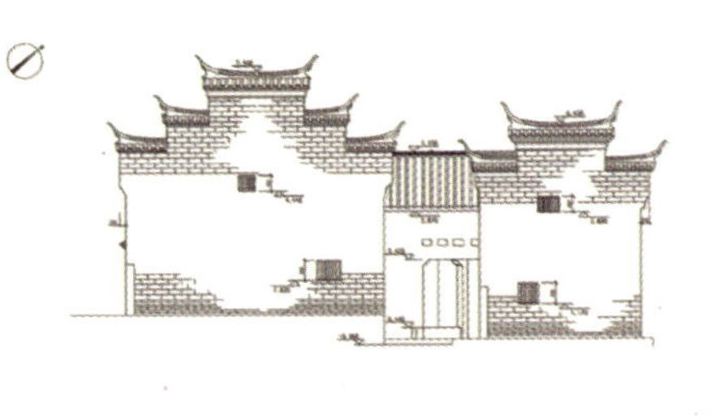

东立面图

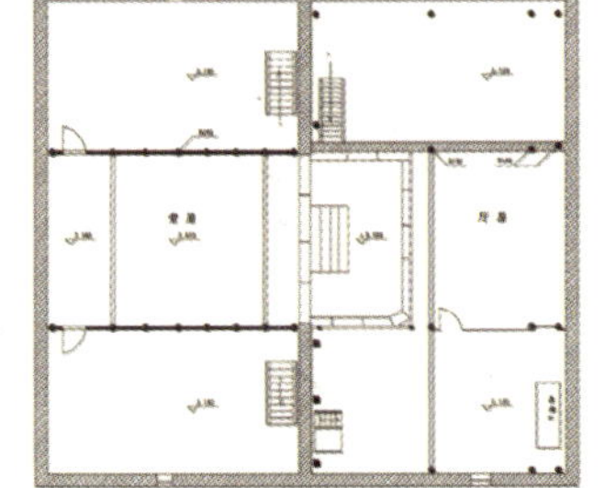

二层平面图

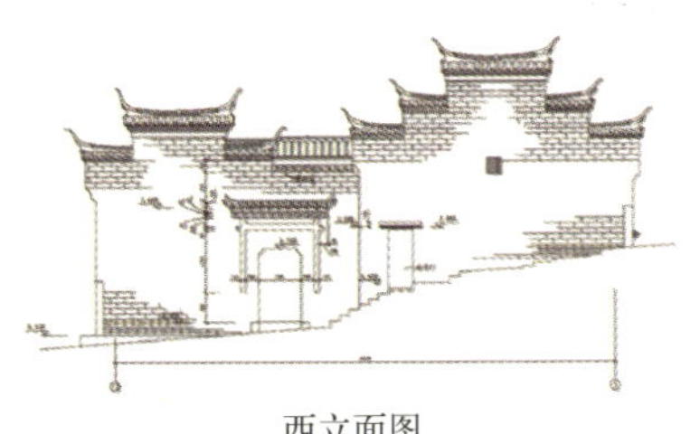

西立面图

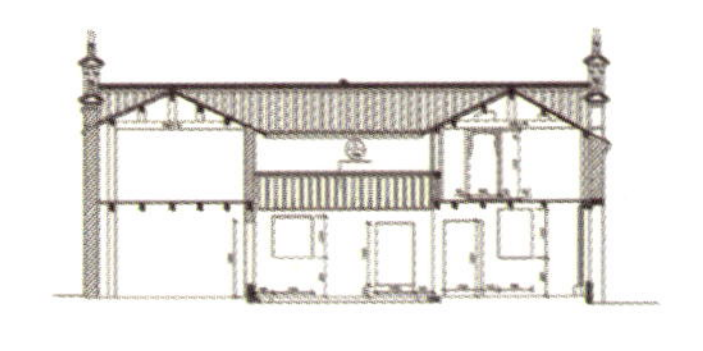

Ⅲ－Ⅲ剖面图

图3－263
王九老爷老屋测绘

原为共墙搭檩的三幢民居，现统称为赵子俊老屋，建筑面积 346m²。该建筑为砖木结构，坐落在长江边的崖壁上，依地形布局，各个建筑逐层升高，俯瞰长江。该老屋为三户赵姓农户居住。

建筑布局：平面依地形布局，空间因地势布局。东侧一幢面阔三间，进深一间。北侧一幢因山势而抬高 1.63m，面阔三间，进深两间。南侧一幢仅存抱厦、天井和厢房，面阔三间（现存二间），进深一间。该建筑具有长江三峡地区山地民居建筑布局独有的地方特点。

东幢主体部分保存完整，坐西南面东北。明间用七架抬梁，两层。屋面为单檐硬山人字坡式，小青瓦覆盖。东山墙为五花山墙，前檐墙为封护墙，后檐墙与北幢前檐墙共用，东山墙、西山墙和前檐墙、后檐墙（北幢山墙）四周围合，均不承重。屋面后坡与北幢前檐墙间置筒沟出水。

北幢坐西北朝东南。室内横向置穿斗梁架。大门开在北山墙右侧，南山墙与南幢山墙共用，四墙合围支撑屋面。屋面为单檐硬山人字坡式，小青瓦覆盖（图 3-264）。

4）王宗科老屋

王宗科老屋位于长江南岸的湖北省巴东县楠木园乡楠木园村二组，清代建筑，中心地理坐标为东经 110° 13′ 47″，北纬 31° 00′ 57″，海拔高程 173.5m。

建筑布局：王宗科老屋坐西朝东，朝向与江水流向一致，建筑面积 257.89m²。

据王宗科之妻向士贵描述，并经实地勘察验证，得知其原始基本平面的构成较为特殊。面阔五间，进深两间，梢间与两厢房直接相连。特殊之处在于其南厢房因受地势所限，并不像大多数传统建筑平面布局，一反两厢同向对称向建筑主体前方延伸之常态，而是一前一后向不同方向各拓展出一间厢房，使其平面形成近似倒“Z”形，并非是以前其他单位勘察报告中所描述的“该民居的平面布局为‘L’形”，是湖北省境内传统民居中单体建筑平面因地制宜布局的典型代表。

结构做法：王宗科老屋既属于传统民居，同时，从其构造上看，也是保存至今非常难得一见的传统商业店铺。王宗科老屋建在半山坡冲沟旁，依山势于盘山道边利用一小块台地加上毛石砌筑向江边方向扩展其基础平面。

王宗科老屋几乎为全木构造，未施砖墙，穿斗式木构架，这种以不施砖墙的建筑在湖北境内已知的各类型传统建筑中极为少见。建筑主体为九柱十一檩，两厢则为五柱七檩，但其中各缝梁架皆仅有三柱落地，其他各柱均落于穿枋之上。

梢间梁架直接与两厢房梁架相连，建筑主体的山檐檩与两厢的后檐檩也直接相连，使其建筑主体的东南角和西北角看上去成为在峡江一带传统民居难得一见的歇山式建筑。而其东北角和西南角，则因两厢用在该地区常见的悬山而结束。

该建筑在多处处理手法上采用的是所处区域的传统建筑风格。明间通透，直见檩椽，仅靠后部设有神楼。明间中槛高于其他各间所设，以突出其主要地位。除明间外，次间、梢间以及两厢均设有木地板。明间内中柱以东和次间以及两厢之前檐部均设有柜台板（图 3-265）。

（二）祠庙

古来朝廷官府常设名贤祠，用以祭祀名臣官宦和先贤圣哲。峡江地区有两座十分重要的名贤祠：宜昌县三斗坪镇的黄陵庙和秭归县的屈原祠。

在峡江地区干流、支流的沿岸场镇，由于人民的生息与江水的关系十分密切，还广泛存在着祭祀水神的祠庙，其中王爷庙最多，其他的还有水府庙以及江渎庙等。

1）黄陵庙

位于长江西陵峡中段黄牛崖九龙山麓的黄陵庙原名“黄牛庙”，相传为汉代建造的黄牛祠于唐代重建的建筑，后屡有重建，是长江三峡中最大且年代最久远的古建筑群，也是全国保存的最完好的禹王纪念性建筑（图 3-266）。今名“黄陵庙”系宋朝欧阳修任夷陵县令时，为了表示对

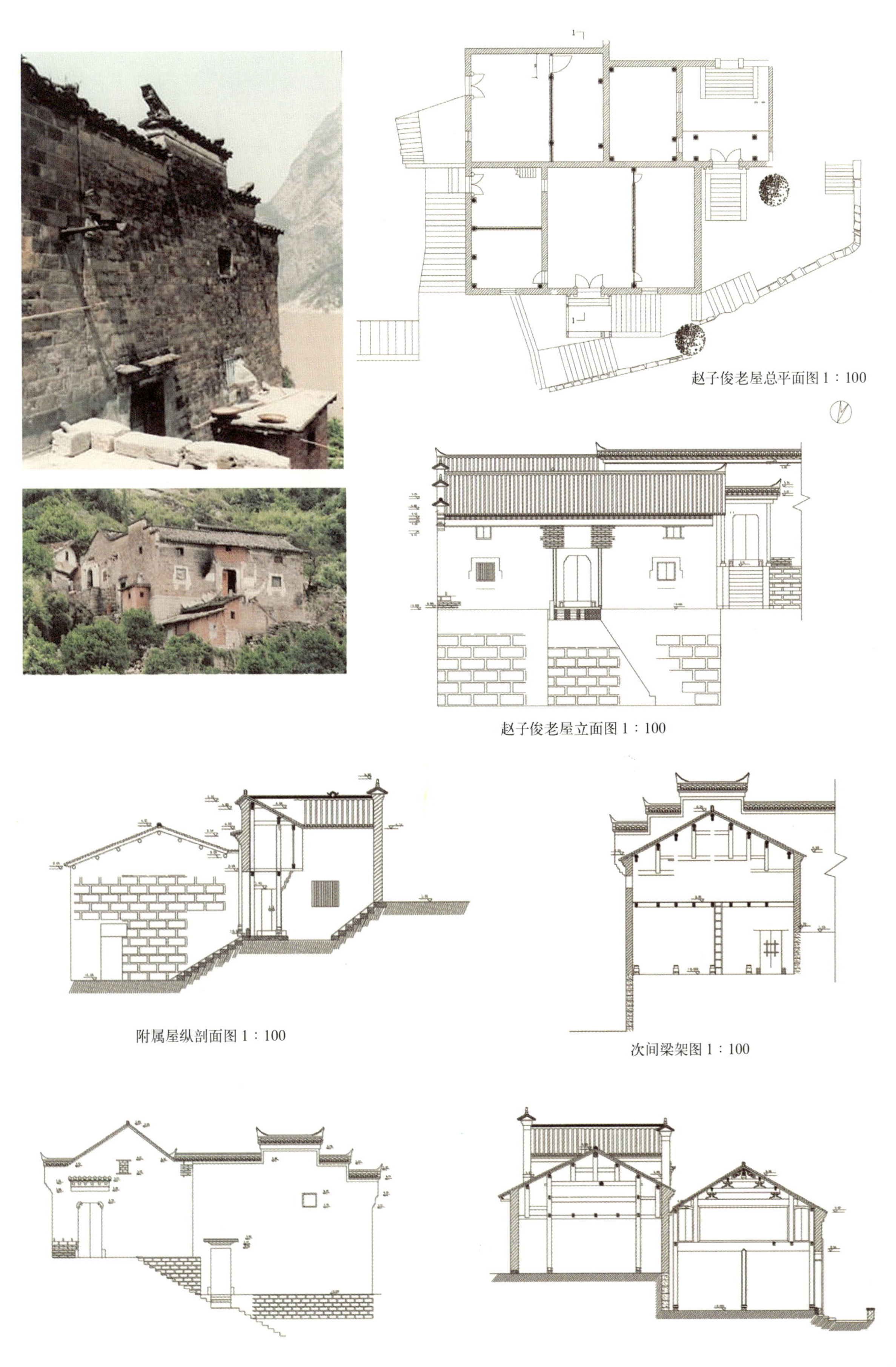

图 3-264　赵子俊老屋图纸测绘

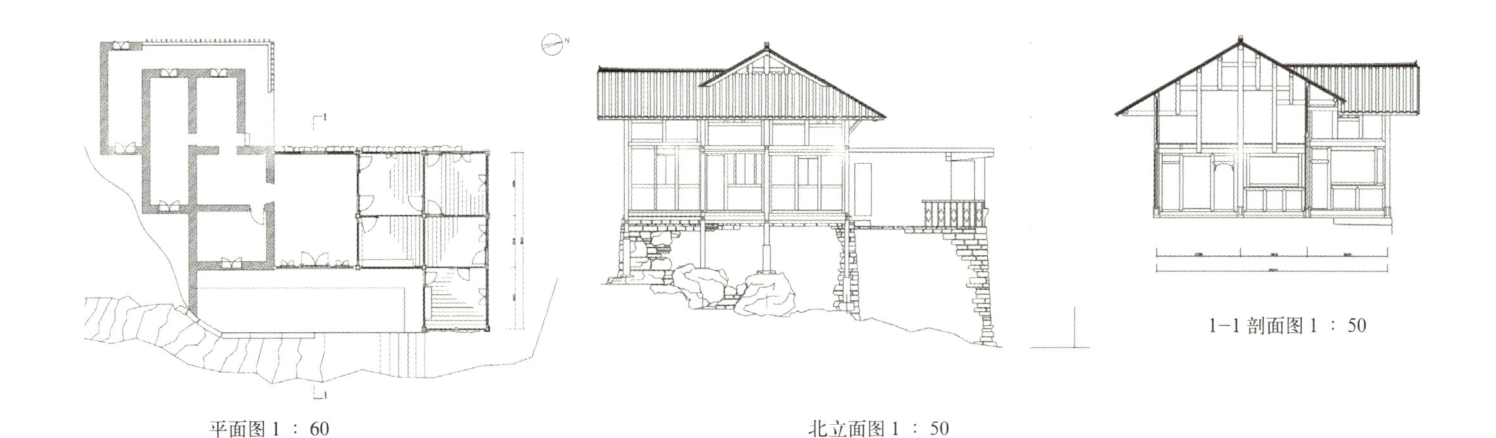

图 3-265
王宗科老屋测绘图

图 3-266
黄陵庙入口

大禹的尊敬，更名所得。现存山门、禹王殿及武侯祠等建筑。

黄陵庙内建筑现均为单栋建筑，其中以正对山门的禹王殿最为精彩。它是国内现存最大的楠木建筑，共有楠木柱 36 根，通高 18m，每一根木柱下均有 4 个小孔，用来通风防腐。据柱下的“七寸碑”和殿顶镇殿的银葫芦记载禹王殿曾于 1891 年重修。殿内最珍贵的是两根水文柱，这两根水文柱被誉为“三峡治水的魂”。

2）屈原祠

屈原祠，又名屈子祠，现位于秭归茅坪凤凰山。屈原祠始建于唐元和十五年（820 年），在宋元丰三年（1080 年），宋神宗尊封屈原为“清烈公”，将屈原祠修缮并更名为“清烈公祠”，元、明、清屡坏屡修，才得以保存（图 3-267、图 3-268）。1978 年建葛洲坝水利枢纽时，将它迁至今址，且按原貌重建。屈原祠包括山门、大殿和左右配殿等建筑。山门为六柱五楼式牌坊，高 14m，正中额题“屈原祠”三字，两侧榜题“孤忠”、“流芳”四字。大殿为硬山顶砖木结构，三开间三进深。大殿后的屈原墓，是后人为纪念屈原营建的衣冠冢。

3）王爷庙

王爷庙是峡江地区最为普遍的一类供奉水神的建筑，系川江船工特有的祠庙，重庆境内直至湖北省巴东县均有，而以重庆境内为数较多。

地处楠木园官渡口镇的王爷庙，是湖北省内的唯一一座王爷庙，也系四川境外唯一的一座。王爷庙的建立与长江息息相关，与长江航运史有直接的联系，对于研究长江的航运史及历史上两岸人民的风土人文有着重要价值。

该王爷庙仅正殿一座建筑，未建厢房等附属建筑（图 3-269）。三开间明间为大殿，后建一神台供奉神像及祭品。建筑内部梁架结构与沿江其他地区的祠庙相似，颇具地方特色；柱顶石雕刻较细且形式极富变化；一些艺术构件雕刻精美，如檐部鱼形撑木，造型别具一格。现因三峡工程已迁移复建于新秭归县城。

4）江渎庙

秭归新滩镇沿江建有祭祀长江水神的庙宇——江渎庙（图 3-270、图 3-271）。江渎庙是中国四大渎庙之首，也是现在唯一幸存的渎庙。新滩是长江上游有名的“镇以滩名”的集镇，因滩险拉纤而形成。古时，从滩头到滩尾约 120m 距离，水的落差竟达 7m，船行到此都要停留，因此集镇发展起来。而江渎庙正位于这个集镇建筑群的中心（现因三峡工程已迁移复建于新秭归县城）。江渎庙原有南北两座，现仅存南庙。

5）水府庙

水府庙是王爷庙在湖北省境内巴东以下峡江下游的变体，位于秭归县香溪镇香溪河东的长江北岸，又称镇江王爷庙，亦称“紫云宫”，是香溪峡口重要的人文景观（图3–272）。

水府庙利用自然环境，由低到高、由前到后地组织安排建筑空间，前后高差达6m，是一座典型的因地制宜的山地建筑。平面呈对称布置，坐西朝东，和本地区其他建筑一样朝向长江，而前殿的入口设歪门，由于风水的关系偏向东北。该建筑在中殿与前殿之间有一天井，两侧设厢房，而中殿和后殿则是紧邻，只是由于地势和不同建筑层数的关系，后殿檐口高于中殿，从正面看去，三层屋面层叠排列，颇具气势。

相传民间将长江分为上中下三段，而各有江神主之，因此有扬子江三水府或水府三官之语。由此可见，水府庙不仅在峡江地区有着重要价值，在整个长江流域的地位也颇高。

（三）祠堂——祭祀祖宗

祠堂是血缘型聚落权力和财富的象征。其门楼门罩、梁坊柱头的上精美的砖雕木雕，华美而雅致，体现着族人荣耀祖宗、祈福后世的愿望，是整个家族的凝聚力的核心代表。还有将祠堂正立面建造成牌楼形式的做法，这更加加强了祠堂的这种核心地位。

峡江地区湖北四县的祠堂多为一进院落的四合头式，但比之普通民居无论在装饰还是构造做法上均更讲究。

1）秭归县新滩镇的金贵宗祠

金贵祠堂是新滩历史上最为显赫的祠堂之一，当时有南岸“三郑”、北岸“三杜”之说，而金贵祠堂则为“南岸第一郑”的祠堂，可以想见当时该祠堂是相当富丽堂皇的。该祠堂为二进四合院落，坐南朝北，以地势走向为前低后高。两进厅堂均三开间，前檐为牌楼，六柱五楼式，其柱枋上的装饰大都是用青花瓷片镶嵌，仿彩绘效果（图3–273）。两进厅堂皆为两面坡如意封火山墙式建筑，如意跺叠线条自然流畅，外观优美（图3–274）。

图3–267 屈原祠入口（来源：国务院三峡工程建设委员会办公室、国家文物局《三峡湖北库区传统建筑》）

图3–268 屈原祠山墙（来源：国务院三峡工程建设委员会办公室、国家文物局《三峡湖北库区传统建筑》）

图3–269 王爷庙（来源：国务院三峡工程建设委员会办公室、国家文物局《三峡湖北库区传统建筑》）

图3–270 江渎庙（来源：国务院三峡工程建设委员会办公室、国家文物局《三峡湖北库区传统建筑》）

图 3–271　江渎庙门扇

图 3–272　水府庙（来源：国务院三峡工程建设委员会办公室、国家文物局《三峡湖北库区传统建筑》）

图 3–273　金贵祠及其牌楼瓷片贴饰（来源：宋华久《三峡民居》）

图 3–274　金贵祠堂复原立面图

2）秭归县屈原镇的杜氏宗祠

杜氏宗祠依山坡走向而建，平面是长方形，布局为四合院式，以厅堂、天井和堂屋为中轴，两边辅以厢房。建筑结构以砖木混合为主，主体梁架为砖墙承重，整个院落布局整齐，高低错落有致。正立面为一座八柱七楼式的牌坊，十分华丽。整个建筑平面呈长方形，厅屋和堂屋面阔三间，进深一间，次间上、下两层，山墙为硬山前后出墀头，厢房面阔二间，进深一间，整个建筑砖墙承重。祠堂堂屋明间后一部分设后门，有转堂屋,同本地区的其他四合头式民宅做法相同（图3–275）。

图 3–275 杜氏宗祠

3）秭归县香溪镇的王氏宗祠

王氏宗祠是现存唯一一座两进院落的祠堂（图 3–276）。从碑刻记载和它的建筑风格、特点、细部做法等方面来看，应是清乾隆时期所建。据现存乾隆三十八年（1773 年）碑刻记载，王氏族人先祖约明成化年间流徙于此，明末清初，经历艰难，清雍正年间合族公议建祠以祀先灵,乾隆三十五年（1770 年）重修正殿、两厢，三十八年，族长王世禄、王世松又重修之并镌石为志。另还有乾隆、嘉庆、同治、咸丰、光绪年间六通碑刻。王氏宗祠建筑规模较大，现存建筑是两进天井院落，厅屋明间二楼为戏楼，屋顶高于两次间，歇山做法。前面两厢房二层与戏楼相通，中堂隔离两天井院，厅屋、两厢及中堂设二层，后两侧厢房和后堂均一层，后面两厢房各存有碑刻一通，后堂用于摆放牌位。整个建筑以厅屋、中堂、天井和后堂为中轴，两边辅以厢房，结构为穿斗式和民间抬梁式相结合。

图 3–276 王氏宗祠

（四）其他

1）牌坊亭台

秭归古城东城门外 300m 处的洗马桥，桥头建有四柱三楼木牌坊一座（图 3–277）。据有关资料和碑刻记载，屈原故里牌坊牌楼是在清光绪十二年（1886 年）为纪念伟大诗人屈原而建立。该建筑坐西向东，处于长江北岸，牌楼为四柱三楼，牌楼正中有郭沫若先生题书的“屈原故里”四字，其主体部分保存完好。该牌坊在峡江地区湖北四县内，无论在建筑造型，结构形式、雕刻及脊饰等方面都是首屈一指的，最有特点是吻、垂脊、正脊、勾头、滴水全部由碎瓷片粘贴而成，可谓巧夺天工。

位于巴东县信陵镇的秋风亭为木结构建筑。该亭始建于北宋太平兴国三年（978 年），为寇准任巴东县令时所建。后因县治变迁，历经多次修葺。光绪二十四年（1898 年），秋风亭得以落架重建，现存建筑为当年遗构。此亭的翼角做法、构筑方法、雕刻艺术，具有江南一带的典型工艺及技法，是现存巴东县古建筑中技术的最高水平者，在建筑艺术上有较高的价值。

图 3–277　屈原故里牌坊及其"粘贴"装饰（来源 国务院三峡工程建设委员会办公室、国家文物局《三峡湖北库区传统建筑》）

2）古井

在以农业经济为主导的传统乡村聚落中，古井作为重要的水源是聚落结构中不可缺少的一个重要因素，直接影响着人们的生活方式和古民居群的总体布局。

秭归新滩的古井的确切年代无从考证，但据该村落的老人说，此井在他们记事时就已存在，他们祖祖辈辈一直使用此井，古井是该区域内不可缺少的一个组成部分（图 3–278）。该井的石槛已磨得非常光滑，由此推知，该古井与当地的古民居应是同一时代的产物，应是清乾隆至清末时期的构筑物。由于该古井一直为当地居民所使用，所以维护得比较好。

图 3–278　秭归新滩古井

3）作坊

峡江地区的作坊一般位于聚落核心组群外，但紧密联系的位置，为聚落提供农副产品加工，体现着浓烈的乡土气息；也有相间于聚落结构核心内的，成为构成聚落空间形态的重要组成部分。作坊的主要类型有：木石加工手工作坊、糟坊、碾坊以及水磨坊等。

巴东县龙船河水磨坊建在龙船河支流（东西支流）北岸，其地势北东部为高山，南傍溪沟，西为坡地，附近还有零散村落，是典型的聚落之外距离不远但为其服务的作坊设施。该建筑为土石木结构建筑，坐北朝南，平面呈长方形。砖石木混合结构，通面阔三间，进深三间。穿斗式构架，四柱十一檩，穿枋相连。两山墙以石块封闭，后墙为夯土墙体。北为搭接磨坊主人房屋，南以木板围护，明间开窗。地坪以下，于磨房南侧，以块石砌水房二间，内设立卧式水轮各一台，水轮与其地坪上石磨、石碾同轴。整个建筑单体下有流水经过，给单体带来了灵动的气韵和生气（图 3–279）。

图 3–279　巴东龙船河水磨坊及其水槽

第七节 湘鄂西

一、区位及自然地理地貌

(一) 山川地貌

鄂西南和湘西同属大武陵地区，地貌、风俗相似。地貌属云贵高原东延部分，由一系列东北—西南走向山岭组成，地势高耸，顶部宽旷，呈波状起伏，有“山原”之称。长江以北，即巴东的北部为秦岭的大巴山脉南，长江以南的大部分地区为武陵山脉。境内万山重叠，平均海拔千米以上，1200m以上的高山地区约占29%。境内石灰岩分布广，深切峡谷、溶蚀洼地及溶洞、伏流、盲谷等普遍存在，是典型的喀斯特地貌发育地区。

鄂西南地区主要包括恩施土家族苗族自治州的恩施、利川、来凤、建始、巴东、鹤峰、宣恩、咸丰八县市和宜昌市的长阳、五峰两县；湘西地区（即大湘西）包括湘西土家族苗族自治州（今辖吉首、泸溪、凤凰、古丈、花垣、保靖、永顺、龙山一市七县）、张家界市、怀化市及邵阳市西部的武冈、城步、洞口、绥宁、隆回、新宁六县（市）和永州市的江华瑶族自治县。

除土家族、苗族、汉族之外，该区还居住着侗、回、黎、蒙古等20多个少数民族。先秦以来，少有迁徙。历代封建王朝对这里采取了羁縻、怀柔、土司制等无可奈何的宽容政策长达2000年之久。由于山峦重叠，交通闭塞，天然地理环境和相对稳定的封建体制以及文化的多重渗透，土家族文化有的削弱了，有的发展了，造就了土家族民间文艺的特殊性和多样性。

鄂西南境内河流北有长江，中有清江，南有溇、酉、郁、贡诸水；湘西境内主要河流有沅江、酉水、武水、猛洞河、花垣河等。其中酉水是唯一流经鄂西南、湘西境内的河流，被誉为“土家族的母亲河”。

(二) 气候特征

鄂西南和湘西区域属中亚热带季风湿润气候，具有明显的大陆性气候特征：冬暖夏凉，四季分明，冬夏长春秋短；降水充沛，光热总量偏少；光热水平基本同季；气候类型多样，立体特征明显。最冷月1月平均气温在4.40℃以上，最热月最高气温大于35℃的天数8～15天。年平均气温15～16.9℃，最高气温40℃，最低气温−5.5℃。年降雨量1200～1600mm；多年平均日照时数1100～1400小时。雨量集中于春、夏，多见秋旱。由于海拔的悬殊和地形、坡向等的不同，湘西州域气候类型无论是在垂直方向上还是在水平方向上都存在较大差异，气温、降水、日照、无霜期等均有显著差别。

二、文化渊源与社会习俗

(一) 文化渊源

鄂西南、湘西地区就其文化发展而言，大抵可分为巴文化时期和土家族、苗族文化时期。唐宋以前，是巴文化主体时期。唐宋开始，苗族、土家族已逐步形成为一个独立文化体系，其中湘西以苗族为主，鄂西南以土家族为主。

1）巫教文化

重巫信鬼的巫教文化在鄂西、湘西苗族、土家族文化体系中占有重要的地位，它们继承了巴人“重巫信鬼”的宗教习俗。宋代，苗疆地区多“喜巫鬼、多淫祀”。明清时代，这种巫术色彩更为浓厚，“巫之类不一，还愿皆名跳神，有破石、打胎、捞油锅、上刀竿、降童子等术，其徒自谓能治病、辨盗、驱鬼、禁怪，故惑之者众”，“有忿争不白者，亦舁神出，披黄纸钱，各立誓词，事白乃已”。[17] 土家族许多民俗都打上了巫术的烙印。

2）白虎崇拜与多神崇拜

土家族一部分是巴人后裔，其文化深受巴文化影响，巴人以白虎为图腾，白虎崇拜成为鄂西土家人精神生活中的重要内容。土家族人由巴人对白虎的单一信仰，发展成以白虎为图腾，同时信奉祖先。“彭公爵主、三抚官、向老官人、田好汉”

这些人物都是土家族人崇拜的偶像。这些人物被认为“生有惠政，死后化为大神。人皆须祀祠”。因此，土家族地区建有众多土王庙，供奉这些土王神灵。

（二）社会习俗

1）薅草锣鼓

又叫山锣鼓。它源于周朝的击鼓祭祀，是与生产劳动相伴生的民间歌鼓。在鄂西南少数民族地区，薅草锣鼓一经诞生，就从未与劳动分离，并沿袭至今（图 3-280）。

2）八宝铜铃舞

宣恩土家族八宝铜铃舞，俗称“解钱”，是湖北酉水流域土家族所独有的一种祭祖还愿的古老仪式歌舞八宝铜铃舞不仅是一种精彩的歌舞，一种艺术化的风俗，同时还承载着厚重的历史文化信息，蕴涵着深邃的哲学价值和教化意义。八宝铜铃舞融歌、舞、乐于一体，为酉水流域土家族所独有（图 3-281）。土家族的八宝铜铃舞具有很高的艺术和学术价值，是稀有而珍贵的非物质文化遗产。

3）宣恩耍耍

宣恩耍耍，也称“打耍耍”、“跳耍神”或“喜乐神”，是流传于湖北西南土家族地区的一种民间舞蹈。宣恩耍耍源于土家族原始的“祭祀娱神”活动，是古老的巫教端公“还坛神”法事中的一段巫舞，叫“耍神”。因动作诙谐活泼，腔调优美动听，唱词通俗易懂，而逐渐分离出来，流传民间（图 3-282）。

图 3-280
薅草锣鼓

4）摆手舞

摆手舞是土家族祭祀祖先与庆新年、祈丰收的集体活动（图 3-283）。它源于土家族先民的巴渝舞。土家族的摆手舞至今保留着古代巴渝舞的征战、歌号、鼓乐和引牵连手等方面的特色。歌时“击鼓鸣钲，跳舞歌唱，竟数夕乃止”，“男女相携，蹁跹进退，故谓之‘摆手’”。这种摆手，体现了土家族奔放热烈的情感，众志成城的精神。

5）跳丧

跳丧，是清江流域土家族先民及土家族源远流长的丧葬习俗。“初丧，鼓以道哀，其众必跳，此乃盘瓠白虎之勇也。”[18] 清同治《巴东县志》记载：“旧俗，殁亡日，其家置酒食，邀亲友，鸣金伐鼓，歌舞达旦，或一夕或三五夕不等”，这种炽热、丰富的情感体现了对先人深深的哀思，表现出土家族先民和土家族乐观旷达的生死观念。

6）南剧

南剧又叫“施南调”，是形成和流行在鄂西地区的唯一能在庙台演出的一大地方剧种。由于该剧种常在庙台演出，又长于演连本戏，俗称“高台戏”或“人大戏”。早在康熙年间容美土司戏曲活动中就已出现南剧，后来在发展过程中，同当地民间音乐相结合，逐步形成具有独特风格的、深为人们所喜爱的一个地方剧种。

三、民居主要特点与表现

（一）民居主要特点

鄂西南和湘西民居种类繁多，既有受汉文化影响的马头墙、天井院式的民居，如五峰蒿坪王化雨老宅（图 3-284）、巴东县楠木园乡杨家棚村顾家老屋、利川市元堡乡茅针村覃氏老屋、建始县石垭乡白果树村袁家老屋、恩施市龙凤镇小龙潭村袁氏老屋、咸丰县杨洞乡新

甩马

摇铃

敲铃

莲花手（一）

进退步

莲花手（二）

锣鼓班子

图 3-281　八宝铜铃的舞蹈动作

图 3-282　宣恩耍耍

图 3-283　摆手舞（来源：彭家寨保护规划资料）

图 3-284　五峰蒿坪王化雨老宅天井

场村蒋家院民居等；又有极具民族特色的半悬空的干阑式建筑——吊脚楼，其中较具建筑规模并保存完整的有：利川市忠路镇桂花村全家坝民居建筑群、来凤县旧司乡腊壁司村民居建筑群、咸丰县高乐山镇徐家坨村刘家院子民居建筑群、宣恩县沙道沟两河口彭家寨、晓关乡张官铺民居建筑群、高罗乡小茅坡营苗寨建筑群等。

除此之外，在五峰仁和坪（图 3-285）、利川鱼木寨（图 3-286）、利川沐府大峡谷（图 3-287）、凤凰云盘村等地还分布着石板屋（图 3-288），在利川、巴东等地分布着岩壁居等独特的建筑形式（图 3-289）。

1）吊脚楼

吊脚楼是分布在鄂、渝、湘、黔交会山区土家族的主要建筑形式，它是结合当地山多岭陡、木多土少、潮湿多雨、夏热冬冷等生态特点而建造的具有典型生态适应性特征的传统山地建筑，它底层架空，并在转角欿子部位做一圈转廊，转廊出挑较大，均不落地，从底下仰视，如同吊在半空，形成“吊脚”。吊脚楼既是穿斗式结构的一种，又有别于普通穿斗建筑（图 3-290）。

欿子、吊脚檐柱、两重挑、板凳挑、耍起、吊起、耍头、吊头等，成为吊脚楼的重要特征。吊脚楼群之所以形体优美，是由于吊楼欿子顺山势一溜排开，高低错落，把建筑最美最具特色的部位展现出来。而且欿子顶部的歇山檐口，为配合建筑悬挑轻盈的感觉，四角均向上发戗，形成微微起翘，如翼斯飞的样式，大大生动、丰富了立面造型。

2）石板屋

鄂西南和湘西山区由于石多土少，有些传统住屋是相当具有山地文化的“石板屋”，所用的石材，系以当地出产之黑灰板岩及页岩，先经简易加工后成为趋于规则片状之石板，然后堆砌而成具有民族特性之住屋。一般人居住的石板屋，三星期可以完工，贵族居住的石板屋，比较讲究，除了住屋以外，平时聚会的广场和家中屋顶上的木雕，都是不可缺少的。

石头建造的民居，以石为墙，以石为廊，以石为柱，以石为瓦。石屋层层叠叠，有石拱门进出。寨边竹林、树下安置着石凳、石椅与石桌，可供休憩、娱乐。石板屋从外表看是一种以大小不统一，又各具有一个平整面的不规则石头，通过错落有致的垒砌而成的坚固房屋。房屋均分为两层，中间铺木板，下层关牲口，上层住人。房屋的外墙体用大小不等的石头来砌合，用石灰在墙面上勾成虎皮墙，砌石半缝紧密，线条层次匀称。墙建成后，再以大小类似的不规则石板盖顶，屋顶吸收了歇山顶的基本样式建筑，规整中又有变化。这种木石结构的房屋造价低，经久牢固，冬暖夏凉，实用而独具特色（图 3–291）。

3）岩壁居

岩壁居这种古老的建筑形式，曾经广泛分布在湘西、鄂西、渝西南的陡峭岩壁上。嘉庆年间，湘鄂西一带白莲教盛行，清政府为了防止农民起义，便愚弄老百姓凿洞“避匪防乱”；咸丰年间，太平天国石达开率军经过此地，政府再次鼓动民众到山洞居住；民国时也有人住在里面躲避匪患，囤积粮食。他们认为住在里面易守难攻，很安全。当时的居民在开凿这些岩洞时，要先凿出几个小凹槽，在槽里插进木方，上面铺木板制成简易“脚手架”，工人站在上面开凿，一个洞穴要耗费 2 个月，再用树藤、麻绳编成软梯进出。越是有钱的人就住得越高，因为修建的费用更高，也更能起到防御作用。

在利川鱼木寨的二层岩附近，据不完全统计有洞穴 10 多处，解放初期，仍有 80 余户住岩洞中，新中国成立后利川政府组织他们搬到山下。洞穴多采光通风良好，干燥宽敞，前壁多为条石砌制，顶盖瓦檐便于走水。洞内布置讲究，厅堂卧室井然有序，石门石窗牢固大方，楼上楼下有石梯。从今存之洞名看，鱼木洞、兵洞、造枪岩洞、制钱岩洞、榨房岩洞、机房岩洞等等，印证着当年鱼木寨重兵屯集的过往。

图 3–285　五峰仁和坪石板屋

图 3–286　利川鱼木寨石板屋

图 3–287　利川沐府大峡谷石板屋

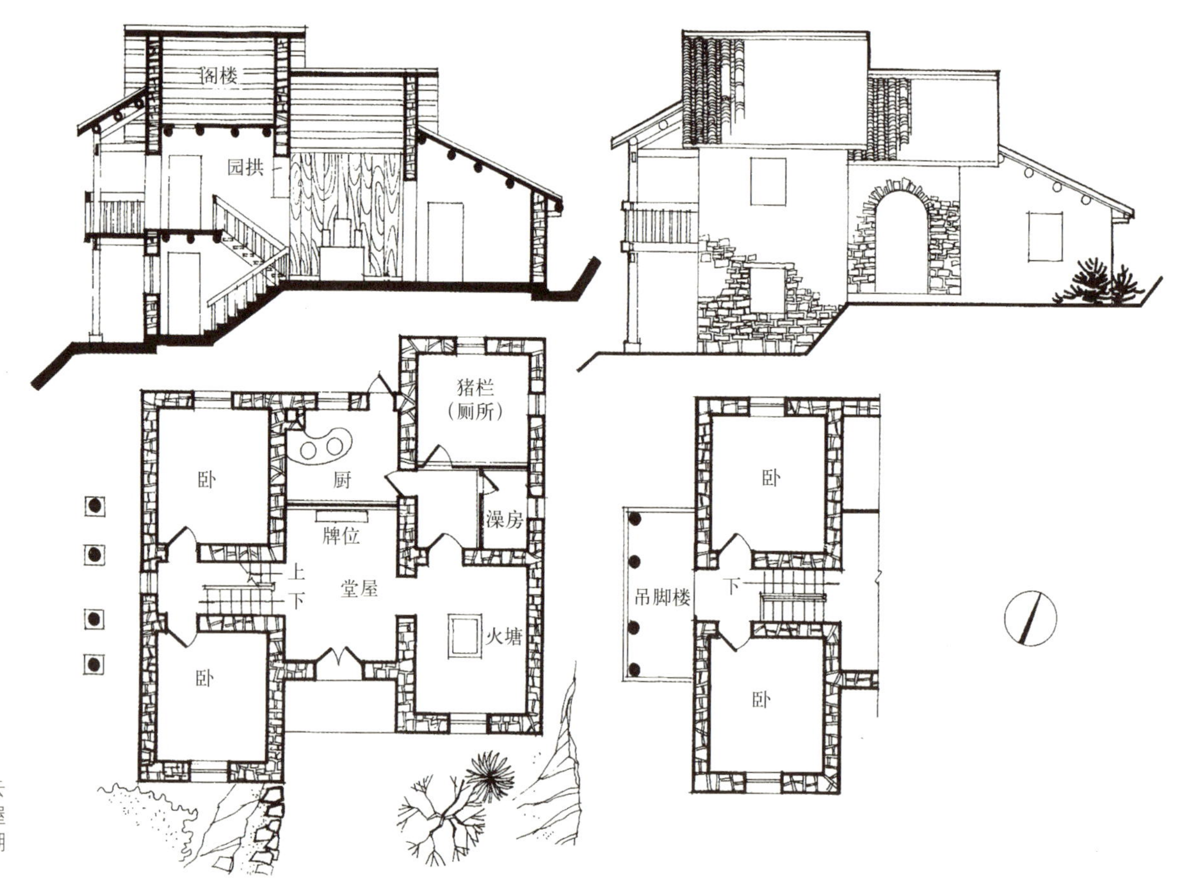

图 3-288 凤凰云盘村等地的石板屋（来源：杨慎初《湖南传统建筑》）

图 3-289 利川鱼木寨岩壁居

（二）其他类型建筑分布

1）寺庙

寺庙类建筑分布较多，主要有巴东县楠木园王爷庙、红庙岭地藏殿，建始县业州镇文庙、业州镇余家坝村朝阳观、高坪镇望坪村石柱观、景阳镇兴隆寺、长梁乡下坝寺、高坪镇八角村普恩寺，恩施市六角亭解放路城隍庙、六角亭碧波峰白衣庵、五峰山西南麓连珠寺、盛家坝乡安乐屯村关公庙、龙凤镇杉木坝村天府庙，利川市团堡镇石龙寺、毛坝乡夹壁村回龙寺、谋道镇龙水村龙水文庙，咸丰县高乐山镇城隍庙、丁寨乡曲江村板桥寺、丁寨乡魏家堡村白岩观等。

2）宗祠

宗祠类建筑主要有利川市柏杨镇大水井古建筑群、忠路镇木坝河村三元堂，恩施市六角亭解放路文昌祠、六角亭城乡街武圣宫、六角亭中山路成氏祠堂、盛家坝乡中街万寿宫，宣恩县侗族乡老街禹王宫、李家河乡上洞坪村禹王宫、高罗乡黄家河村李氏祠堂，咸丰县尖山乡大小坪村严家祠堂，鹤峰县走马镇金岗村李家祠堂，来凤县百福司镇上街万寿宫等。

3）书院

书院类建筑主要有：利川市南坪乡南坪村如膏书院、来凤县百福司镇桂林书院、建始县业州镇五阳书院等。

4）教堂

教堂类建筑也有分布，分别是：利川市凉雾乡花梨岭天主堂，恩施市沙地乡麦子淌天主堂、沙地乡中街天主堂、红土乡赵村乌鸦坝天主堂，建始县高坪镇麻扎坪天主堂、景阳镇龙家坝村天主堂等。

5）古塔

古塔类建筑有：建始县高坪镇望坪宝塔、业州镇建阳宝塔，宣恩县珠山镇凌云塔，咸丰县小村乡田坝村观音塔、小村乡中心场村洄龙塔、川主庙塔、尖山乡唐岩司村天蹬堡塔，恩施市五峰山连珠塔，利川市南坪乡南坪村凌云塔、团堡镇晒田坝村培风塔、团堡猫水村宜影塔、毛坝乡青岩村步青桥塔等。

6）风雨桥

风雨桥民族建筑近20座，这类木结构长廊式桥梁建筑，既具有普通桥梁的一般功能，又有“亭”的观赏价值，它不仅为两岸百姓提供交通便利，同时也是当地人们说古道今、休息娱乐的理想去处。保存至今的风雨桥主要有：咸丰县丁寨乡十字路风雨桥、活龙坪乡水坝村土溪河风雨桥，恩施市沐抚乡云龙风雨桥、太阳河乡西街风雨桥、黄泥塘乡石板溪村九道水风雨桥、双河乡校场坝村九间风雨桥、盛家坝乡安乐屯风雨桥，建始县官店乡茶园村五家河风雨桥、高坪镇黄口坝村广福风雨桥，鹤峰县走马镇白果村兴隆街风雨桥，来凤县三胡乡苏家堡风雨桥，宣恩县桐子营乡匠科风雨桥、晓关侗族乡风雨桥等。

7）摆手堂

摆手堂是土家人集聚跳摆手舞的神堂，主要分布在来凤百福司一带，保存至今的仅有两处，分别是百福司镇沿头沟村的茶堰坪摆手堂和舍米湖村的舍米湖摆手堂。此外调查发现的摆手堂遗址还有7处，分别是：瓦厂摆手堂、庙湾摆手堂、枣木树摆手堂、硝洞坪摆手堂、梨子坪摆手堂、麂子坪摆手堂、枣木垭摆手堂等。

8）寨堡

寨堡类建筑10余处，分别是：利川市谋道镇鱼木村鱼木寨、凉雾乡铁炉村铁炉寨、凉雾乡花梨岭村一品山寨、柏杨镇东光村向家寨、团堡镇石板岭村石板岭卡门、谋道镇支罗村观音岩卡门，来凤县百福司镇斧头营村智勇关、高洞乡板沙界村寨子堡，建始县三里乡小屯村寨子堡、景阳镇栗谷坝村寨子堡、景阳河北坡景阳关等。

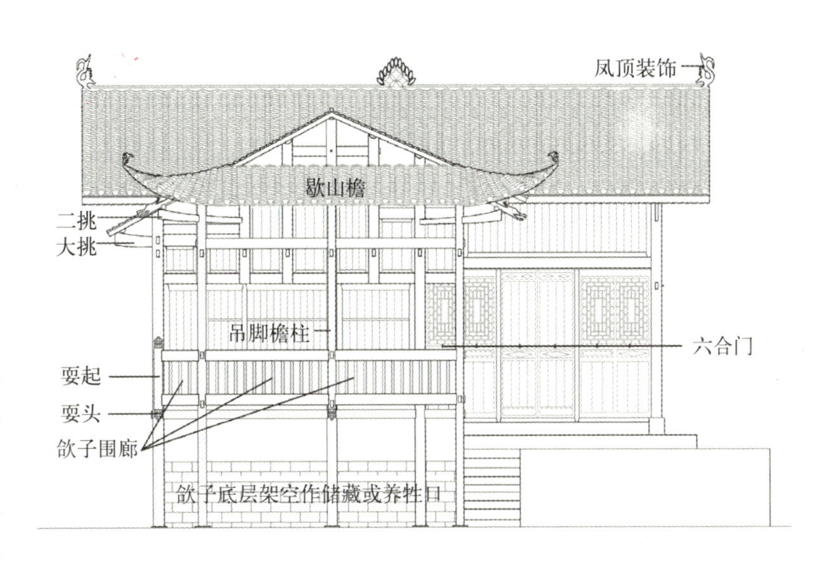

图3-290　吊脚楼典型特征

图3-291　以石为廊的民居

四、主要类型与典型实例

（一）吊脚楼群

1）彭家寨（鄂西南土家族）

彭家寨位于宣恩县沙道沟集镇东南两河

图 3–292
彭家寨吊脚楼群

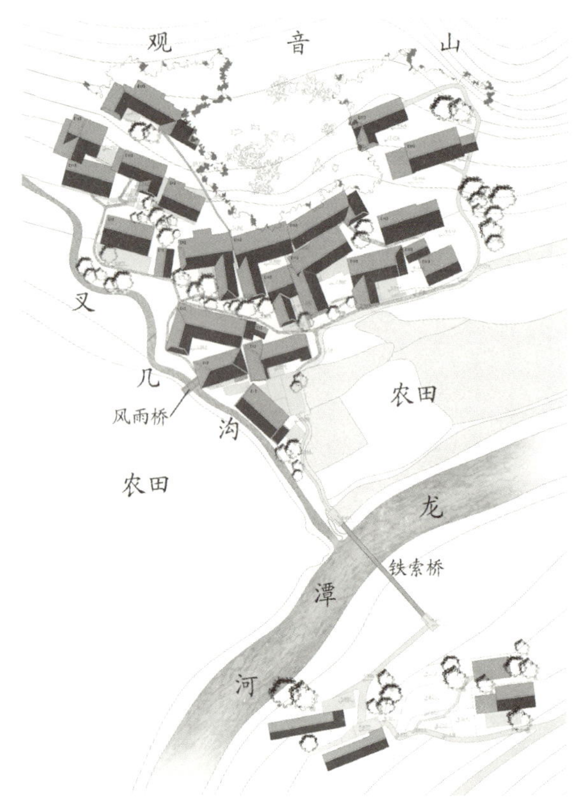

图 3–293
彭家寨总平面图

口村，东经：109°40′，北纬：29°42′。两河口村处于沙道沟镇的中心地带，国土面积 861.92hm^2，由 8 个土、苗山寨组成，主要沿龙潭河沿线分布，其中土家族占 80%。核心保护区（彭家寨）面积 35000m^2，历史建筑面积约 12000m^2，村寨居民共 45 户，200 多人。

彭家寨大多数系由湖南怀化顺酉水迁徙至此，明清两朝，大量湖南移民顺这条水运商道进入鄂西谋生，并扎根在酉水沿线，仅龙潭河两岸，就分布着汪家寨、曾家寨、罗家寨、武家寨、白果坝等多个土家族聚居山寨。寨子都依山而起，环山而建，西面以一条“叉儿沟”为界，沟上风雨桥已经有百年历史；寨前龙潭河穿村而过，常年河水清澈见底，河上架有 40 余米长、0.8m 宽的铁索木板桥将寨子与外界相连；寨子后面，奇峰迭起，修竹婆娑；站在彭家寨对岸远眺，10 多个飞檐翘角的龛子环着山腰依次排开，雕龙浅饰，“勾心斗角”，一派古色古香（图 3–292 ~ 图 3–301）。彭家寨于 2008 年被评为国家历史文化名村。

2）德夯苗寨

湘西德夯苗寨位于德夯风景区的核心，苗寨依山而建，千山飞瀑环抱，民居飞檐翘角，半遮半掩，封火墙，吊脚楼，雕花窗，造型奇特，格调鲜明，色彩纷呈，丰富多彩，无不显示出远古遗民的氛围。苗寨居住着百余户苗民，至今留存着千年古俗。德夯是天下闻名的苗鼓之乡，男女老少皆爱“跳鼓”，曾出过五代苗鼓王。苗族

图 3–294（左）
吊脚楼群的屋顶
图 3–295（右）
彭家寨的凳子

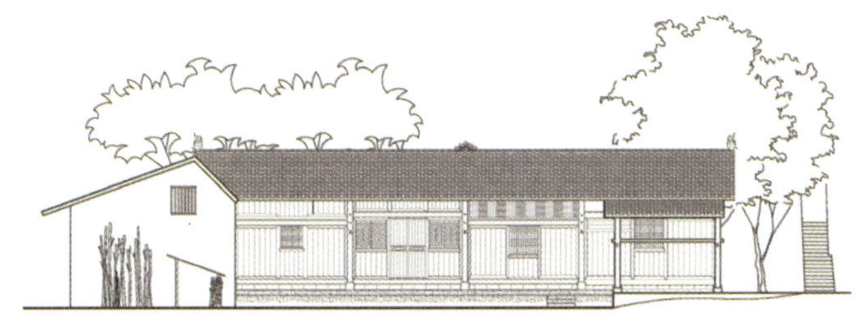

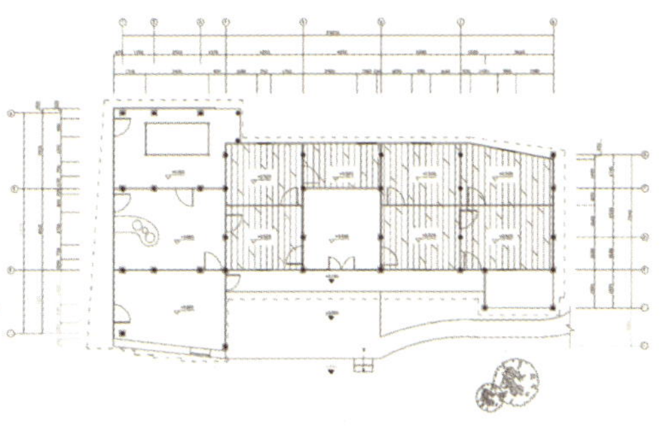

图 3–296　彭家寨
单体建筑（一）

图 3–297　彭家寨单
体建筑（二）

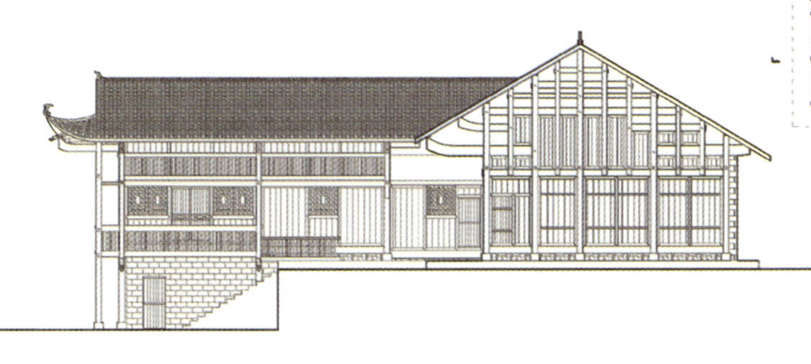

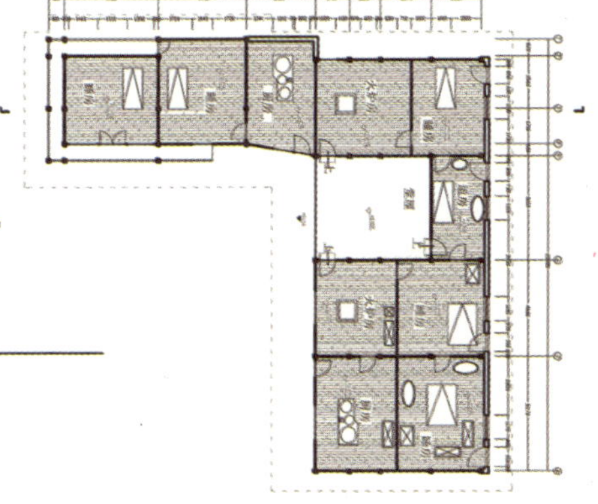

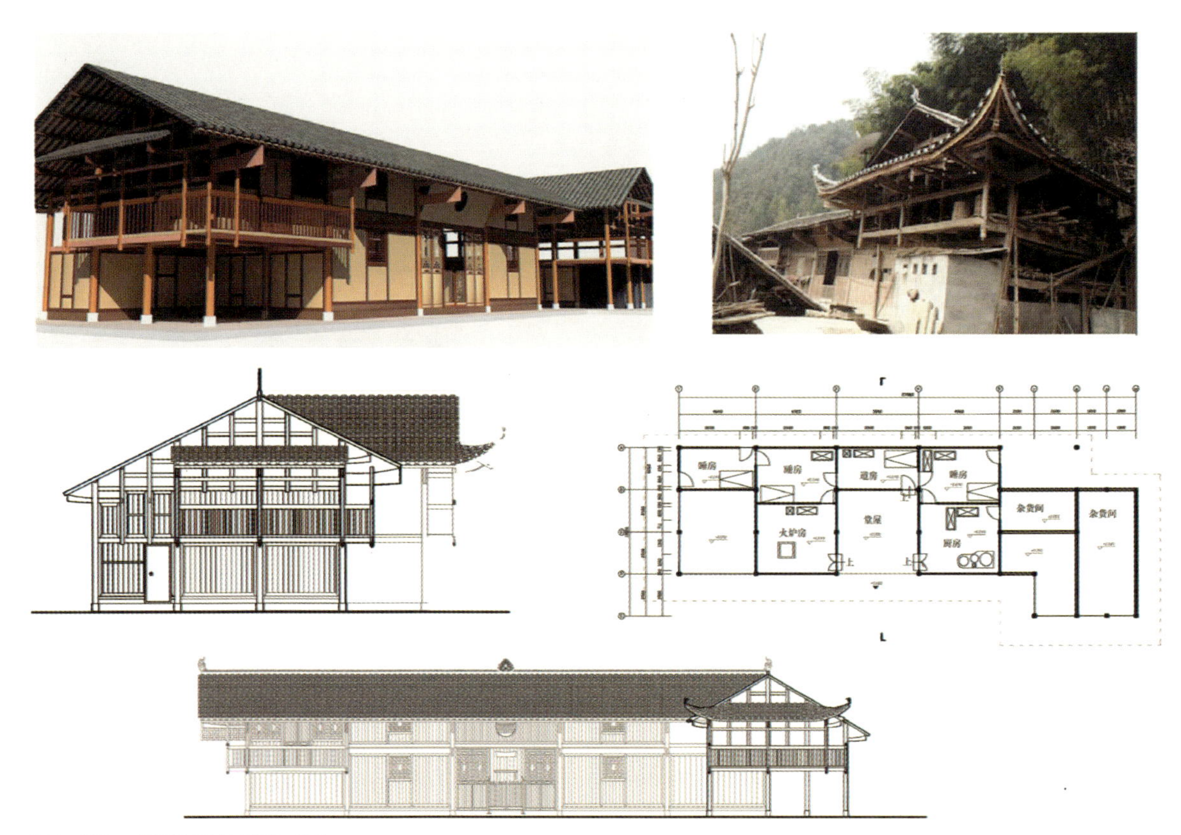

图 3–298 彭家寨单体建筑（三）

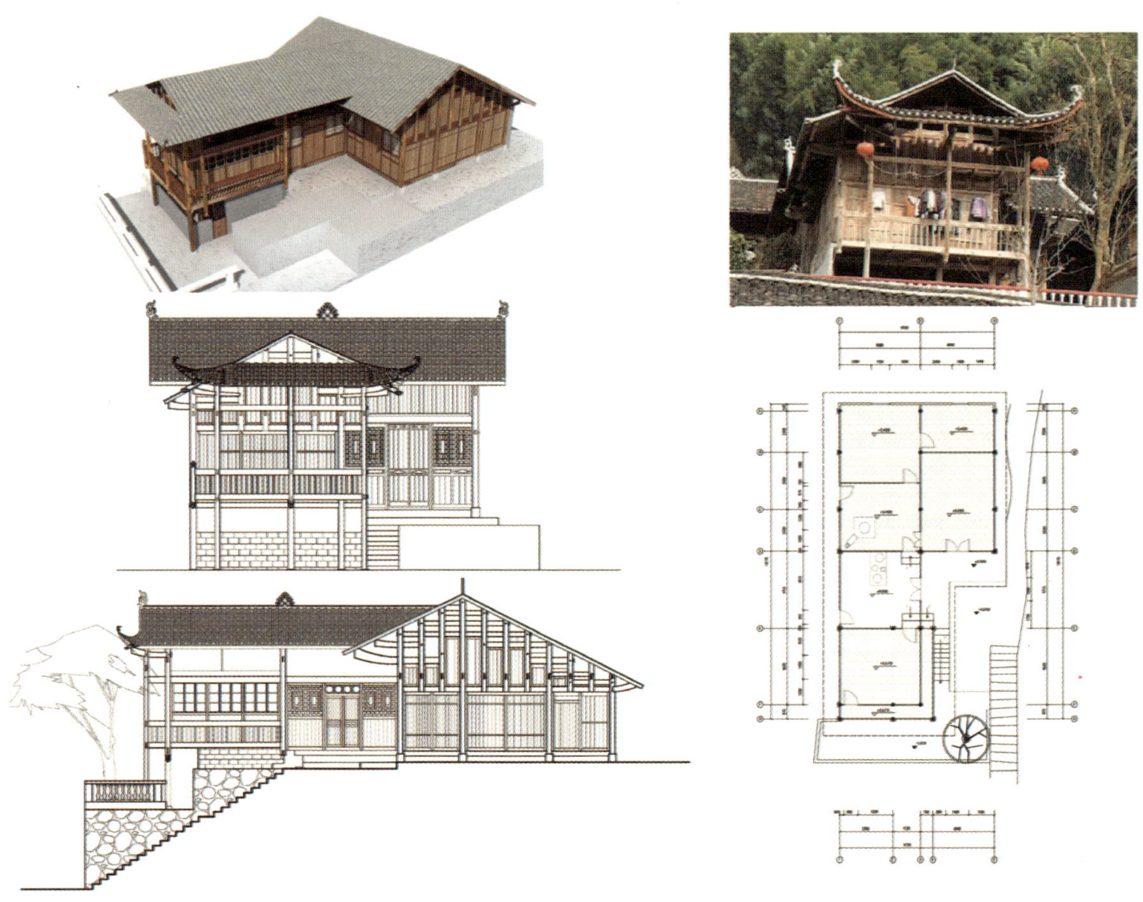

图 3–299 彭家寨单体建筑（四）

图 3-300　彭家寨单体建筑（五）

图 3-301　彭家寨单体建筑（六）

吊脚楼外墙面多为藤条编织成板面，外罩灰沙或土坯形成混合材料的藤编墙，这与鄂西南土家族用木板做外墙的吊脚楼形式有所不同（图3-302～图3-306）。

3）通道侗寨 [19]

通道侗族自治县位于湖南西南部，处湘、黔、

图 3-302　德夯苗寨总平面

图 3-303　德夯苗寨鸟瞰

图 3-304　德夯苗寨的山水环境

图 3-305　苗寨吊脚楼的垂花

图 3-306　苗寨的藤编墙

图 3-307　通道县黄土乡新寨（来源 杨慎初《湖南传统建筑》）

桂三省六县交界之地，是湖南省南下两广的咽喉要道，其中侗族占73%，是湖南最早成立的以侗族为主体的自治县。在历史上为楚越分界的走廊地带，素有“南楚极地”、“百越襟喉”之称。通道县蜿蜒的坪坦河边分布着众多的侗族山寨，其中的芋头侗寨古建筑群、马田鼓楼已列入国家重点文物保护单位（图 3-307 ～图 3-310）。

（二）商业老街

1）庆阳坝凉亭街

庆阳坝凉亭街位于湖北省恩施土家族苗族自治州宣恩县椒园镇庆阳坝村，地处川、鄂、湘三省边贸的交通要道，古有“川盐古道”、“骡马大道”从此经过。凉亭街由两条街道交错排列，以街面、巷道和桥梁贯通，整条街被坡屋顶覆盖，极具特色，它集土家族吊脚楼和侗族凉亭构架于一体，属木质结构凉亭式古街道。老街长 500 多米，宽 20 多米，靠山面水而建，占地面积 1.82hm^2，建筑面积 11781m^2。主街道两侧建木质瓦房，传统建筑完好程度为 80%，现保存完整结构房屋 65 栋，排成两条，间隔 5m 相对而立。在长期的发展中，这里形成了“三街十二巷”，三街为呈横“品”字分布的三条街道，临街面为商铺，临溪面是吊脚，整条街檐搭檐、角接角首尾相连，一气贯通、防风避雨、冬暖夏凉（图 3-311 ～图 3-316）。

2）洪江古商城

位于沅水和巫水交会处的洪江古商城，明末清初曾以集散桐油、木材、鸦片、白蜡而名扬一时，是滇、黔、桂、湘、蜀五省地区的物资集散地，享有“小南京”、“西南大都会”之美誉。现仍保存完好的明清古建筑，如窨子屋、寺院、古庙、钱庄、商号、洋行、作坊、店铺、客栈、青楼、报社、烟馆等共 380 多栋，总面积约 20 余万 m^2（图 3-317 ～图 3-321）。特别是窨子屋和干湿天井，既有徽派建筑的天井特色，又适应沅湘本土的气候特点。

2006 年 6 月 10 日，洪江古商城被评为第六批全国重点文物保护单位。

图 3-308　通道县黄土乡头寨尾寨（来源：杨慎初《湖南传统建筑》）

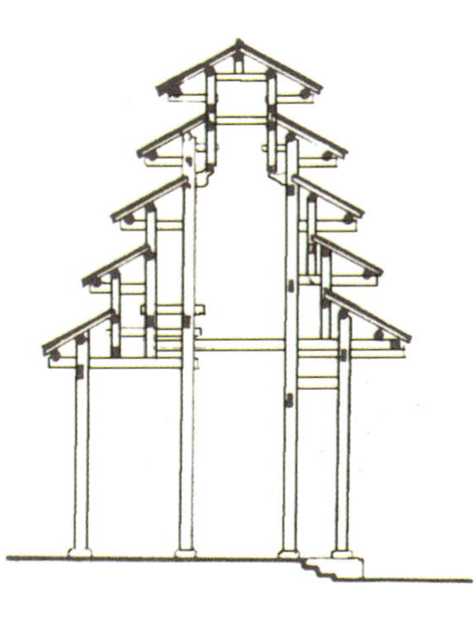

图 3-309　通道县高团寨寨门（来源：杨慎初《湖南传统建筑》）

图 3-310　坪坦乡田寨（来源：杨慎初《湖南传统建筑》）

3）湘西里耶老街

里耶镇地处湘西土家族苗族自治州西北部，龙山县南部边陲，镇域面积 35km^2，镇区位于酉水岸边的坝区中。“里耶”在土家语里是开拓这

图 3–311
庆阳坝总平面图

图 3–312
庆阳坝凉亭街鸟瞰

图 3–313 庆阳坝凉亭街内景

图 3–314 庆阳坝沿街、沿河立面

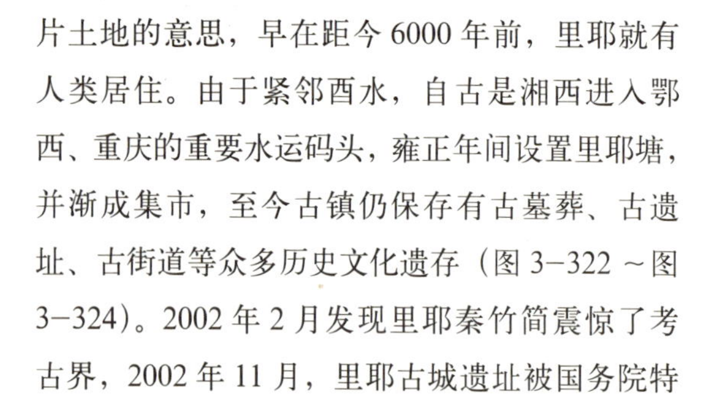

片土地的意思，早在距今6000年前，里耶就有人类居住。由于紧邻酉水，自古是湘西进入鄂西、重庆的重要水运码头，雍正年间设置里耶塘，并渐成集市，至今古镇仍保存有古墓葬、古遗址、古街道等众多历史文化遗存（图3–322～图3–324）。2002年2月发现里耶秦竹简震惊了考古界，2002年11月，里耶古城遗址被国务院特批为全国重点文物保护单位；2005年9月里耶镇被评为中国历史文化名镇。

（三）寨堡

利川鱼木寨位于湖北省恩施土家族苗族自治州利川市谋道乡大兴管理区，南面距大兴场集镇3.5km，东南距利川市60km，西北距重庆市万州港50km。

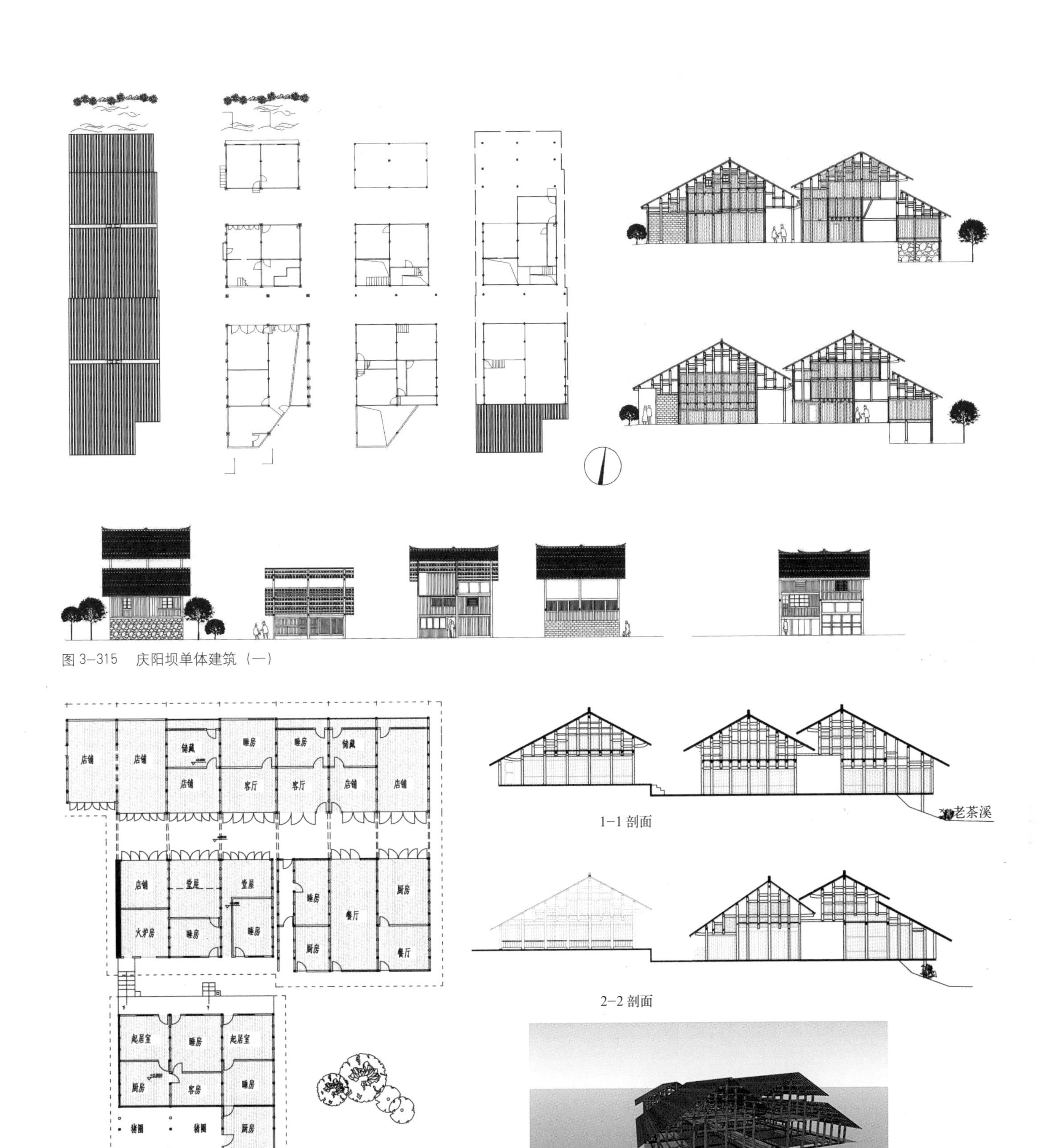

图 3-315　庆阳坝单体建筑（一）

图 3-316　庆阳坝单体建筑（二）

最早，来寨子的人家只有 7 户，有谭、向、成、邓四姓。发展至今有住户 158 户，605 人，其中土家族、苗族占 60%。险要的地形，封闭的自然环境，使得鱼木寨在外界饱受战争变革的风雨中仍然没有受到太多的干扰和影响，险要的地形、封闭的自然环境使鱼木寨保存了较为完整的民俗

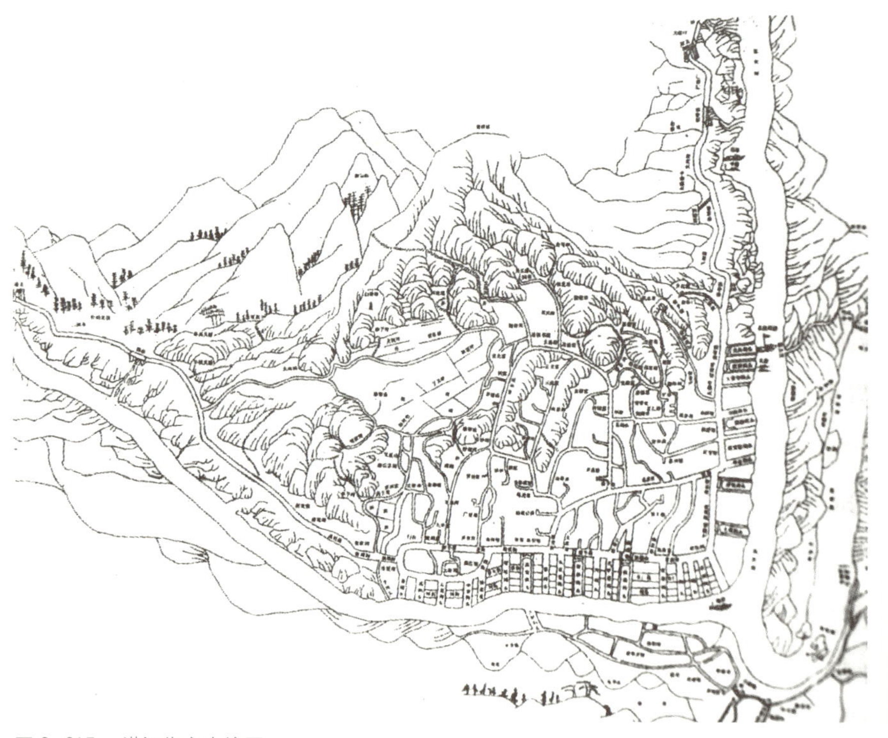

图 3-317　洪江街市全境图

图 3-318　洪江商城鸟瞰

图 3-319　半干半湿天井、湿天井、干天井

图 3-320 洪江老盐店

图 3-322 里耶老街平面（来源：里耶保护规划）

图 3-323 里耶老街鸟瞰

图 3-324 里耶民居天井

图 3-321 洪江清代会馆——太平宫

民风古建筑群（图 3-325 ～图 3-330）。

按建筑类型分，鱼木寨的古建筑可分为军事建筑、生活居住建筑和宗教文化建筑。其中寨楼、关卡、寨墙、兵洞等为军事建筑，住宅、祠堂、渠水井等为生活居住建筑，墓碑、石牌坊、石“木郭儿”及庙宇、学堂等属于宗教文化建筑。

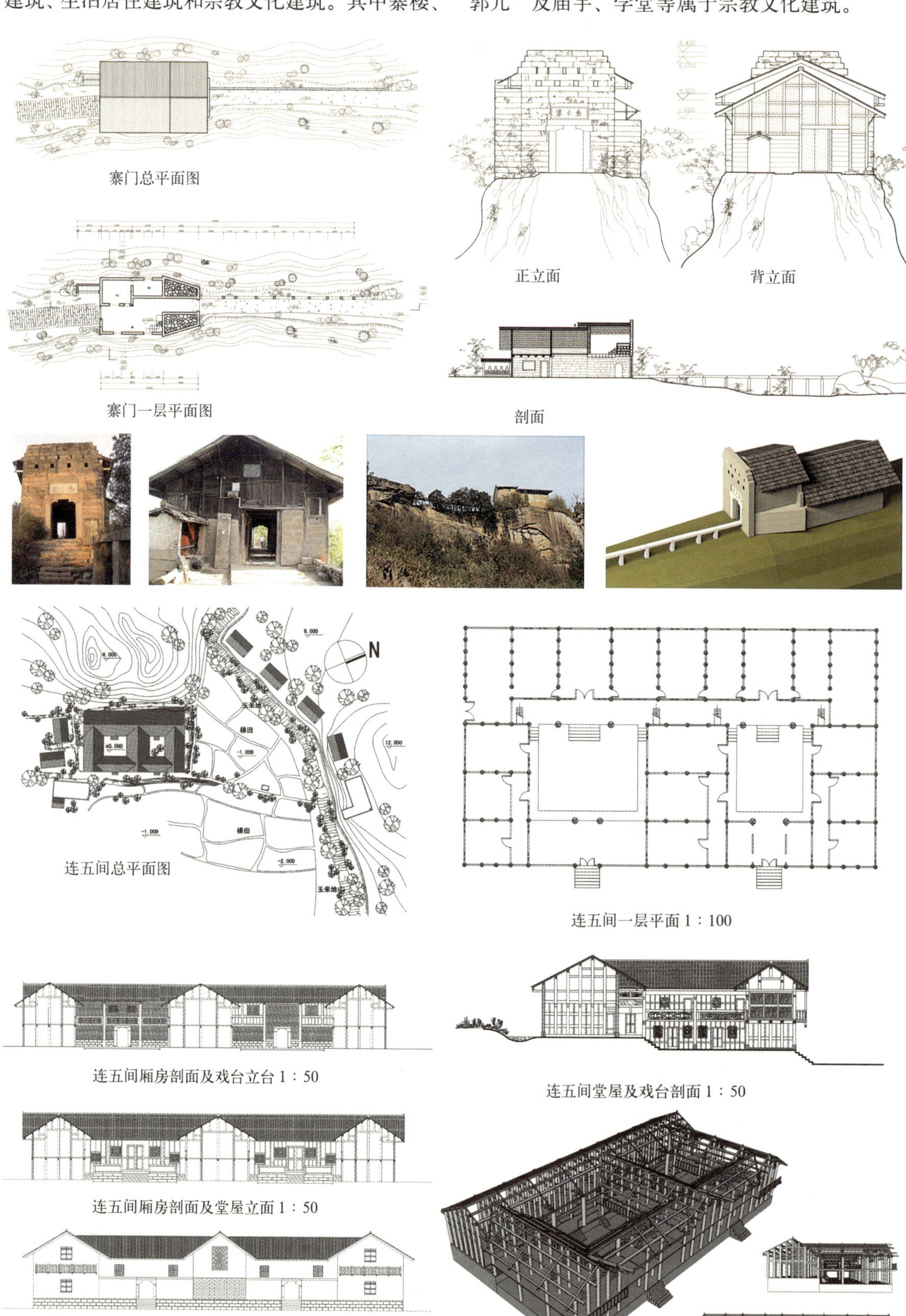

图 3-325
鱼木寨山门

图 3-326　鱼木寨民居——连五间

图 3-327　鱼木寨民居——双寿居

图 3-328　鱼木寨双寿居古墓群

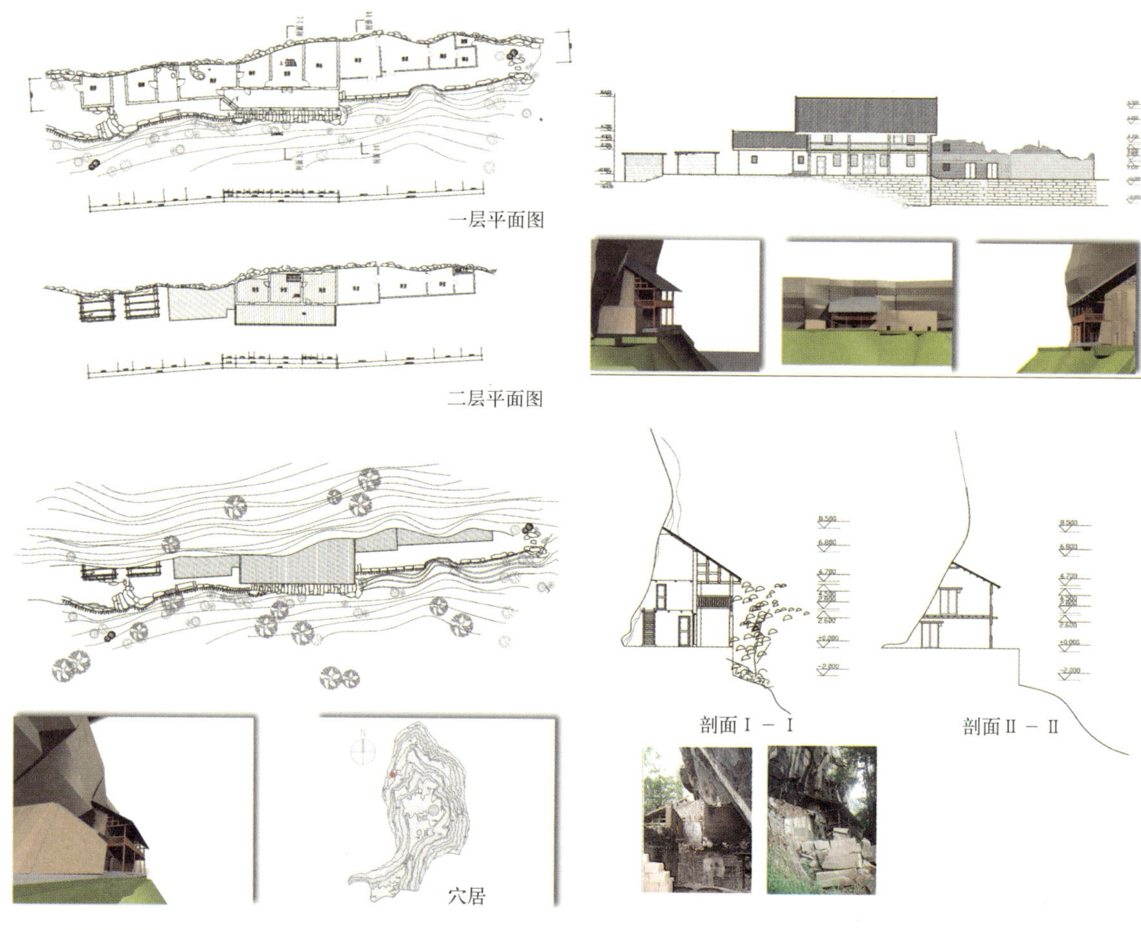

图 3–329
鱼木寨岩壁居

图 3–330　鱼木寨岩壁居远近景

鱼木寨因寨内民居建筑保存相对完好、文物丰富，2006年被国务院批准为国家重点文物保护单位。

（四）宗祠

1）大水井

位于恩施土家族苗族自治州利川市区西北47km的柏杨坝区，由李氏宗祠和李氏庄园两大建筑组成，分别建于清道光和光绪年间，总建筑面积12000m²。其中宗祠的建筑模式模仿成都文殊院，祠堂依山建有石城墙垛，上有炮眼；庄园距祠堂150m，有大小房间100多间，20多个天井，整个建筑错落有致，工艺精巧（图3-331、图3-332）。

其中李氏宗祠，总占地3800m²。建有大殿3个、厢房4排、天井6个，共有房屋69间（图3-333、图3-334）。三大殿均宽17m，进深10.5m，四厢房中分别设有讲礼堂、仓库、银库、账房、族长住房及客房等。祠堂正面东侧有口小井，砌有围井石墙与祠堂围成一体。水井围墙正面，刻有"大水井"三字。祠堂四周围墙高耸，左、右、后三方为依山势逐步升高的石墙堞垛，高6～7m，厚3m，总长为390m，全用麻条石砌成。东西侧分别有"承恩门"和"望华门"供出入。

李氏庄园修建于1924年，占地4000多m²。共有天井24个，房屋多为2～3层的楼房，其中有大厅、套房、客厅、客房、小姐楼、账房、仓房等（图3-235）。

2）高罗李氏宗祠（观音堂）

位于恩施土家族苗族自治州宣恩县高罗乡黄家河村9组，距209国道约2里。为州级文物保护单位，建于清光绪丁酉年，是四合天井院，保存完好。

宅院占地面积8亩，建筑面积1238m²，坐西北朝东南，木结构瓦屋，四周高墙相围，形式古朴。老宅布局合"一口印"，宅址选于大小龙洞之间。整个建筑有两层，共三进。一进已毁，二进中堂和三进后厅正中各一个鼓楼抱亭，亭左右为天井。厢房将各亭连同天井相围，形成

图3-331　大水井古建筑群鸟瞰

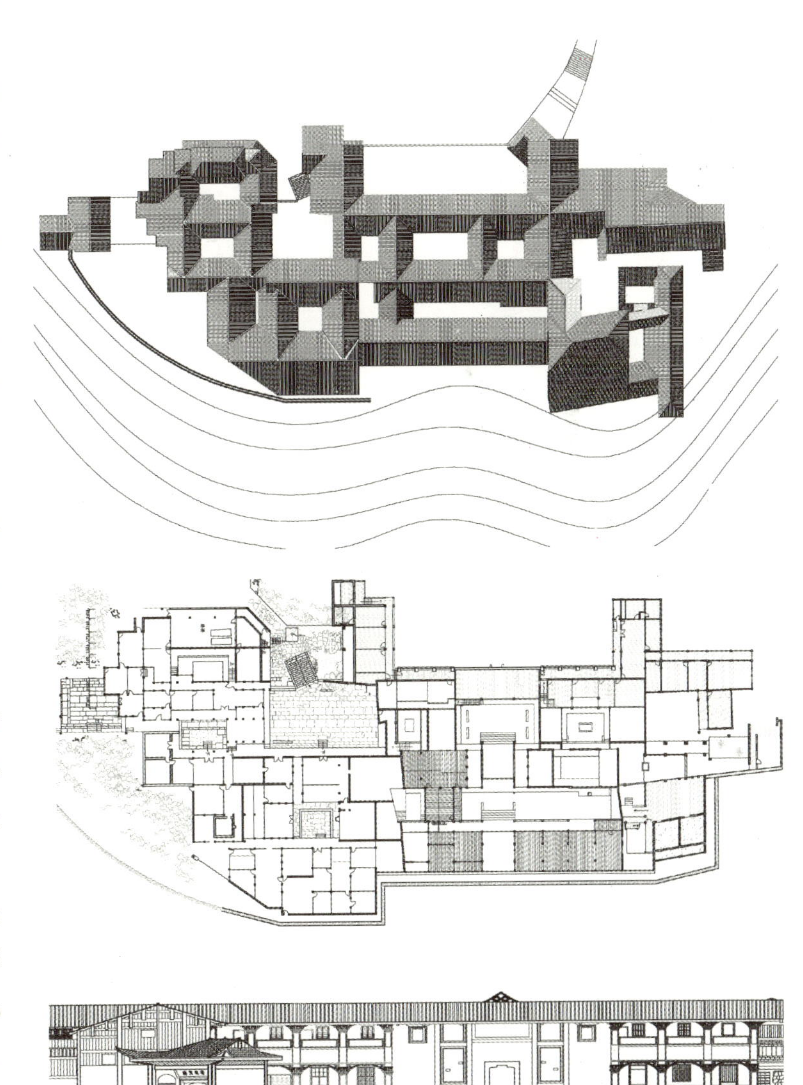

图3-332　大水井古建筑群平面

图 3–333 大水井李氏宗祠

图 3–334 大水井李氏宗祠柱廊

图 3–335 大水井李氏庄园

四个四合天井院。三进为一横排七间木房，后厅大堂是供奉李氏先祖的神位，厅、堂和厢房五柱四骑到九柱六骑不等，两侧房屋对称，磉礅、门窗均精雕细刻图案及字画，后厅大堂地面为“瓦灰地平”。

（五）会馆

1）恩施利川三元堂

三元堂位于湖北省利川市忠路区八圣乡木坝河南岸，背靠南景寨山，距利川城西南32km。建筑为木结构殿庑式会馆建筑，建造之初为山陕人会馆，民国晚期为道士占用，现在改为敬老院。

三元堂之名，一说起源于“桃园三结义”，山西陕西商人取其“忠、孝、节、义”之意，在各地建有大量三元宫、三元堂的会馆建筑；也有认为道家以天、地、水为三元，故称三元堂。

整个建筑三进，依山势成阶梯式摆布，东西宽50m，南北长60m，建筑面积约3000m^2。正门前有10级石梯，阶沿用整长条石铺就，用料十分讲究。由前殿入天井过道，登石梯进入正殿。正殿中堂左右各有过道、厢房。正殿后正中天井上建玉皇阁，高阁耸立，突兀于整个建筑之上。后殿两厢，彩楼回旋，左右对峙。整个会馆，布局巧妙，红墙黑瓦，飞檐斗栱，巍峨壮观（图3–336～图3–338）。

图 3–336 三元堂

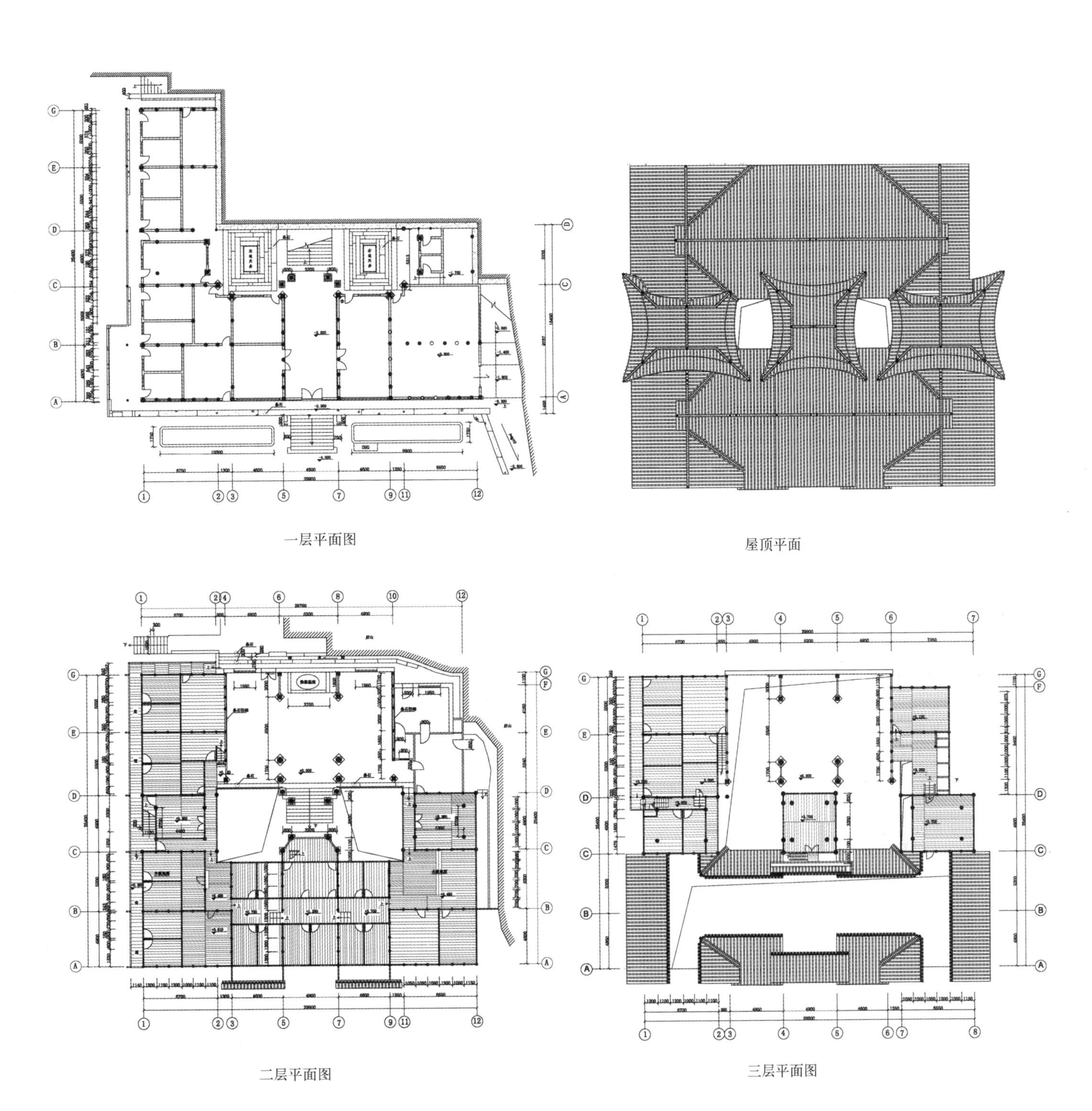

图 3–337　三元堂平面

2）湘西凤凰万寿宫

万寿宫坐落在东门外沙湾，北靠东岭，面瞰沱江。始建于清乾隆二十年（1755 年），咸丰四年（1854 年）江西人杨泗在西侧建遐昌阁，民国十七年（1928 年）又在大门北侧建阳楼。至此，万寿宫形成建筑规模 4000 多 m^2、房舍 20 余间的古建筑群落（图 3–339）。紧靠大门与高大门楼连为一体的，北有阳楼，西有遐昌阁。大门内 9 级台阶之上凌空矗立正厅，而后是正殿。正殿右侧有肖公殿、晏公殿、财神殿以及厨房、斋房；左侧有梅廊、天符、雷祖殿、轩辕、韦陀、观音殿及客厅。

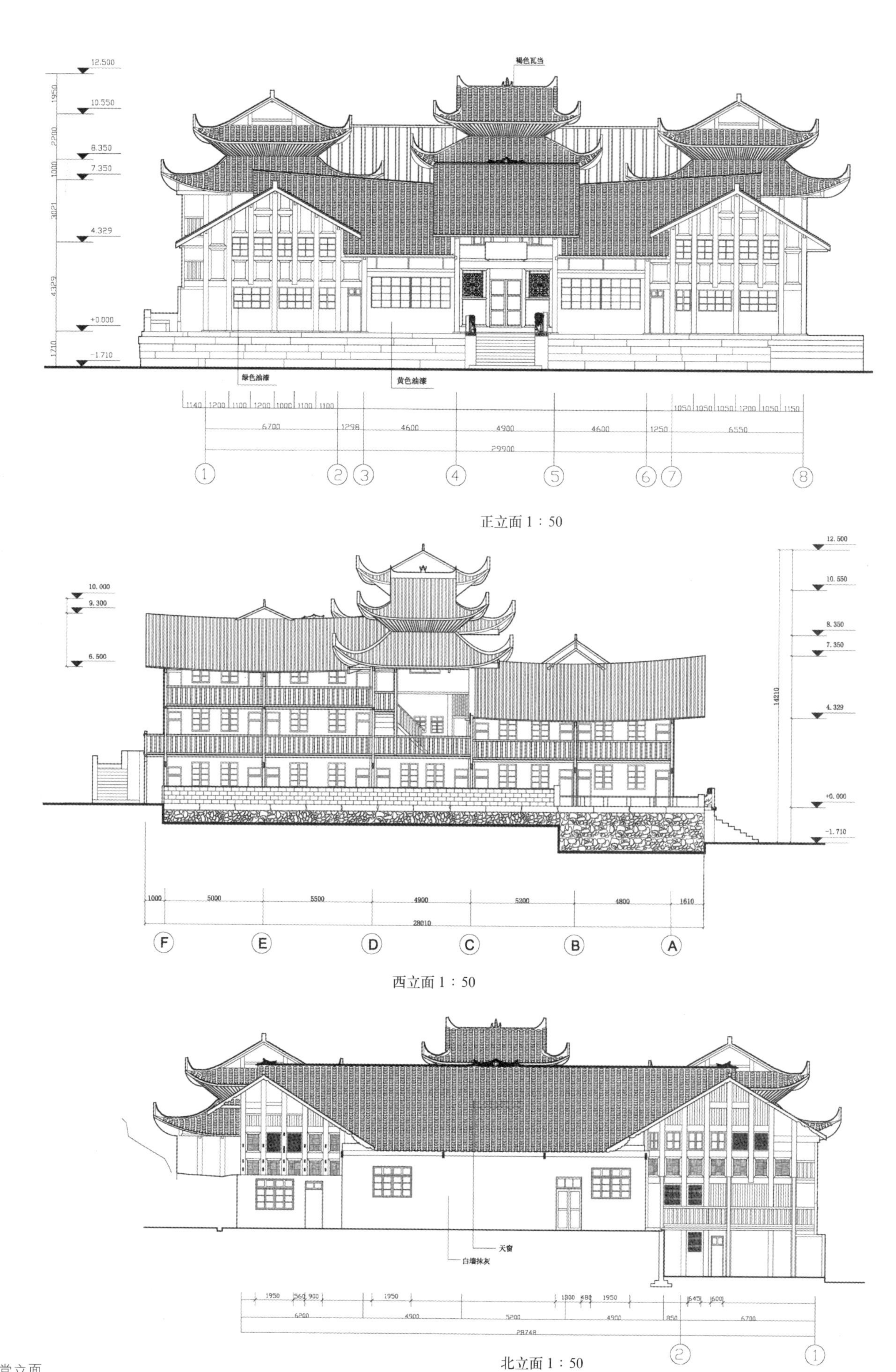

图 3–338 三元堂立面

图 3-339　凤凰万寿宫

第八节　湘南

一、区位与自然形态

湘南是指湖南省南部的郴州、衡阳、永州诸市县；概指南岭以北，衡山以南地区。其位于两湖地区最南端，与江西赣州、广东韶关、广西桂林等地域接壤。境内多为半山半田的丘壑和山冈地带，有南岭山脉的骑田、五指等高大山岭。山地丘陵面积占总面积 3/4，俗称“七山一水二分田”。区内雨量充沛，且地面坡度较大，因而水系发达，溪流纵横密布。如较大的干流有耒水、永乐江向北汇入湘江，武水朝南集龙河朝东，分别汇入广东北江和江西赣江。

从气候条件看，湘南位于南岭北麓，湘江上游，属亚热带季风性湿润气候区，因南北气流受南岭山脉综合条件（地貌、土壤、植被、海拔）影响，其气候温和，湘南平均气温全年多在 17.5 ~ 18.0℃之间，最冷时平均气温 5 ~ 6℃，最热时气温多在 26.5 ~ 30.0℃之间。因此总体上，湘南地区四季分明，日照丰富。具有春早多变、夏热期长、秋晴多旱、冬寒期短的特点。

二、文化渊源

湘南地区位于群山环抱之中，其人居环境蕴含丰富而独特的人文精神。古时湘南地区地广人稀，山高林密，被认为是偏僻的“蛮荒”、“瘴气”之地，曾作为历朝遭贬文人士大夫流放之所。不过事实上这里适合人类安定生存的自然地理条件，使得此地很早成为人们栖居的选地。湘南境内旧石器时代晚期的考古发现表明，早在 1 万年前，就有人在此居住。春秋战国时期曾有古仡伶族人在此繁衍生息。秦时湘南置有零陵郡，农业经济逐渐发达。千百年来，湘南地区繁衍出一种风格独特的人居文化。

作为中原通往华南的要冲之地，湘南也常常成为“兵家必争之地”。同时，由于中原频繁战乱，迫使大量汉民迁徙湘南地区，使得这里部分县市成为客家民系的组成部分。在元末明初的大量移民中，既有据此屯兵而繁衍的军籍移民，又有举家迁来的民籍移民。移民文化以及与周边接壤地区文化交流，使得湘南地区既受到东部客家文化、南粤文化影响，更受中原正统文化的影响，同时还有西南少数民族文化的影响。从方言分布中可以看出，与江西毗邻的汝城、资兴等地方言基本脱胎于客家话，而嘉禾、桂阳等地方言基本为“西南官话”，与桂北、云、贵、川同属一个方言区。总之，从历史渊源和文化要素比照看来，湘南地区体现融汇多种文化类型的文化交融性格。

三、民居主要特点与表现

湘南地区独特的自然地理和气候条件，以及丰富多彩的社会历史文化，为本地区居民提供了安居乐业、繁衍生息的较为稳定的区域环境，孕育出本地区丰富的具有特色的聚居文化。

（一）村落特征与格局

由于各类文化要素的影响，聚族而居是湘南传统村落重要特点。血缘型聚落是本地区乡村聚落的主流。由于生存竞争的需要，为共同抵御天灾人祸，争取生存空间，人们自然选择聚族而居、耕战结合、集体互助的生活方式。而由父系血缘关系为纽带的同族归属、认同的理念是形成血缘型聚落格局的重要基础。因此，在湘南，至今可以发现大量规模较大的同姓氏村落，这类村落以同宗同祖连成一片、高度向心集中、水平铺展的形式格局为特色。湘南传统村落一般由较宽的“官道”进入，官道经过的独立村门称“朝门”，是下马落轿之处。官道直至村落中心祠堂门前广场。村落格局多以祠堂为核心展开，不同级别的祠堂（宗祠、支祠、家祠等）分别构成村落、支派居住组团和居住单元的控制中心。如永兴县马田镇板梁村的三个组团（上村、中村、下村）分别以一个祠堂为核心布局（参见图 2–12、图 2–13），类似的村落在汝城等地相当普遍。

这些村落大多选址于山地或丘陵的一面缓坡地段，位于山脚，背山临水，前有开阔的田野。村落选址和朝向符合传统“风水”理念。

（二）村落公共建筑：祠堂与家庙

聚族而居的湘南传统村落，宗族制成为居民共同文化归属和心理认同，表现在两个方面：其一是共同兴建和不断完善村落公共设施；其二是连续修撰族谱。而在所有的公共设施和公共空间营建中，祠堂是人们心目中最重要的建筑类型，因而受到家族成员高度重视。祠堂的选址极强调风水，尤其重视堂号家声。只要财力人力到位，各宗族聚落集资修建祠堂往往不遗余力。如在汝城县土桥镇方圆 5km 内，就集中了明清以来 13 座颇具规模的祠堂。而仅汝城县境内，目前完好保存的祠堂竟有 70 余座。

图 3–340　汝城范氏家庙（来源：唐凤鸣《湘南民居研究》）

祠堂既是祭祀和举行各类活动的公共空间，又是修撰族谱、存放族产等场所。湘南祠堂多为合院式布局，由前后两组院落或天井院构成。中轴线上依次布置主入口（常与戏台结合）、享堂和祖堂。有些祠堂不设享堂，而使祭祀的祖堂直接面对入口戏台。与两湖其他地区有明显区别的是，湘南祠堂入口风格形式多样，既有如鄂东南祠堂槽门式入口，又有如赣、皖地区祠堂木构牌楼式门堂。此外许多祠堂在装饰构件上也具有明显的特色，如汝城附近的范氏家庙，其建筑装饰风格明显受粤派风格影响（图 3–340）。总之，仅从祠堂的形象上，便令人体会到该地区渊源相异而兼容并蓄的文化特征。

（三）宅第

湘南大部分地区为类似的山地地貌和基本相同的气候条件，因此民居形制有相近之处。总体上，湘南民居属于“一明两暗”式天井院建筑类型。其平面基本特征是中轴对称，以矩形天井为核心，按前堂后寝布局。面阔三或五开间，一般结合地势变化，前低后高。结构上多为抬梁式木构架，清水砖墙，布瓦屋面，硬山搁檩，山面为跌落式马头山墙。大的宅第也是以“一明两暗”天井院为基本单元，按纵向和横向增加天井院，从而发展为纵向多进，横向多路的“深宅大院”。

湘南民居入口一般也如两湖东部地区一样做退进的“槽门”，当地多称“门斗”。所不同的是，湘鄂东部地区常以较大石料制作入口门洞，上为高大石过梁；其上为白粉墙面，有嵌入的墨书题字牌匾；讲究的宅第于门转角和石过梁上均可能做雕刻，门左右也有石门墩（图 3–341）。而湘南地区的槽门一般退进不深，许多大门为木构门框，上槛有成对木质门簪。而门上至檐下多做精致的漏空槅扇，这使得进门堂屋采光得以改善（图 3–342）。有些槽门檐下镶有多层退进式雕花挂落，

图3-341　鄂东南民居入口槽门（左）
图3-342　湘南桂阳民居槽门（右）

装饰相当精美（图3-343），而侧入口多半做砖雕门罩处理。

比较起来，湘南与湘中民居在特征上亦有明显区别。一般说来，湘中民居多为封闭的府第式“大屋”，每栋房舍之间以门洞曲廊相连；而湘南则更多的是以开放的街巷为结构串联各宅院，每院自成单元，巷道相通组成建筑群，如江永上甘棠村、桂阳阳山村（图3-344、图3-345）、桂阳黎家洞村等均如此。似乎家族制度在湘南地区并不如其北部地区那么严谨。这种相对独立的民居布局，既有利于防火防盗，又有相对宽松的人际关系。

尽管共同特征很明显，湘南各市县受客家文化、中原文化、粤文化以及西南少数民族文化等不同影响，聚居文化和生活习俗也不尽相同，加上局部自然环境的差别，因此，湘南境内不同市、县地域的民居，甚至同一个村落也可能有不同的差异和特色。例如在山墙处理上，湘南民居既有强调流畅而具张力的人字曲线形硬山墙，又有屋面出挑数尺的悬山处理。即便在同一个村落也可能展现不同风格的建筑形象（图3-346、图3-347）。

图3-343
郴州两湾洞村槽门檐下木雕

图3-344　桂阳阳山村民居巷道（一）

图 3-345 桂阳阳山村民居巷道（二）

图 3-346 桂阳城郊黎家洞

四、主要类型与典型实例

（一）古村聚落

1）板梁村

板梁古村地处郴州市永兴县高亭乡，占地约 3km²，被认为是至今发现的规模最大、保存最好的湘南古村落（图 3-348、图 3-349）。村落初建于元代，距今已有 600 多年的历史，明清时期，板梁村发展至繁盛阶段，属当时金陵县的重要集镇，也是古官道通桂阳、耒阳、长宁商埠的必经之地。

板梁村为血缘型聚落，是当地刘姓的主要开源地之一。全村同姓同宗，总人口 2300 余人。分上中下三个房系，浑然一体，延绵 3000 余米（图 3-350 ~ 图 3-352）。村民以种粮、烤烟为业，生活传统古朴，仍保持着原生态的民俗生活。

从村落选址和布局看，板梁村坐落风水旺地，传说是由来自广东的地仙梅干择地而发达的村落，其背靠象岭，傍倚九山河，有清溪绕村而过，视野开阔，山清水秀。板梁村水系发达，有 10 口甜水古井、泉水四季喷涌。特别是上村头的“雷公泉”，春雷震砸，泉水从石山下喷涌而出，

图 3-347 江永勾蓝遥上村村口

图 3-348　板梁村俯视（来源：唐凤鸣《湘南民居研究》）

图 3-349　板梁村鸟瞰

图 3-350
板梁村总平面

图 3-351　板梁街巷

图 3-352　板梁山墙（来源：唐凤鸣《湘南民居研究》）

图 3–353 桂阳阳山村鸟瞰（谭刚毅 摄）

图 3–354
阳山村总平面

出水量每分钟超过 10m^3。泉水流经三大厅的三个月亮塘，再环绕村庄而下，冬暖夏凉，冬天村民洗用不冷，夏季炎热下溪冲澡纳凉，天旱之年也涌流不息。板梁独特的水系流淌着湘南水乡独有的清秀灵气。

板梁村东有寺，西有庙，前有古泉，后有古塔，村内如今仍保留着连片的、古色古香的青砖墨瓦祠堂、民宅等古建筑 300 多栋。建筑形象凸显湘南地区民居建筑特有的古朴而具张力的风格。

板梁古民居被湖南省“湘南古民居研究专家组”评定为：“规模最大、保存最好、功能最全、风水最旺、文化底蕴最厚重”的原生态古民居村落。

2）阳山村

阳山村位于桂阳县正和乡，因处骑田岭之南，因而得名阳山（图 3–353）。村落始建于明代弘治年间（1497 年），其时何氏族人来此定居，迄今已逾 600 年历史。阳山村繁荣于清代，至清道光年间达到极盛。全村占地 1 万余平方米。现存各时期建造的民居建筑 65 栋。村落布局比较规正，坐北朝南，三面环山，一面傍水，是个极为优秀的选址（图 3–354）。村北、村东有青山环绕，而村西村南有溪水流过。穿村而过的一条小溪和西面的道路限定了整个村子的形态（图 3–355 ～图 3–357）。

村落道路体系纵横垂直交错。由于整个村子坐落在山南，有平缓坡地高差变化，因而南北向巷道有逐级而上的趋势。何氏建筑群分横巷 8 排，竖巷道 5 条，均以青石板铺砌（图 3–358）。村落排水系统利用巷道自然高差得以完善。

这里建筑主要包括住宅、祠堂等。何氏宗祠位于村落西向较独立的位置。住宅单体规模并不大，基本上未见三进以上的院落，甚至一些住宅并无天井。但房屋组织十分有序，以分栋相衔的街衢式建筑群为特色，尤其多栋住宅联排布局，有前廊和过街楼相连，高高低低马头墙成组排列，体现一种错落有致、生动活泼的气势。

3）坦田村

坦田村位于永州双牌县南部理家坪乡，距县城约35km（图3-359）。该村始建于北宋大中祥符初年（1008年），距今逾千年，是真正的千年古村。该村332户1269人无一杂姓，清一色为何姓，皆发源于同一始祖，已繁衍48代。坦田村坐西朝东，背依凤凰山，前有坦水河从村前舒缓地流过。村前院后到处古木参天、绿树成荫。坦田村清代以前的连片古建群落面积达100多亩，古建筑达200多座，至今仍较完好地保存了大量宋元明清各个时期的古建筑、古遗址。

村子的核心部分是清代遗留的规模较大的三联排宅第，称“岁月楼”（图3-360）。其不远处一座“客栈”，除正面临街为开敞的街屋外，形制规模都与住宅相似。村口有半圆的池塘（月塘），由青石板街巷将一些规模不等的房舍连成一片，形成村落中心空间。村子的空间布局围绕岁月楼、客栈以及月塘展开，其余房屋围绕这三者分布在周边（图3-361）。

清道光年间建成的“岁月楼”为该村古民居的集大成者。其建筑、雕刻、彩绘艺术均具有相当的文化、文物研究价值。

4）上甘棠村

上甘棠村位于距江永县城西南25km的夏层铺镇，现有453户居民，人口1865人（图3-362）。除7户人家是建国后迁入该村的异姓外，其他都是周氏族人。周氏族人自宋代以前就开始定居上甘棠村，世代繁衍，延续至今。该村是湖南省目前为止发现的年代最为久远的千年古村落。村内至今仍保存着200多幢明清时代的古民居。

上棠古村的选址是典型的理想选址模式，其规划布局充分利用自然，依山而筑，沿河而居（图3-363）。左右各以将军山、昂山为“青龙”与“白虎”，前有龟山和西山为近案和远案，视野开阔；村前的谢沐河则如同玉带缠绕，蓄势涤污。一片密密麻麻的青瓦高墙安卧在青山

图3-355　阳山村民居（谭刚毅　摄）

图3-356　阳山村远眺（谭刚毅　摄）

图3-357　阳山村村口（谭刚毅　摄）

图3-358　阳山村街巷（谭刚毅　摄）

图 3–359 坦田村

图 3–360 坦田村落中心

图 3–361 坦田村总平面

绿水间，正是一片风水佳地。

上甘棠古村的布局，是以血缘关系为基础的类似于“里坊制”聚居形态（图 3–364）。由村外向内有三个层次的空间界面：外围村墙—街巷通道—住户单元（图 3–365 ～图 3–367）。村前流过的谢沐河起着“护村河”的作用，沿河而筑的防洪墙采用厚重的条石，大致保存完好（图 3–368）。

村中街道分为三级，沿河并行为主街，宽约 2 ～ 3m，街道两边多为店铺，出村的前后各设有北札门、中札门和南札门，并分别有三座桥（上瀛桥、中瀛桥和步瀛桥）与其相对应。与河垂直为街巷，一般宽约 1.5 ～ 2m，全村有 4 条主巷，就将古村庄大致划分成 4 个坊，每个巷口都有一个街门（也叫门楼），门楼前自然形成小广场；再次是一些宽度 0.7 ～ 1.3m 不等的里弄，既是居住街坊之间的分隔，也形成了上甘棠古村的自然防御系统重要部分。垂直于街道的巷道（包括主巷与次巷）现存的是 7 个，分别有巷门与之对应。

上甘棠村里留下了大量的明清建筑，如明万历四十八年（1620 年）的文昌阁（图 3–369），明弘治六年（1493 年）的门楼，始建于宋靖康元年（1126 年），历经元、明、清修缮的步瀛桥；民国二年（1913 年）的石围墙等。还有由上甘棠村周氏家族在千年间陆续镌刻下来的摩崖石刻，共有功德碑、劝谕文、感怀诗、八景诗等古代石刻 24 方。其主要内容是讴歌上甘棠村的美好风光和周氏家族在该村进行的各项建设，绵延宋、元、明、清 4 个朝代，是一部千年石刻家谱。

图 3–362 上甘棠村鸟瞰（谭刚毅 摄）

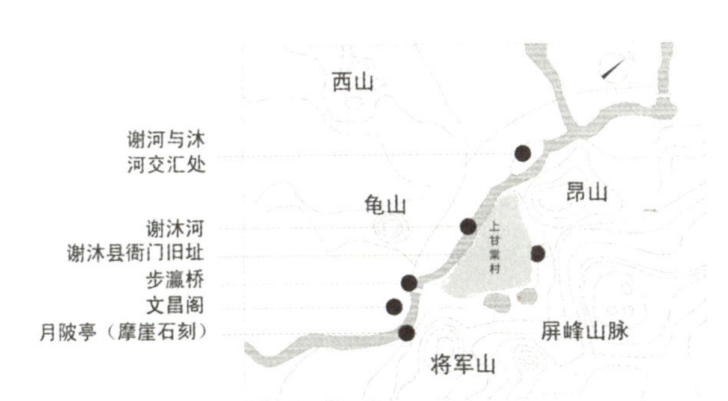

图 3–363　上甘棠村落选址示意

图 3–364　上甘棠总平面及道路系统示意

图 3–365　上甘棠村街 7 个入口

图 3–366　上甘棠村街（谭刚毅　摄）

图 3–367　上甘棠村墙（谭刚毅　摄）

图 3–368　上甘棠护村河（谭刚毅　摄）

图 3-369　上甘棠村文昌阁（谭刚毅　摄）

图 3-370　岁月楼俯视

创建于1000多年前的村庄，在历经千年风雨后，村庄的村名、位置、居住家族始终不变。

（二）居住建筑

1）坦田村岁月楼

永州双牌县坦田村“岁月楼”（图 3-370），始建于道光十六年，为当地富商何贤寿所建。“岁月楼”坐西朝东，背靠后龙山，面向坦水和马山。房屋按照“九宫飞星”的风水理念呈正方形布局，共三组九栋六十三间，按纵向分为三个单元，分别为“二润庄”、“六如第”、“四玉腾飞”，总建筑面积约12亩（图 3-371）。

房屋为砖木结构。正屋为湘南典型的三间堂式布局，中间为大堂屋，左右各有前后两个卧房。堂屋前为大方块青石铺就的天井，四周有青石砌成的深宽约一尺的水沟，天井两边置一厨一厢房。岁月楼外围砌有青砖围墙，围墙四角侧翼各开门一扇（图 3-372）。三个单元的房屋之间及房屋与围墙之间设有四条宽约1.5m的青石板巷道，每栋房屋的两翼均开设了侧门与巷道相通，关门即自成一体，开门则四通八达，出入极为方便。巷道两边为高耸的马头墙，把一个单元与另外一个单元分隔开。房屋的整体设计注重了防火、防盗、排水、逃生，相互照应、相互联络等诸多因素，既安全又实用。

大门前面都设置了方形四柱门亭，上有镂空雕成的立体龙头。梁架（图 3-373）、挑檐、雀替、屏风、楣窗、廊壁等处都有精致木雕，汇集了阴刻、阳刻、浮雕、镂空雕、圆雕等多种雕刻技法，涵盖了寓意吉祥的花鸟虫鱼兽等内容。墙头水脊多有彩绘。

2）坦田客栈

在双牌县坦田村，一座客栈给人印象至

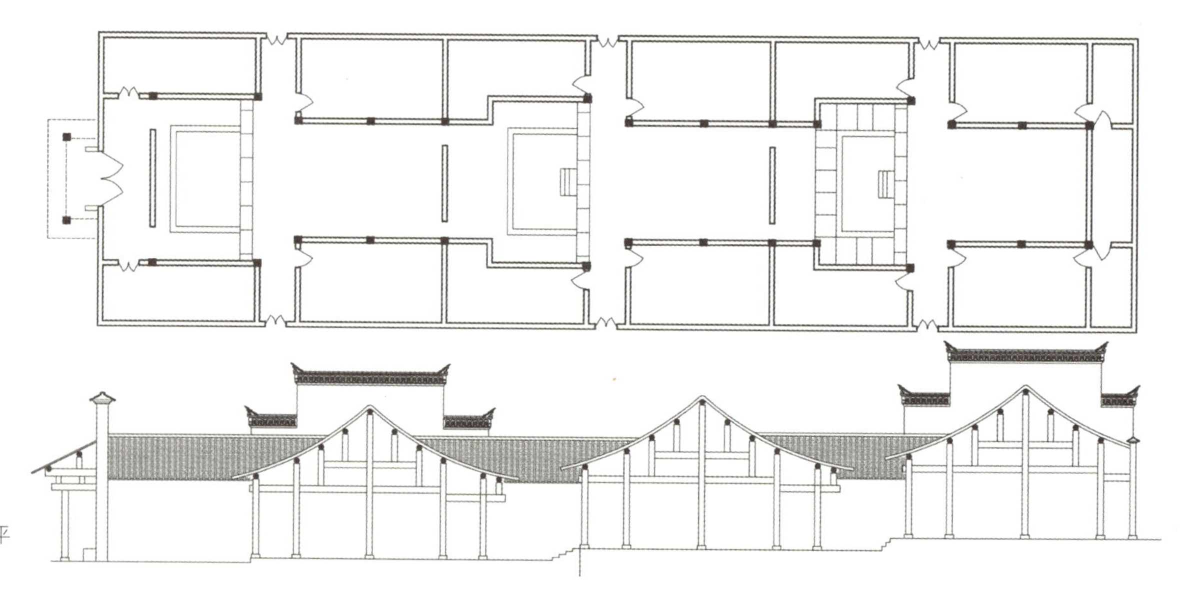
图 3-371　岁月楼平面、剖面图

深（图 3-374）。但进入内部，却发现客栈的平面与同时期的住宅建筑形制和规模都非常相似，只在局部小空间的分割上有微小的不同（图 3-375）。客栈与宅第明显不同之处是在前厅，即面向街道的入口立面并非窄小的住宅入口，而是呈开敞的门店形式。店内设柜台、桌椅等，相当于旅店的门厅。除此之外，内院几乎同周围住宅是同样的建筑。客栈和住宅这样两种功能相异的建筑被同一种形式所统摄，一方面说明古代民居的形制极具适应性，可以满足完全不同的要求；另一方面也反映出在中国古代封建社会中，决定建筑形式的或许只是固有的形制，而不是具体的功能需求。

3）阳山村 9 号何宅

阳山村位于桂阳县正和乡，该村住宅大多不似湘南其他地区多进多路的深宅大院，多为无天井单元组合，或仅有一个天井的小院落。9 号何宅是该村典型的无天井院的宅第（图 3-376、图 3-377）。从平面上看，此宅主体为基本的“三间制”，中为堂屋，两侧前后为厨房、卧室等（图 3-378）。主体之东侧另设一间与地形相适应的不规则房舍，分前后两间，上下两层；有独立入口，并设侧门连通主体。尽管平面简单，在外部形体上却十分讲究。主体入口退进半米左右形成当地典型的槽门式样，木构门框，上为漏空槅扇，既起装饰作用又可增加室内采光。而侧入口则在马头墙山面开门，门上方贴墙有精巧的门罩。整个立面虚实得当，比例和谐，轮廓丰富，看得出工匠和主人的匠心所在。

4）桂阳雷宅

此宅位于桂阳县鳌鱼乡家门村。从布局和构

图 3-372
岁月楼入口

图 3-373
岁月楼梁架

图 3-374
坦田客栈外观

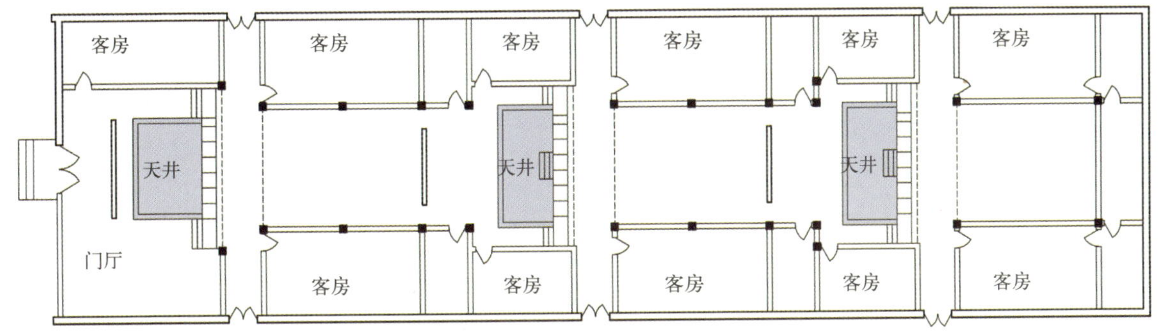

图 3-375
坦田客栈平面图

图 3-376　阳山何宅 9 号外观（一）

图 3-377　阳山何宅 9 号外观（二）

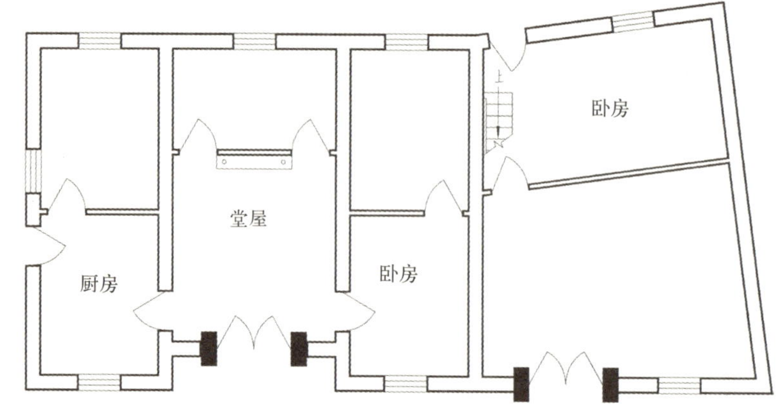

图 3-378　阳山村 9 号何宅平面图

图 3-379　桂阳雷宅（来源：杨慎初《湖南传统建筑》）

筑上看，为湘南常见的多户合居之砖木结构住宅，硬山搁檩，马头墙高耸（图 3-379）。但雷宅平面和形体均较特殊。其南北向有前后入口，而大门并不在中轴线上（图 3-380），或以此按风水理念为了避免“煞气”。进门分左右两进，各为三开间。中间各有厅堂分别称上厅屋和下厅屋。各户厨房、卧室围绕厅屋布置。而在两进之间则设一颇为讲究的“过亭”，作为分户的界限和交通核心。过亭为歇山重檐顶（图 3-381），形体上成为左右两墙体之间过渡和统一的重要元素。其檐下通透可采光通风，也是居民谈天、纳凉、儿童戏耍之公共活动场所。

（三）祠堂

1）衡南王家祠堂

王家祠堂位于衡南县栗江镇大渔村（图 3-382），始建于宋嘉祐六年（1061 年），时称崇本堂。明永乐十年（1412 年）重建。清代康熙至光绪年间进行过 6 次维修和扩建。民国二十九年（1940 年）再次修葺后改称王家祠堂。1996 年 1 月被公布为省级文物保护单位。

王家祠堂坐北朝南，建筑面积 1950m²，在湘南祠堂中规模较大，其建筑形式既有典型性又具独特性。其平面呈“四合天井”式布局，分前厅、后堂以及左右厢房 4 组建筑（图 3-383）。中有横向长方形天井，左右为厢房。前厅设三门，中为大门，门额有永乐二十年（1422 年）衡州知府史中题“衡阳第一家”匾额（图 3-384）。门左右有石狮座抱鼓石一对。大门为汉白玉石框，饰精细雕刻。

王家祠堂也属于三祠并列的格局（图 3-385）。除中门轴线为祭祀王氏先祖空间外，其左为贤达祠，右为节孝祠。各有三开间并独立出入口。祠两侧另有两个院落，左为羹梅阁、右为培瑰阁，分别为长头厢房和二头厢房。前厅大门内设一戏台，为歇山顶亭阁式，亭内外檐下设斗栱，装饰华丽（图 3-386）。前后厅、堂梁枋等均有精细雕花。祠堂为砖木结构，清水马头墙，硬山搁檩。其内外有 48 根红砂岩石柱，柱身有38幅阴刻柱联，均为明代以来尚书、太史、刺史所题，保留了历代贤达名流的书法真迹，艺术及文物价值很高。

2）阳山何氏宗祠

何氏宗祠位于阳山村西南部，坐北朝南，背山面水（图3-387）。祠堂始建于明嘉靖十七年（1538年），曾称“何氏家庙”。后由何氏族人历次重修至现状。祠堂规模并不大，占地面积422m²，为砖木结构，两侧山面有马头墙高耸。祠堂面阔三间，两进房舍，前为厅后为堂，分别为议事和祭祀场所。两进之间为纵向深长的天井，东西两侧由双层通透连廊联系前厅和祖堂（图3-388）。纵长向天井的格局与湘鄂东部地区祠堂

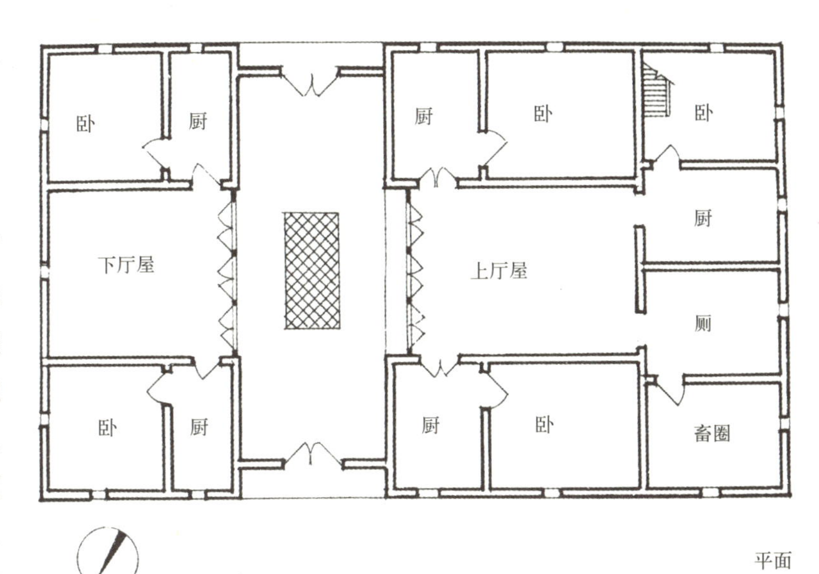

图3-380　桂阳雷宅平面（来源：杨慎初《湖南传统建筑》）

图3-381　雷宅过亭（来源：杨慎初《湖南传统建筑》）

图3-382　王家祠远眺

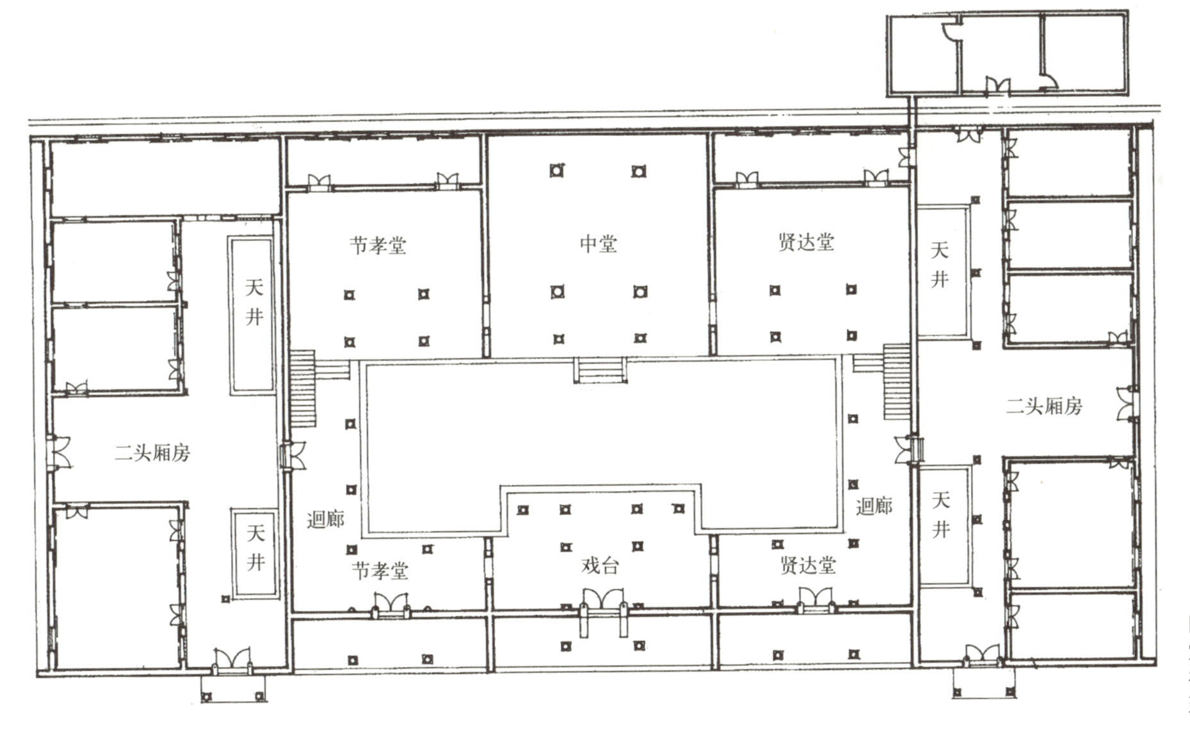

图3-383　王家祠堂平面图（来源：杨慎初《湖南传统建筑》）

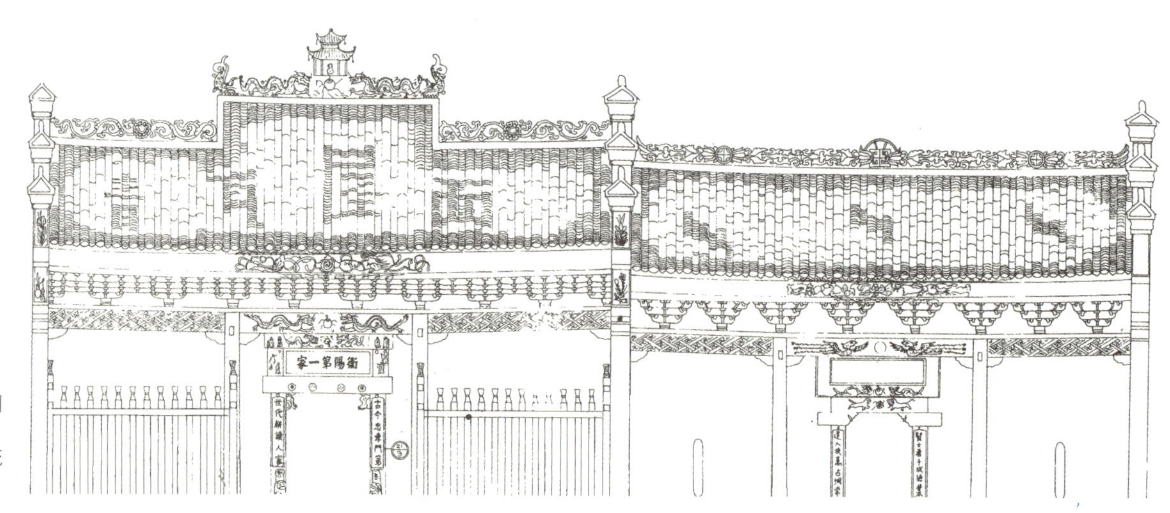
图 3–384　王家祠入口立面图（来源：杨慎初《湖南传统建筑》）

图 3–385　王家祠外观（来源：杨慎初《湖南传统建筑》）

图 3–386　戏台一角（来源：杨慎初《湖南传统建筑》）

图 3–387　何氏宗祠外观（谭刚毅　摄）

相比较，具有独特性。除祭祀外，这里还是何氏家族议事、聚会之所，兼用于办学。何氏家族曾在此先后成立救婴会（辅幼）、义学会（办学）、重九会（敬老）、禁戒会（自律）、宗源会（祭祖）等民间自治组织。

3）莲荷欧氏祠堂

欧氏宗祠位于嘉禾县莲荷乡，原名青龙祠。始建于清雍正五年（1727 年）曾名上脚公厅。清乾隆二十五年（1760 年）欧氏后裔将上脚公厅由原址迁移建于现在位置，更名青龙祠。嘉庆十年（1805 年）至民国三十年（1941 年）前后维修三次。

祠堂为砖木结构。正面五开间，中间三开间退为门廊。前后共两进，由戏台、神堂和双层回廊围绕院落组成（图 3–389）。该祠堂为欧氏家族祭祖、议事读书、娱乐的综合性场所。入口自戏台下穿过，戏台为歇山飞檐，伸出前厅屋面，颇具气势（图 3–390、图 3–391）。戏台上装饰的游龙、瑞兽、人物、花草等纹饰十分精美，有较高的历史和艺术价值。

图 3–388　何氏宗祠内院（谭刚毅　摄）

图 3–389　戏台看内院及祖堂（谭刚毅　摄）

图 3–390　戏台（谭刚毅　摄）

图 3–391　戏台细部装饰（谭刚毅　摄）

注释：

[1] 湘中地区因尚未深入调查，且部分民居的风格与相邻的湘东、湘南地区比较接近，因而没有单列介绍。

[2] 根据家谱推测其大致年代。

[3] 根据家训最后一页记载"前清康熙元年壬寅□月□日"。

[4] 伍国正、刘新德、林小松：《湘东北地区"大屋"民居的传统文化特征》，载《怀化学院学报》，2006（10）：5 ~ 8 页。

[5] 孙伯初：《天下第一村》，10 页，长沙，湖南文艺出版社，2003。

[6] 张灿中：《江南民居瑰宝——张谷英大屋》，86 页，长春，吉林大学出版社，2004。

[7] 伍国正、刘新德、林小松：《湘东北地区"大屋"民居的传统文化特征》，载《怀化学院学报》，2006（10）：6 页。

[8] 谢建辉、陈先枢、罗斯旦等：《中国长沙 · 长沙老建筑》，北京，五洲传播出版社，2006。

[9] 陈师傅原名陈祖元，茶陵虎踞镇乔下村人，系陈家大屋建造者陈石城第六代嫡孙，现居陈家大屋内。

[10] 谢建辉、陈先枢、罗斯旦等：《中国长沙 · 长沙老建筑》，北京，五洲传播出版社，2006。

[11] 参见刘勇：《湖北黄冈地区传统民居形制及其衍化》，武汉，华中科技大学硕士学位论文，2010。

[12] 谱中出现六十八世的确切时间，"宋神宗（公元 1048 ~ 1085 年）时元公迁宣城"，则英一公（老谱七十世）在世时间约在 1100 ~ 1200 年间。现村中最长之人为廿三世，逆向推算则该村至少有约 500 年的历史，之间误差约 400 年，取误差中间值即为该村约有 700 年的历史。

[13] 参见谭刚毅：《湖北黄陂大余湾民居研究》，载《华中建筑》，1999（4）：103 页。

[14] 据《麻城县志》记载：春秋时代，吴楚战于柏举，此寨即为战场。清朝，太平天国将领陈玉成也曾在此山整兵练武，屡次攻打清兵。雁门寨三面都是悬崖绝壁，易守难攻，为"一夫当关，万夫莫开"之地。

[15] 刘勇：《湖北黄冈地区传统民居形制及其衍化》，武汉，华中科技大学硕士学位论文，2010。

[16] 参见张德魁：《荆州民居略窥》，载《华中建筑》，1997（4）。

[17] 同治《来凤县志》。

[18] 樊绰《蛮书》卷十一。

[19] 杨慎初：《湖南传统建筑》，长沙，湖南教育出版社，1993。

第四章　民居类型与空间分析

“类”在我国古代逻辑学中被作为推理原则的基本概念和手段而存在。通过对两湖地区民居大量的现场测绘和间接资料的调研后，尝试利用类型学的方法来分析鄂东民居的主要类型，这里的类型分析并不严格按照中国传统建筑技术的“样”、“造”、“作”三个层面[1]进行严格系统的论证，而是主要根据住宅的平面进行形制类分，而关于结构和构造类型的分析则在下一章阐释，正如勒柯布西耶所说的：“平面是根本”(Plan Genérateur)。

在实际分析论述过程中，主要分为两步：第一步从对历史和地域模型形式中获取平面类型，将民居划分为原型、基型；然后对部分对象建构赋形，将类型结合具体场景还原到形式。第二步阐释基于各类民居（基型）的衍化型和可能的衍化过程。

第一节 民宅

一、“三连间”（“一明两暗”型）

这种平面布局方式是两湖地区最为常见的一种，且多为现代乡村住宅所采用。据考古学的研究，人类在农业社会早期，很普遍地采用“一明两暗”的格局。中间为堂屋，是会客、聚会、就餐、祭祀的地方，两侧是卧室，与早期的“一堂二内”的格局一致。这种简单的民居形式应是存量最多的一类，也是其他类型平面格局的基础，可以说是其他所有平面形制的原型。

“一明两暗”型的民居在乡村通常称作“三连间”，其重要的衍化形式主要有：

(1) 增加开间，变成“五连间”、“七连间”，甚至是更多开间的“排屋”。在湘鄂西土家族，其住居一栋屋一般是三大间（即四排三间）也有六排五间的，最多是“七柱十一骑”的大屋，共有十排九间。一栋四排三间的房屋，中间的间叫“堂屋”是作祭祖迎宾和办理婚丧的地方，也是请“土老司”到家中请神降吉、消灾免祸等请神仪式的地方。两侧厢房叫“人间”是用以住人的。人间又以中柱为界分为前后两间前面一小间作伙房，叫“火铺堂”。屋中设3尺见方的火坑，周围用3～5寸厚的青石板围着，火坑中间架个三角架用于煮饭炒菜。

父母住在左边“人间”，儿媳住在右边“人间”，若有俩兄弟分了家，兄长住在左边“人间”，小弟住在右边“人间”，父母住在堂屋神龛后面的“抱儿房”。不论大小房屋都有天楼，楼下住人。为了防盗贼房屋四周用石头或土墙作围墙。

(2) 在两边（或一侧前面）添加诸如柴房、仓库、厕所、牲畜棚等附属用房，这是一种常见的衍化形式。

(3) 增加层数的楼宇式。在城镇化的过程中，许多乡村的“小洋楼”也多是采用这种“一明两暗”三开间的平面形制，只是在层数和材料上不同罢了。其中还有一种就是在二层的通面阔或中间开间加外廊的挑廊式。

这种“一明两暗”类型的民居的组合形式主要为两种：①并联的“一”字形平面，如表4-1所示的湖南炎陵水口村，每一户都是“一明两暗”型的民居；②串联成的行列式民居，如湖北通山江源村的住宅。

两湖地区“三连间”类型民居的形制及实例　　表4-1

类别	亚型		实际案例	备注（别称）
	名称	平面形制		
原型	一堂二内	堂		

续表

类别	亚型		实际案例	备注（别称）
	名称	平面形制		
基型	三连间	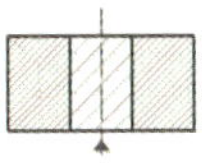	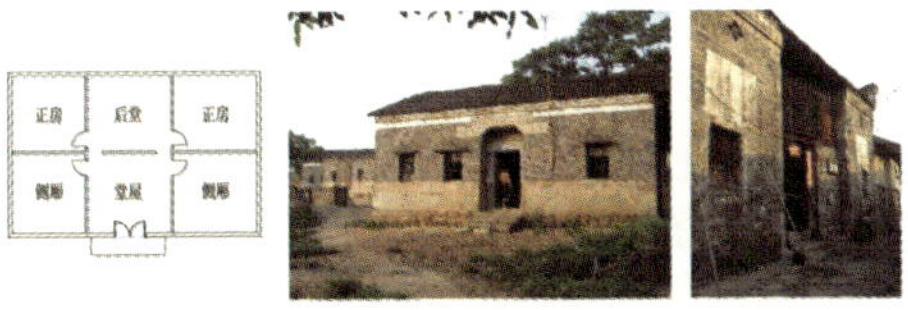 湖北麻城歧亭王奉嘴 湖南桂阳城郊黎家洞	“一明两暗” 四排三间
变体 1	五连间	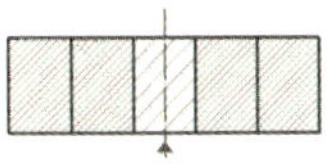	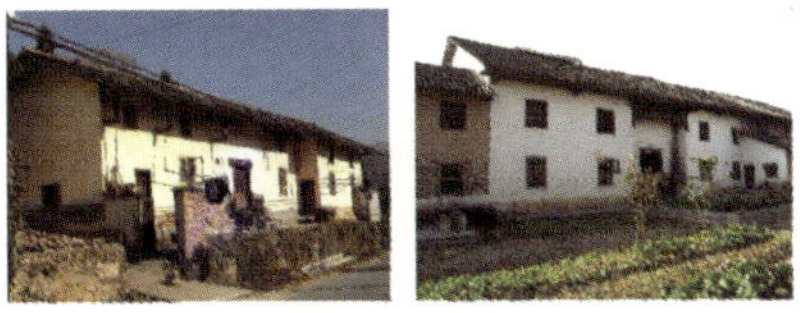 湖南浏阳白沙镇民居 湖南炎陵县三河镇庙前村	× 排 × 间为土家族等少数民族民居的称呼 六排五间
	七连间 ……	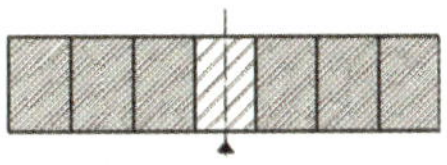	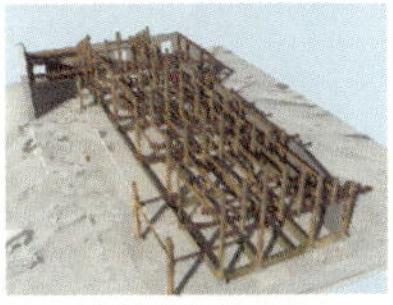 湖北恩施彭家寨	…… 七柱十一骑 十排九间
变体 2	附加式	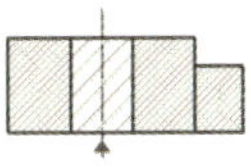	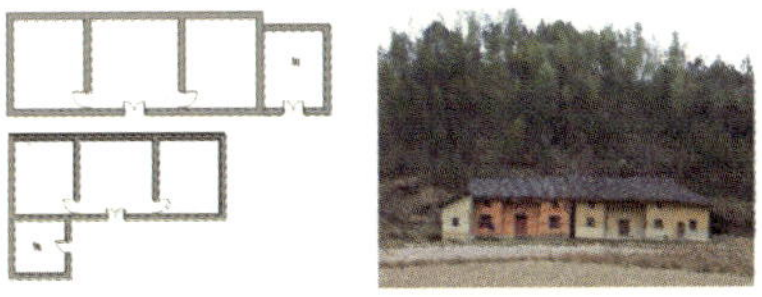 湖南浏阳白沙镇民居 湖北通山九宫山镇彭家城村	几种变体的复合形态
	檐廊式	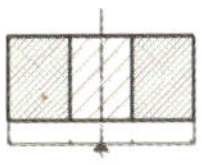	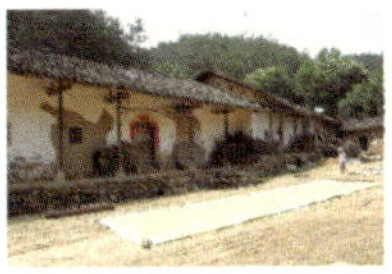 湖北京山天门观村	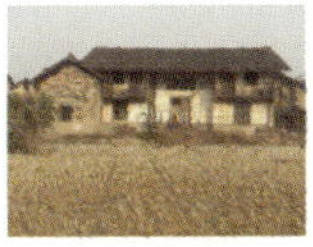 湖南桂阳城郊黎家洞民居
变体 3	楼栋式	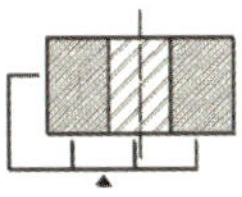	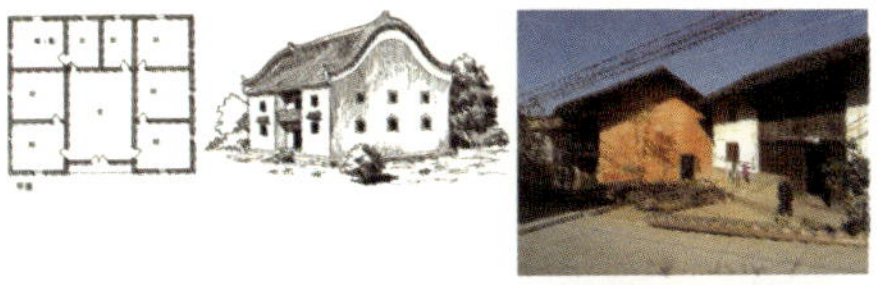 湖南桂阳鳌鱼乡刘宅 湖南浏阳白沙镇民居	
	挑廊式	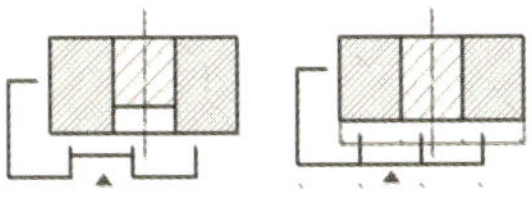	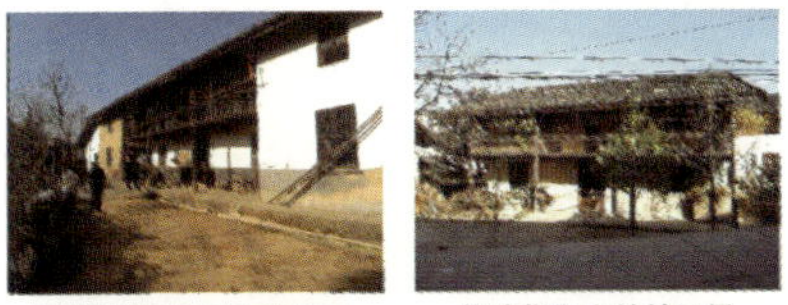 湖南浏阳大围山镇民居 湖南浏阳白沙镇民居	
组合方式	并联式	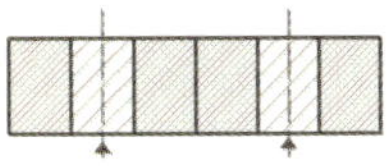	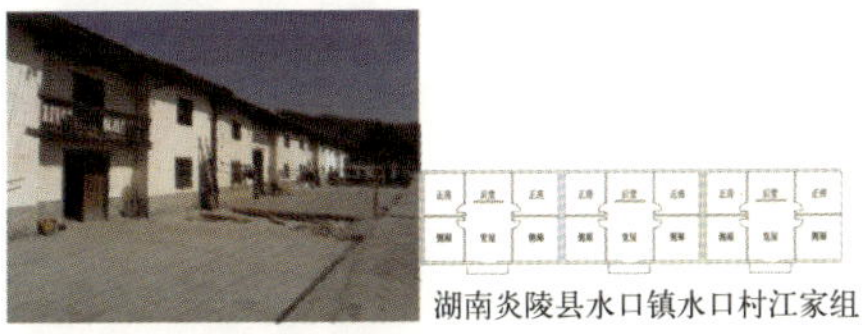 湖南炎陵县水口镇水口村江家组	
	串联式	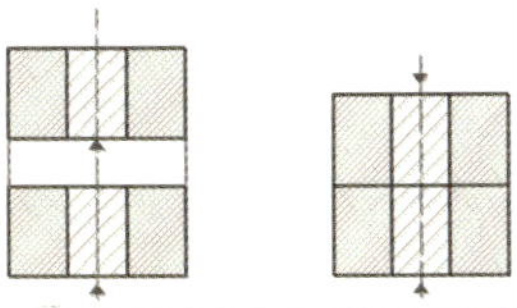	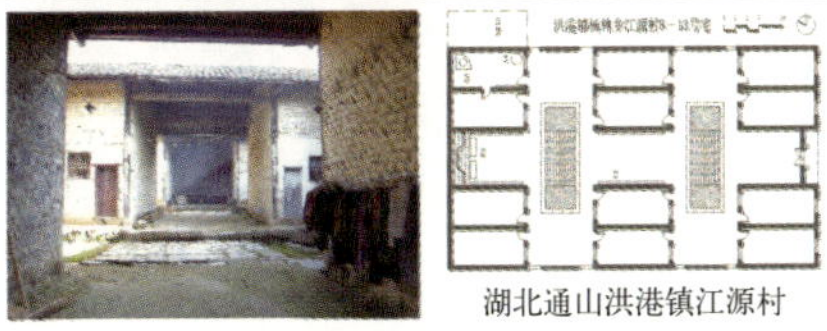 湖北通山洪港镇江源村	

二、堂厢式

堂厢式主要由正屋（堂屋）和厢房组成，根据厢房的数量和布局分为呈曲尺形的“一正一厢”和“凹”字形的“一正两厢”，这一类的民居开始有“群体”和“围合”的趋势，但即便“一正两厢”也还未真正形成以建筑单元围合的院落或天井。

1）“一正一厢”

一般在汉族居住的平原地带常见“一正一厢”拐尺形格局的住屋，这种房屋多用篱笆等将堂屋和厢房前的空地圈起来，形成一个禾场或小院子。还有一种是比较自由的，常见于湘鄂西的吊脚楼式的类型。

湘鄂西的吊脚楼式平面通常根据地形地势，灵活安排各部分的居住功能。有的厢房在前，有的厢房在后，或前后都有形成“T”字形。

2）“一正两厢”

“一正两厢”型的民居有的亦叫做“三间两搭厢”,意为由正屋三间和两厢（廊）组成三合院。通常以三面围合建筑的三合院形式出现，这类形式广泛分布于鄂东南、湘东北和赣西北地区。这类民居也可以看作“一”字形民居的发展形式，平面上多呈“U”字形。其布局变式很多，有开放式前庭，也有加了院墙，院门在中心轴线上的，类似“三合院”（院子依然表现出外向性特点），也有偏向一隅的等等，但它们共有的特点就是整个民居的中心是庭院空间，正房和厢房都围绕着前庭空间布局。这类房屋平面布局类似北方民居，但是装饰艺术上则以青砖、黛瓦、马头墙等特征出现，从而形成了具有两湖地域特征的普通围合式的民居。又因为山墙的形式变化丰富，使得这一类的民居呈现出千姿百态的式样。

这种类型的民居变化形式较多。主要变化表现在两厢的长度、堂厢的规模、两厢与正屋的交接方式、楼层数等方面。尤其在湘鄂西，因为地形地势的局限，堂屋多位于较高的平整的台地上，两厢因势利导或架空，或长短规模不一。还有两厢与正屋形成“H”形的布局形式。在两湖，几乎不见正屋与厢房形成传统的“工”字屋格局的住宅。

此类民居除了通过并联的方式组合，形成富有节奏感的立面外，就是通过串联和围合形成多进的院落。再就是堂屋和两厢外侧根据需要或地形附加其他的房间或院子，如表 4-2 中所示湖北恩施市大吉乡土家族的吊脚楼。

还有一种与“一正两厢”类似的形式是“堂庑式”。所谓“堂庑式”布局模式是指正房三间居中，正房左右为纵向线式组合的单列式排屋（表 4-2）。

正房和左右两侧的排屋或廊庑围成一个三合型的庭院。这种布局模式的历史也相当久远，我们可以从汉唐时代的建筑资料甚至更早的西周时期的建筑史料中了解到这种古老形制[2]。

红安七里坪镇董必武故居的现存旧址和罗田县胜利镇肖家冲村肖方故居（表 4-2）的后半部分就是这种“堂庑式”平面布局模式的典型实例。董必武故居坐西朝东，砖木结构，始建于清朝中叶其曾祖父时代，后经历代增修，至清末民初时，成为三进两院的规模。现仅存第三进，面阔六间，南北两端各有一间厢房，整个建筑呈“凹”字形，建筑面积 218m^2。

上述两种类型并没有完成真正意义上的“围合”，不似下文以天井或合院为组成核心的三合式和四合式。因为没有真正的围合，所以住居空间的内外之分以及相关的生活模式、角色对位等都与合院式有着根本的区别。

三、三合天井型

这种围合型的民居与上文的“一正两厢”型的民居有着非常紧密的联系，两厢与正屋围合的小庭院被纳入到“家”中，在这里，光、自然和神祇交会（图 4-1）。这种类型因中间庭院的大小不同也有称作三合院，或“三间两廊”(图 4-2)，

两湖地区“堂厢式”类型民居的形制及实例　　**表 4–2**

原型	基型		变体				组合形式	
堂厢式	一正一厢							
	实例	湖北麻城木子店石头板村	湖北咸丰严家寨	湖北恩施彭家寨	湖北恩施彭家寨	湖北咸丰三角庄民宅	鄂西咸丰梅坪土家族吊脚楼群	
	一正两厢							堂庑式
士寝图	实例	湖北恩施大吉乡土家吊脚楼	湖北浏阳白沙镇民居	湖南冷水江民居	湖北安陆李畈柳林村	湘西永顺土家族民居	湖北恩施彭家寨	湖北团风县肖方故居
		湖北红安华家河新合村	湖南冷水江民居		湖南茶陵虎踞镇乔下村	湖南浏阳市中和镇胡耀邦故居		湖北红安县董必武故居

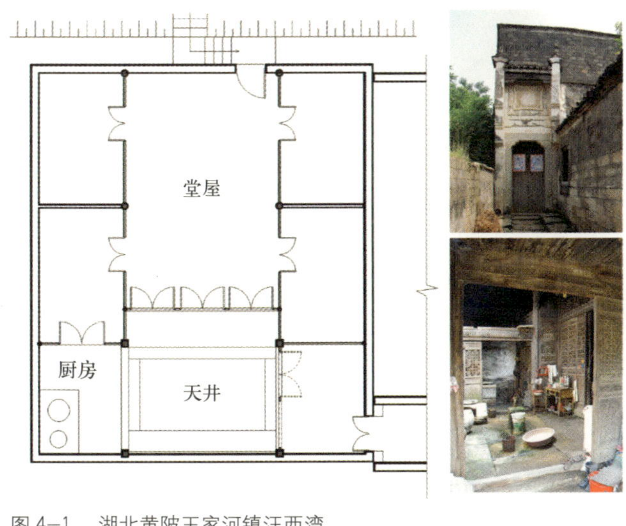

图 4–1　湖北黄陂王家河镇汪西湾

图 4–2　湖北红安华家河祝家楼村

与“三坊一照壁”的形制相仿，只是中间庭院的大小规模及其与两厢的关系略有不同，但庭院（或天井）都表现出内聚性的特点，如湖北黄陂王家河镇汪西湾。

这种形式是两湖地区天井型住宅的基型。这样的方式在鄂东南、鄂东北、湘东北及赣西北地区都较为常见。在此基础上，横向发展的有五开间、七开间甚至九开间的大屋；在进深方向，主要以“进”为单位，一般来说这种三合天井式民居以二、三进居多。调研中发现，除常见的中轴对称的天井式民居之外，两湖地区的天井式民居也体现了很大的自由度，非对称或随形就势加建的情况十分普遍。还有变化形式就是在最后一进增加横屋，或结合“堂庑式”的组合，开始初具湘东北大屋民居横屋的一些特点，基本上可以看作是大型民居中横屋形式的简单化处理。

四、四合中庭型

此类民居由正屋、两厢与入口处的门厅（或倒座）等围合而成（图 4-3），即“四厅相向，中涵一庭”，依据中间的庭院大小以及比例关系可分为四合天井型（图 4-4）和四合院型（图 4-5）。

图 4-3 湖北黄陂王家河镇罗岗村

黄陂大余湾的余绍礼宅是一个典型的四合天井型住宅。位于黄州区陈策楼镇陈策楼村的陈潭秋故居（原黄冈县政府于 1980 年仿原貌复建，图 4-6）和位于团风县回龙山镇林家大湾林彪故居则是四合天井型的一种变化形式——九宫式格局（参见图 3-145）。

陈潭秋故居是一座一进五开间的砖木结构悬山建筑。故居居中布置有上堂、下堂和一天井，东西两侧分别布置两开间的卧房和水平联系的厢房。林彪故居主体建筑也是一进五开间的砖瓦住宅，故居正中是厅堂，堂前有一天井，两边是厢房卧室，对称排列。可以看作是一种衍化形式，天井两边的横厅有如有顶的天井，与前后的厢房和两侧增加的侧屋又呈围合之势，成为九宫式格局。

经过实地走访和整理分析，四合式（庭院天井型）平面在湖南地区的分布多过湖北地区。还有湘鄂西少数民族地区的民居也有采用四合院格局的，“四屋相向”围合成一个院落（图 4-7）。

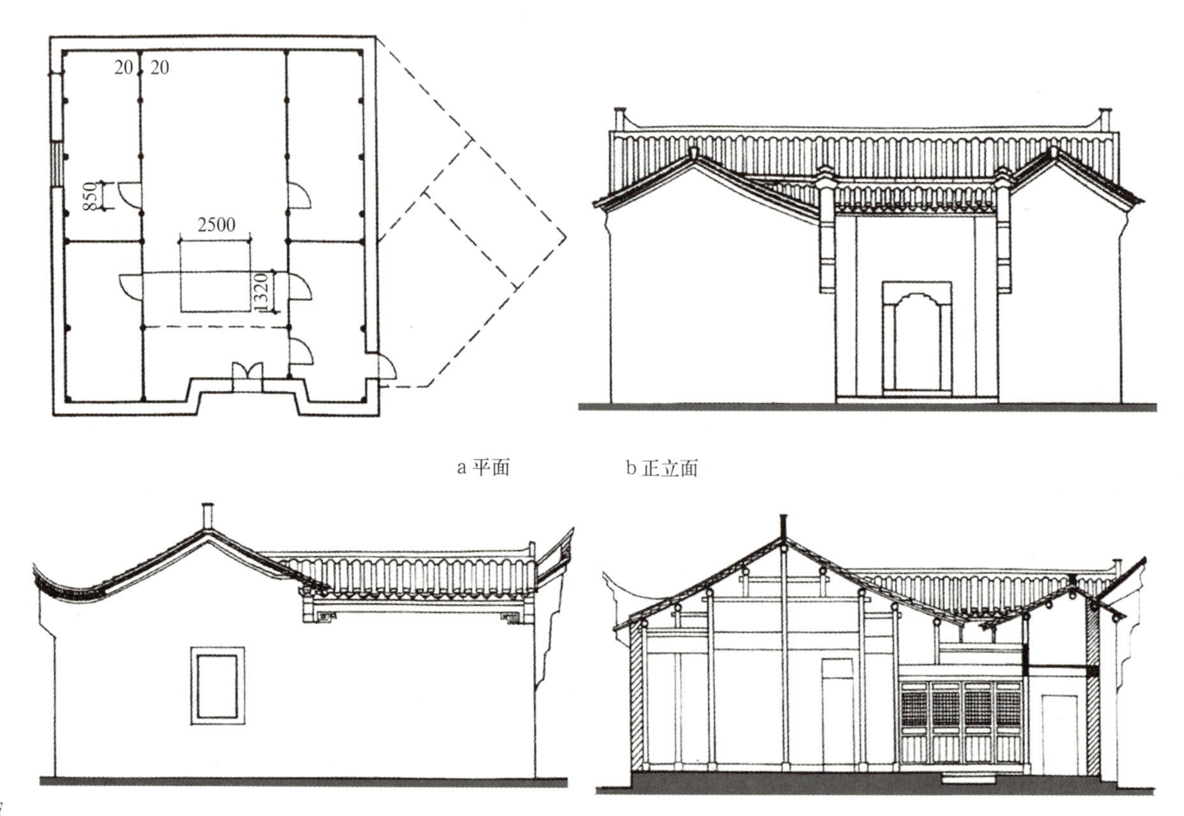

图 4-4 湖北黄陂大余湾的余绍礼宅

余绍礼宅测绘图（双泉村 18 号）

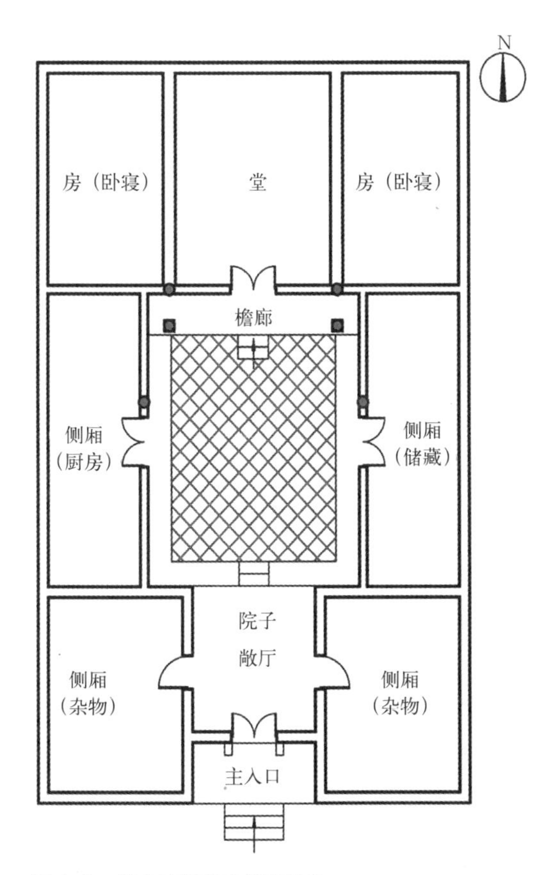

图 4–5　湖北枣阳邱家前湾某宅

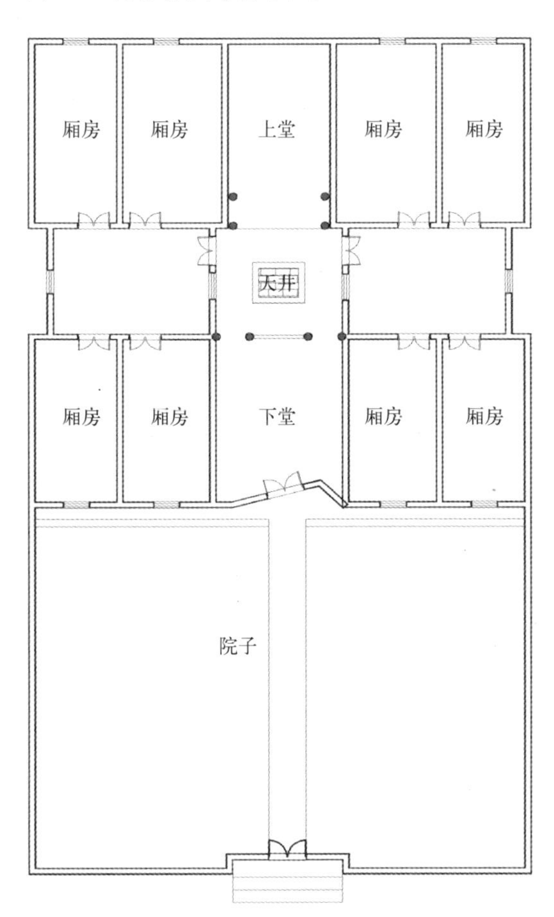

图 4–6　湖北黄冈陈潭秋故居

图 4–7　湖北恩施大吉乡土家族四合院（来源：辛克靖《中国少数民族建筑艺术画集》）

五、基本组合型

上述四种又是两湖地区，乃至全国传统民居的基型，是现实遗存的众多传统民居的平面构成的“模版”，通过分析不难发现再复杂的民居其实也是上述几种基型的变体或是组合形式。以下是以天井（或合院）型为基本单元的几种组合方式。

（一）串联式（串堂型）

串联天井式一般采用三开间或五开间形制，天井前后布置正屋，左右布置厢房，使正屋、厢房从四面围合天井，总平面多为五间三天井的横向或者纵向组合，房屋紧凑，注意次间的利用并设置阁楼，布局合理，利用率高。当心间对外开门直接采光作为厅堂，两次间向当心间开门间接采光或向天井开门窗采光。在进深上的叠加组合成为串堂型，这种平面布局方式在两湖地区都有分布，是数量最大的一种类型。在湖北通山、阳新的一些地区和咸宁的羊楼洞古镇以及湖南新化向东街都常见这种布局方式（图 4–8）。

（二）并联式（联排型）

一个标准的天井（合院）式民居横向排列，各自可独立成户，也可将数个天井（合院）横向直接或间接连通，如黄陂的余传进宅、英山的安家大屋等。黄陂大余湾的余传进宅则是四合天井型并联的组合形式（图 4–9）。

（三）复合式（毗连型）

即指民居平面由并联、串联两种模式综合构

成的，众多天井（合院）呈“田”字形毗连（图 4–10）。此类建筑往往平面方整，呈矩阵式布局，规模庞大。屋前部通常有较为开阔的场地，一些民居中就围合这块场地而形成院落。这种方式多见于鄂东南的阳新、通山、通城地区。湖北通山的王明藩府第就采用了这种布局方式（参见图 3–17）。

还有两种复合的方式，一种就是在并联、串联的基础上，将两侧的厅和天井与主轴线成垂直布置，形成侧厅，有的数个侧厅也呈并联关系，天井呈“丰”字形排列。另一种将两个天井之间的（厢）房打通，变成纵厅或横厅，形成四厅相连（相向）的格局，天井呈“日”字形排列，如湖南大围山的锦绶堂中间部分（图 4–11）。

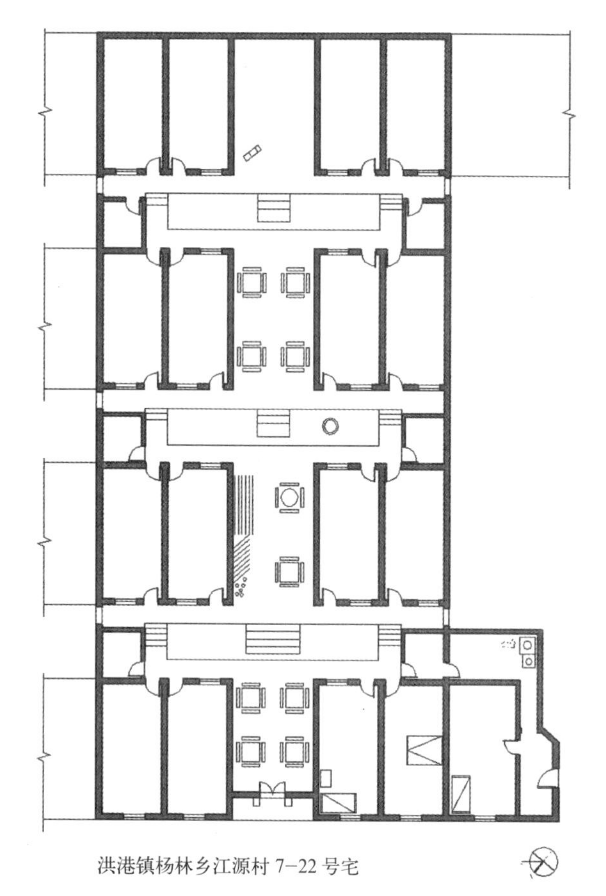

图 4–8
湖北通山洪港民居
洪港镇杨林乡江源村 7–22 号宅

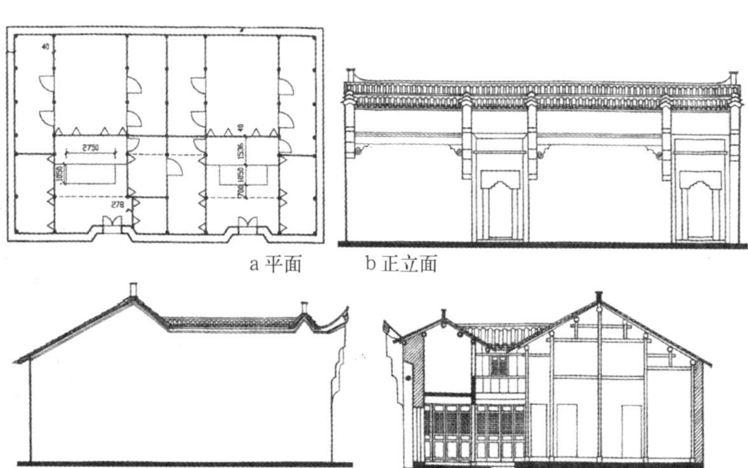

a 平面　b 正立面

余传进宅测绘图（双泉村 54 号）c 侧立面　d 剖面

图 4–9　湖北黄陂大余湾的余传进宅

此类民居在湖南、湖北交界地区的传统民居中颇为多见。有的将此类型民居定义为“外庭院内天井式民居”[3]。在湘东北地区复合了庭院和天井的民居中存在两种有微差的庭院空间，一种是以矮墙或篱笆等简单构筑物围合的庭院空间，另一种则是以建筑或者建筑和围廊组合形式围合的庭院空间。

（四）排屋式（从厝型）

民居正屋两侧纵向的排屋，也称为横屋或从厝。而所谓天井（合院）排屋式是指串联天井式居中的情况下，两侧布置一至两列的横屋（从厝）。此时中部天井（合院）式单元的厢房多作为侧厅使用，又称“书厅”、“花厅”，形成一条或数条横向的厅井相间的轴线，这一起源于客家移民的居住模式广泛分布在湘东北以及与其密切相关的赣东北地区，且不仅存在于客家民居，甚至影响到了周边的民居风格，如在茶陵虎踞镇陈家大屋就是非客家的一例。

陈家大屋位处湘东部，其平面具有典型的湘北汉系大屋民居特色。在陈家大屋中，其庭院和天井并举的建筑格局代表了湘东北地区传统大屋民居平面的特点。整体建筑中轴对称，主次分明；中轴线上布置主要建筑，两侧为横屋。中间通过两个长矩形天井与主屋相连（参见图 3–91）。也有在天井或合院底端布置一排或两排横屋，形成“围拢”之势，譬如湖北随州洛阳镇九口堰孙家大屋（现新四军五师纪念馆，图 4–12）。

（五）多重组合式

1）天井（合院）排屋组合式

在天井（合院）排屋的基础上，中间的天井（合院）并联和串联，或是成天井（合院）毗连式，围绕天井院落的并联、串联和围绕（排屋）三种

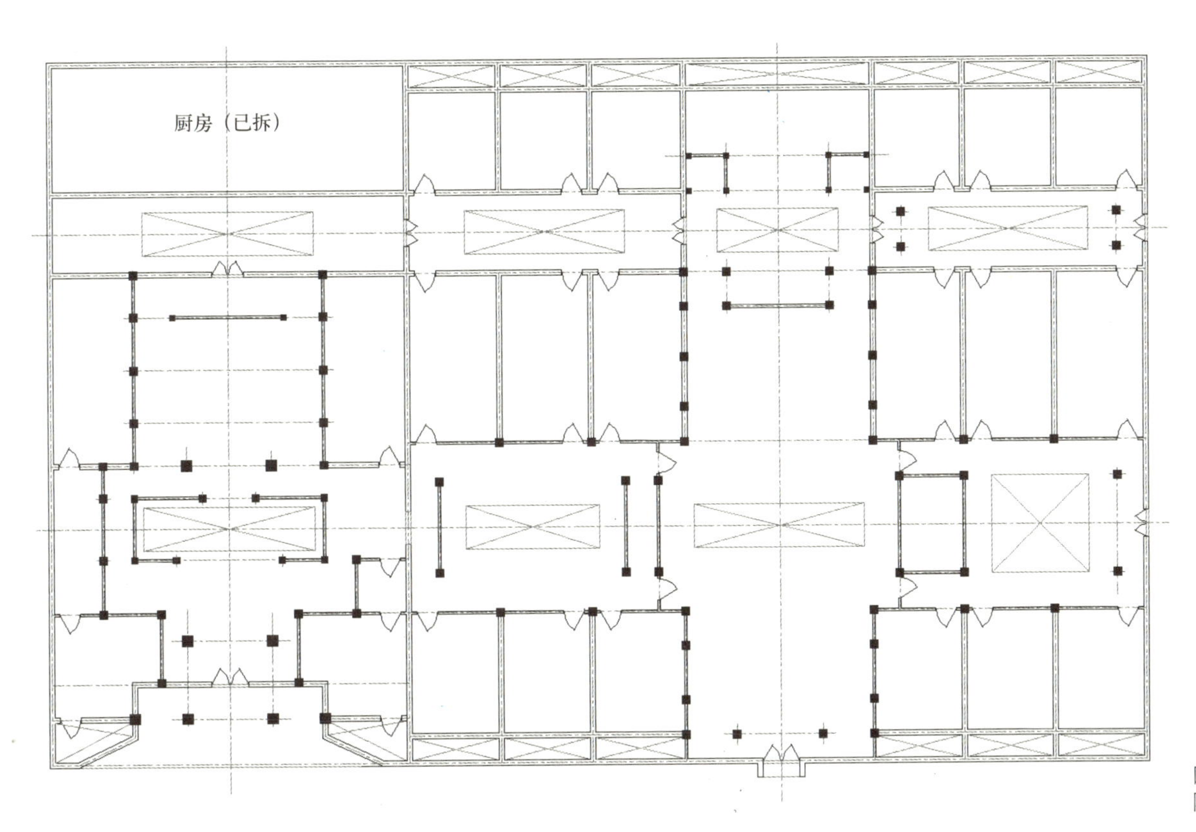

图 4–10　湖北通山陈光亨旧官厅

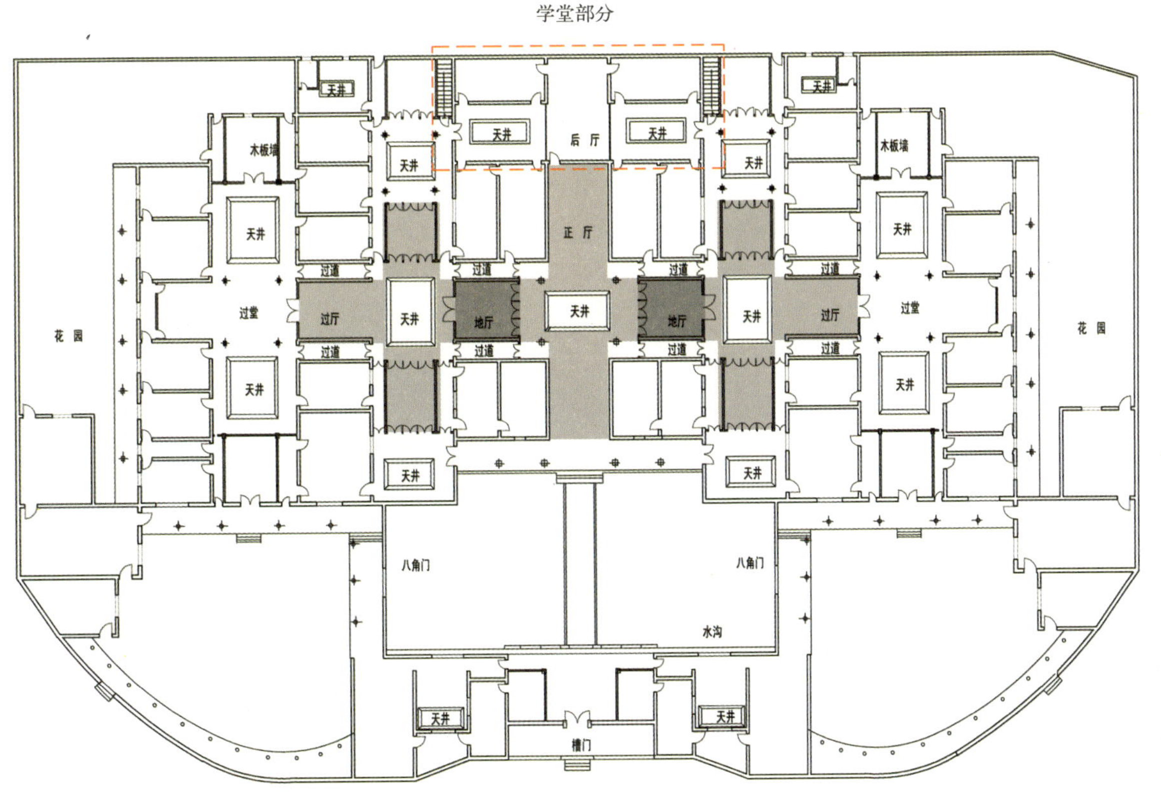

图 4–11　湖南锦绶堂四向天井

形式都存在；另外两侧的排屋也发生衍化，不仅有两侧的排屋，还有后面的排屋（成围屋的格局），还有以地形为诱因的非对称布局，以及排屋演变为天井单元的现象，这种组合模式就是比较常见的三次元的组合方式。湖南浏阳沈家大屋就是这类布局的典型，堂厢从厝式及其组合式可以认为是客家移民在两湖地区留下的鲜明印记。这种平面形式在湘东北的浏阳、岳阳、平江、茶陵地区

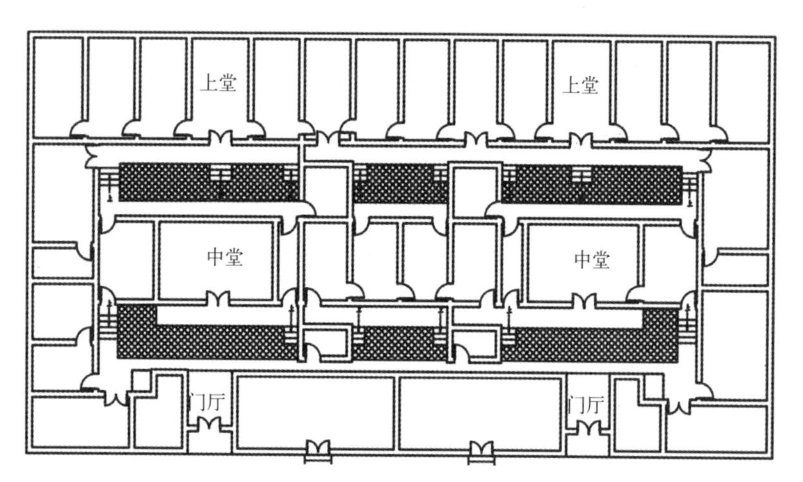

图 4-12 湖北随州洛阳镇孙家大屋

分布，也散见于鄂东北的山区如湖北罗田九资河镇的新屋垸（参见图 3-117）。

2）居祀（塾）组合——“祠宅合一”、“居塾合一”型住屋

这种组合方式在平面上与天井（合院）排屋及其组合形式基本相同，只是在功能上整合了祭祀等功能空间，将祠堂、戏台或是书院等功能合理地融在居住建筑之中，成为“祠宅合一”或是“居塾合一”型住屋。

湖北的通山县王明璠府第（参见图 3-17），是“复合院落”式联体大宅院，建筑坐西北朝东南，拥有28个大小天井。宅第在平面布局上十分严谨，中间是一组单开间的房舍，称“宗祠”（实为家祠），宗祠前后由 4 个小天井串联而形成明暗相间的狭长的廊道空间直达后端，形成整个宅第的中轴线。其左右两侧两组建筑就是王明璠兄弟二人的宅第。

“祠宅合一”是鄂东南地区宅第建筑中比较常见的布局，王明璠府第堪称这类布局形制的典例。整栋建筑就是由左右两组住宅和中间祠堂三部分组成。宗祠居中，左右两路四进院落，各有门庭、前厅、中厅、后厅、祖堂及厢房。宗祠是位于两路院落之间的单开间多进的天井院连起来的一组狭长的“公共空间”，每进房舍均有阁楼，称“仓楼”，至最后一进的祖堂，面阔加大，天井前设阁楼，并有八角形藻井，上绘八卦图样。与之类似的还有位于湖北通山县岭下村的熊家大屋（参见图 3-23）。

在两湖地区经常听到“大屋”这种称谓，其实就是上述的各种组合形态，尤其是指后面的几种复合的组合形态。这也是历次移民在历史长河中为两湖民居留下的烙印。两湖地区的民居基本形制及其衍化形式参见图 4-13。

六、基型的衍化与衍化的方式

居住建筑的类型（学）研究是空间形态的研究重要内容。类型学（typology）方法的运用可以剔除偶然性的因素，找寻蕴藏在一方水土中民众的居住模式和不断传承“复制”的居住“原型”。居住原型是生活的累积和“集体记忆”的结果。同时，“乡土风的设计过程是一个模型加调整的过程”[4]，一地的居住建筑则表现为一个对其原型的“模仿 + 修正”的不完全线性过程，即经过若干世纪的不停修正，而使原型不间断地与文化相适应，达到一个均衡状态。当时空语境发生变化时，便会不断修正民居基型，衍生新的形式从而更好地适应新的语境。

（一）衍化的因素

民居类型衍化的原因主要可以从时间、空间因素，以及自然地理环境以及人的因素来考量。

首先，脱离了时间坐标研究类型衍化是不可能的，也是不合逻辑的。同时，动态变迁也是社会发展的本质，“开放”则是推动变迁的主要力量。

空间上的变化，居住环境的变迁成为另外一个重要的原因，包括气候的影响，山川平原等地理环境的变化，建筑材料的多寡等。尤其是因为政局、经济收入等社会因素造成的影响以及人口的迁徙，又直接造成聚居环境的重大的变化，这也直接影响到民居类型的衍化。

但终归是人决定的建筑形式，而人的复杂性也直接影响了民居建筑。这里所说的人的因素包括了居住的主体以及工匠这两类不同的角色。

居住者以及聚落中的关键人物等主事者受时代进展与外来文化的影响是造成民居类型衍化的重要因素之一。关键人物主要是指聚落中的“精

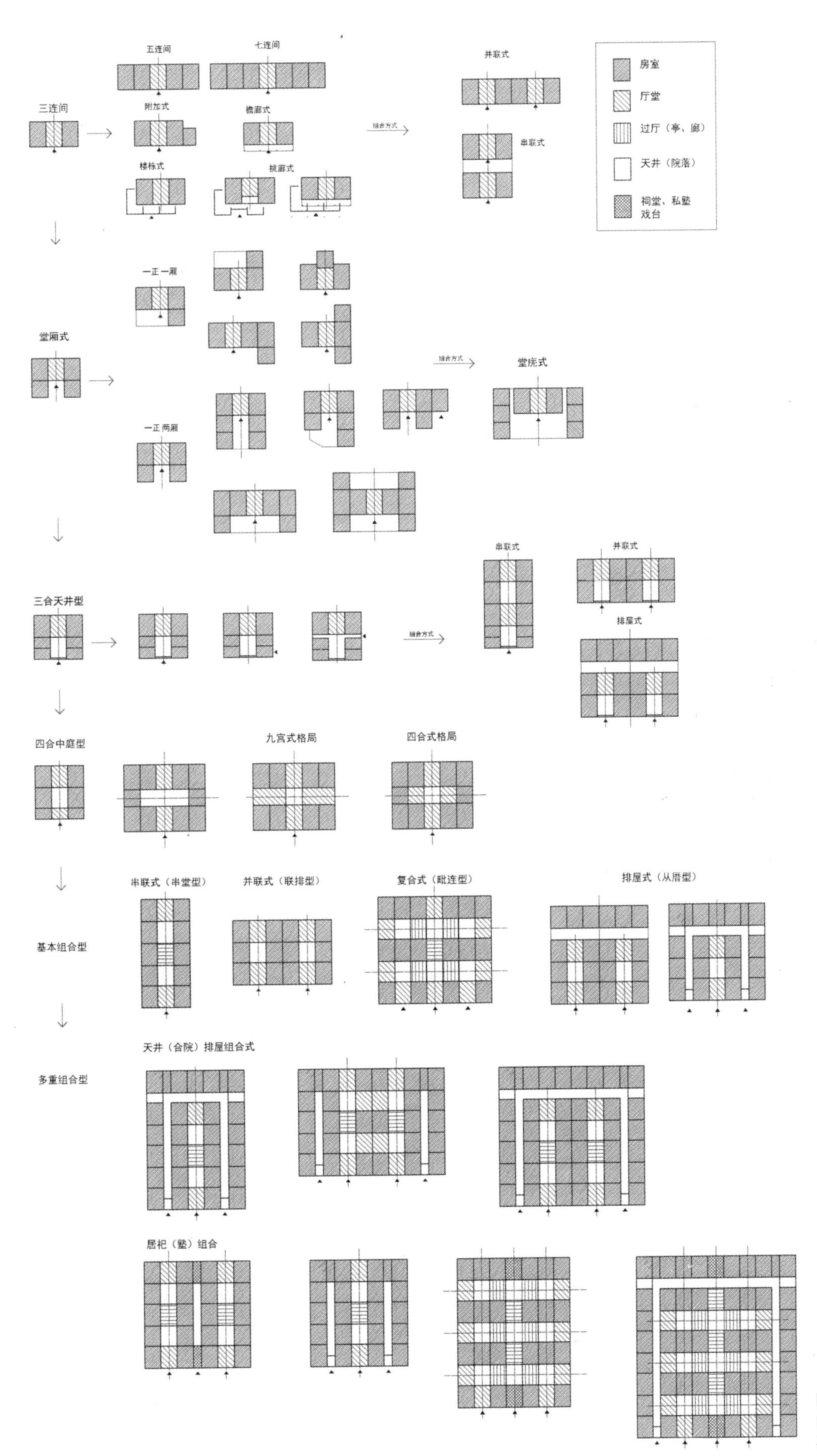

图4–13　两湖地区的民居基本形制及其衍化形式

英阶层”及士绅阶级（商人、绅士、地主、庙宇执事等）等。此外因为移民在迁徙的过程中充满了选择，族长、乡绅、风水师和匠师等这一些关键人物对移民的决策、组织，以及聚落的选址、建设等都起着非常重要的作用。

在乡土建筑技术体系的发展中，工匠的作用是非常巨大的。工匠既是房屋的建造者，又是技术的传承者和传播者，同时还是技术规则的总结者、遵守者和调整者。匠师扮演着关键性角色。

民居类型的衍化也不是一次性完成的。在多次兴修变迁以后，民居的“纯度”逐渐降低，再加上居住主体和匠师都不断受到新形式的冲击而有所回应，如单纯以初期、中期、晚期等时间来进行阶段划分，都太过于简化，需要多方位整体的、历时性的考虑。

（二）两湖地区民居类型衍化的动力

除了阿莫斯 · 拉波波特（Amos Rapoport）所说的民居衍化过程中的自然抉择和社会抉择外，两湖地区民居类型的衍化值得强调的是移民的因素。移民社会里建筑的衍化变迁其根源在于移民社会的动态本质。这其中包含客观和主观两方面因素。充满了变数的客观环境，和作为主体的移民本身的开创性和不拘泥于传统的生活观念，促成了衍化的动力。

在明初的洪武大移民之后至清中期的400余年里，两湖地区的移民现象从未间断过。经历了融合、发展的民居，其基型的痕迹愈发难觅，各族群相互影响下，建筑的衍化不可避免。来到两湖地区的江西移民并非落地即生根，而是大多经历了两次或者多次移民的过程，有的甚至过境两湖地区，去到更远的诸如四川、贵州等地谋生计，这种随机的人员迁徙也为建筑形式的交流创造了再一次接触的机会。另外到了清初，又有一类移民对于两湖地区的民居产生了重要影响，就是客家人的大量涌入。他们带来的特征鲜明的建造文化对于湘东北地区的刺激也是造成两湖民居差异性的不可忽视的因素之一。

迁居两湖的江西移民离开故乡，必然在心态上破除旧有的保守观念，迎接新的环境，必须去不断学习、适应。而这种心态上的变化也可以分为信仰层面和应用层面。社会学者早就对于移民社会中移民与原住民的心态从对立到融合问题作出了解释：“以故乡守护神为凝聚力的移民社会也因为共同神的崇拜，打破了人群的藩篱而重新结合，而这种崇拜神的融合可以看作移民在心态上开放的表现。”[5] 在应用层面，他们对于建筑形式的选择，自然也不会墨守成规。中国传统民居本就易朽易蚀，再加上两湖地区潮湿的气候，本以木构营建方式为主的江西籍移民日渐发现了木结构的缺点，转而学习借鉴当地砖结构的优点，自此，民居基型模型开始发生衍化。

其形式是否基于故乡或者现状基型传统已不再是唯一选择，在开放的心态下，不同形式的交叉融合是一种必然趋势。

经过明清长时间不间断的移民活动，到了清朝末期甚至是民国初期仍然存在大量的建造活动，而在这时期由于战乱和时局的复杂，两湖仍旧存在大量的流动人口，直到辛亥革命后，西方建筑思潮的影响波及两湖地区，传统遭遇了更大规模的更新和衍化。而在这种衍化发生前，历经了100多年稳定发展的两湖民居可以说确立了相对稳定的建筑形式，而这可以视作两湖民居的新基型。

（三）衍化的方式

建筑的衍化也呈现出极其复杂的多样特性。衍化现象可以通过传统建筑的营建背景、工匠组织等方面观察其变化。

1）修葺的衍化方式

民居易损，需要定期修补，在族谱、碑记中经常看到“因其旧制”、“延其旧貌”的字眼，这基本就可以判定是通过修葺而衍化的方式。因为工匠和经济都较早前有较大发展，这样在旧居更新时便或多或少体现出修葺时的经济、技术条件，而民居更新的随时和随机性在这种以修葺为目的的营建方式上体现出来。

2）以教化乡众为目的的衍化方式

从吉安、泰和迁来两湖的移民在安定之后仍旧不忘读书的传统，他们以在匾额、墙壁、门头上题字来达到教化的目的，用以烘托读书的氛围。他们还在雕刻、绘画中除了对神的崇拜和吉祥的祈祷外，潜移默化地渗入各种文化故事和先贤智士形象，使得这种崇尚读书的风气在两湖地区极盛。对建筑造成的影响除了遍地开花的书院建筑外，就是对于民居平面布局的影响了。如图 4-11 的湖南浏阳锦绶堂中就出现了学堂的功能布置，这显然是为了教化子弟而出现的专门功能空间。

还有上述居祀组合的平面形制也是在一定阶段教化、凝聚族人而形成的一种变体。以鄂东南为例调查研究了“居祠并置”集中形式及其形成和存因，结果表明“祠宅合一”型并不完全是一些学者所说的是一种建筑风格，而是移民建立稳定居所和家族发展壮大前的一种过渡形态。在鄂东南地区调研过程中发现其他“祠宅合一”型同样大多都可以从其家谱中找到祖上从他乡移民而来的证据，且九成以上都是江西籍移民。这与明清时期大规模的“江西填湖广”移民运动相吻合，“祠宅合一”型住宅与移民及其移居生活应该有着密切的关联。“祠宅合一”的出现是一种生活需要和现实考虑，主要因为迁移生活的不稳定，或是初来乍到家族的人口很少，再加上新地白手起家的经济困难等，而移民的宗族观念尤为强烈，在有限的条件内既要生活又需祭祀，还有家族议事和娱乐之需，于是“祠宅合一”是一种很好的解决方式。但无论是族谱还是周边家族聚落的状况都表明族人会认为这种“祠宅合一”的祭祖太过“亵慢”，并非始迁祖和建造者理想的模式，他们将建立单祠的“祠居分离”的形式视为终极的聚居方式。

3）匠师为主导因素的衍化方式

传统匠师对于技艺的传授，一般采取口传心授的方式。无师自通、不得师传的工匠是被人瞧不起的，湖北红安有这样一条谚语：“半夜的狗子不咬，剽学的手艺不精。”[6] 第一代江西匠师或自发或受邀来到两湖地区之后，多半参与精英阶层人士住宅的修建，而他们良好的技艺很快就传遍乡里，从而使自己在异乡站稳脚跟。借由匠师的代代传承和工程实践，原乡的建筑技艺在两湖地区逐渐扎根，而一些开明匠师在不拘于传统的观念下，逐渐淡化原乡的传统形式，吸收当地的创作理念，产生了新的转变。在工作机遇和地域观念逐渐开放之后，不同流派的匠师在两湖地区不断地相互学习和借鉴，可以想见的是，这些后代匠师比第一二代匠师的门户观念相对弱化，创新求变的思想指引着实践从而摆脱了旧体制的束缚。

4）客家力量渗透的衍化方式

之所以把客家民系的影响单独列出是因为，他们的介入为两湖地区注入了新的衍变因子，尤其在湘东北地区和赣西北地区产生了深刻的影响。因为，最为典型的就是天井（合院）排屋式民居的兴起，也就是所谓“堂厢从厝式”[7] 的布局方式，都遵循“点线围合法则、向心排他法则和整体秩序的法则”[8]，这三大原则都是在多个家庭聚居条件下，以汉族的宗法礼教秩序为基础进行整体性规划布局的结果。

明末清初受到经济形势和清政府“迁海”政策的影响，客家发展在闽粤受阻时，转而向川、桂、湘、赣等地蛙跳式迁移，其中有一支劲旅便回迁到赣南，进而挺进赣西北和湘东北地区，这就是明清湘赣北部地区出现的客家人倒迁现象[9]。随之而来的就是在湘赣北部地区加入了排屋（或称从厝）这类在两湖地区很少的建筑形式，并且这种形式的影响逐步从客家后裔渗入到非客家籍的民宅之中。笔者在两湖地区考察中发现，在多数客家后裔营建的大屋中排屋现象十分明显，但非客家籍大屋中亦出现排屋的现象，图 4-11 为锦绶堂涂氏属客家。可见客家的倒迁对于湖南局部地区的建造方式起到了十分深刻的影响。

第二节　山寨（寨堡）

一、山寨（寨堡）的概况

（一）湖北山寨概况

山寨也称寨堡，通常是指一种由官府倡导、民间响应，带有军事防御色彩的防御工事，常以高山深壑为生存环境，是古代乡村社会人们为临时躲避战乱或因地方战术层面上的需要而修筑的一种局部性的防御性建筑。其最初的形式可上溯至魏晋时期的坞壁。一般筑于高山之上称为“寨”，平地而筑名为“堡”。“高山结寨，平地筑堡”也是寨堡建设的原则。

据调查，湖北地区山寨分布主要集中在鄂西北和鄂东北两块区域。鄂西北山寨主要集中分布在今十堰西北部，襄樊、南漳、保康一带，以及随州的西南部，据不完全统计大约有385座。根据《黄冈县志》记载，明清时期鄂东北黄冈地区山寨的修建是一普遍现象，主要集中在蕲春、罗田、浠水、麻城等地（图4–14）。这与当年连年的征战、移民的迁徙、“御匪安民”和家族的自卫等密不可分。鄂东北可谓“有山必有寨(山寨)”，我们可以推断“蕲黄四十八砦”已成为整个大别山区成百上千座山寨的统称。这些数量众多的山寨看似随意分布，其实不然。经过对地域和地貌等特征的仔细分析，我们能够得出结论，鄂西北山寨主要集中在几个重要的区域：南巴老林地区、荆襄地区、大洪山山脉两侧，均分布在湖北境内的汉水流域。鄂东北山寨主要围绕大别山分布。而英山县土地较贫瘠，多为山脉，在明清时期并不是理想的农耕生活环境；团风县一带虽然临近长江，土壤肥沃，适宜居住，但是其地势较平坦；神农架林区原为原始森林，海拔较高，人迹罕至，故而上述地区均鲜有山寨的分布。

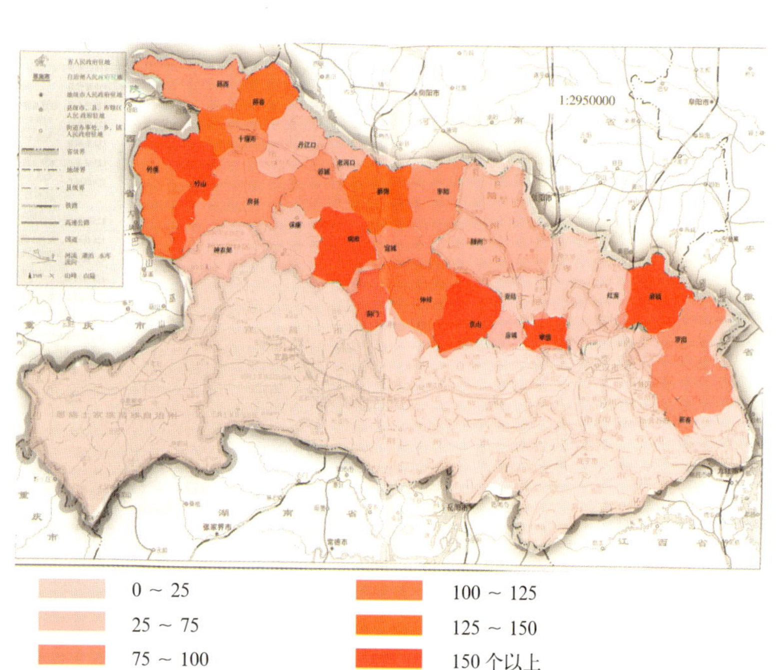

图4–14　湖北地区山寨数量分布图

如此大规模的寨堡群能得以形成，一方面与当时动荡的局势有关，另一方面则得益于南巴老林地区和大别山区险峻的地形、险要的地势[10]。数量众多的南漳地区、黄冈地区山寨作为特殊历史时期的产物，一方面反映了原始的乡土聚落形态，另一方面折射出冷兵器时代乡民的生存状态。因此山寨是除了普通村落之外，另外一种特殊的聚落形态。

（二）湖北山寨的发展源流与特征

光绪《黄冈县志·地理志》载：“神峰山，城北一百三十里，元末乡人在此筑堡以御流贼。”虽无从考证当时山寨具体何时建于何处，但可以知道湖北山寨的出现可以追溯到元末，根据明清时期的湖北地区的军事历史和当时流民的迁徙路线，鄂西北和鄂东北最早山寨的营建活动也应该在此时。这一阶段，没有资料表明此用作民防的山寨被正式纳入了当朝政府的整体军事防御系统，所以，其建筑形制、营建组织等各方面还不成熟，山寨这一建筑形式尚未广泛普及，这个时间段可以被视作是湖北地区山寨的萌芽阶段。明末清初以及之后的时间段内，南漳地区、蕲黄地区作为这一时期湖北各战略重点地区，其山寨营建活动的发展与鄂西北、鄂东北地区山寨的发展基本相同，大致经过了基本成形（明成化年间）、初具规模（明末崇祯年间）、鼎盛阶段（清嘉庆年间）以及之后的衰败阶段（民国时期）。

鄂西北与四川、陕西、河南接壤，处于中国南北方的交接处，在中国历史地理上有其特殊性，其文化受到南北方文化的多重影响，具有较强的军事战略地位；鄂东北与安徽、江西接壤，是明清移民的主要线路和首要抵达地区，人员变动复杂。这样该地区的山寨建设也就应运而生了。湖北现有山寨除鄂西北南漳等地区还保存较为完整外，多数只剩下残垣断壁，或孤城只门了。经过深入调研，我们认为湖北的山寨应该有以下特征：

（1）明清山寨兴建始发地：荆襄地区在明清一直备受流民、教乱之扰，长期处于战乱之中，故而山寨修筑较早、较盛。

（2）普遍代表性：湖北山寨大多产生于乡间，属民间防御体系的范畴，而鄂西北、鄂东北地区的山寨数量庞大、种类多样，是湖北乡村基层防御体系中的代表。

（3）个体独特性：和其他同类型的防御建筑比较，在相似的外围防御实体包裹之下的防御性聚落，湖北山寨因所处的自然环境与人文条件等的不同而具有自身的特色。

（4）保存相对完整：较鄂东北以及其他地方而言，鄂西北地区山寨保存得相对完好，尤其是襄樊南漳地区的山寨，其建筑格局，空间形式、建筑构造及遗留的生活痕迹均能考证，为研究提供了大量证据和线索。

二、湖北山寨形制概观

（一）山寨的类型

对于山寨，目前普遍是根据其建筑的使用者的不同而分为军事山寨和民防山寨，同时也是根据山寨最主要的建筑功能——防御的性质来划分的。

1）军事山寨

这类山寨的修建由国家军队或地方武力组织，部分由乡民在官方的组织下实施修建。以屯兵、囤粮、设防与临时性进攻为目的，在防守力量的配备上也是国家统一调度，所以军事山寨的形态主要以险要为主，重在对山川河口的扼守。在湖北还保存有大量形制成熟的军事山寨，鄂西北有春秋寨、卧牛山寨、张家寨、青龙寨、雷公寨、尖峰岭等，鄂东北有雁门寨、天堂寨等，在武汉黄陂北部和湖北红安等地也有少量军事山寨，如眼睛寨、九焰山寨等。

2）民防山寨

一部分民防山寨为乡民联合乡勇为抵御流寇自发兴建的临时性的防御兼居住聚落，另一部分为由政府号召，地方官督促，乡民自发修建的临时性居住的防御工事。其中，民防山寨这一类型可以根据其使用者的相对关系再进行细分，根据地缘属性，当地住所较为接近的村民共同修筑村寨以御流匪。修建者为共同使用山寨的乡民，并且联合当地乡勇进行护卫，较为规范的则在团练制度的框架内进行组织，因此形成地缘性民防山寨。根据血缘属性，往往是势力较大的家族，以家族首领或地位较高的成员为核心，其他家族成员共同修筑家寨以御流匪，形成血缘性民防山寨。这类山寨遗址数量较多，鄂西北有樊家寨、阎家寨、卢家寨等，鄂东北有康王寨、邵家寨、什子山寨、凤到山山寨等，武汉黄陂地区还有龙王尖山寨、洪关山寨、西峰尖寨、平峰顶寨、张家寨、周家寨、谌家寨等。

（二）山寨的空间形态

1）外部空间形态

外部空间形态指山寨所处地理位置的外部环境。山寨为强化其攻防功能，所选择的地理据点，包括山川，水口等。无论是民防山寨还是军事山寨，外部环境强调了山寨的“隐”，并且可以使得山寨能够在隐匿的基础上，利于村民、乡勇或是官兵的“防守反击”。这样，山寨往往是处在崇山峻岭且寨内视野开阔的山头，或是由大小山寨扼守水口与古道的两端，形成“一夫当关，万夫莫开”之势。

2）内部空间形态

山寨的规模：与其说是设计者设计了山寨的规模，不如说是地理环境限定了山寨规模的大小。选择离乡民距离较近的“据险扼要”的地理据点，根据使用山寨的乡民的数量，即“寨之大小以人数之多少而定”，[11] 选择诸如山谷、水口等地点

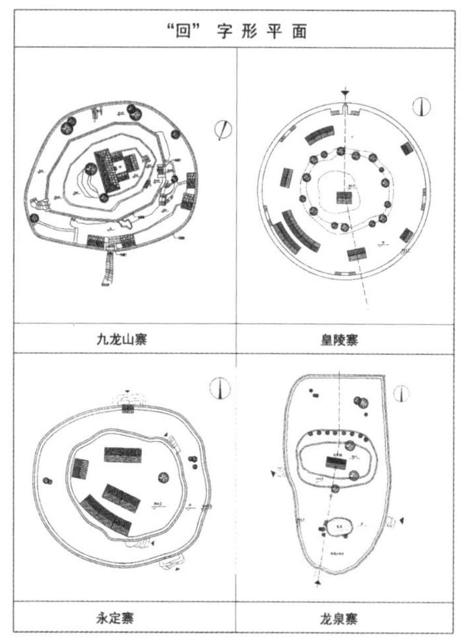

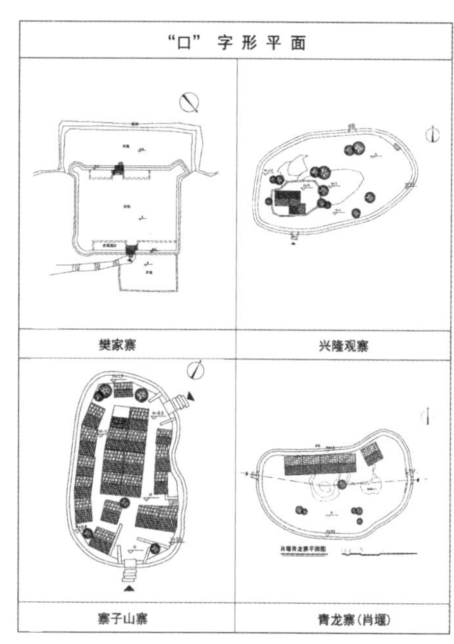

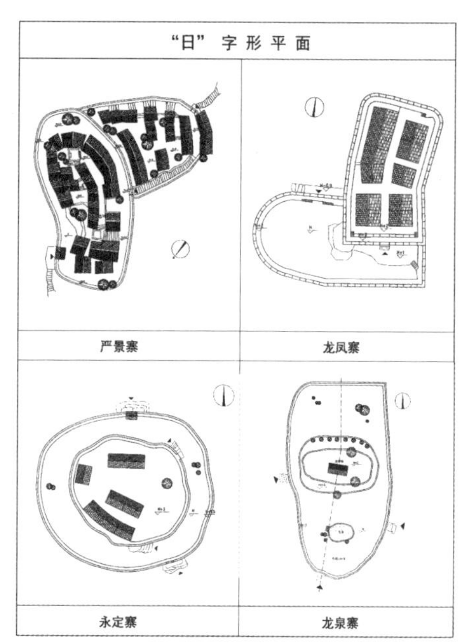

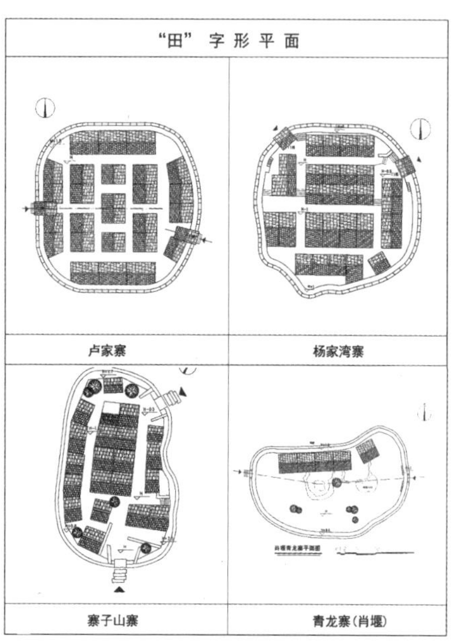

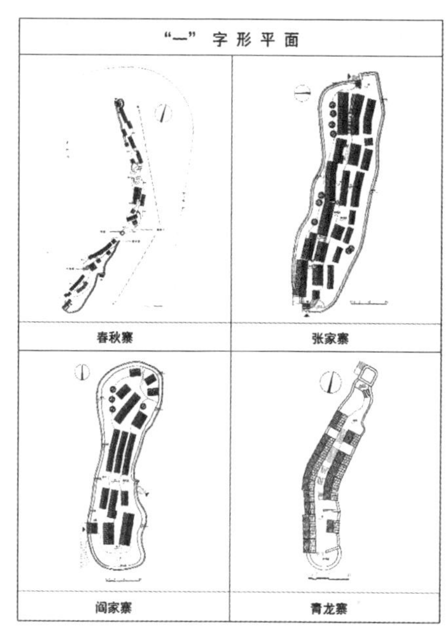

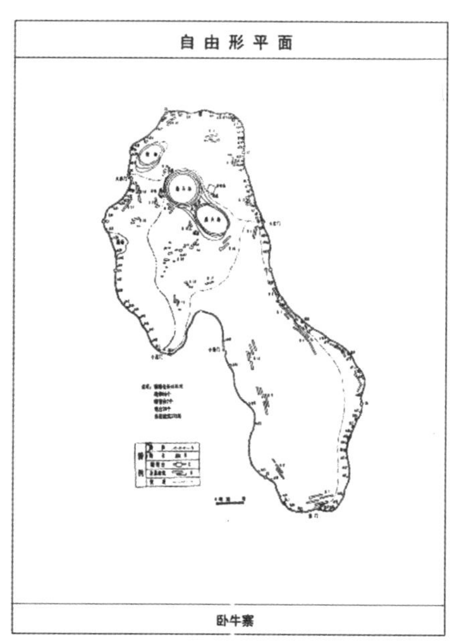

图 4–15　鄂西北山寨的平面形式

扎寨而居。最常见的是选择将闭合的山寨空间覆盖整个山头，山头多大，山寨则多大。目前发现的山寨规模大小不一，规模大者如东巩镇的“华夏第一大寨”卧牛山寨，规模小者如鸡冠寨，面积不足 300m^2。

山寨的平面形式：山寨的外轮廓往往与所处山头的轮廓一致，内部石屋的布局也受山头的走势影响很大。根据我们对湖北山寨的研究，山寨平面呈各种形状，但可以归纳为：“一”字、“口”字、“田”字、“回”字、“日”字形以及自由式几种形式（图 4–15）。这在军事山寨和民防山寨中都有应用。

（三）山寨的内部功能组成

湖北山寨的内部空间主要由以下几个部分组成：哨卡、门楼或者寨门、寨墙、议事厅、庙宇、居住用房、生活区（图 4–16）。由于属于防御性为主的聚落，所以，无论军事还是民防其内部功能组成都差不多。

（四）山寨的内部交通组织

山寨的内部交通网络主要指山寨内部建筑的组织、道路网络的结构，以及其中一些防御细节处理等。对于基地内部平坦的山寨，其道路系统往往呈规则的几何形骨架，如“日”、“田”、“王”字形，端正方整，泾渭分明，体现理想精神，但是这类山寨一般规模较小，整体性强。南漳肖堰镇的卢家寨的交通网络布置是鄂西北山寨中的典型（图 4–17）。

三、山寨实例

（一）典型军事山寨

1）张家寨

张家寨遗址处于东巩镇内的杜溪沟与茅坪河交会处，位于当时陆路交通和水路交通的交点上，是北下通往汉水的必经之路（图 4–18）。地理位置上控扼了主要的通道，又利用天险取得了极佳的天然外围防护（图 4–19），也正因为地处要冲，张家寨被地方军队征用为军事山寨。张家寨选择修建在条形的山脊上（图 4–20），形成了线状的空间布局。外围的防御形态遵照了典型的防守模式，“据险以守”，充分利用天然地势防守，入口选择在东、西两个防守短边上，是一种典型的外围线性防守形态。

山寨规模较大，寨中大小石屋百余间，可容纳官兵 300 人左右（图 4–21）。山寨中发现多个石碑，分别记录张家寨在不同时期的修建情况。张家寨西门楼有一匾额，上提“險賽函關”四个大字，旁边一并题写“百姓人等不准入内，城门之内乃用武之地”（图 4–22），可见张家寨是当年用作屯兵的军事山寨。山寨内部布局以两条高低错落的平行巷道为主线，住房单元沿两边灵活布置。宗祠、议事厅沿山脊的巷道布置，处于中心位置。巷道时而封闭，时而开敞，时收时放，营造了不同的空间氛围。议事厅处于中部的开敞地段，底部筑台加高，显示了它的重要性。所有建筑坐北朝南，依照传统的朝向模式。沿内部两条高低错落的巷道布置，形成了北高南低的台地

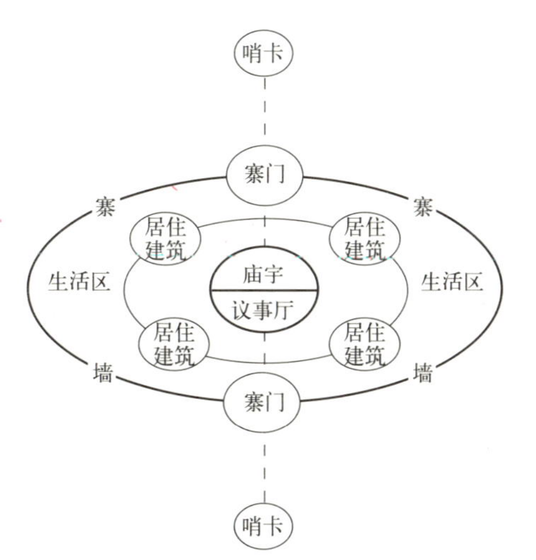

图 4–16　山寨内部功能组成

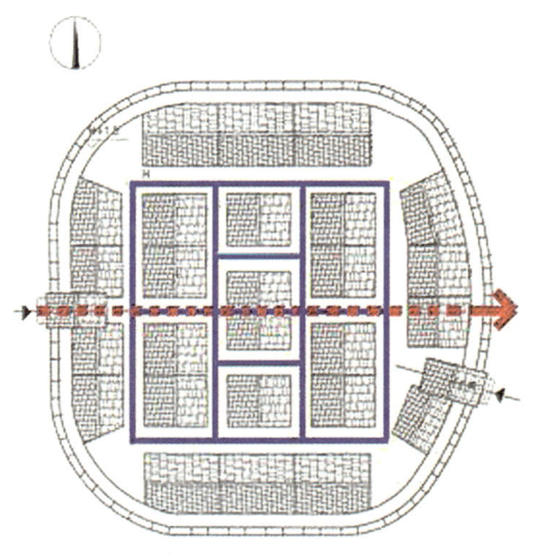
图 4–17　卢家寨内部道路网示意图

图 4–18　张家寨地理位置示意

图 4–19　张家寨上鸟瞰山下河道

图 4–20　山体制高点鸟瞰张家寨

图 4–21　张家寨住宅单元

图 4-22　张家寨西门

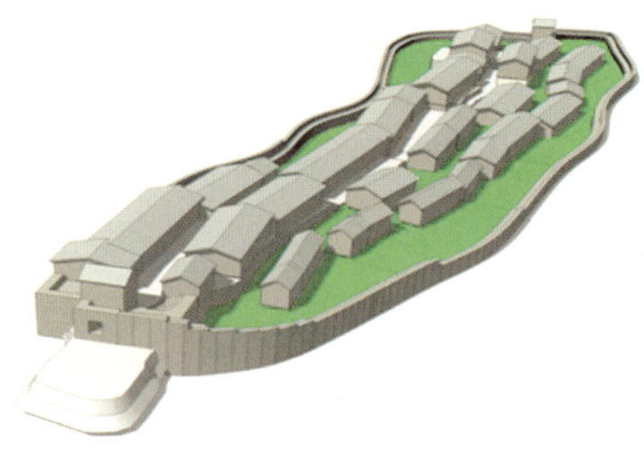

图 4-23　张家寨空间模型

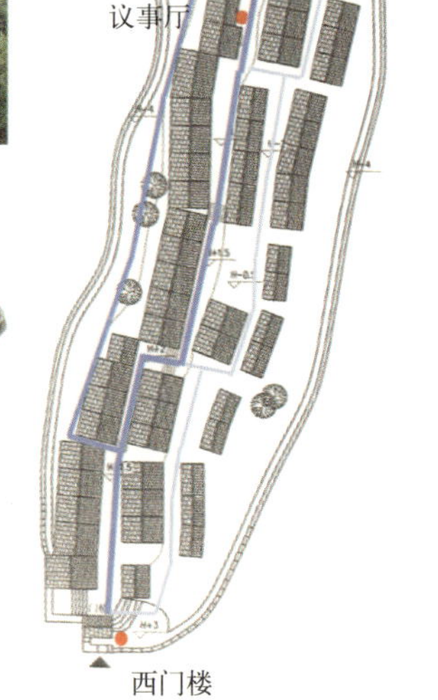

图 4-24　张家寨平面图

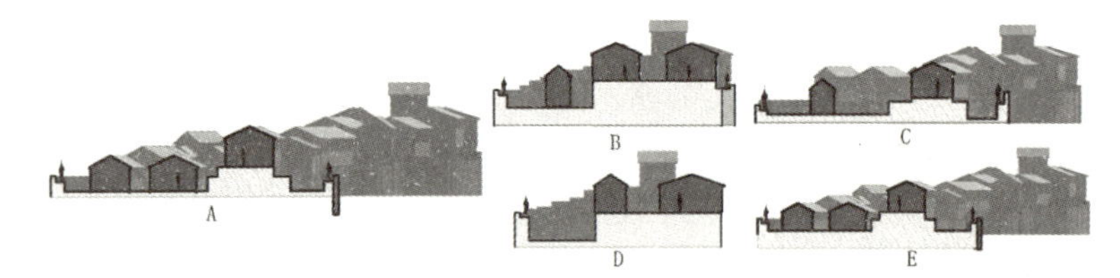

图 4-25　张家寨分段剖面示意

图 4-26
望月山山腰处鸟瞰春秋寨（来源：襄樊拾穗者协会）

图 4-27　春秋寨所处的鲫鱼山

模式，内部的开放性与外围防御形态的封闭性也形成了鲜明对比（图 4-23、图 4-24）。内部住房单元和外围防御寨墙之间采用了军事堡寨里面运用的运兵道来联系，同时，线形空间和基地高差使得寨内各建筑布置非常灵活多变（图 4-25）。

2）春秋寨

作为山寨遗址中第一批被纳入省级文物保护单位的春秋寨建在鲫鱼山山脊之上，海拔 270m，山势如刀削斧劈，山寨地形独特，三面环水，一面连山（图 4-26）。山寨依山而建，因鲫鱼山山脊狭长，春秋寨寨墙沿山脊布置，自然形成南北向条形布局。防御需求决定春秋寨外部空间形态，鲫鱼山山势陡峭体现春秋寨的“据险”（图 4-27），鲫鱼山与隔茅坪河相望的望月山共同形成的天然“关口”体现了春秋寨的“扼要”（图 4-28）。外部的山川与河口使得春秋寨具有“一夫当关，万夫莫开”之利，成为南漳地区典型的崖上防守型山寨（图 4-29）。

据考证，现存遗址属明清时期建造，并历经多次修缮。寨墙周长 1150m，南北长 490m，东西宽 30.5m（图 4-30），围合成条形的寨墙使得东西向的进攻面最长，而南北向的防守面最短，形成高效的进攻型防守模式（图 4-31）。山寨入口由南北两个门楼组成，门楼的立体防御特征非常明显，同时造型与鄂西北民居的宅门一致（图 4-32）。寨内石砌房屋共 158 间（图 4-33），面积 6 ~ 30m^2 大小不等，全部为矩形结构，另修建有蓄水池等设备；房屋大多是由石头垒就，极少数的房屋用石灰浆装饰过（图 4-34），寨墙上有规整的雉堞、望楼、射击口（图 4-35）、角楼，山寨寨墙，门框，门顶板，门槛由人工斧凿的石条砌成，较为规整，有的雕有花纹。

3）卧牛山寨

卧牛山寨为南漳县境内仅存的军需屯田堡寨。位于东巩镇苍坪桂竹园村的卧牛山上。卧牛山呈南北走向，东西长 1500m，南北宽 2000m（图 4-36）。卧牛寨所处的山脉呈现出团山团聚之势，且寨内原有团山寺，故人们也称团山寺寨（图

图 4–28　鲫鱼山与望月山于茅坪河处形成的天然关口

图 4–30　春秋寨的条形狭长空间

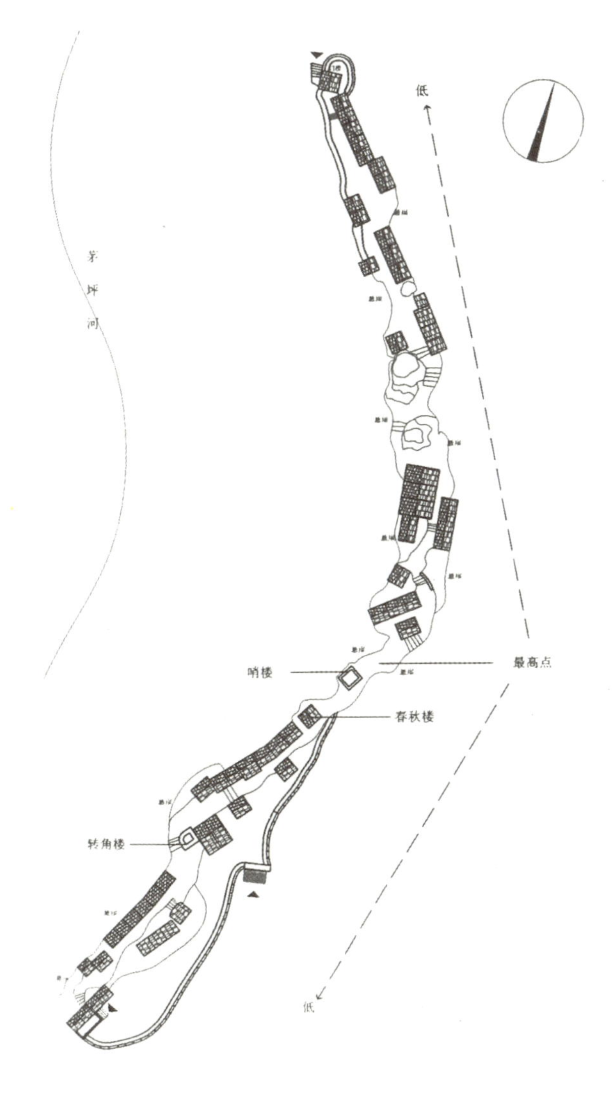

图 4–29　春秋寨平面图

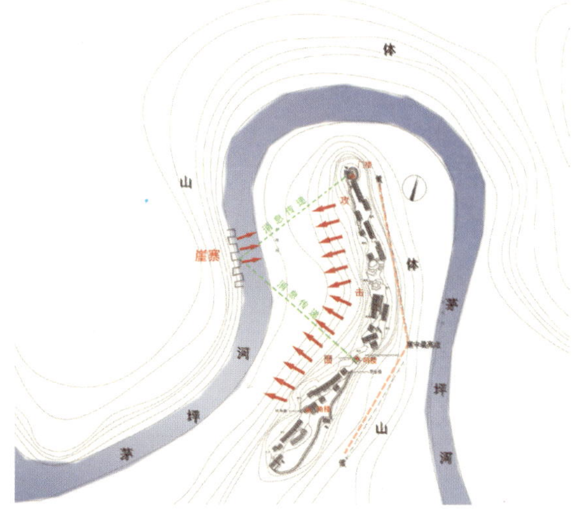

图 4–31　春秋寨进攻型防守示意

图 4–32　春秋寨南门

4–37)。此规模的军需屯田堡寨在国内首屈一指。卧牛寨距襄阳 60km，距古荆州 120km。苍坪盛产苍坪米，在此修建屯田寨是不是有他的战略构想呢？传说关羽东巩囤粮草沿茅坪河南下入漳

图 4-33
春秋寨石屋

图 4-34 春秋寨石屋内的石灰浆装饰

图 4-35 春秋寨寨墙上的射击口

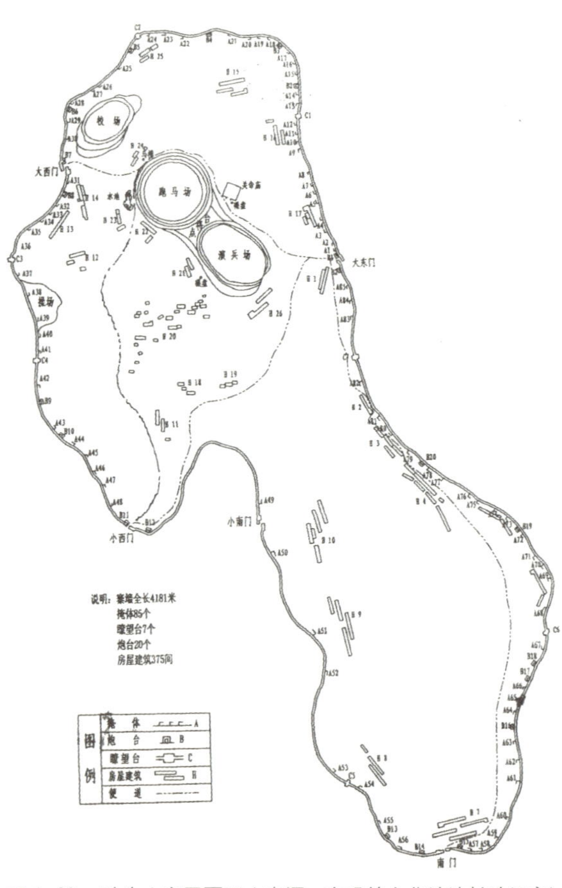

图 4-36 卧牛山寨平面图（来源：东巩镇文化站站长叶经房）

图 4-37 卧牛山寨内团山寺遗址

河，再到汉江、长江运到荆州。不论传说真实与否，我们都可以推断，如此规模的屯田山寨是为整个区域的战略防守而修建的。

山寨依山势呈南北走向，利用寨墙将整个山脉围住，形成了周长 4000m 的军需屯田堡。寨墙采用了天然石块干砌的方式（图 4-38），并没有人工开凿的痕迹，可以推断修建的年代久远。寨墙依旧采用箭垛和箭道的格局，每隔一段距离修筑哨岗，稍长距离修筑炮台，寨墙附有掩体（图 4-39）以及照明设施（图 4-40），周边还等距布置了 7 个瞭望塔。防御工事是一应俱全，构成了外围密集的层级防御力量。周圈分设小东门（图 4-41）、小西门、大西门、小南门、南门。石屋主要沿东面、西面防线顺应等高线平行布置（图 4-42），可见主要的防御力量集中于东、西两面。南面和西面地势陡峭，利用天然地势防守自然节省了许多防御力量。寨内军事设施齐全，有校场、跑马场、演

图 4-38　卧牛山寨寨墙

图 4-39　卧牛山寨掩体

图 4-40　卧牛山寨照明体系

图 4-41　卧牛山寨小东门

图 4-42　卧牛山寨石屋

图 4-43　尖峰岭寨周边地形

兵场。跑马场、演兵场布置于中心的凹谷地带，目的自然是节约有利的防守空间。

4）尖峰岭寨

尖峰岭寨位于南漳肖堰镇的西流坪村，是整个南漳东南和西南防御体系的中心，具有统观全局的重要作用。尖峰岭海拔 800m，四周陡峭如削，而山顶又突然变得平坦起来，形成了一块三角地带，尖峰岭寨就位于平坦地带。漳河从岭下环绕而过形成龙王峡，通往肖堰镇的主要通道位于山脚。从远处瞭望，整个山寨气势恢弘，给人一种震撼力，显示了作为整个区域中心的一种气魄。扼守河流、道路的重要地理位置，加上区域性的制高点因素形成了尖峰岭区域防御中心的格局（图 4-43）。

尖峰岭寨只有一个出入口，选择在东南角梯形的短底边（图 4-44）。南北两条进攻长边则分别防守漳河和通往肖堰的重要通道。三角地带从尖角开始逐渐抬高，寨就位于山顶的最高点，处于防守的有利位置。寨墙高约 4m，分设箭垛和周圈箭道。箭垛宽 550mm，箭道宽 950mm。设单门进入堡寨内部，位于短底边的正中间。只设单门，是为了减少防守的薄弱点，节省防御力量。

寨内部空间布局基本呈中轴对称形式（图 4-45），内部两条长向的巷道沿中轴线布置，中间轴线布置住房单元，轴线以寨内部重要的议事厅和哨所结束。两条巷道灵活布置，右边一条巷道顺应地势，逐渐抬高，直至议事厅（图 4-46）。两条巷道空间在议事厅前交会形成了一个小广场，恰是整个堡寨中心所在，显示了议事厅的重要性。

内部住宅单元的布局还是呈现出了线性空间布局的特征。流畅的布局结合地形构成了丰富的巷道空间（图 4-47）。这种中轴对称的布局形式，

图4-44 尖峰岭寨入口

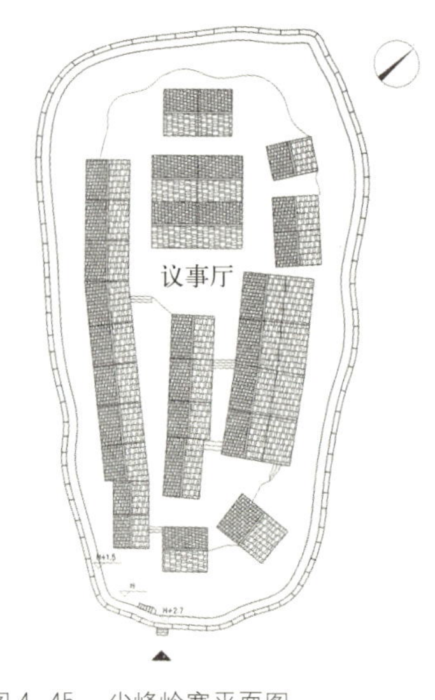

图4-45 尖峰岭寨平面图

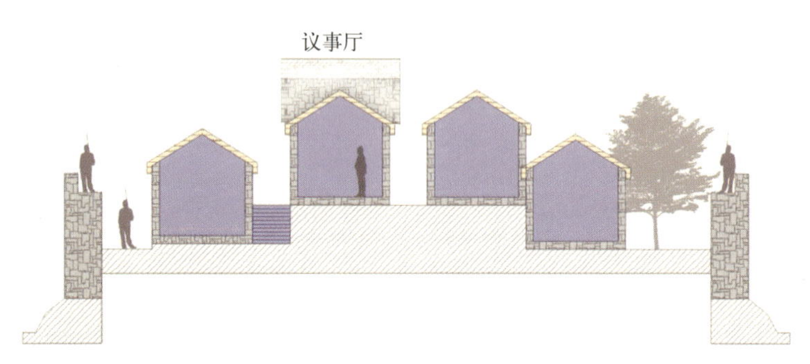

图4-46 尖峰岭寨横剖面

图4-47 尖峰岭寨巷道空间

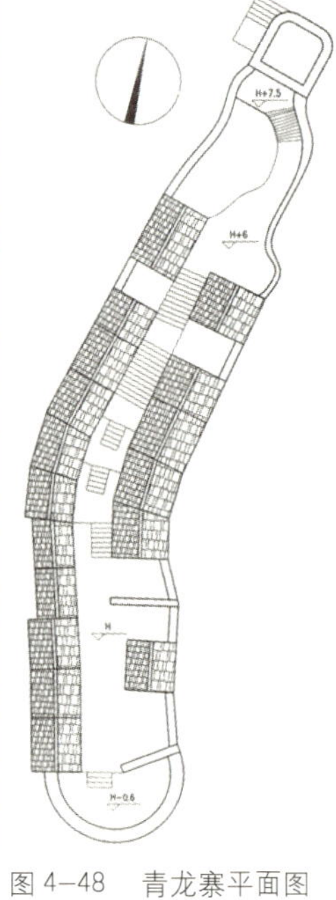

图4-48 青龙寨平面图

显示了空间的主次和趣味性。内部住房单元和外围寨墙之间靠环形运兵道联系，构成了山寨内部的环绕体系。

5）青龙寨

青龙寨位于板桥镇青龙湾村。寨址选择在一条三面悬崖的下行山岭上。堡寨规模较小，只有一个入口，为线形布局（图4-48）。这种布局思想本来是与一般的山寨选址背道而驰的，选择在下行口，敌人在高处，我在低处，防守上不处于优势（图4-49）。但是青龙寨的布局却打破了传统，证实了这种选择是正确可行的。精心将入口选择在北面的半山腰，把山腰从中割断。山腰面宽不过5m，防守面极其有限；入口修建4m开间的门楼，形成了扼守瓶颈之势。门楼高6m，三层格局，每层均配置防守力量，这种立体的防守火力形成了“一夫当关，万夫莫开”之势（图4-50）。为了以最少的人工工事达到最大的防守功效，门楼内防御性构件配置高效，瞭望口与射击口结合设置（图4-51）。

通过门楼后是一片小广场，可以在这里调度防守兵力，是一个防守缓冲区。住房单元沿山脊两边布置，顺应山势直至最底端，以一个半圆形的防守堡垒结束。整个布局一气呵成，构成了流畅的内部空间。石屋与山体融合，构成了东西两面外围防御形态，也避免了大量寨墙的设置。根据防守攻击的需要，在东面预留了一些开敞空间，作为打击敌人的场所。这样构成的内部空间，具有较强的安全感；加上东边石屋局部打开视野，又具有一定的开放性（图4-52）。

山寨内部空间形式多样，疏密结合，满足了人们生活生产的需求。整个堡寨的轴线以方形的门楼开始，最后以圆形的堡垒结束，一方一圆，建筑形式多样化。一方一圆代表了阴阳结合；方形门楼为实，圆形堡垒为虚，虚实结合，空间变化多样。

内部巷道比其他山寨更宽，达到了2m，两边的房间檐口高3m，这种空间尺度正适合人的活动，不会感到特别压抑。巷道台阶的布置也是根据房间的入口灵活变化，有的跟入口之间有一定的缓冲距离，有的就紧贴房间的外墙，形式多样（图4-53）。

图4-49　山体制高点遥望山腰处青龙寨

图4-50　青龙寨门楼

图4-51　青龙寨门楼内瞭望口与射击孔的结合设置

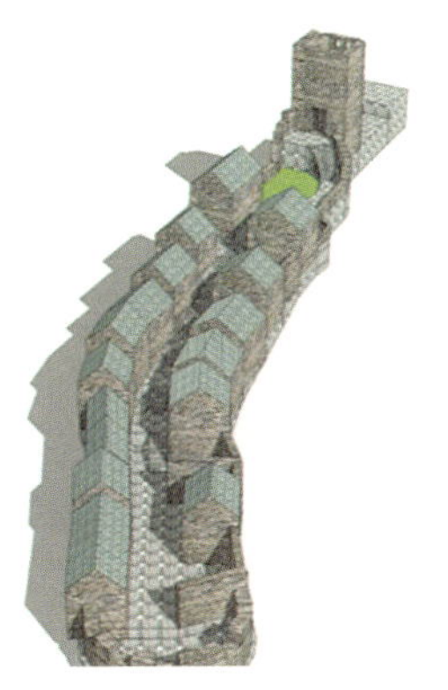

图4-52　青龙寨空间模型

图4-53　青龙寨巷道空间

图4-54　遥看樊家寨

图4-55　樊家寨寨墙外部

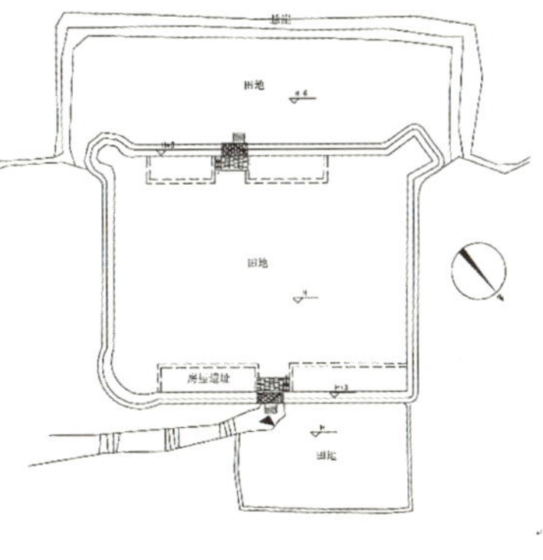

图4-56　樊家寨平面图

图4-57　樊家寨寨内眺望阳坪村

（二）典型民防山寨

1）樊家寨

樊家寨位于板桥镇双龙寺村，坐落在村北的山顶上，距离村落约0.8km，地势平坦，有公路直接经过寨下，上山较为容易。形状方正，寨墙高大，远看如一座小城堡（图4-54），内部平坦，被当地村民开辟为农田，寨墙结构保存较完好，但山寨规模不大。寨墙高约6m，用青褐色石块砌筑，整齐而雄伟（图4-55）。寨子平面呈规整的长方形，长38m，宽28m，方圆1亩有余，寨内地面平坦，面朝西南。南北两个寨门间在各边的中间，但略有交错，不在一条轴线上，这或许是为了避开敌人的进攻而有意为之（图4-56）。两个短边寨墙外山势较陡，越发显得墙体高大。南门外地域狭窄，墙体到坡边只有六七米的距离，北门外则地域开阔，开辟成50m×20m的田地，再往外则是山区谷地，视野开阔，可以远远望到阳坪村（图4-57）。

图 4–58　樊家寨墩台

图 4–59　樊家寨门楼及台阶

图 4–60　樊家寨寨墙内部

图 4–61　樊家寨寨内粮田

图 4–62　卢家寨与周边山寨位置关系

图 4–63　卢家寨的圆形外围形态

樊家寨北面两角寨墙突出，形成 4m × 4m 的方形空间，形似城墙中的墩台（图 4–58），可以扩大攻击面，更好地防御来犯之敌。墩台的底部有正方形的孔洞，可能是寨内的排水孔洞。1.5m 宽的拱形寨门形式规整，用经过打磨的石块砌成，并设置台阶直达寨内（图 4–59）。寨墙上箭道完整，环绕整个山寨，墙上的垛口和寨内房屋均已被拆除（图 4–60）。

由于离村庄较近且交通方便，樊家寨为当地村民所利用。寨内没有古山寨通常可见的灌木丛和残垣断壁，而是村民的一块粮田（图 4–61）。据当地村支书介绍，樊家寨在 20 世纪 70 年代曾作为村委会所在地。

2）卢家寨

卢家寨位于肖堰镇火田村卢家山上，与聂家寨、龙凤观寨、尖峰岭寨遥遥相对（图 4–62）。卢家山山顶较平坦，无险以据，只能靠人工工事加强防御，选择了集中式的团状布局。选择圆形的外围形态，是从尽量缩短防御面来考虑的，是一种高效率的防御形态（图 4–63）。卢家寨是一座典型的家族山寨，由寨墙、门楼、立体防御体系、议事厅、居住建筑、生活用房等构成，共 48 间房屋（图 4–64）。

内部布局以议事厅作为中心，其他建筑围绕其布置，用巷道空间来加强联系，形成了三横三纵的“井”字格局。外圈建筑紧贴寨墙布置，与寨墙合二为一，节约了空间面积，这种格局有点像福建的土楼。内部空间紧凑，巷道一般 1.5m（图 4–65），在有效的面积情况下争取了更大的空间。比较特别的是中间横纵向巷道在议事厅交会，形成了以议事厅为中心的岛式空间。

整体来看，卢家寨的布局是中轴对称形式。寨子是卢姓族连同别姓族一起修建的，为了方便两个家族从不同的方向进入堡寨内部，设置了东西两个寨门（图 4–66）。以这两个寨门形成了一条中轴线，议事厅为中心，尽管轴线有所偏折，但是并不影响其整体格局。入口处均设两层门楼，与议事厅相呼应，完善了中轴线，使整个堡寨的

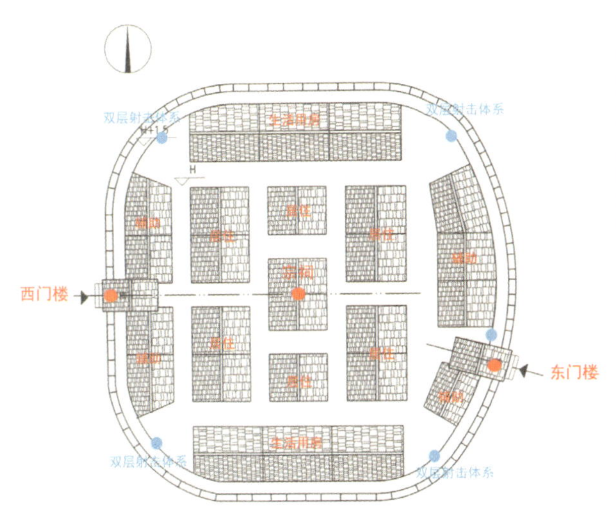

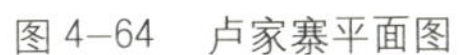
图 4-64　卢家寨平面图

图 4-65　卢家寨巷道空间

图 4-66　卢家寨门楼

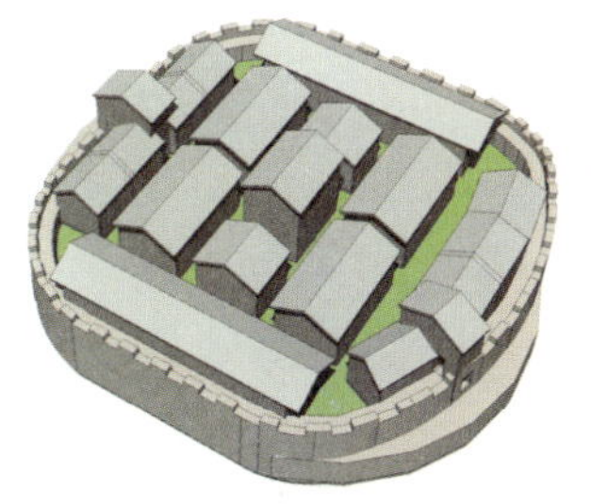
图 4-67　卢家寨空间模型

图 4-68　卢家寨寨墙与兵道

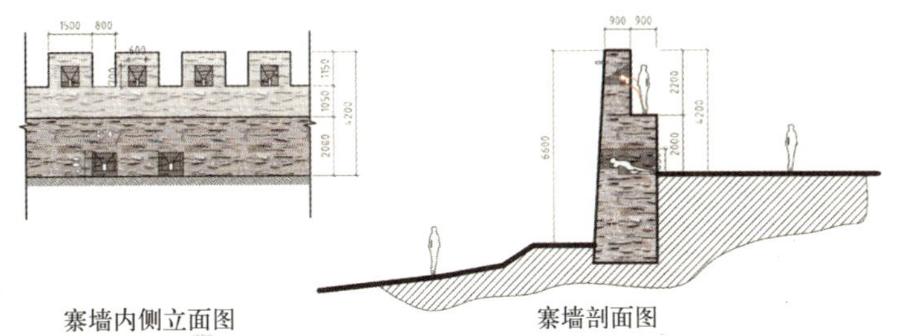

图 4-69　卢家寨寨墙上下层射击体系

形象更加完整。

集中的团状布局加强了堡寨的整体形象，这种内敛的空间形象作为一个以防御为主的堡寨聚落来说是非常合适的，表现出一种内外隔绝的封闭性，是一种精神防御的虚像效应体现。以宗祠、议事厅为中心的堡寨格局，给人一种坚若城堡的形象效应，这也许就是当初卢姓族人建堡的最初想法（图 4-67）。

卢家寨所在的卢家山山势不高，无险可依，因而山寨没有天然的防御屏障。为解决这一不足，山寨在设计时重点考虑了外围立体防御体系的布置（图 4-68）。卢家寨除利用东西两个门楼设卡放哨外，还分别在寨墙东北、东南、西南、西北等处位置设置了双层立体防御系统。利用寨墙厚度、高度和寨内外高差，营造出上下两层射击体系（图 4-69）。

3）九龙寨

九龙寨位于板桥镇东北约 5 里处，屹立于九龙山之上，海拔约 1134m。寨中有一道观，名曰九龙观。它与同分布在九龙山上的九龙寺、关帝庙共同组成“中武当”，是一处历史悠久的宗教圣地（图 4-70、图 4-71）。功能上，九龙寨主要用于祭祀和朝拜，是民防山寨中特殊的类型。

九龙寨位于九龙山的山峰，坐北朝南，平面形式近似于圆形，整个寨墙依地势而建，南北约 70m，东西约 80m。该山寨分内外两道寨墙，均用条石或片石砌筑而成，内墙开南门和北门，外墙设东南西北各一门（图 4-72）。

现寨中仅有的建筑为九龙观（图 4-73），以及西门内两旁的两座石屋。我们现在所看到的九龙观是在原张家庙的遗址上于 20 世纪初重新修建的，西门旁的石屋亦是在原残败的墙垣上砌筑而成的。除此之外，现在所能看见的古时建筑遗迹就只有沿寨墙内侧砌筑的石屋遗址了（图 4-74），通过统计得知沿外墙内侧共建有 48 间房屋。石屋开间在 4 ~ 8m 左右，共可容纳人数在

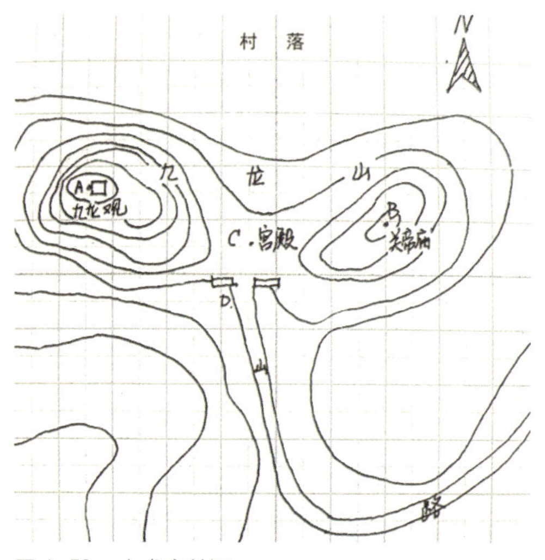

图 4–70　九龙寨总图

图 4–71　九龙寨平面图

图 4–72　九龙寨外寨南大门

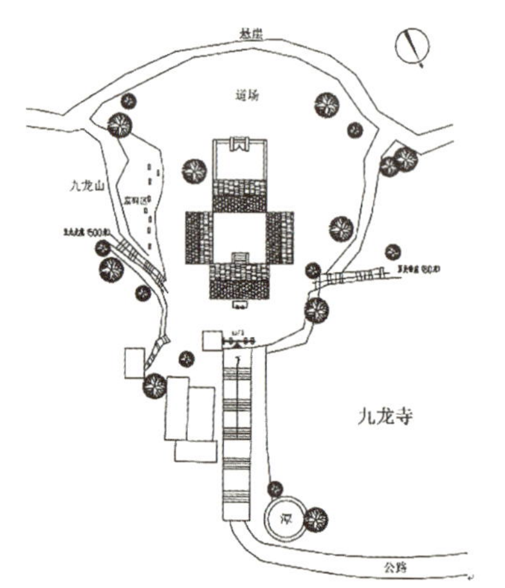

图 4–73　九龙观平面图

图 4–74　九龙寨内石屋遗迹

图 4–75　九龙寨内外寨墙最窄处

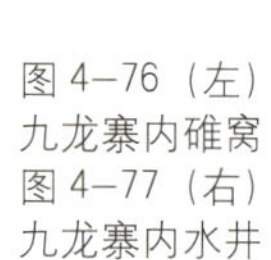

图 4–76（左）九龙寨内碓窝
图 4–77（右）九龙寨内水井

120 ～ 170 人。九龙寨的寨墙均最大限度地绕山峰崖壁修建，内外两道寨墙之间最宽处有 15m，最窄处仅 1m（图 4–75）。

寨内还遗留了当时人们生活所用的“碓窝”（图 4–76），即一种农村常见的舂米用的器具，该“碓窝”直径 330mm，深 160mm，在天然山石上凿制而成。另外，寨中还有水井两处（图 4–77），至今仍有清水涌出，再次印证了“山高水高”的这个俗语。另外，寨内还发现了两座石碑，一座位于内墙北门，名“昭垂万古”碑；一处位于外墙西门，名“万世永赖”碑(图4–78、图4–79)。

寨中因高差而形成的四级台地，为人工凿筑加固而成。一级级不断升高的台地，将置于最高处的殿庙凸现出来，强化了其神圣的地位。该殿庙建在第四级方行基座上，与其他几级台地的平面形式不同，第四级台地并没有延续圆形，而是采用对比强烈的方形的平面形式居于寨中央。这一形式恰似中国传统思想中“天圆地方”的典型体现，再次强调了殿庙作为九龙寨核心的地位。

4）简家洞寨

简家洞寨作为山寨中的特殊类型——洞寨，其选址的巧妙，防御工事的组织，是鄂西北地区洞寨的典型（图4–80）。寨址位于巡检镇西南的峡口水库中，距离巡检镇约15km。从峡口电站坐船而上，行约5km，可见一处水湾（图4–81），湾内山崖如刀削斧劈，在接近山顶处形成了一个天然溶洞，简家洞寨即依此溶洞而建（图4–82）。崖壁下树木浓郁，使得洞口隐蔽，洞口下的山崖几乎垂直于水面，极为陡峭。崖上无路可上，仅能凭据石块攀缘上山进洞。洞寨入口处分设外寨门和内寨门（图4–83、图4–84），山洞入口处用碎石筑起寨墙，与山崖浑然一体，墙上筑有四处射击孔，均布排列，间隔约1.4m，墙内为东西向的狭长通道。外寨墙内部又有厚达3m的第二重寨墙，高约4m，在墙上筑有箭道与城垛，形成里外双层的防守格局，可谓凭据天险，易守难攻。墙的两端各有一个小洞，仅容一人进入，应为储藏兵器所用。简家洞内幽深狭长，进深约80多米，高10多米，为生活居住所用。洞内深处时宽时窄，时高时低，怪石嶙峋，且有一块碎石碑，字迹已不可辨。洞中又有许多的小洞，左边一个小洞中有泉水流出，水质甘甜，旁边内部土灶、石凳依然存在，可见当年生活的痕迹（图4–85）。

简家洞正对面的山崖上有另一处小洞寨，据当地人介绍，简家洞为阳洞，对面的则为阴洞，两寨之间相互照应，能起到很好的防御效果（图4–86）。

图4–78　九龙寨内“昭垂万古”碑

图4–79　九龙寨内“万世永赖”碑

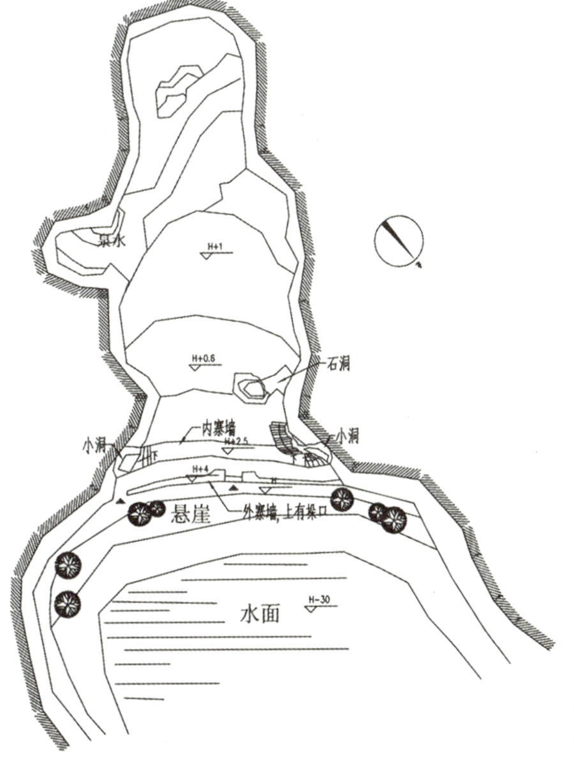

图4–80
简家洞寨平面图

图4–81　位于水湾隐蔽处的简家洞寨向外部眺望

图 4–82 居于崖壁溶洞之上的简家洞寨

图 4–83 简家洞寨外寨门

图 4–84 简家洞寨内寨门

图 4–85 简家洞寨寨内

图 4–86 简家洞寨对面山崖上的"阴洞"

图 4–87 麻城凤到山山寨寨门与寨墙（谭刚毅 摄）

图 4–88 黄陂长轩岭龙王尖山寨的龙王庙遗迹

5）麻城顺河镇凤到山山寨

麻城顺河镇凤到山山寨因山得名。山名系出传说[12]，载于唐朝。山寨的寨墙保存基本完好（图 4–87）。据当地长者讲述，太平天国时期，麻城西八奎的老百姓为了躲避战乱，凭借凤凰山的天然险境，垒起了方圆 2km^2 的山寨城墙，城墙宽 5 尺，高丈余，层层叠叠、迂回曲折、雄伟壮观。城墙中修有数处尺余见方的炮孔，用以回击敢于进攻的敌人，旁边堆有石块。据说，城墙是由附近的高、朱、郑、傅四姓族人分段出人出资兴建而成。

现凤凰山有"三台八景"：三台是落凤台、云台、印台，八景是虎洞、神龟向日、棋盘石、王子看书洞、巨灵劈、蚌岩小舫、丹凤朝阳、壅天。

6）龙王尖山寨

坐落于武汉市黄陂区李集镇东北和长轩岭镇西交界处的龙王尖山寨，北枕旷山，南瞻武汉，主峰龙王尖海拔 385.6m，为大别山余脉。主峰顶巅有一座龙王庙，建于明宣德二年（1427 年），明万历三十四年（1606 年）秋毁于大火，今仅存残迹（图 4–88）。龙王尖山寨始建于景泰七年（1456 年），主要是为"御匪安民"和防范北坡山火，由村民集资兴建。明清之际，山寨经过多次维修和复建，至清同治七年秋，城堡式的龙王尖山寨全面建成，时黄陂知县刘昌绪前往祝贺，并取名永安寨，取其长久平安之意。咸丰九年（1859 年），湖广总督官文曾为建设中的龙王尖山寨题写了"固若金汤"的匾牌一块，以示褒奖。

龙王尖山寨规模宏大，全寨共有四大寨门（图 4–89），以南寨门为最大、最牢固、最壮观。山寨按九曲八卦阵建造（图 4–90）。寨墙由块石、条石、片石大小间压、缝隙填塞碎石土渣干砌而成。寨墙平均高 3.5m，寨墙上均砌有"哨口"、"箭窗"、"滚木檑石发座"、"烽火台"等。内墙半腰有 1.1 ~ 1.4m 宽的巡道（也称走道）。哨口、箭窗一般 1.8 ~ 2m 距离一个，主要用于瞭望、发射铳弹和飞箭。设有烽火台多座，南寨门寨墙上还设有土炮一门(今未见)。这种城堡式的山寨，易守难攻，即使遭围攻，寨内有粮有水，便于坚守待援，三两月可不出山寨。

龙王尖山寨较之鄂东和鄂西北其他山寨，除修建年代早、规模大、发生战事多之外，最大的特点在于它是兼具防御和生活、生产功能的聚落(图 4–91)。除躲防“长毛”、避难安民外，它还充分考虑其在居住、经商、娱乐等多方面的需要。龙王尖山寨在咸丰时的规划布局建设中，以及后来“亦防捻军”的城堡修建中，寨内就分地势、地段、村湾、人员、财物等不同情况，共建了用于驻扎乡勇、存放武器、居住、议事、治安、经商、圈畜、娱乐的大小石板屋1200余间。这些石板屋单间面积最宽的达110m^2，最小的不足4m^2。据了解，在咸丰末年，在寨东桐子岗由杜承绪承建了“天街”(或叫“生意街”)，包括经营客栈、医药店、杂货店、当铺、铁匠铺、裁缝铺、木匠铺、磨坊、酒坊、染行、赌场。还有沈炳元在寨西小菜沟建了一个“百人卖菜，买菜千人”的菜市场。当时龙王尖山寨内既有唱戏的乐场，又有寻欢作乐的侍屋，足见其防御、生活、生产功能之齐备。

图 4–89　黄陂龙王尖山寨寨门（谭刚毅　摄）

图 4–90　龙王尖山寨的九曲八卦阵（谭刚毅　摄）

第三节　祠堂

一、家族组织与祠堂

传统家族文化是两湖地区家族祠堂产生的背景。

中国传统家族文化的重要特点在于其宗族性。“在古代社会中，家族常表现为同一个男性祖先的子孙若干世代聚居在某一区域，按照一定的规范，以血缘关系为纽带而结合成的一种特殊社会现象。”[13]

家族观念起源于原始的祖先崇拜。而宗族组织萌发于商周，成熟于春秋时期，在漫长的封建社会中，几经演变，在唐朝末年瓦解。宋代，宗法又以礼教与政权、神权、夫权、族权相结合的形式存在，并一直延续到封建社会结束。

图 4–91　龙王尖山寨的寨墙与民房（谭刚毅　摄）

中国人历来注重“孝道”、“慎终追远”。古代社会重要的构成方式是宗族组织。宗族组织以血缘关系为基础，标榜尊崇祖先，维系亲情，在宗族内部区分尊卑长幼，并规定继承秩序以及不同地位的宗族成员享有不同的权利和义务。由此，专门用以祭祀祖先或先贤的场所——庙堂相应产生。其衍生的早期宗庙文化曾经是少数人特权象征，经历漫长的历程，才由官宦阶层普及演进至庶民阶层。明清时期，随着宗族组织庶民化、普遍化，以祠堂为中心的家族文化，结合中国封建社会的改良运动，对中国血缘型聚落形成和衍化产生巨大影响。

地处长江中游的两湖地区，以山地、丘陵和大面积湖泊、溪流为主要地理特征。这一地区丘陵与盆地交错分布，山麓田野间河流纵横，溪泉密布。优越的自然条件尤其适合自给自足的小农经济生产方式，长期以来为聚居于此的居民繁衍生息提供了重要而基本的生存基础。除土著居民外，自外乡迁徙而来的移民也将此地作为定居的选择。

明朝初期“江西填湖广，湖广填四川”的移民运动，两湖地区接纳了大量以单身、家庭或整个家族为组织的东南方移民，其中江西移民为主。举族迁徙而来的东南移民家族，同时带来江西等地比较严密的家族组织和文化。两湖地区家族文化观念和家族组织结构较北方其他地区更为完整和强烈。家族组织历经数百年，在两湖地区孕育、生长，形成一处处聚族而居的血缘型村落。

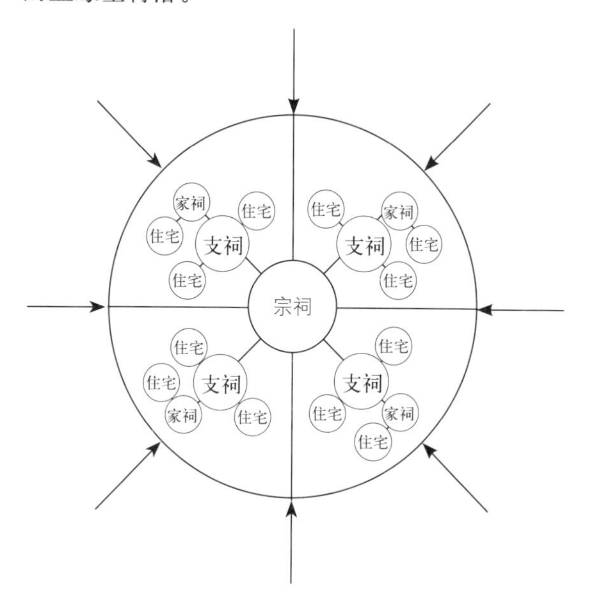

图 4–92
血缘型聚落模式

血缘型聚落普遍特征，是以家族祠堂为核心和制约关系发展起来的。两湖地区祠堂建筑就是在这样的人文和自然环境中展现出独特的风采。

二、祠堂空间与聚落格局

如前所述，聚族而居是两湖地区祠堂产生的重要条件。而在“江西填湖广”移民过程中，一家一户迁入定居地，历经长时段繁衍生息，自然发展成为一户一村的家族聚居形式，并逐步演变为具有一定规模的聚落。凝聚所有家族的核心纽带就是不同级别的祠堂。

（一）聚落核心与层次的体现

作为村落中最重要的建筑，祠堂代表着一个宗族或家族的精神中心，因而在聚落空间（包括物理空间和居民心理空间）中总是占据重要的地位，可能占据着村落的几何中心，也可能位于村口或某一高地。血缘型聚落大多层序清晰而严谨。这同儒家礼制思想中的等级、尊卑观念相一致。同一村落中祠堂的不同规格就代表着这种层序关系。因此，祠堂既是一种高标准的建筑形式，又体现一种家族内部的组织形态。

中国南方传统乡村大多属于以某一姓氏为主的家族血缘型聚落，两湖地区也不例外。这类村落布局有明显的秩序特征，主要体现在核心化和层次化两方面。

核心化是以某种重要的标志物为“内核”，祠堂即为一个家族或其中一个门派的标志性建筑。层次化体现在祠堂的不同等级及其对住宅布局的影响上。在宗族组织较严格的血缘型村落，聚落布局有非常明确的组织原则，因而在形态上空间结构系统清晰可辨。大型村落的祠堂往往有多级建制，包括宗祠（族祠）、支祠、家祠等。其中级别最高的，为宗祠（或称总祠），是本村或附近同一血缘的多个村落共祭始祖的地方。村落布局主要以宗祠为中心展开，在平面上形成一种由内向外的生长格局，但同时由于祠堂的控制作用，聚落形态也表现出明显的内聚性和向心力（图 4–92）。

宗祠作为全村的核心，往往居于最突出的位置。住宅则按照聚落成员血缘关系的远近，分布于祠堂周围。聚落分区也基本上按支、房关系自然形成组团。而每一组团布局与聚落整体布局具有明显的同构关系。组团即为以支祠或家祠为中心的一组建筑群。家族组织这种一个按“宗－支－家”的伦理格局层层设置的较严格的体系，对应于聚落布局，就形成“村－落－院”的布局方式。

图 4-93
湖北阳新太子四门徐氏祠堂戏台

（二）村落中多功能公共建筑

祠堂是中国传统血缘型村落中极其重要的乡土建筑类型。过去江南地区村落不论大小，都建祠堂。修祠建庙，当然主要用以供奉和祭祀祖先，但因其为代表一个家族的公共建筑，逐渐派生出一系列其他功能，如藏修族谱、训诫后辈、商议族内大事，储存公共财物等。此外，许多祠堂还用以家族聚会、操办红白喜事甚至成为公共娱乐场所。这些功能在祠堂的空间布局中各有安排。

图 4-94　阳新李氏支祠入口八字门墙

在两湖地区，从规模上看，一般宗祠至少包括前、后两组建筑，以院落或天井相连。祠堂后部为祭祀空间——供奉先辈牌位的祖堂，前部则是议事和娱乐场所。因此，进入这些祠堂的第一进院落往往可以看到一座面朝厅堂、背向入口的戏台（图 4-93）。大的祠堂规模甚至可以达到三进以上院落，左右还设跨院等辅助空间。无论增加多少进房舍，第一进和最后一进功能上是相对固定的，即活跃的娱乐空间和肃穆的祭祀空间。而中间一进往往成为过渡性空间，中有屏风相隔，可作议事厅之用，又可作为娱乐空间和祭祀空间的延伸。

图 4-95　通山许氏支祠入口八字门墙

与宗祠不同，支祠（公屋）一般为开间较小而进深大的纵向狭长的空间。从入口到祖堂可能有四至五进房舍，皆面向天井开敞。入口常设八字门墙，门两侧多设条石坐凳，前有空场和水池。这些空间尺度宜人，是村民日常休憩、交往的活动空间，相当于一组建筑的公共走廊（图 4-94 ～图 4-96）。

图 4-96
阳新老屋场萧氏支祠八字门墙

家祠布局一般位于住宅的明间最后一进，而前部与之对应的多为公共活动空间，如正对主入口的堂屋等。

三、两湖地区祠堂类型与特征

在两湖地区传统村落中，祠堂在外观上是很突出的。建筑体量比较高大，入口立面、山墙的处理独特，另外，云墙极富动态气势，如游龙一般，在整个村落中尤为突出，往往在很远的地方就能看到，成为当地祠堂建筑共同的标志。每当看到远处耸立一组云墙，就知道又有一座祠堂就在眼前了。

（一）三类祠堂

在两湖地区，我们既可以看到较为独立的宗祠，又能看到一些与住宅联为一体的支祠或家祠。所见到的祠堂依其形态可分为三种类型。

1）宗祠

宗祠为一个宗姓合族为祭祀始祖而建的主祠。因其为全家族归属、兴旺和荣誉的象征，故在村落中占据着最重要的位置，建筑规模、等级也最高。并且，同一地区不同家族之间往往会在家族象征方面相互攀比[14]。因此，要建一座宗祠，需要大量的财力人力，往往家族发展到有较充足的财富或家族中产生极有威望和号召力的人才可能建宗祠。

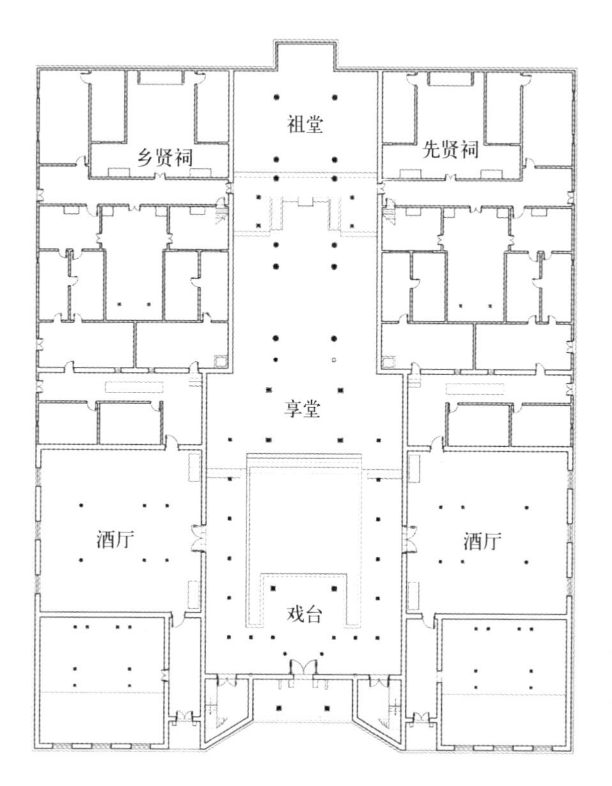

图 4-97
梁氏宗祠一层平面

从规模上看，宗祠常常有三进以上院落，有的在横向还有跨院（图 4-97）。主入口立面处理非常讲究，常常建有牌坊式的门墙，并以该姓氏题铭牌，如“伍氏宗祠”（图 4-98）、“焦氏宗祠”等。

2）支祠

支祠多为家族中支派祠堂，是依照宗族的分支——“房”来建立，奉祀该房直系祖先的祠堂。若家族一个支派房份人丁兴旺，达到一定的数量后，即会筹建本房支祠。一个家族随着人丁的繁衍，支派蔓延，支祠的数量也就不断扩展。

这类祠堂有一定规模，并明示为“祖堂”、“宗屋”、“公屋”等[15]。通常支祠与周边住宅或其他建筑联为一体，如书院、学堂，当然更多的还是宅第。如通山排楼村三座祠堂，均与本族主要宅第联为一体。鄂东地区，凡支祠入口多建成八字门墙形式，以示其非同一般宅第的规格（图 4-99、图 4-100）。

在鄂东南，几乎每个村落都有“公屋”。它一般处于村落一个组团的中心，占据其间最好的位置，前临水塘或一空场地，其他住宅围绕着公屋或祖堂而建。如《梁氏族谱》对于老屋阴阳两宅图记述：“观其阳宅，方位坐东北向西南，左右系各人私居，而祖堂在其中，宫面案若玉屏，文峰秀丽，且门前之水随发脉处而来，如玉带缠腰。”

3）家祠

家祠一般与宗族的基本单位“家庭”相关，是建在宅第之间或宅内的祭祀空间，供奉该家庭直系祖先，通常称祖堂。并非每个家庭都建家祠，一般人家只在堂屋设祖先牌位，只有家庭人丁兴旺，并具备相当的财力的时候，才会兴建家祠。这类家祠的位置一般在整栋宅第的中轴线上。如通山大夫第王家大院之“宗祠”，实为王氏兄弟之家祠（图 4-101，另参见图 3-18 及图 3-19）。

在一些规模较大的血缘型聚落，如鄂东南通

图 4–98　阳新伍氏宗祠入口

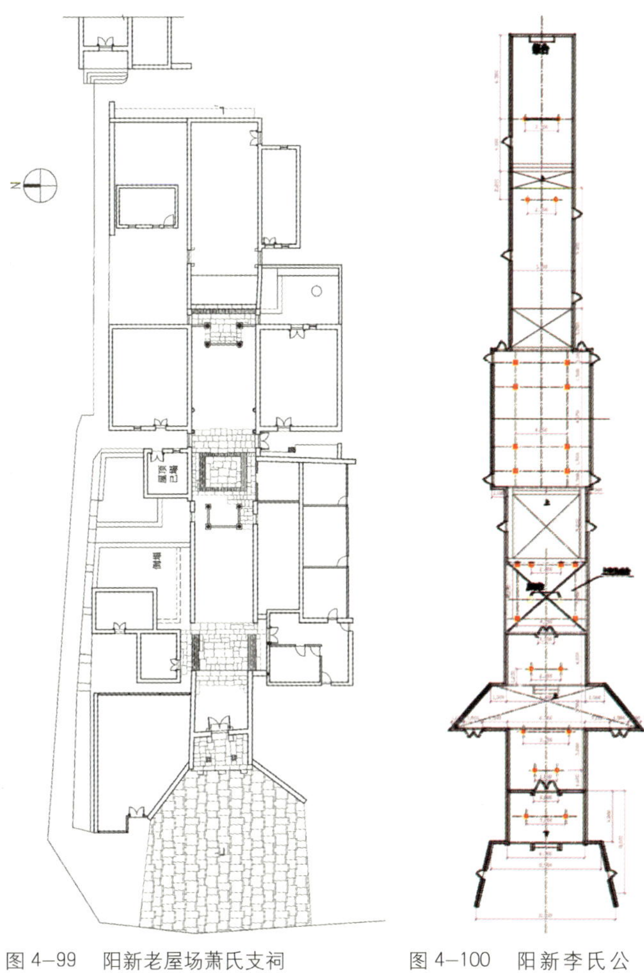

图 4–99　阳新老屋场萧氏支祠

图 4–100　阳新李氏公屋——支祠平面

山宝石村、阳新玉琬村等，常常看到一个村落建有包括以上三种类型的祠堂（图 4–102）。

上述祠堂类别和形制只是总体上按大类区分，并且多以湘鄂东地区家族祠堂为例证说明。但两湖地区东西南北局部地域差别还是非常明显。就血缘聚落宗族文化的表现也有一定区别。例如湘鄂西土家、苗、侗、瑶等民族同样聚族而居，同样单姓村落，却不一定以祠堂形式作为祭祀和村落核心，如侗族聚落代之以鼓楼，土家族为摆手堂等。即便是汉族村落的祠堂，在鄂西北及湘南地区，其形制也多有差别。如湘西、湘南的祠堂多为两进院落，与两湖东部地区相比，减去了中间的享堂（图 4–103、图 4–104）。湘南的一些祠堂甚至强调的是横向展开，而纵向仍只有两进房舍：入口和祖堂（参见图 3–382 ～图 3–386）。

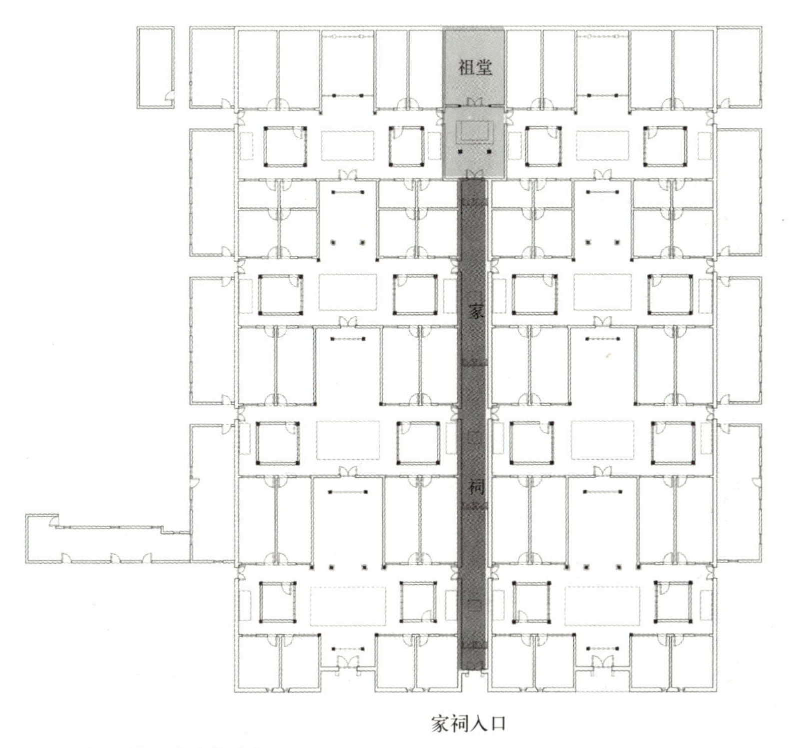

图 4–101　通山大夫第家祠

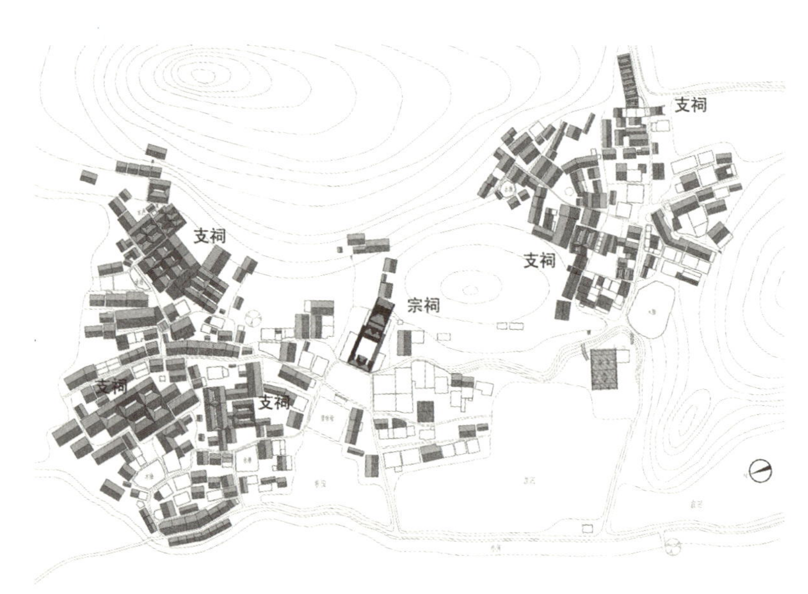

图 4-102　玉琬村总平面图

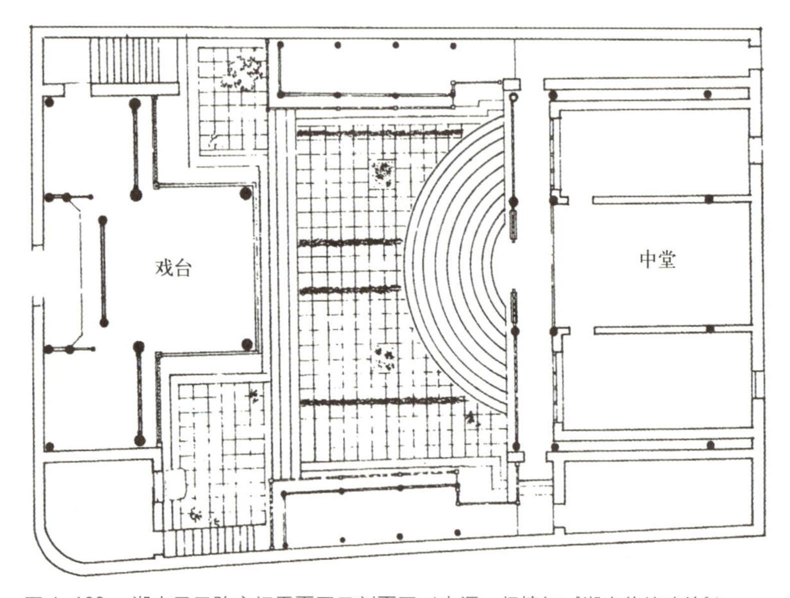

图 4-103　湖南凤凰陈家祠平面图及剖面图（来源：杨慎初《湖南传统建筑》）

图 4-104　湖南凤凰陈家祠（巫继光　摄）

（二）祠堂特征分析

1）最佳风水

作为村落或组团最重要的建筑类型，祠堂选址是非常讲究的，往往坐落于村落最佳的风水吉地。风水原则，在鄂东祠堂建筑布局上是必定遵循的。如风水说讲究“枕山”、“面屏”、“环水”，在我们考察的鄂东10余座祠堂布局中均有所体现。这些祠堂在建筑朝向方面，倒不一定都遵循通常所谓的“坐北朝南”原则，但背后以高山（或高地）为依托，门前有池塘和开阔的视野，以及正对房屋轴线的远处山峦屏障得很好的形态，都是其选址、布局的重要原则。凡有地形条件不太符合风水要求的，则通过一些建筑处理，人为调整以达到和满足风水要求。如红安吴氏宗祠，内凹的大门向右偏转约18°角，从而使入口正对远处吉利的屏山山势。

2）纵向延展，步步升高

两湖地区祠堂在平面布局上多为纵向延伸的格局。只有家族宗祠在面阔方向可能达五开间以上，一般支派祠堂仅三开间，而许多家祠仅有一开间。

在湖北阳新、通山等地，支祠（公屋）均为窄面阔的祠堂（图4-105）。通常由四五个天井院纵向排列，但面阔仅5m左右，甚至只有一个开间。尽管开间小，这类祠堂的入口依然气派，这主要是靠大门两侧的八字门墙作烘托。稍大一些的公屋往往也在第一进结合入口建一个面向天井的戏台。同宗祠一样，进门就得从背靠大门面向过厅和天井的阁楼式戏台下穿过，其后便是纵向的多进天井与过厅，明暗空间交替一直通向祭台。祠堂选址多为前低后高的缓坡地，而进深大就得不断利用天井处石阶调整各进之间的高差，每一进院落标高均不相同，越往后越高，体现“步步高升”之寓意。

不同寻常的是支祠两侧的墙上开着许多扇门，几乎每进都有。当进出这些门的时候就会发现它们通向整个村子，有的门外是弄巷，有的干脆就直接进入了相邻的民宅，再由宅内的过道直通向其他相邻民宅，附近人家不必绕路就可直达祠堂（图 4–106）。这些户内的过道、户外的巷道贯通整个村子。巷道因其两侧民宅采用大致相同的砖、木材料，将形式多变的坡屋顶和封火墙组合起来，使祠堂与住宅，甚至整个村落融为一体。这种有规划的安排，大大增强了村落的向心性，使得祠堂由表及里成为村落的内核。

3）仪式化场所及娱乐中心

祠堂最主要的功能是祭祀。这项活动通常在每年固定的时节进行，如冬至、清明、除夕等。祭祀者包括该祠堂相关的各房派代表。祭祀是一个庄重肃穆的活动，是后辈面对先人表达虔诚敬奉，以求祖灵庇佑的方式。因此，各类祠堂均将安置祖先牌位和祭台的最后一进房舍，称祖堂，往往是最神圣的场所。仪式化是这个场所的主要特征。香案、祭台、牌匾、楹联以及供奉先人牌位的台案均作特别精细的安排，香火缭绕更烘托出肃穆的仪式化氛围（图 4–107、图 4–108）。为强化祭祀空间的仪式性，鄂东一些祠堂还特别从祖堂延伸出一个方形的亭台，从而加大了祭祀空间的进深感。这个方形的亭台往往成为建筑装饰的重点，如通山焦氏宗祠后进院中的方形祭亭，檐下斗栱额枋以及天花藻井极其精美，尤其额枋、雀替上的深浮雕游龙、坐龙栩栩如生，在偏僻的山乡得见这样的艺术精品，令人叹为观止(图 4–109、图 4–110)。而阳新伍氏宗祠甚至以一种宽廊直接将后两进房

图 4–105　阳新大屋李村支祠平面（左）
图 4–106　通山许氏支祠门侧巷道（右）

图 4–107　伍氏宗祠祭台

图 4–108　通山许氏宗祠厅堂牌匾、楹联

图 4-109　通山焦氏宗祠祭亭（左）
图 4-110　通山焦氏宗祠祭亭木雕（右）

图 4-111　伍氏宗祠祭台抱厅

图 4-112　阳新县太子镇李氏宗祠戏台及侧廊

图 4-113　吴氏祠堂前院宽廊

屋在中部联为一体，形成一种“抱厅”的格局（图 4-111）。

与之对比鲜明的是祠堂的第一进院落，那是一个相对世俗化的空间，通常是村民集会和举行庆宴的场所。许多祠堂均在这个院落中设戏台，大型祠堂在这个院落两侧还设置敞廊，表明这里兼有乡村娱乐中心的功能（图 4-112）。如红安吴氏宗祠，第一进院两侧建有双层长廊，廊宽达 3.4m，长约 20m（图 4-113）。据介绍每当家族聚会时，两侧廊道上下均可摆酒席，全族各户代表在此把酒看戏，成为村落中最热闹的场景。此时的宗祠，便成为地地道道的乡村娱乐中心。

4）村落最高规格建筑

毋庸置疑，祠堂是村落中最高级别的建筑。这在多方面都有体现。

（1）建筑规模。这里主要指独立型的宗祠或支祠。它们一般空间高敞，有多进院落或天井以及附属用房，建筑形体远高大于周边住宅。

（2）建筑装饰。从装饰对象到装饰题材均为村落之建筑中最高等级。如前述的高大而气派的

图 4–114 通山宝石村舒氏支祠云墙

图 4–115 通山大夫第猫拱背式云墙

图 4–116 衮龙脊式云墙

图 4–117 红安吴氏祠堂木雕梁架

图 4–118 红安吴氏祠堂轩拱雕饰

云墙，仅祠堂建筑才有（图 4–114 ～图 1–116）。主入口多为石门框，过梁、转角石和石门墩常常是雕饰的重点部位。在住宅建筑中一般禁用的斗栱，在祠堂里却可以大展风采。祠堂的斗栱多为如意斗栱，形式多样而活泼。主要厅堂的檐廊下天花总是装饰的重点，往往做成轩拱样式，以显示其档次；而轩拱至檐下的挑尖梁，竟雕饰成一对对翘首扬尾、气宇轩昂的鱼龙（鳌鱼挑），给人以气魄非凡的强烈印象（图 4–117 ～图 4–119）。

（3）建筑用材。祠堂屋宇高大，建筑所用木、石等均为大而优质的材料。在湖北东部的祠堂中，给人印象最深的是高大的石柱础。这里的柱础一般都呈方形平面样式，普通柱础就是方棱柱形。而重要位置（如正厅、祖堂、祭台等）的柱础往往做得十分高大，常常高达 1.2m，呈方形宝瓶式样，四面均有精细的雕饰纹样（图 4–120）。面向天井的檐柱，为避免雨水的侵蚀，往往被做成整石柱或半石柱样式，半石柱的上部与同样截面的木柱相连接。这种“一柱双料”的做法成为本地区传统建筑构造的一大特色（图 4–121）。

图 4–119 通山焦氏宗祠厅堂檐下雕饰

图 4-120　高大的方瓶柱础

图 4-121　李氏宗祠室内

第四节　会馆

会馆是中国古代各类建筑中较晚形成的一种建筑类型，它是由商业、手工业行会或外地移民集资兴建的一种公共活动场所，是中国古代一种特殊的公共建筑。会馆建筑在中国古代建筑中是一种满足特定社会需求的城镇公共建筑。它属于一种特定人群的活动场所，而不是向全社会开放的公共建筑。因为会馆往往具备强烈的同乡组织特征，其建筑的乡土特征也极为明显。可以说会馆的产生是中国古代商业经济的发展和传统文化心理两者共同作用的结果。

会馆是中国明清时期都市中由同乡或同业组成的团体活动场所（表 4-3、表 4-4），始设于明代前期。到明代后期，工商性质的会馆虽比重渐大，但这些工商业会馆通常保持着浓厚的地域观念，绝大多数仍然是工商业者的同乡行帮会馆。即使到了清代后期，突破地域界限的行业性会馆仍然只是相当个别的。即使出现的一些超地域的行业组织，大多以同业公会的面目出现。另有因商业上恪守诚信，奉祀关公，形成跨行业的关帝信仰场所（图 4-122）。明清时期大量工商业会馆的出现，在一定条件下，对于保护工商业者的自身的利益，起了某些作用。两湖地区存在的会馆，既有在汉口等商业大邑存在的，以工商业者、行帮为主体的同乡会馆；更多的是入清以后在“湖广填四川”移民路线上由陕西、湖广、江西、福建、广东等省迁来的客民建立的同乡移民会馆。而这些在移民路线上的会馆建筑群（图 4-123，另参见本章第三、第四节），往往也是移民原乡建筑文化拓展的产物。

会馆建筑在功能上具有很大的综合性特点，譬如整合了戏场建筑的功能（图 4-124），建筑形制上具有兼容性，既有某些官式建筑主体布局方式及形制特征做法，又较多地采用了地方民间建筑的做法。在艺术风格上既有商业气息，又有地方文化特色。这使它在中国古代各种建筑类型中独树一帜，不论在功能布局、空间组合，还是在建筑的技术和艺术上都取得了很高的成就。在移民原乡文化与迁入地本土文化的磨合中，不断同化、改良。会馆建筑正是这两种文化作用力与反作用力直接物化的结果。可以说它是中国古代民间建筑成就的体现，同时又反映了各种地域文化的特点，是中国民间建筑技术艺术的典型。

常见省籍会馆简表　　**表 4-3**

省籍	会馆名称	供奉神祇
湖广	禹王宫	大禹（或尧舜禹）
江西	万寿宫	许逊（即许真君）
福建	天后宫	天后（妈祖）
四川	川主庙	赵公明（武财神）
广东	南华宫	六祖慧能
山西	关帝庙（或山西会馆）	关帝
陕西	陕西会馆	刘备、张飞、关羽

常见行业会馆简表 表 4–4

行业名称	会馆名称	供奉神祇
编织业	巧圣会	鲁班
铁匠业	雷祖庙	老子
屠宰业	张飞庙	张飞
酒业	杜康会	杜康
梨园行	太子会	唐明皇
缝纫业	轩辕宫	黄帝

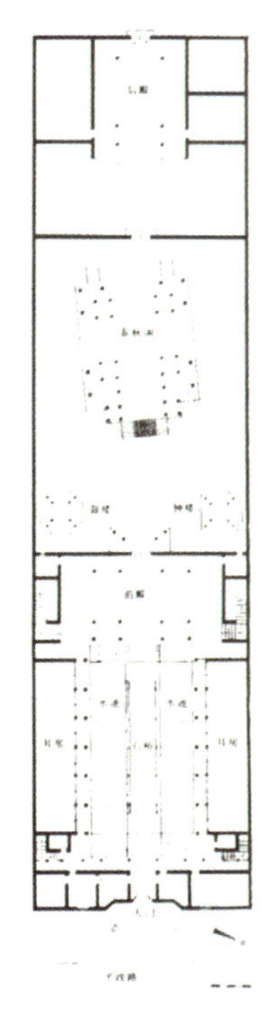

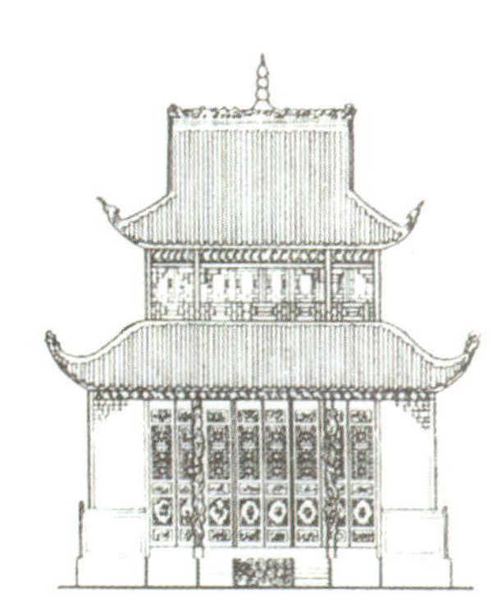

春秋阁正立面

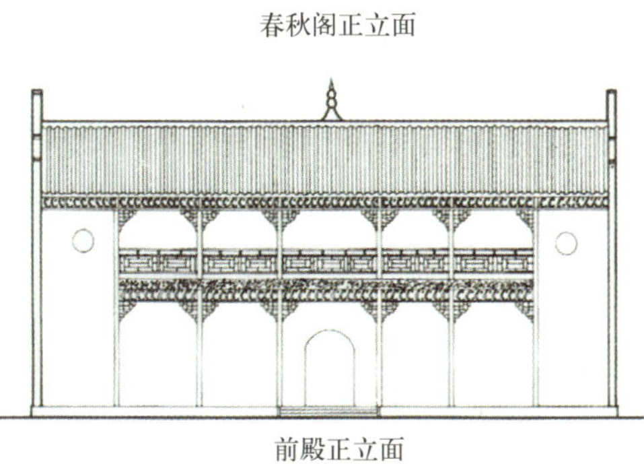

前殿正立面

图 4–122
湘潭关圣庙

图 4–123
陨西会馆建筑群
（谭刚毅 摄）

图 4-124 郧阳江西会馆的戏楼（来源：陈家麟《郧阳古风》）

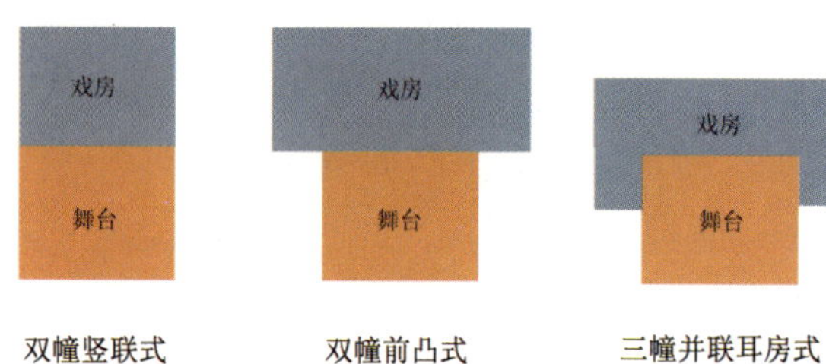

图 4-125 戏台类型示意图

两湖地区的现存会馆建筑，以同乡移民会馆为主。这些会馆建筑群往往位于交通路线上的中心城镇，在城镇中沿中心街道毗邻布置。由于两湖地区现存的会馆建筑群往往出现在比较小或次等的城镇，这些城镇规模也较小，因此往往形成一条该城镇中最为繁华的商业街，进而成为这一城镇所在区域的商业主干。街道因串联会馆建筑而形成，座座民居沿街道簇拥在会馆之间。

随着时间的流逝，许多会馆建筑失去了原有的功能，以至于很多当地居民对于其本来面目也不甚了了。但从建筑的名称来看，还是很容易辨别出会馆建筑的存在；从建筑形制上，也依稀能看到会馆建筑的原有形象。

第五节 戏场

中国古代的戏台源于神庙、宫廷祭祀场所的献祭、乐舞场所，早期多为露台，不设屋盖。据《隋书 · 音乐志》记载，隋唐时期每逢佳节，“百官起棚夹道”，“建国门内，绵亘八里皆为戏场”，说明当时的百戏表演尚不依赖戏台这类建筑。五代至北宋时期是我国民间艺术大发展时期，《东京梦华录》中有“于殿前露台上设乐棚”的记载，其中有“台”与“棚”的组合，已具备戏台的基本元素，但当时对戏台的称谓尚不统一，有舞楼、乐楼、舞厅、乐厅等说法。中国传统戏曲成熟于南宋时期，至元代始常用戏台一词，元杂剧《蓝采和》中出现“再不去戏台上信口开河”的台词。宋、元时期戏台建筑多出现在两种场所，一是神庙中，二是瓦肆勾栏中的演出场地。至明代，朝廷制度允许士庶营建祖庙，于是各地出现大批宗祠建筑，宗祠建筑功用其实与神庙无异，多数也设有戏台。到明代中期以后，商业发展迅速，各水陆码头出现大量会馆建筑，作为同乡之间精神纽带，会馆常与神庙结合在一起，致使会馆建筑中必然有戏台设置。我国南方素有聚族而居传统，祠堂建筑又以闽、粤、湘、赣最为普遍。明清时期，两湖地区民间村镇聚落中存在的戏台建筑主要有万年台、祠堂台、会馆戏台、神庙戏台等类型。所谓万年台也就是永久性戏台的意思，是针对临时搭建的“草台”而言的。往年乡村遇有节庆或某人家红白喜事，常请戏供全体村民欣赏，以示庆祝或答谢，早期多临时搭建戏台，部分条件较好的村落则筹资兴建永久性公共戏台供村民共用，此即万年台由来。万年台多独立存在于村庄集镇之显要位置，利用主要路口、晒场等作为观看场地，共同组成一个观演场所。由于独立性强，不受其他建筑牵累，其尺度、朝向、屋顶形式等均较为自由，最能体现地方风格特征。

自元代以后，戏台形制逐渐定型，通常由演出用的台面和背后的戏房两部分组成，两者间由上、下场门联系。廖奔先生在其所著《中国古代剧场史》中根据两者关系将戏台形制分为三类：双幢竖（纵）联式、台口前凸式和三幢并联式（图 4-125）。所谓双幢纵联式是指舞台和戏房结构各自独立，两者前后串联并且面宽相等的样式。台口前凸式仍是舞台与戏房各自独立前后串联，不同之处在于舞台宽度略小于戏房，所以第一、二种类型虽无本质区别，但外观上差异明显。三幢并联式与前两者区别较大，是将戏房一分为二，布置在台面两侧，舞台与戏房实际上可以是一幢房屋分为三间，这种形式较为少见。从现有资料来看，两湖地区明清戏台以前两种居多。

湖北浠水县福主村万年台（图4–126），其戏台面宽与戏房相等，是典型的“双幢串联式戏台”，戏台上部结构仅一间，小于戏房。屋顶为单檐歇山前出抱厦，正面形成重檐效果。戏房形式较为简洁，单檐封山屋顶，山墙为简单阶梯状马头墙。经实地测量此戏场建筑前台基高1.8m，通高9米，面阔6.1m，进深5m，总面积为30.5m^2。由四根立柱支撑，前柱皆为一柱双料，上为木柱、下为石柱。两柱上斜置精美的木雕龙凤，正面的两侧为雕龙，后面的两侧为雕凤。台檐三面檐坊雕刻龙凤花纹，前檐枋上置“云管阳春”四字木匾。正脊中瓦垒三角形饰，垂脊微上翘，正脊、垂脊端尖安鱼形兽，下挂铁质风铃，檐下满布如意斗栱；后台前檐内收与前台后隔板平，面积74.6m^2，中贯檐枋，枋上镂刻戏曲人物图案，枋下安隔扇窗，槛下砖砌硬山封顶，两山墙为封火墙；化妆室为后台底层，南侧墙安小门，门外楼梯边后连台。该建筑1994年由文物部门进行过维修，省政府1992年12月公布为湖北省文物保护单位。鄂东团风县的龙山大庙万年台(图4–127)、蕲春县长石村万年台与浠水福主村万年台形制上如出一辙。

图4–126　浠水县福主村万年台（马丽娜　摄）

图4–127　团风县回龙山大庙万年台（谭刚毅　摄）

蕲春长石万年台位于蕲春县横车镇长石村石湾西20m，文献记载始建于乾隆十年（1745年），光绪十年（1884年）扩修。戏场建筑前面有几棵古树，前面是一个天然坡地，与上个戏场不同的是这个戏场建筑建在坡地的最低处，坡地的最高处现在已经被平整为一大片空旷的水泥地面。此万年台平面是“凸”字形，分前、后台。从形制上看属于台口前凸式。前台的两侧有台阶可直接到达台面上。经实地测量，前台面阔5.5m，进深5m，单檐歇山灰瓦顶，青石台面高1.8m，在台基的下方有块很精美的双龙戏珠图样的石雕嵌在中央，其上方还有块雕满福禄寿的石雕。台基的侧面也各有一个石雕。后台面阔三间8.93m，进深一间4.32m，单檐硬山灰瓦顶，正脊中为宝葫芦形饰。抬梁式构架，前台天花上为八边形的藻井，中间绘有双龙戏珠，八边绘有八仙过海中的八位神仙，从色彩及做法上看，似非原作。前后台之间以“八”字形的木栅门相隔，后台的山墙上各有一块牌匾记载着戏台多次修葺的时间、原因及捐助的名单。后台两侧的山墙上还有精美的石雕窗格。

两湖地区祠堂及会馆戏台一般形制多为台口前凸式，极个别出于多功能考虑，采用“三幢并联耳房式”。戏台通常处于建筑群中轴线上，坐南朝北，面向正堂、祭台方向。利用合院两廊、正堂及院落作为观众区，共同组成一个完整的观演场所。此类戏台须服从于建筑群体要求，作为整个建筑群之局部存在。由于戏台建筑位于中轴

图 4-128　黄梅杉木乡牌楼湾祠堂戏场（马丽娜　摄）

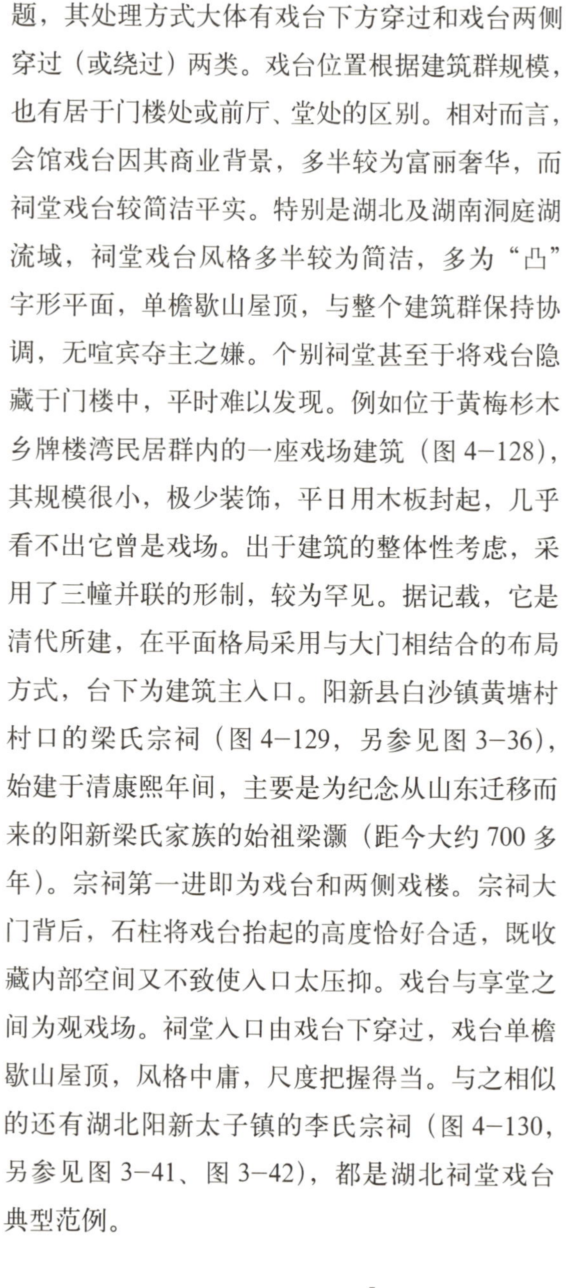

线上，就必须解决与建筑主要交通线路的关系问题，其处理方式大体有戏台下方穿过和戏台两侧穿过（或绕过）两类。戏台位置根据建筑群规模，也有居于门楼处或前厅、堂处的区别。相对而言，会馆戏台因其商业背景，多半较为富丽奢华，而祠堂戏台较简洁平实。特别是湖北及湖南洞庭湖流域，祠堂戏台风格多半较为简洁，多为“凸”字形平面，单檐歇山屋顶，与整个建筑群保持协调，无喧宾夺主之嫌。个别祠堂甚至于将戏台隐藏于门楼中，平时难以发现。例如位于黄梅杉木乡牌楼湾民居群内的一座戏场建筑（图 4-128），其规模很小，极少装饰，平日用木板封起，几乎看不出它曾是戏场。出于建筑的整体性考虑，采用了三幢并联的形制，较为罕见。据记载，它是清代所建，在平面格局采用与大门相结合的布局方式，台下为建筑主入口。阳新县白沙镇黄塘村村口的梁氏宗祠（图 4-129，另参见图 3-36），始建于清康熙年间，主要是为纪念从山东迁移而来的阳新梁氏家族的始祖梁灏（距今大约 700 多年）。宗祠第一进即为戏台和两侧戏楼。宗祠大门背后，石柱将戏台抬起的高度恰好合适，既收藏内部空间又不致使入口太压抑。戏台与享堂之间为观戏场。祠堂入口由戏台下穿过，戏台单檐歇山屋顶，风格中庸，尺度把握得当。与之相似的还有湖北阳新太子镇的李氏宗祠（图 4-130，另参见图 3-41、图 3-42），都是湖北祠堂戏台典型范例。

图 4-129　阳新县白沙镇梁氏宗祠的戏台（李晓峰　摄）

图 4-130　阳新太子镇李氏宗祠戏台立面

位于湖北省通山县洪岗镇南岭口村的成氏宗祠（图 4–131），建于清朝晚期，土地革命战争时期，门楼和戏楼被毁。2001 年，集资按照原来样式维修第一进，现为第二批县级文物保护单位。戏台为后来重建，运用了现代的材料及技术，所以屋顶曲线、比例显得不太自然。但平面布局尚能反映原貌，戏台形制为台口前凸式，与建筑群关系采用了两侧通过式布局，戏台位于祠堂第一进，两侧为观戏侧廊。戏台前台为重檐攒尖顶，月梁有精美的雕刻，戏台底座为石材雕花底座，其上有精美石雕。两侧戏楼为挑廊的形式。戏台后台为硬山顶，与前台形成典型的“凸”字形平面。戏台与两侧戏楼组成宗祠第一进院落，形成了尺度适宜的观演空间。

神庙戏台目前实例多为单一戏台，庙宇建筑多已无存，难以考证其与庙宇建筑群体的关系，现存戏台都采用台口前凸式。戏台建筑风格上仍体现两湖地区戏台建筑的基本特征，例如丹江口六里坪泰山庙戏台（图 4–132）。“凸”字形平面，单檐歇山顶，装饰简约，尺度适当，风格端庄稳健，与当地祠堂戏台风格基本一致。

两湖地区明清时期经济文化发展迅速，长江中下游于明朝中后期成为全国商业经济中心区域，祠堂、会馆建筑亦较其他地区更为兴盛。由于上述因素，两湖地区明清时期各类戏台建筑大量兴建，至今仍有相当数量遗存。另外，由于两湖地区居于明清商贸和移民通道枢纽位置，易于接受外来艺术特征，与本地传统风俗结合形成了具有一定地方特色的戏台建筑，对于研究长江流域传统建筑文化乃至传统戏剧的发展演变具有较高的文化价值。

第六节　牌坊

一、牌坊类型

两湖地区明代以前的牌坊均已毁圮，现仅存明、清以后的遗物。大多为石构，也有木构。木、石牌坊有两种：一种是冲天式牌坊，另一种是非冲天式牌坊。冲天式牌坊主要是指用华表柱（清代称冲天柱），上加额枋，在额仿上不再起楼，也就是不用屋顶者。牌坊显然保留了较多的原始性，即有从衡门、乌头门、棂星门演变的痕迹。非冲天牌楼则不用冲天柱，而是在额枋上起楼，有斗栱、屋檐。砖牌坊常用作门面，这种门便常叫牌坊式门。无论砖牌楼或砖牌坊门全不用冲天柱式[16]。

图 4–131
通山成氏宗祠戏场
（马丽娜　摄）

图 4–132　丹江口六里坪泰山庙古戏台（谭刚毅　摄）

图 4–133
湖北钟祥少司马坊
（梁峥　摄）

（一）按平面形式分

两湖地区牌坊形制大都是“一”字形的，也有些“>—<”形牌坊，典型的“一”字形案例，如湖北钟祥少司马坊（图 4–133）与湖南嘉禾车头镇荫溪村坊（图 4–134、图 4–135），造型奇特，额枋采用高浮雕，雕刻精美。其中，钟祥少司马

图 4-134　湖南嘉禾车头镇荫溪村坊（一）（谭刚毅　摄）

坊系明代兵部左侍郎曾省吾所建，建于明万历年间（1581 年）。仿木构石作，六柱三间五楼，庑殿顶。明间屋檐下设斗栱，次间斗栱之间用两块镂空的花纹板支撑。柱脚正面蹲狮，以代替抱鼓石，形制奇特。正楼正中上方立有竖匾，上镌“恩荣”二字，其意为感谢皇恩赐给的荣耀。两边采用深、浅浮雕精细花纹，形象生动，是明中叶石雕艺术中的精品。

湖北有两座非常奇特的“>—<”形牌坊，湖北阳新龙港镇富水石角山杨家村圣旨牌楼（图 4-136）与湖北钟祥市中山镇中山村节孝可风坊(图 4-137)。湖北钟祥市中山镇中山村节孝可风坊，建于清宣统元年（1909 年），是湖北荆门地区最晚的石牌坊，三间六柱九楼，檐楼共有三层，斗栱、楼顶交错，造型丰富，明间有三层额枋，每层额

图 4-135　湖南嘉禾车头镇荫溪村坊（二）（谭刚毅　摄）（左）
图 4-136　湖北阳新龙港镇富水石角山杨家村圣旨牌楼（谭刚毅　摄）（右）

图 4-137　湖北钟祥中山镇中山村节孝可风坊（梁峥　摄）

图 4–138（左）湖北荆南雄镇石坊（赵逵 摄）
图 4–139（右）湖北襄樊隆中石坊

图 4–140 湖北武当山的治世玄岳坊（梁峥 摄）（左）
图 4–141 湖北团风百丈岩春秋万古牌坊（中）
图 4–142 湖南宁远县西门石坊（来源：杨慎初《湖南传统建筑》）（右）

枋上都精美雕刻，下额枋是“双龙戏珠”，上面两额枋雕刻有人物，采用石象、石狮为依柱石。

（二）按建筑形制分

两湖牌坊主要为冲天式牌坊和非冲天式牌坊。

冲天式牌坊主要见于官式建筑类型中，例如：湖北浠水文庙棂星门。由于不为本文论述范围，故不多述。

非冲天式牌坊主要为三间四柱三楼和三间四柱五楼的形式。三间、四柱三楼式代表如湖北咸丰唐崖土司城内的荆南雄镇石坊（图 4–138）。荆南雄镇石坊建于明天启三年（1623），为纪念唐崖宣慰使覃鼎奉调出征，战功卓著，明王朝赐建石牌楼一座。正楼正面和背面镌刻着有天启年间四川总督朱燮题写的“荆南雄镇”、“楚蜀屏翰”，八个醒目大字，飞檐翘角、鱼龙吻兽、屋顶瓦面、斗栱、象头雀替，制作精良。湖北襄樊隆中石坊（图 4–139）也是三间四柱三楼，形体粗犷，楼顶屋面四角微翘，正脊安吻兽，檐下施斗栱，额枋、平板枋上施以雕刻，中间置板，正中额书“古隆中”三字，左匾书“宁静致远”，右匾书“淡泊明志”，背面正中额书“三代下一人”，次间无字，尤其是柱上的楹刻“三顾频频天下计，两朝开济老臣心”，背面为“伯仲之间见伊侣，指挥若定失肖曹”，赞扬诸葛亮对汉室的忠诚以及过人的才智，表达出对诸葛亮的崇敬和怀念之情。三间四柱五楼式代表如湖北武当山的治世玄岳坊（图 4–140）。武当山治世玄岳坊位于丹江口市武当山北麓，建于明嘉靖三十一年（1552 年），明间非常宽阔，相应的明间檐楼长且平缓，顶饰龙吻吞镂空脊，正脊中央立葫芦宝顶，两边的檐楼比较小。牌坊仿木，柱脚不用依柱石而用夹杆石，额

图 4–143　湖南澧县车溪余家牌坊（来源：杨慎初《湖南传统建筑》）

图 4–144　湖南衡山天下南岳坊（来源：杨慎初《湖南传统建筑》）

图 4–145　元祐宫延禧坊

枋、栏柱分别以浮雕、镂雕和圆雕手法，雕有仙鹤，游云、道教人物等花纹图案。整个造型上非常高大宏伟，古朴雄浑，给人以壮丽中有柔美飘逸之感，堪称明中叶石雕艺术精品。此外，还有湖北团风县百丈岩春秋万古牌坊（图 4–141）、湖南宁远县西门石坊（图 4–142）、湖南澧县车溪余家牌坊（图 4–143）、湖南衡山天下南岳坊等精品（图 4–144）。

（三）按建筑材料分

两湖牌坊最多的还是石牌坊，上面提到的都是石牌坊。砖牌坊独立的形式没有，主要是为牌坊门的形式，依附于建筑立面。独立的木牌坊只存有两座，一座是元祐宫延禧坊（图 4–145），另一座是屈原故里坊（图 4–146、图 4–147）。元祐宫延禧坊建于清同治四年（1865 年），位于元祐宫前宫门西侧（东侧原有保祚坊相对，已毁），四柱三间五楼，庑殿琉璃瓦顶，檐下施以精巧的斗栱，中楼置四攒五昂十一踩斗栱，左右夹楼施二攒五踩斗栱，两边楼上施四攒四昂九踩斗栱。除了精美的斗栱外，其夹杆石相当粗大，此牌坊结构合理，造型精致优美。屈原故里坊建于清光绪十年（1884 年），原位于湖北秭归州古城东门外的洗马桥之桥头，现因三峡水库兴建而搬迁至秭归茅坪凤凰山。四柱三间三楼，庑殿顶，灰筒、板瓦屋面，檐口起翘较大，形象非常生动，牌坊立于花岗岩基石之上，柱根有夹杆石加固。明间柱抹角，次间柱为圆柱。牌坊明间的楼匾双面皆有郭沫若先生题写的“屈原故里”四字，白底红字，牌坊无雕刻，素雅古朴。牌坊左边“楚大夫屈原故里”石碑和“汉昭君王嫱故里”石碑，是两件极有价值的附属文物。

（四）按功能性质分

两湖牌坊主要为门式坊、标志坊和纪念坊。这三种都占有较大的比重。

门式坊多见于祠庙、寺庙、道观、祠堂、宅第等，主要是起装饰、象征作用的牌坊，材质上有木、石、砖、砖石混合等，形式上主要有垂花柱式和柱落地式两种。前者如湖北襄阳隆中武侯祠山门，后者如湖北宜昌黄陵庙山门（参见图 3–266）。宜昌黄陵庙山门建于清光绪十二年（1886 年）。正面为三间四柱牌坊式门楼，高出后面的屋顶许多，形象高大，庑殿顶，斗栱飞檐。门上石匾上书“老黄陵庙”，石匾下枋雕八仙石像。门框上镌刻“神佑行人布帆无恙，踵成善举栋宇维新”对联。门前有上下两层台阶，上层 33 级代表 33 重天，下层 18 级代表 18 层地狱，两层台基衬托出山门的高大雄伟。又如湖北红安吴氏宗祠的三间四柱三楼牌坊门（参见图 3–160），为砖石混合，立面装饰色彩为暗红色，屋角高高起翘，整个形象生动活泼。

图 4-146　屈原故里坊（原址）

图 4-147　屈原故里牌

图 4-148　湖北罗田河铺镇吴氏节孝祠

图 4-149　湖北罗田河铺镇吴氏节孝祠（左）
图 4-150　湖南江永县层铺镇双节坊（谭刚毅　摄）（右）

图 4-151　湖南宁远县路亭村木牌楼（来源：杨慎初《湖南传统建筑》）（左）
图 4-152　湖南宁远县大界乡大界木坊（来源：杨慎初《湖南传统建筑》）（右）

此外，还有些门式坊是融合了旌表、纪念等多种功能的，在鄂东地区表现尤为突出。这种由牌坊与房屋组合为一体的建筑，当地人称"牌坊屋"。它利用牌坊的构架，按牌坊的规格建造，在立面上增添装饰性构造，如增加牌匾和横枋，使层数增高等，使房屋主立面保持了牌坊的精美和纪念性，是一种节材节地的灵活做法[17]。"牌坊屋"除有牌坊与祠堂结合的外，更多的是牌坊与住宅的结合，这种牌坊也都是要经过御批兴建的，多为节孝坊或功德坊等，如湖北罗田河铺镇吴氏节孝祠（图 4-148、图 4-149）、湖北通山县通羊镇唐家垄牌坊屋（参见图 3-57）、通山杨芳林乡株林村牌坊屋（参见图 3-58）、通山宝石村牌坊屋（参见图 3-70）、湖南江永县夏层铺镇双节坊（图 4-150）、湖南宁远县路亭村木牌楼（图 4-151）、湖南宁远县大界乡大界木坊（图 4-152），这些均是节孝坊。唐家垄牌坊屋的牌坊有着精美的砖雕，砖制的如意斗栱，石雕牌匾，堪称鄂东

图 4–153（左）
湖北阳新龙港镇渡口骆贞节牌坊
图 4–154（中）
湖北钟祥中山村节孝可风坊（梁峥 摄）
图 4–155（右）
湖南岳阳云溪乡刘来氏贞节坊（来源：杨慎初《湖南传统建筑》）

南民间工匠技艺的代表。而宝石村牌坊屋的牌坊则简化为仅有上部牌坊式样的门罩，类似垂花门。

标志坊在两湖牌坊中有很多，主要置于祠庙、陵墓、寺庙、景区、宫殿等入口前，古城街道中起标志、标识、渲染气氛等作用，有湖北均州净乐宫石坊、浠水文庙棂星门、当阳关陵石坊、钟祥显陵石坊、武当山的治世玄岳坊、襄樊隆中石坊、蕲春东岳庙牌坊等。武当山的治世玄岳坊位于丹江口市武当山北麓，三间四柱五楼，明间宽阔，气势恢弘，为武当山第一道神门，既划定了山上和山下空间，又营造了神秘的宗教气氛。襄樊隆中石坊位于整个景区入口，上面书写的文字渲染了浓厚的文化韵味。标志坊比重较大，大概与湖北地区有较多的名胜古迹、古城、古庙、古陵墓有关，这些地方往往有牌坊点缀。

纪念坊有功德坊、仕科坊、节孝坊等，其中节孝坊较多，功德坊、仕科坊较少。功德坊如湖北咸丰荆南雄镇石坊，是为纪念唐崖宣慰使覃鼎所立；钟祥少司马坊，是为左兵部侍郎曾省吾所立。节孝坊如湖北阳新龙港镇渡口骆贞节牌坊（图 4–153）、湖北荆门蔡氏节孝坊、钟祥张集镇牌坊村东王氏节烈坊、钟祥洋梓镇花山村的汪氏贞节牌坊、钟祥市中山镇中山村节孝可风坊（图 4–154）、湖南岳阳云溪乡刘来氏贞节坊（图 4–155）等。湖北荆门蔡氏节孝坊建于乾隆十二年（1747 年），是监生廖世熏为其母蔡氏所建。蕲春“双节流芳”牌坊，建于乾隆七年（1742 年）。四柱三间冲天式石牌坊，旌表故儒生张盛寿之妻蔡氏和故儒生张盛喜之妻田氏。钟祥张集镇牌坊村东王氏节烈坊，位于山上的草莽之中，建于清乾隆年间，三间四柱柱不出头，在额枋上立有小“圣旨”牌，额枋间字板上的字已看得不太清楚，石料凹凸不平，没有雕刻，各部分搭接粗犷，显得有些粗糙，旁边有一石碑，但上面无字，该牌坊立于墓前。钟祥洋梓镇花山村的汪氏贞节牌坊，建于清乾隆年间，三间四柱三楼，额枋上字板书“旌表儒童生王瑜妻汪氏之坊”，明次额枋施有雕刻，但是雕刻粗犷，不是很细腻。整座牌坊用料粗大，造型敦实。上面提到的钟祥市中山镇中山村节孝可风坊则是为旌表儒士魏元善之妻常氏所建，造型奇特，但同样显得敦实。

二、牌坊特点

两湖牌坊类型丰富，也具有明显的地域性特征。形式上有冲天式牌坊又有非冲天式牌坊，前者多为三间四柱冲天式，后者多为三间四柱三楼和三间四柱五楼的形式；功能性质上，门式坊、标志坊和纪念坊都占有较大的比重。

门式坊是两湖牌坊一个很大的特色，多为三间四柱三楼的形式，江西也有很多门式坊，除了三间四柱三楼的外，还有很多为三间四柱五楼的形式，甚至有特殊的如三间四柱一楼形式，如昼锦坊等。造型外观上一个很大区别是两湖门式坊特别高大（相对比例），尤其是寺庙、祠庙、道观、

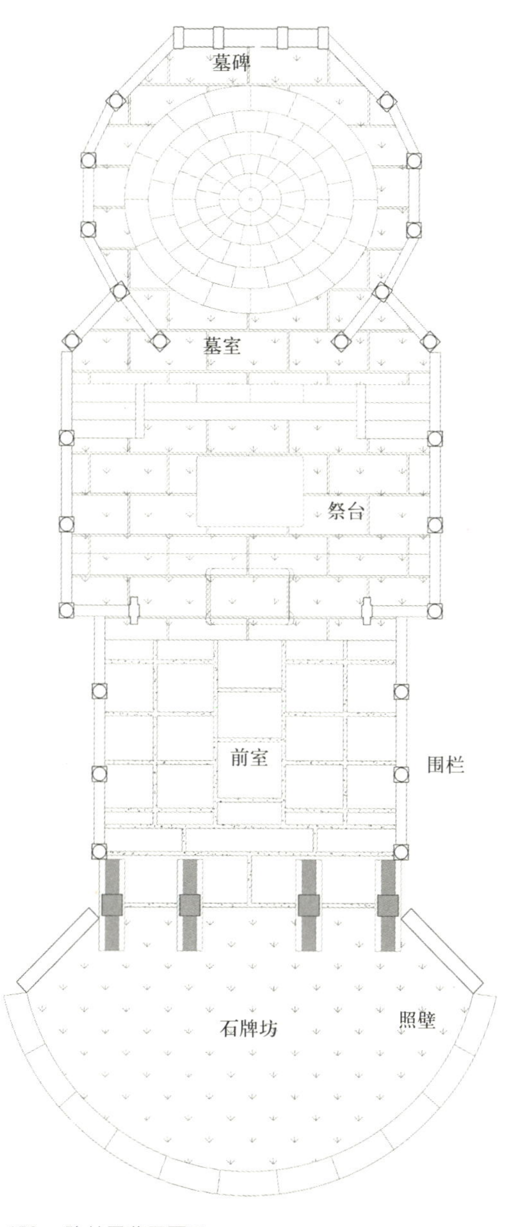

图 4–156　陈献甲墓平面图

图 4–157
陈献甲墓现况（一）
（李晓峰 摄）

图 4–158
陈献甲墓现况（二）
（李晓峰 摄）

图 4–159
墓坊细部雕刻

祠堂等入口处牌坊，楼顶部分高出后面墙体或屋顶很多，其面阔相对于高度来说较小，牌坊每个开间显得很窄，柱子显得很长，给人以纵深的感觉；与近邻的江西地区牌坊进行比较，江西门式坊相对来说较矮小，常见于祠堂、宅第等，楼顶部分与后面墙体、屋顶基本相平，低于或高于，但是幅度不会很大。面阔相对于高度来说不会显得太小，纵深的感觉不强，多给人以横向的感觉。两湖门式坊由于柱子较长，而屋顶、额枋等部分的尺度是符合常规的，柱子高出的部分主要是通过额枋之间的距离来填补，额枋之间的距离较大，很少嵌板；江西门式坊额枋间距离较小，与一般独立式牌坊差不多，多嵌板。两湖门式坊雕刻精美度虽较江西门式坊简朴，由于在“江西填湖广，湖广填四川”的移民过程中，与江西交界的鄂东南、鄂东北与湘东的多数民居聚落都是从江西迁移过去的，因此建筑形式格局与装饰艺术受到江西原籍影响很大，常见到很多祠堂，祠堂常用牌坊门来装饰，无不与江西影响有关。

三、个案分析：陈献甲墓坊

陈献甲墓位于湖北阳新县浮屠镇陈献甲村（图 4–156 ~ 图 4–159）。墓主陈献甲，为当时富甲一方的商人，急公好义，乐善好施，享誉鄂东南。该墓建于明万历年间，由石牌坊、前室、祭台、墓室、墓碑、护栏等部分组成，均以青石为材料。其入口由石牌坊与“八”字照壁组成，牌坊为三间四柱柱不出头式，明间的冲天石柱疑是后来所加，石质不一。石柱内侧南北对称雕刻侍人手捧梅花鹿、官帽。横梁正面刻有“双凤朝阳”，反面则装饰有极富地方特色的“渔、樵、耕、读”图案。前室和祭台均有数块大小一致方石板做成围栏，石板上雕有奔马、松鼠、“鱼跃龙门”、“犀牛望月”等鸟兽虫鱼图案。墓室用长方条石砌成五层台形状，中间饰以莲花图案，墓碑上刻满灵芝、梅花等植物花卉。整个墓序列明确，建筑结构精巧，雕刻精美，保存完整，为湖北省级重点文物保护单位。

第七节　桥

两湖地区地貌多样，既有东部典型的河网纵横的冲积平原，又有大型的淡水湖泊周边的湖区，如洞庭湖区，同时在鄂西北、湘西则多属喀斯特地貌，高山深谷分布广泛。长江水系横贯两省，江河众多，水陆交通必经之处，分布着众多古代桥梁，为历史上两岸交通必经之地，在交通建筑研究方面有着重要意义，但就建筑风格、形式、做法、工艺等方面而言，也是样式繁多，种类多样，同时它们与周围景色和谐统一，在人文景观与自然景观相结合方面有借鉴作用。

桥是工程的实体，也是科学与文化的物质体现。两湖地区的古桥的历史可以上溯到秦代。今天流传于世的则多见于明代以后。

图4–160　湖南廻龙桥（来源：杨慎初《湖南传统建筑》）

各个地区的桥梁种类从分类上讲，有固定式桥梁与浮桥两大类。固定式桥梁常见的又有梁桥、索桥、拱桥之分。按材料分有石桥、木桥、木石混用、铁锁链桥、浮桥、木便桥等多种类型。从建筑样式上来看，则既有供人遮风避雨的廊桥（风雨桥），又有坚固耐用之各类石拱桥和方便商贸的市桥等类型，同时在某些水流湍急、水势涨落变化大的地区则有索桥、浮桥等多种桥梁类型。从民系与地区来看，则受周边地区建筑方式、结构特点的影响甚大，例如，同是风雨桥，在鄂西少数民族聚居之区，其桥上附属建筑在侗族聚居的地区多见细节丰富的仿鼓楼样式的结构，而土家族地区风雨桥则多为干净利落的双坡结构，至鄂东、鄂东南，则在桥两端增加马头山墙，且各个地区样式细部多有不同，进而呈现出一派丰富多彩的桥梁景观。

下面结合材料与结构类型的综合分类方式来各举其中具有代表性的实例。

一、廊桥（风雨桥）

此类桥梁在两湖地区并不少见，而各个地区之间差别甚大，其中代表性的有湘鄂西土家族、侗族地区的廊桥与鄂东、鄂东南地区的廊桥。

侗族风雨桥，又称“花桥”，以其能避风雨并饰彩绘而得名，是一种集桥、廊、亭三者为一体的桥梁建筑，是侗族桥梁建筑艺术的结晶。一般多建在石筑桥墩上，层层出挑的木梁支撑木质桥面及柱廊，其上多有亭阁，一般亭阁多筑于墩上，受力合理，全桥一般宽为 3 ~ 4m，长度 30 ~ 50m，最长可达 80m。代表性实例有湖南通道县坪坦乡廻龙桥、普济桥，黄土乡普修桥、陇城下六村桥等（图 4–160 ~ 图 4–163）。其中廻龙桥始建于清代，曾两度被水冲毁。现桥为 1931 年重建。石墩木梁，长 62.4m，桥面宽 3.75m，高 4m。桥廊两侧有栏杆和木凳。上面覆盖重檐屋顶。桥两端及中部复造楼阁共 3 座，中为文昌阁，阁为三层檐，东阁楼北面廊房内及走马板上有题词和山水花鸟等彩绘。全桥除桥墩为石结构外，全部用杉木拼接而成，没有一颗铁钉和其他铁器，体现了侗族的建筑艺术风格。

鄂东、鄂东南地区的廊桥则一般长度较小，但在上桥处多有牌楼门或风火山墙作为桥梁入口（图 4-164）。鄂东黄梅四祖寺附近的灵润桥（图 4-165），亦称花桥，俗称过路亭，位于黄梅县四祖寺破额山出水口的石鱼矶上。元至正十年(1350 年）由四祖寺住持祖意禅师募缘修建而成。该桥为单孔石桥，东西走向，宽约 6m，长约 20m，拱高 3.2m，孔净跨 7.35m，桥上建有廊屋 5 间，抬梁式构架，廊屋两端为砖砌八字牌楼门，墙壁绘有各种花鸟图案，桥下石矶上有唐宋以来历代文人墨客的题字石刻 20 余处，其中以唐代书法家柳公权书“碧玉流”石刻和唐宋八大家之一的柳宗元“破额山前碧玉流”诗刻最为珍贵。桥下泉水经石矶直泻深壑，构成“瀑布岭头悬，碧空垂白练”的壮观景象（图 4-166)。现为省级文物保护单位。

二、拱桥

这类桥梁在两湖地区多为石质，其样式符合材料本身的受力特点，多见于鄂西与鄂西北，在峡江地区数量较多。

其中具有代表性的有湖北秭归千善桥（图 4-167)、江渎桥，巴东的寅宾桥、济川桥等。

千善桥地处秭归村落中，长江南岸古驿道上。桥面长 6.6m，宽 2.7m，高 5.3m。桥面呈长方形，建筑面积 17.82m²。花岗石砌筑，保存较好。桥上曾建有凉亭，现已毁。桥墩东西宽 3.2m，高 2.6m，桥墩条石规格大小不等，条石表面平整，错缝砌筑于山岩之上。拱券为单孔，半圆拱。跨度 3.3m，矢高 1.7m。拱券为一券一伏，以条石纵列砌筑。券石高 250mm，中心券 4 块，其余每道 4 ~ 5 块，每道券石宽度、长度不等。条石表面平整,纵向错缝砌筑。伏上用 4 层石料砌筑桥身。该桥桥体小巧精致，做工考究。桥墩直接坐于岩石之上，桥孔跨度较小，矢高为跨度的 1/2，拱

图 4-161　湖南黄土乡普修桥（来源：杨慎初《湖南传统建筑》）

图 4-162　湖南坪坦乡黄土桥（来源：杨慎初《湖南传统建筑》）

图 4-163　湖南陇城牙大单亭花桥（来源：杨慎初《湖南传统建筑》）

图 4-164　湖北通山刘家桥（谭刚毅　摄）

图 4-165
灵润桥（一）

图 4-166
灵润桥（二）

图 4-167 千善桥（南面）遗存（上）
图 4-168 寅宾桥（来源：国务院三峡工程建设委员会办公室、国家文物局《三峡湖北库区传统建筑》）（下）

券呈半圆拱形式，承重合理。桥上曾有凉亭，凉亭立柱悬挑于桥面之外的挑石上，在当地古桥中别有一番风味，这在其他古桥中是不多见的。

寅宾桥是古代驿道在巴东境内的第一座桥，也是巴东同秭归的分界标志（图 4-168）。古时候，来自官方的诏书、命令或者皇帝的书信，都是从这里进入巴东再转入四川。其在当地又名古石桥，位于巴东东口镇与秭归县牛口乡交界处，清乾隆年间建，该桥所处地势西高东低，南北横跨在韩家河之上，韩家河经过古桥向东南 100 余米后入长江。寅宾桥是峡江流域现存的最大古石桥。古代全国东西交通的重要驿路——长江路（南京至成都）经巴东，寅宾桥就是其县境东段起点，历史上曾经是连接巴东与秭归的重要交通枢纽，是研究清代桥梁的重要实例。其结构特征为单拱石桥，石材多为灰砂岩石，横联拱券，尖券，无券脸石，桥长约为 55m，桥宽约为 5.8m，拱跨 12.4m，拱高 6.7m，桥面至河床高 15.84m，建筑面积约 320m^2，两岸桥墩建筑在韩家河两岸的自然岩石之上，其上用方整石建桥台基础，券石多为长条石砌筑，多为一顺一丁形式，条石长约 1.2m 左右，断面尺寸多为 320mm × 280mm，其下雁翅石同为长条石砌筑，拱内的内券石头厚 430mm，二伏券石厚为 340mm，桥身内填充均匀素土及乱石，桥面皆用块石铺墁。桥身除基础和拱券为石灰糯米浆砌筑之外，其他各处均为白石灰浆垒砌。经 200 多年无数次洪水冲击侵蚀，桥体构件损失较为严重。

三、索桥

在峡江地区，鄂西北与湘西地区，这些地方谷深水急，过去根本无法筑墩建桥，古代劳动人民就发明了以竹、藤和铁绳等作索为桥的办法。索桥分为独索和多索两大类。独索桥又叫溜索桥，在两湖地区较为少见，而留存较多的则是多索桥。土家族聚落区，多为背山面水而居，每处村口有水则必有铁索桥，大多数跨度较小，且多为近代修建。

第八节　商业集市与店铺

一、商业集市

两湖地区的商业集市主要形成于明末清初时期，特别是随着长江上游、汉水中下游[18]水道的贯通，以及江河两岸防洪堤坝的建成，洞庭湖流域和江汉平原避免年年洪涝之灾，一些大的集市和城市聚落开始在长江、汉水两岸迅猛发展，在商品经济较为发达的区域和大城市中心地开设常日集市，而其他水道及陆路节点上则形成了有固定集期的集市。

这一时期，在汉水与长江交会地区形成了两湖区域最大的交易市场——汉口。万历年间，湖广地区的漕粮均在汉口交兑，运销湖广的淮盐也以汉口为转运口岸，至清代，由于担负着向长江中下游地区输出米粮的重要责任，汉口从一个主要经营奢侈品的地区市场转变为全国商业网络的重要枢纽，到“康乾盛世”之时，汉口被称为“天下四聚”之一的商业巨镇，市场的扩大使得汉口在清代开设了众多的常日集市，成为“重商云集”的都会，以至出现“此地从来无土著，九分商贾一分民”，“瓦屋竹楼千万户，本乡人少异乡多”的情景（图4–169）。以汉口商镇的兴起为契机，在汉口周边的黄州（黄冈）、咸宁、黄陂、孝感等地区一些固定集期的集市也应运而生。

清代两湖地区各州县村镇的集市各自规定开市的日期，称为集期或场期，亦即所谓的“虚期”，“有人则满，无人则虚”。有十天开四次，集期一六三八，二七四九等；其次有十二天开四次，即三天开一次的，这是按十二支，例如逢子午卯酉开的。其中，十天开两次即五天一场和十二天开两次即六天一场最为普遍。道光年间，施南府所属各州县村镇的集场以隔五天一场为主（即日一六、二七、三八、四九、五十集），个别场另有规定（如恩施山区每隔60里一集市，逢双赶前市，逢单赶后市）。湘西境内苗族生活习俗：“每六日一赶集，谓之赶场，苗语曰猛己，亦曰拜，其苗女三五互相伴，群集其间。”鄂西土家族亦称赶集为“赶场”，“郡内夷汉杂处，其贸易以十二支肖为该市名，如子日曰鼠场，丑日曰牛场之类。及其各负货聚场贸易，仍立场主以禁争夺”。以城镇为中心，在周围四乡轮流赶场已是清末鄂西土家族集市贸易的普遍表现。特殊的有在同一场所开两次，有的地方两场规模大小因日而异，大的叫大集，小的叫小集。“卯、酉日集，大场酉，

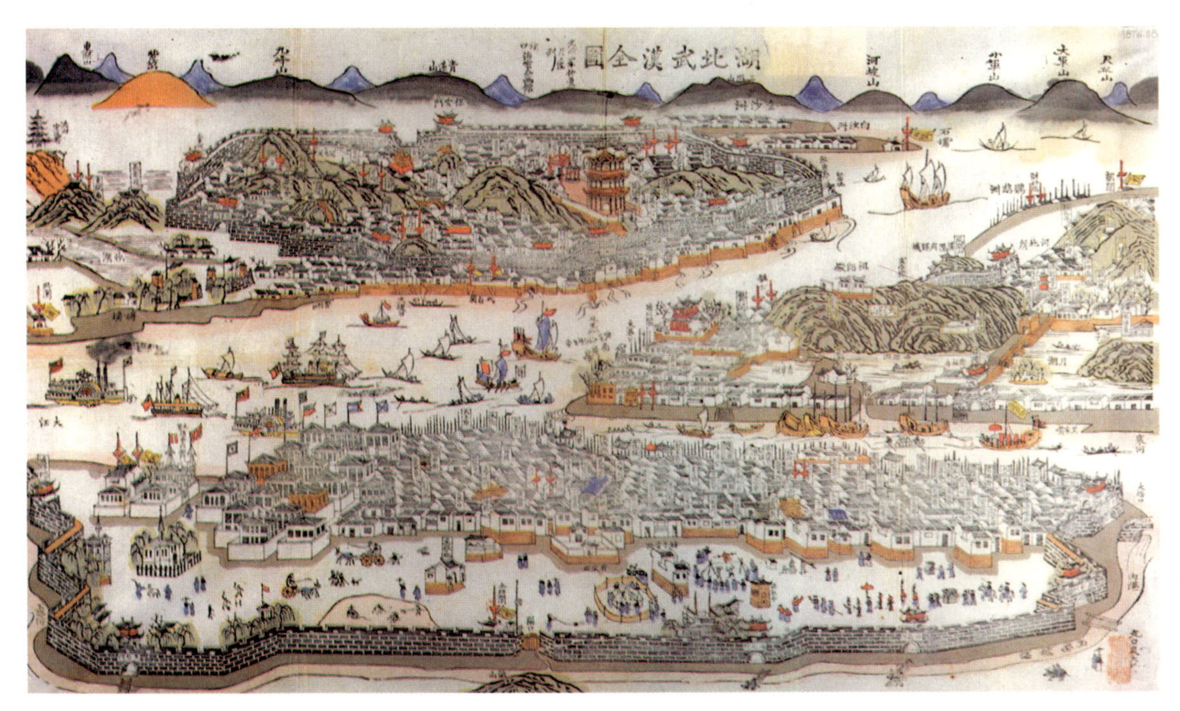

图4–169　光绪年武汉全图（来源：《武汉历史地图集》编撰委员会《武汉历史地图集》）

小场卯。”也有地区在农历春节前后各乡镇轮流开大集，如汉口附近的新洲地区每年二三月份赶“花市”就是这种“大集”。总之，清代两湖地区普遍采用旧历或农历场期制和传统的十二支（生肖）谱系来规定各自集贸市场的场期时间。

两湖地区的集市分布受到所处地区地理条件、经济水平和交通状况等因素的制约。地理条件优越、经济发达、交通便利地区的市场密度较高，反之则市场密度较低。集市的形成因素，大致有以下几类：

（1）因特色商品贸易形成的集市。在集场上，把本地方的产品和本地方不生产的生活必需品之类进行交易，前者以当地居民为主，由农民带来，后者主要由客商带来。在清代的商业贸易活动中，由外运销进入两湖集市上的主要商品是食盐、布匹、棉纱，而以食盐为大宗。定期集市上向外运销的主要是土特产品，包括农林产品及矿产品，重要的有马、茶叶、木材、桐油、生漆、铅锌、水银、朱砂等。两湖地区因商贸形成的古街市又有各自不同的商品侧重点，如：因茶而兴的赤壁古街——羊楼洞、因盐而兴的宣恩古街——庆阳坝、因桐油而兴的洪江古街市等。

（2）因水路交通形成的集市。古代交通以水路交通为主，大的江河湖畔及水陆转运节点附近最易形成街市，而两湖地区自古湖泊众多，水网体系发达，因此有大量因水而兴的古镇，而这些古镇的名称也大多有“桥”、“巷”“埠”“港”等字，体现出水运古镇的特点，有些由于水运繁忙，民国时还会有“小汉口”之称，如因桥而兴的咸宁老街——汀泗桥，因埠而兴的阳新老街——龙港，因渡而兴的监利老街——周老嘴，因市而兴的湖北大悟老街——双桥等。随着现代公路取代航道水运，许多曾经繁华的古集市随着交通的没落而没落，昔日的传统风貌以静止的形式保存下来，码头、渡口、商人会馆以及庙堂馆所成为这些老街特有的建筑空间。

（3）因地貌特征形成的集市。在湘鄂西的山区地段，由于道路险阻，步行距离一般在每日 60 里左右，因此在此距离内的坪坝规整处，往往要有为脚夫提供歇息的客栈馆驿，久之，商贾聚集，形成街市，如宣恩庆阳坝老街；也有在山口卡门之处设关收税，形成山区与平原过渡区域的古镇商街，如五峰的渔洋关、巴东的野三关等；也有在江河滩头空地由于便于泊船，过往船客、纤夫上滩休息，逐渐热闹，形成街市，如因滩而兴的枝江老街——董市、兴山老街——新滩等。

二、商业建筑

明、清时期，封建社会商业发展到了高峰，“城市乡场，蜀、楚、江西、山陕商民居多，年久便为土著……贸易以赶场为期，场多客民，各立客总，以约束之，场以五日为期”。这些东西南北商贾的会集地，其商业的繁盛，促成了流动人口的大规模增加，各种建筑文化在这里交融，建筑工艺博采众家之长，集南北之优，融当地不同民族习俗，形成独具特色的本地商业建筑风格。这种风格，既有别于北方商业建筑的凝重、鲜艳风格，又不同于江南商业建筑的繁复、华丽。同时两湖地区本身由于地貌气候存在着明显差异性，导致建筑格局也有所不同，如江汉平原、洞庭湖流域商业建筑多窨子屋、马头墙、骑楼类型，而湘鄂西山区由于潮湿多雨，沿街建筑大多采用大挑檐、双重檐、凉亭风雨街形式。

（一）排扇门类型

沿街而建的商铺为一开间至三开间，大多为三开间，门面一至二进的为多，进深 5 ~ 15m 不等。官商则为五开间，但为数不多。这类店铺一般是两层，个别的建三层，下层营业，上层供居住、储藏。临街门面称前厅，门面柜台沿檐柱至金柱处呈“L”形拐弯，明间为通道。单开间、两开间的一般开侧门。第一进天井两侧厢房多为雇工居住，厢房直抵塞墙。第一进天井直对塞墙有一双扇门，称二门。进二门有一厅称小厅。小厅为披屋形式（披屋即单坡）与二进厢房及大厅形成二进天井院。这种布局形式较为普遍，并颇具规模。店铺的楼层前挑出约 2m 建造廊道，廊

图 4-170　竹山老街马头墙（谭刚毅 摄）（左）
图 4-171　谷城老街窨子屋（右）

图 4-172　湖南洪江老街窨子屋（左）
图 4-173　湖北房县军马铺骑楼（右）

道安装花格木栏杆或美人靠。不少店铺为了美观，还把门面漆上黑色。沿街店铺栉比鳞次，形成连排铺面，为了防火，中间有封火墙分隔，采用穿斗式构架。与徽州地区“粉墙黛瓦”不同，两湖地区商铺建筑色调显得很素雅，最大的特色是“灰墙黛瓦”，商铺建筑通常是青石勒脚，灰青砖砌就，为一面清水墙，灰瓦屋面，在屋脊、檐下、墙头、梁架等重点部位做一些装饰，但色彩淡雅，只有在屋脊和山墙才饰以有点艳丽的灰雕（图 4-170）。在屋檐与屋面交界处常施以白色边线，画上黑色卷草，使轮廓醒目。

（二）窨子屋类型

这类商铺建筑为住宅改建（图 4-171、图 4-172）。窨子屋用石、砖砌墙而形成的院落式的民居形式，它的特征在于院墙和槽门。一般以八字门居多，槽门入口都做有各式门罩或门楼，枋部有精美雕刻，工艺精湛，气派非凡。门外框用青石平墙而砌，外抹一道灰浆；门槛也为青石，多在 30cm 高。大门两侧安放一对门墩。有的大门装有铁皮门扇。有些门略有偏斜，以顺应“风水”方位。院内建筑或为单体房屋，或为转角楼，或为四水屋。有两进、三进的，但两进的较多，临街一进大多是三间正房、两边厢房，后进为作坊或住宅。由于这类商铺具有严密、封闭、安全等优点，所以，经营当铺、票号、钱庄、药堂的商人，特别喜欢选用这种屋式作商铺。

（三）大挑檐及骑楼街类型

两湖地区由于潮湿多雨，民居多是土、木结构，屋檐一般出挑较大，以防雨水对墙体冲刷，特别是集市商街，大挑檐和骑楼为客商形成很好的遮风避雨的空间，因此，屋檐下的挑檐结构或柱廊成为传统街道中非常有特色的部分（图 4-173 ~图 4-175）。由于地理气候条件的差异，鄂西山区和鄂东平原在挑檐和柱廊上的差异也很大。在鄂东南许多古镇的街道中，挑檐不仅结构复杂，而且由于受徽式建筑风格的影响，往往雕饰繁琐，成为建筑装饰的重点，这与普通两湖民居主要以结构形式体现建筑形体美的古朴做法有很大不同；而在湘鄂西山区，出檐更加深远，挑檐结构愈加复杂，檐部由挑枋出挑，挑枋数量按

图 4-174　郧县黄龙镇老街骑楼（左）
图 4-175　竹溪老街大挑檐（谭刚毅 摄）（右）

图 4-176
板凳挑（左）
图 4-177
大刀挑（中）
图 4-178
龙头挑（左）

图 4-179
湖北谷城老街

图 4-180
襄樊浪河镇老街

层数计算：单根挑枋出挑为单挑，两根挑枋出挑为双挑，双挑形式丰富，如板凳挑（图 4-176）、大刀挑（图 4-177）、龙头挑等（图 4-178），依此类推。需要出挑几层，关键看出檐深度、挑枋用材大小以及屋面的坡度。在鄂西北的襄樊、十堰地区，商业街道还会出现双层披檐形式（图 4-179、图 4-180），由于房屋整体较高，单靠屋顶挑檐对底层部分的挡雨遮阳效果差，所以在一、二层之间另挑屋檐或设置腰檐，形成双重挑檐，一方面可以遮风挡雨，方便檐下遮雨摆摊做生意，另一方面也丰富了立面的装饰效果，并且便于二层的储藏空间通风采光，这种形式在普通民居中并不多见，主要集中在鄂西北老商业街道两侧。

（四）凉亭风雨街类型

鄂西南山区多雨多雾，许多古街借用风雨桥的设计原理，在街道顶上盖上巨大的双坡屋顶，形成了遮风避雨的街市。目前保存最完整、最具原真性的便是宣恩县椒园镇庆阳坝老街。

庆阳凉亭古街长561m，宽21m，总面积11781m^2，有上百年的古吊脚楼50多间，属木质结构凉亭式古街道，分“三街十二巷”，占地面积1.82hm^2，居住500余人。建筑为穿斗式结构，五柱四骑或是八柱七骑，二至三层不等。屋前檐处设木槽排水，形成屋屋相连、一气贯通、防风避雨、冬暖夏凉的凉亭式街道。街市上空的亮瓦用来自然采光，街市内“三明三暗”，三处过街楼将整个街道分成四段，既能购物，又能休憩。还有“半边街”，半边是房子，半边是河流，靠河一边的店铺全是吊脚楼，可经营，可赏景。现在，每逢农历二、五、八，人们从宣恩县及临近的恩施市、咸丰县到此赶场，带来自家产品，换取生活所需，1000多人在街市内从事竹编、山货、铁石器、理发等经营，完全保持清代遗风（参见图3-312、图3-313）。

图4-181　郧县黄龙镇老街挑柱廊

图4-182
竹溪老街挑阳台

三、商业店铺

随着商业建筑的兴起，店铺的建筑形式也有了更多的变化，与民居有了明显的区别。这种商业建筑在结构上越来越重视销售与服务的使用功能，不同性质的店铺有了不同的建筑形式。

（一）店铺建筑形式

1）悬挑式建筑

悬挑式建筑是以扩大使用面积为目的，利用挑廊、挑阳台、挑楼梯等来争取建筑空间的处理手法。特别在湘鄂西山区，商人们在吸取本地苗族、侗族、土家族传统捆绑结构、穿斗结构建筑优点的基础上，充分利用竹木等材料重量轻、弯曲性能良好等特点，在建筑中广泛采用这种手法（图4-181、图4-182）。

2）架空式建筑

这种建筑分为部分架空法和全部架空法两种。部分架空法是以扩大使用面积为目的，把建筑物的一部分搁在下吊的脚柱上，使底部凌空的一种建筑方法（图4-183）。全部架空法也是以扩大使用面积为目的，将建筑物全部搁在脚柱上，使建筑底部完全透空的一种建筑方法。

图4-183
湘西洗车河

图 4–184　竹溪老街（谭刚毅　摄）

图 4–185　竹溪老街敞开式店铺

图 4–186　湘西猫儿滩售货柜台

但多数是前店后坊，在店铺的装饰上也越来越纤细，越来越繁复。尤其是门面，木装饰丰富华丽，千姿百态，雕工精湛，互相争妍。匾联和招牌是装饰的一种常用方法。墙、门、柱上常挂有竖招，有的在屋檐下悬置巨匾。匾额上一般书写店肆字号，有的请名人书写，店家为了标新立异，在店铺匾联上大做文章，巧设奇局，以招揽顾客（图 4–184）。

两湖地区由于水多山多，受地形所限，店铺空间灵活，有些店铺几个立面都设门，前面是临街正门，后面通往河埠码头，有的倚桥茶馆酒楼，人们可以直接从桥上进入楼层。与北方店铺相比，两湖的店铺装饰简朴、平淡素净。它的商业建筑与普通民居基本相同，大多采用二层的楼房，开间有一间、二间或三间诸种形式，一般不超过三间，这大概与我国古代长期以来规定居民不得大于三间的限制有关。此外，除大型的菜馆（即酒楼）、茶室将上下两层均辟为营业场所外，一般仅以下层作店面，上层被用于主人的居所。

（二）店铺空间形式

由于经营理念与经营方式不同，商铺的空间形式可分为以下几种。

1）完全开敞式店铺

以经营日杂、百货、餐饮为主，内设柜台或无柜台，整个门面使用装卸灵活的木板门，开铺时商店呈现完全敞开的状态，店内空间与街道贯通一体，经营活动则完全在店内进行。每开间门基本上 4 ~ 8 扇，每扇门由简单的木板拼成，考究的店面也会将门扇做上雕饰，但与普通民居不同，为防盗抢，门扇基本是实的，很少有镂空窗，而且开店时需一块块插装拼卸，虽然麻烦，却十分安全（图 4–185）。

2）半开敞式店铺

在临街一面砌筑石台或木台以便形成固定柜台，台上设可装卸的木窗板，旁边装木门（图 4–186、图 4–187）。其经营商品内容单一或数量少，一般在店内加工商品在店外卖，歇业后同样可以封上柜台窗口。柜台除木制的，也有用砌墙基的青石或红砂石砌筑，厚重的石台，通透的铺面，一片片连绵成片后虚实凸凹有致。也有些木柜台是活动的，营业时使用三角斜撑将柜台板出挑在窗外，这多半是更简陋的小本经营。

3）窗口式店铺

在一些次要街道临街墙面上开窗洞，经营日用百货，窗台即柜台，以木板排做隔断。

综上所述，两湖地区传统商业空间的形成和发展是多方因素相互作用的结果，商业集市、商业建筑、商业店铺在不同层面上构筑了传统街市的特色。街道是商业街物质形态要素中最主要的要素之一，其他要素如民居、店铺、牌楼、广场、戏台、钱庄、票号、茶楼、会馆等往往沿着街道来布置并与之相联系，共同构成了街道环境的整体，使商业空间具有完整性。

图 4–187　湘西猫儿滩售货柜台细部

注释：

[1] 张十庆：《古代营建技术中的“样”、“造”、“作”》，见《建筑史论文集》，第十五辑，37 ~ 41 页，北京，清华大学出版社，2002。

[2] 余英：《中国东南系建筑区系类型研究》，北京，中国建筑工业出版社，2001。

[3] 田长青：《湖南传统外庭院内天井式民居建筑形态研究》，长沙，湖南大学研究生论文，2006。

[4] Amos Rapoport.House Form and Culture.New Jersey：Prentice Hall，Inc.，1969.

[5] 阎亚宁：《台湾传统建筑的基型与衍化现象 1661 ~ 1949》，南京，东南大学研究生论文，1996。

[6] 杨明：《鄂东南民间工艺营造研究》，武汉，华中科技大学研究生论文，2006。

[7] “堂厢从厝式”定义引自潘莹：《江西传统聚落建筑文化研究》华南理工大学研究生论文，2004。

[8] 潘安：《广东客家民居》，见《中国民居建筑（中卷）》，560 ~ 565 页，广州，华南理工大学出版社，2003。

[9] 参见潘莹：《江西传统聚落建筑文化研究》，广州，华南理工大学研究生论文，2004。

[10] 杨国安：《社会动荡与清代湖北乡村中的山寨》，载《武汉大学学报》，2002（9）。

[11] 同治版《襄阳县志 · 武备 · 团练》。

[12] 传说盘古开天地之时，一只神凤发现此地钟灵毓秀，飞至此山栖息，山石因它而象形，变成了凤凰模样。后一得道帝主巡游西陵古地，想找一座仙山落脚，从麻城东边的龟山上飞到仙雾缭绕的顺河边一高峰，发现了栖息于此的神凤，于是封此山为“凤凰山”。据说有落凤台上的一只大脚石印为证，虽经万古，仍难磨灭。

[13] 葛承雍：《中国古代等级社会》，254 页，西安，陕西人民出版社，1992。

[14] 在鄂东南，经济较为雄厚的大姓之间，往往不惜一切代价兴修祠堂与别姓比美，至今群众中流传：“舒家祠堂一枝花，刘家祠堂也不差，汪家祠堂平平过，陈家祠堂破风车。”参见通山县城乡建设环境保护局编：《通山县城乡建设志》1987 年内部资料，74 页。转引自杨国安文：《空间与秩序：明清以来鄂东南村落祠堂与家族社会》，载《中国社会历史评论》，2008（1）。

[15] 根据家谱等相关文献可知，清代的鄂东南家族一般将村落中心的支祠记载为“祖堂”、“祖祠”，大约到了晚清、民国时期才有“宗屋”之名出现，到了近现代，当地人则称之为“公屋”。由名称的演变似乎昭示出该建筑逐渐由神圣的祭祀空间转变为世俗的公共建筑。

[16] 梁峥：《牌坊探究——以皖、赣、鄂地区为例》，武汉，华中科技大学硕士学位论文，2007。

[17] 李百浩，李晓峰：《湖北建筑集萃——民居篇》，北京，中国建筑工业出版社，2006。

[18] 明清时期政府疏通了长江三峡险滩，使巴蜀物资可以顺利到达两湖地区，这也带动了沿江商业城镇的发展。明代以前，汉水中下游，特别是云梦泽地区属于河水漫流区，航道经常淹没在泽地汪洋中。

第五章　营建技术与材料构造

任何一种民居建筑鲜明特点的背后，都离不开技术的有效支撑。对于民居建筑的研究，离不开对其结构本身的探究，这样将有助于我们从物质层面去了解民居建筑本身。

上一章从平面形制的角度分析解读了两湖地区的各类民居建筑，或者说是从意图语汇和空间语汇对两湖民居进行了分类阐述（图 5–1），而建筑作为一个形态系统，其“整体性”、“关联性”和“特征要素”等都不可少。本文同时参照张十庆先生对古代营建技术中“样”、“造”、“作”等的研究 [1]，尝试基于形式描述系统的初步框架进行形式、做法语汇的两湖民居材料和构造的阐述。

（1）样：指整体的样式形制。

（2）造：作为“样”的重要体现，特征性的构造做法。

（3）作：作为“造”的相关工种和工序。

实际上以上三个概念起到了把形态要素层级化的作用，可以为实例研究提供一个起始的操作工具。本章进一步分解为民居的结构形式及其平面关系，即整体样式，构架体系与构造做法则强调具有两湖地区特点的部分，另外技法“作”的层面则介绍两湖地区主要的营造材料和相应的工法，以及施工设计手法和装饰等。

第一节 结构形式

结构形式是指民居建筑主体结构的受力方式及其所采用的材料和技术形式。一般根据其主要构造材料分为砖木结构、砖石结构、竹草等其他结构形式。其中最大量的、技术最完备的当属砖木结构形式，砖石结构则主要见于堡寨等类型的建筑以及一些附属建筑，在湖北有比较典型的“干垒式”做法。而竹草结构形式除一些临时建筑外已不多见，在一些山乡依稀可以见到。竹草、土木等结构形式虽然简陋，但与砖木的梁架结构相近，在此不赘述。下文便以砖木结构形式来介绍两湖地区民居常见的结构形式。

一、主要结构形式

本文的结构形式是指传统木构建筑主要的梁架结构，即一缝梁架的柱、梁、檩及穿枋等横向连接构件的组合方式，是一般所谓“大木作”的主体部分。在构筑形制上区分为大木大式建筑和大木小式建筑。大式建筑主要用于坛庙、宫殿、苑囿、陵墓、城楼、府第、衙署和官修寺庙等组群的主要、次要殿屋等。小式建筑主要用于民宅、店肆等民间建筑和重要组群中的辅助用房，属于低等次建筑。两湖地区的民居建筑基本上为小式梁架结构，也存有一定量的楼式结构。但许多祠堂、大屋的开间常超出五开间，通进深也有多于七架的，有的局部还采用斗栱等构件，在屋顶形式上有使用重檐的，或采用筒瓦和琉璃瓦件，这些都超出了小式建筑的“规制”，但反而变成了具有地方特点的构造形式。

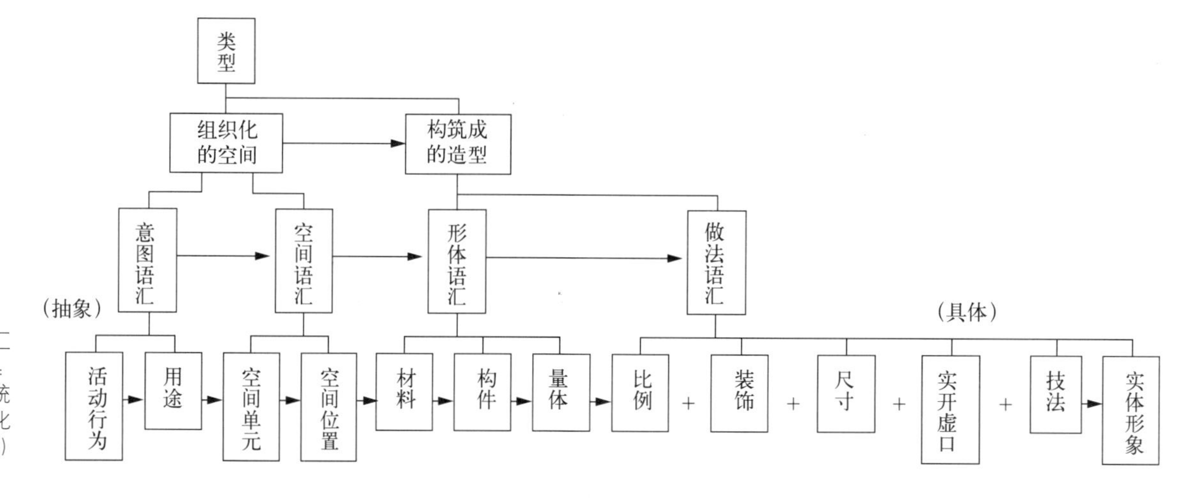

图 5–1 建筑语汇构成分析（来源：阎亚宁《台湾传统建筑的基型与衍化现象 1661 ~ 1949》）

两湖地区民居以砖木混合结构为主要结构体系，主要分为“抬梁式”与“穿斗式”两大类型，亦有抬梁和穿斗相结合的结构形式，另外还有一种穿梁式（又叫插梁式）。

（一）抬梁式

两湖各地的民居中的堂屋或官厅（正厅），以及祠堂、会馆、戏台等，因其进深规模大，往往采用抬梁结构。

抬梁式（叠梁式）将整个进深长度的大梁放置在前后檐柱柱头上，大梁上皮在收进若干长度的地方（一步架）设置短柱（瓜柱）或木墩，或大斗，短柱顶端放置稍短的二梁，如此类推，在各层梁的两端和位于最上部的平梁中间的小柱上架檩，然后在最高的梁上置脊瓜柱或其他构件，最后再设置脊檩（图5-2）。平梁和脊檩之间有时不用蜀柱而用叉手形成三角形构架以支撑脊檩，檩上再架椽。屋面荷载通过椽子传给檩条再传给梁，最后传给柱。正是这种受力特点，抬梁式梁架中柱子可以减少，从而加大使用空间。但抬梁式对材料的要求也较高，木材要较为粗壮。

图5-2 湖北罗田九资河新屋垸的梁架结构

在纵向上，各榀屋架除由檩条拉结以外，檐柱柱头上有额枋连接，各檩条下面尚有通长的枋木和垫板连接，共同构成整体框架。这种构架方式的木构件之间虽然无受力木构件榫卯，但是在厚重的屋面荷载重压之下，各构件紧连在一起，可形成稳定的整体。

图5-3 湖北竹溪中峰甘家祠堂梁架

一般来讲，三架梁、五架梁的断面呈琴面，上下砍平少许，常做成月梁的形式，梁端刻出卷曲线。瓜柱一般施雕刻，骑于梁上。尤其是前檐底层的穿梁（相当于额枋）亦做成肥大的月梁，以显示气派。梁、檩端部多以插栱承托，大的厅堂室内皆有天花吊顶。也有的抬梁式根据屋顶的高度和坡度特点而采取不同的变通做法，如湖北竹溪县中峰镇甘家祠堂后屋的梁架（图5-3），有的为了调节屋顶坡度和室内进深，一架梁或三架梁采用抬梁，五架梁采用插梁式（图5-4），也有的在梁上既抬梁，又设驼墩等直接置檩（图

图5-4 湖北英山县陶家河安家新屋屋架

图 5-5 燕厦碧水村谭氏宗祠

图 5-6 峡江民居屋架（来源：宋华久《三峡民居》）

图 5-7 武汉江夏民居梁架结构

图 5-8 湖南冷水江某民居梁架

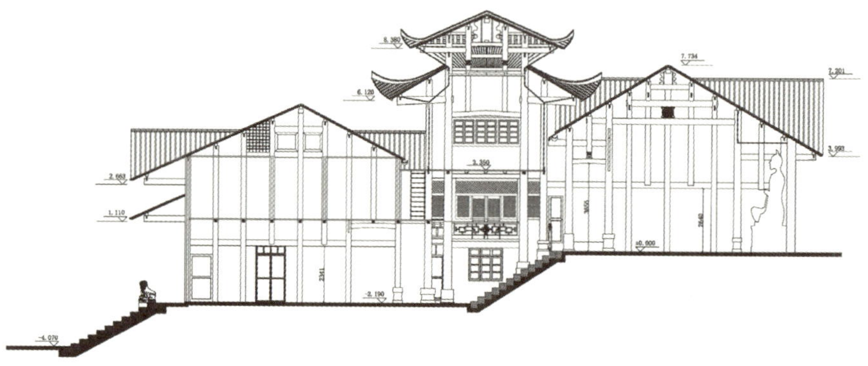

图 5-9 湖北恩施三元堂

5-5）。抬梁的构件形式变化丰富，有驼墩、坐斗、莲芯、花瓶、雕板等。

（二）穿斗式

穿斗架是由柱子、穿枋、斗枋、纤子、檩木五种构件组成，又称“立帖式”。构架中檩条直接搁置在柱子上，每根檩条对应一个柱子，以不同高度的柱子直接承托檩条，有多少檩即有多少柱，如进深为八步架则有九檩九柱。檩条上再布椽，屋面荷载通过椽子传给檩条再直接传给柱。每排柱子之间再以横向的穿枋连接起来，形成一“榀”构架，穿枋只起联系作用，不承重，柱与柱的彼此联系以及为了便于安装板壁、夹泥等则用穿枋横穿过柱心，至出檐则变为挑枋，承托檐端。架数愈多，穿也愈多，普通有一穿、二穿、三穿，大房则多四穿、五穿等。

各“榀”之间再以枋连接，从而形成一个整体的结构体系。穿斗式结构体系对基础要求不高，所用木料的尺寸也较小，便于施工又比较经济，而且对地形适应性极强，布置灵活，因此在原来临水、峡江或坡地应用比较普遍（图 5-6 ~图 5-8），图中虽有的是现在大都市遗存的民居形式，但可以推测其原来所处基地应当临水或滩涂之地，进而因文化传承的“滞后”性而延续至今。鄂东南地区的官厅和祠堂正殿的边帖的梁架多使用穿斗结构，普通民居的正帖边帖的梁架都以穿斗结构为主。所以说，穿斗式结构在鄂东南地区是一种民居的主要结构。通山县阮班托老宅堂屋正帖梁架就是穿斗式结构（满枋满瓜）。

穿斗式结构体系的形式有很多，一般可以分为“全柱落地式”和“局部柱落地式”两种（图 5-9、图 5-10），在湘鄂西和一些滨河峡江地带或是有的山地，极具地方特色的“千柱（脚）落地式”即为“全柱落地式”，此种构架的檩条和柱子一一对应，并且每柱皆落地，故称“千柱落地”（图 5-11）。有的穿枋穿出檐柱之后承托屋顶挑檐，此时的穿枋又具有挑梁的作用。穿斗式结构体系柱间以穿枋相联系，柱脚一般都垫石块或是条石以防潮。

从稳定性上讲，排柱架的横向稳定性非常好，整排统穿在一起呈三角架不易变形。但纵向斗枋稳定性相对较差，且前后檐墙多为板壁或木装修，刚性较砖石、土墙差许多，故在南方常看到左右歪斜的穿斗架房屋，需用支顶。为克服这种缺陷，住户往往在两山部分加设披屋，有助于保持稳定。穿斗架多为杉木，材直且防蛀。但用材细小，且柱身为通榫穿透多处，为了不损伤其承载能力，故穿斗架的构件皆为原木，不加任何雕饰。同时穿斗的结构方法也没有节点加强辅件，如替木、角背、撑木、雀替等，因此也无可供艺术加工的余地。所以整体感觉十分简洁轻快，结构艺术感极强（参见图 5–9、图 5–10）。

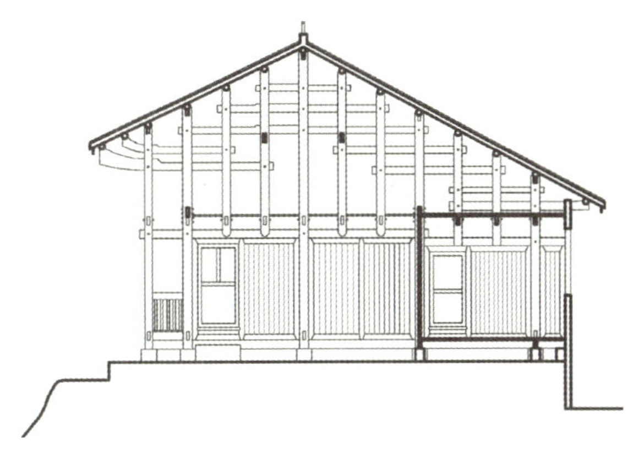

图 5–10
湖北恩施彭家寨

图 5–11
湖北恩施吊脚楼
（李晓峰 摄）

穿斗架的架设方法也不同于抬梁式，由于大量穿枋，斗枋须穿透多个柱身，无法在空间装配，所以整榀排柱架须在地面装配好，然后整体起立，临时支戗到位，再用斗枋将各榀屋架串联，最后架檩成为整体。正因为如此，穿斗架无法建造高大的房屋。

（三）穿梁式

穿梁式，又叫插梁式[2]，即是承重梁的梁端插入柱身（一端插入或两端插入）。与抬梁式的承重梁顶在柱头上不同，与穿斗架的檩条顶在柱头上、柱间无承重梁、仅有穿枋连接的形式也不同。具体讲，就是屋面檩条下皆有柱（前后檐柱及中柱或瓜柱），瓜柱骑在（或压在）下面梁的两端，而两端的瓜柱又通过插入其中的梁连接。顺此类推，最外端两瓜柱骑在最下端的大梁上，大梁两端插入前后檐柱柱身。虽然穿梁架形式上兼有抬梁与穿斗的特点（图 5–12）。从稳定性角度看，插梁架显然优于抬梁架，因为它有多层次的梁柱间插榫，克服横向位移。为了加大进深，可增加廊步，以及用出挑插栱的办法，增大出檐。在纵向上亦以插入柱身的连系梁（寿梁、灯梁）相连，形成构架（图 5–13）。

图5–12 插梁架（湖北罗田新屋垸祠堂）

插梁架多用于湘鄂东部地区大型住宅的厅堂或祠堂，空间宏阔，内部有时还有轩顶及天花顶，因此用料皆较粗大。为了增加艺术效果，显示财势，这类构架的雕饰皆极繁复，甚至红油金饰，色彩绚丽异常。较重要建筑的插梁架皆保留了斗栱的节点构造，有的加以艺术变形（如象鼻形）。而大梁、连系梁、随梁枋、瓜柱

图 5-13　湖北阳新木港镇柯家老屋

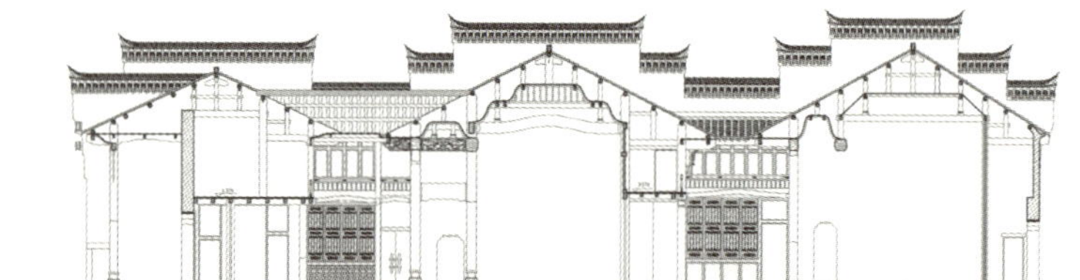

图 5-14　湖北通山光禄大夫宅剖面

图 5-15　湖北罗田新屋垸雕花梁架

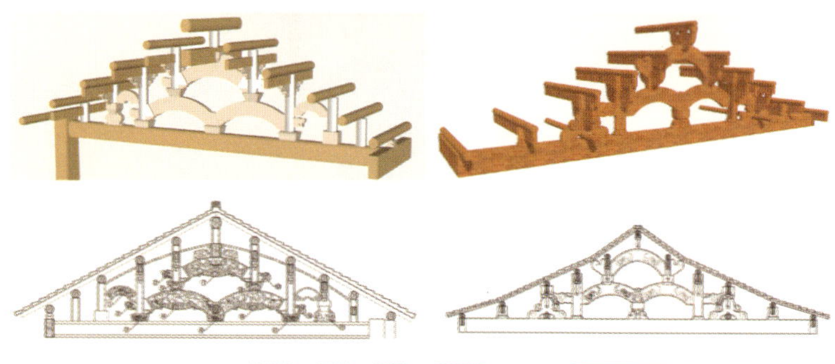

图 5-16　湖北罗田新屋垸梁架详图

图 5-17　湖北随州草店宋家大湾祠堂

或坐斗皆是雕饰的重点，形式变异之丰富，远胜抬梁式。图 5-14 为湖北通山光禄大夫宅正厅的插梁构架，大梁为七架梁，前檐步为扁作船篷轩，后檐步为茶壶档轩。

一般的插梁式为琴面的木梁穿插在蜀柱（立柱）之中，在湖北罗田的九资河镇新屋垸的官厅，穿梁为雕饰精美的拱形梁置在类似坐斗的构件上，并通过榫头与蜀柱（立柱）连接，而且拱形的梁下还有花牙子(图 5-15、图 5-16)。檩条(有的还有叠檩）通过斗栱等构件承在立柱端。也有的不论是抬梁式还是插梁式，都会采用一些类似托手、叉手或其他三角形（装饰）构件来加强构件的稳定性（图 5-17)。

（四）组合式

两湖地区传统民居中较少发现有全部使用抬梁架搭建的房屋，只是有某些民居中为了加大厅堂空间，在明间使用抬梁架结构体系，在次间、梢间仍采用穿斗式结构体系。这就形成了极具特色的穿斗与抬梁组合式结构体系，在湖北峡江地区比较突出。

还有一种穿斗抬梁组合方式就是在一榀屋架上兼有抬梁与穿斗的特点，如图 5-18 所示。这种结构方式就是避免房屋的柱子排列过密影响底层使用，就将局部的柱子不落地，转而架在穿枋之上，这种就是“局部柱落地式”，此时的穿枋就起了梁的作用。它不仅具有以梁木承重传递应力的抬梁式特征，而且同时具有檩条直接压在柱头上，瓜柱落在下面梁木上的穿斗式原则。

这种穿斗抬梁组合式不同于穿梁式，因为以梁承重传递应力是抬梁的原则；而檩条直接压在柱头上，瓜柱骑在下部梁上，又有穿斗的特色。这种组合方式没有通长的穿枋，其施工方法也与抬梁相似，是分件现场组装而成。有些建筑为增强稳定性，在大梁下边另加一道或两道插梁，则使构架更为坚稳。从承载角度看，由于步架小（约 80cm 左右)、用料大，也是可靠的。虽然承重梁的入柱榫头较梁截面减少了 2/3，降低了端部抗剪能力，但杉木横纹抗剪能力极强，故也无大碍。

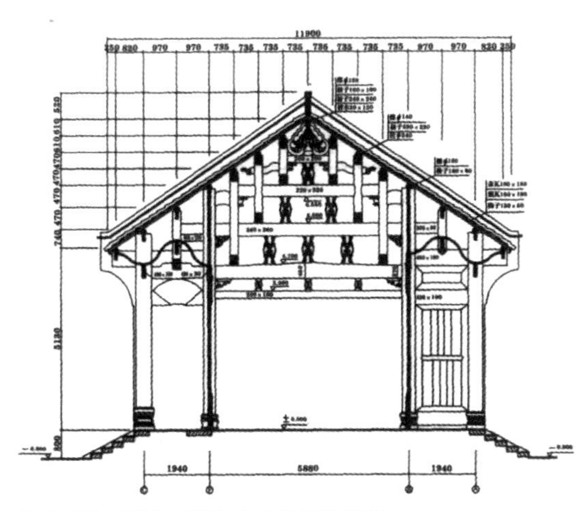

图 5-18 湖北利川市大水井李氏宗祠

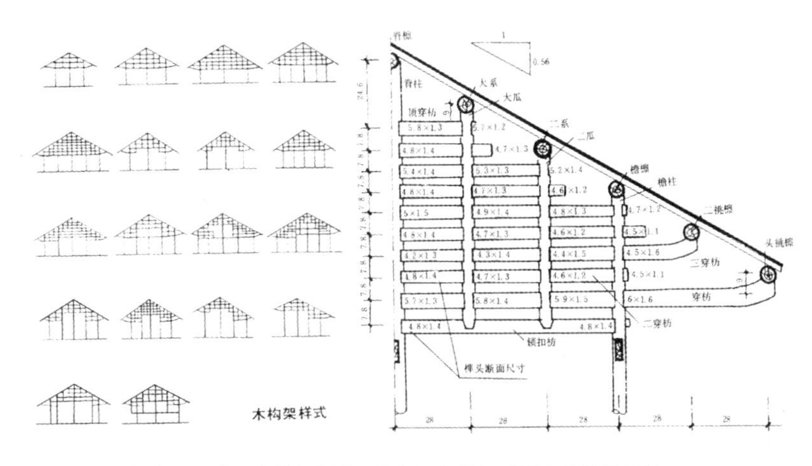

图 5-19 土家族民居常见木构架样式（来源：杨慎初《湖南传统民居》）

从用料来看，插梁架较穿斗架提高很多。穿梁架屋面檩位与各层托梁的端头位置并不一致。檩位坡度平缓，梁端位连线坡度陡峻，这样以使各层梁枋间隔舒展开来，有利于艺术加工，增强结构构件的艺术性。

土家族民居按进深有三柱二骑（俗称尖刀架）、三柱四骑、三柱五骑、三柱六骑、三柱七骑、四柱五骑、四柱六骑、四柱七骑、四柱八骑、五柱七骑、五柱八骑、六柱六骑、七柱十二骑之别，其实某种意义上就是穿斗式或是抬梁、穿斗结合的形式（图 5-19）。最常见的木构架常见形式有“三柱四瓜（骑）”、“五柱四瓜”和“五柱八瓜”。“三柱四瓜”采用 5.6 分水 [3]，“五柱四瓜”则用 5.7 分水，若是“五柱八瓜”则采用 5.8 分水。制作方法一穿—三穿枋分左右两截从檐柱向脊柱穿进而成；四穿—顶穿枋则各为整枋由脊柱向檐柱穿进而成。

与之相对应的为汉族地区广泛采用的梁架样式见表 5-1。两湖地区虽然多样，但可按照类型将其归结为主要的四种：檐柱造（如表中的五架二柱、七架二柱），金柱造（如表中的五架四柱），中柱造（如表中的五架三柱、七架五柱、七架三

两湖地区的主要梁架结构（以鄂东南地区为主）（任丹妮绘制） **表 5-1**

五架二柱	五架三柱	五架四柱（带前后廊）	五架三柱（带前廊）
用于两地普通民宅的明次间	用于两地普通民宅的明次间	用于两地普通民宅的明次间	用于两地普通民宅的明次间
五排柱	六架三柱（带前廊）	六架四柱（带前廊）	六架三柱（分大小室）
用于普通民宅的明次间	用于两地普通民宅的明次间	用于两地普通民宅的明次间	
七架五柱（可设前 / 后廊）	七架二柱（抬梁式）	七架三柱（可分前后室）	七架三柱加一步（可设前后廊）
用于重要建筑的次间和普通民宅的明次间	用于重要建筑和住宅厅堂的明间	用于重要建筑和住宅厅堂的明间	用于重要建筑和住宅厅堂的明间

图 5-20　江西修水黄龙乡洞下村大屋的屋架（一）

图 5-21　江西修水黄龙乡洞下村大屋的屋架（二）

图 5-22　江西修水黄龙乡洞下村大屋的屋架（三）

柱），以及排柱造（如表中的五排柱）。在此基础上，匠师根据实际需要加以变化，发展了非对称的其他丰富的梁架样式，表中的五架三柱（带前廊）、六架三柱、六架四柱、七架三柱加一步。有的地方认为六架三柱分两间的形式不吉利，是不能作为坐南朝北房子的梁架结构的。

（五）整体式

在靠近两湖的江西修水等地发现两种非常生动的整体式的屋架。一种是板式，成三角形，檩条等搁置在两端山墙和中间两榀三角形整体屋架上。三角形屋架有镂空雕花，搁置在前后金柱位的大梁上（图 5-20）。还有一种呈标准的拱形架在前后金柱和檐柱上，檩条等则搁置在拱形梁的上缘，其实这种屋架也算是抬梁式的一种变体。该屋架非常整体，有的将该梁头雕饰成龙头（鳌鱼），一直伸到檐下（承接挑檐枋），如双龙出水，气贯如虹（图 5-21、图 5-22）。同样我们在邻近江西的鄂东南和湘东北地区也发现了这样的构造，只是整体性和保存状态不如上述实例。

（六）楼式梁架结构

所谓楼式梁架结构，主要有两种：一是在穿斗式（也有是穿斗抬梁结合的形式）的基础上分隔上下空间，增加楼层和使用面积。在一穿上皮，常用欠子（或称牵子，即糠枋）顺着擦子的方向联络着构架与构架。欠子上常铺楼板，板上再施面层，隔冷热之用。有的根据地形可以局部架空或建成干阑式建筑（图 5-23）。另一种是在硬山搁檩式的基础上，在山墙的中间高度搁置成排的檩条，上置楼板，形成楼层或阁楼（图 5-24）。图 5-25 为湖北大冶水南湾承制堂正堂的楼式屋架，图 5-26 为湖北阳新木港镇柯家老屋厢廊的楼式结构和楼梯。

二、梁架与平面布局的关系

两湖传统民居的结构方式则是不完全的“框架结构”，因为其山墙多是承重的砖墙，直接承载着屋顶的檩条，即砖木混合硬山搁檩式的结构。不过，建筑内部开间分隔一般都是承接屋顶构架的梁柱排山，既有抬梁式也有穿斗式。其中抬梁式构架多用于主要厅堂，童柱往往是雕饰的重点，而穿斗式多用于明、次间分隔，通常镶以板壁，其中穿枋往往是雕饰的重点。

在平面布局上，位置不同各缝梁架也不尽相同。一缝梁架，是指在一纵线上，即横剖面部分所见梁柱构成的木架的基本形式。在《营造法原》中称其为“帖”。

（一）正帖、边帖一致

即当心间和次间的梁架的结构形式一样，采用此类布局的民宅以穿斗式居多，典型代表就是“千柱（脚）落地式”，正帖和边帖都采用抬梁式的民宅几乎不见。因为使用空间的要求，这种正帖和边帖都采用抬梁式，或插梁式等结构形式的多为较大型的祠堂或会馆。

（二）正帖、边帖不一致

正帖和边帖都采用的结构形式不一致的情况较常见，常常可以适应不同地形、满足不同空间的需要，甚至更能节约材料等等，这也正反映了民居建筑因地制宜，“经世致用”的思想，这也是中华文化特别是湖湘文化的精华。最常见的正帖和边帖不一致的情况就是正帖采用抬梁式或插梁式，边帖采用穿斗式。还有一种较常见的情况就是正帖采用抬梁式、插梁式或穿斗式，而边帖采用硬山搁檩式，或称墙承式。

（三）边帖墙承式

硬山搁檩式结构体系是将房屋的横墙砌成三角形尖顶形状，在上面直接搁置檩条来支撑屋面的荷载。这种做法构造简单，施工方便，造价低，适用于开间较小的房屋。这种体系充分发挥了以土、砖、石等材料砌筑或混合砌筑的墙体的耐压性能，也融合了大木作的某些特点，运用较为灵活。

硬山搁檩式结构体系不是只单独使用，还可以和其他结构体系混合使用。例如秭归新滩的三老爷老屋的门楼构架是穿斗和硬山搁檩结合。九檩，只在门内用一柱，巧妙地利用墙体来承檩、梁。也可以明间采用穿斗式或者抬梁式，次间采用硬山搁檩式（图 5-27），如湖北罗田县新屋垸祠堂的梁架。湖北秭归新滩镇彭树元老屋，其厅屋结构为厅屋明间两缝采用抬梁式构架，四柱九

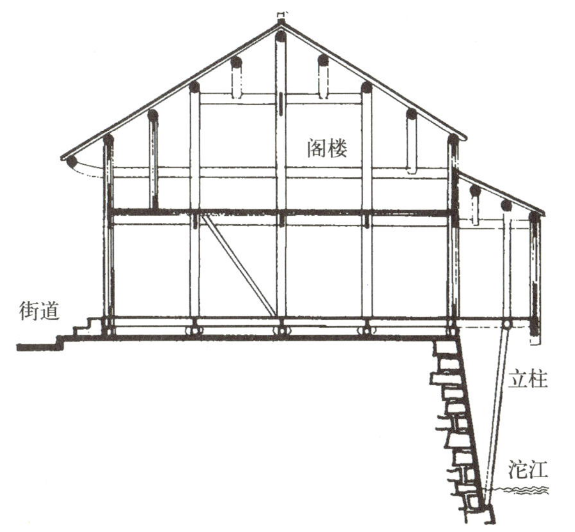

图 5-23 湘西干阑楼式屋架

图 5-24 硬山搁檩式楼屋（湖北麻城石头板湾）

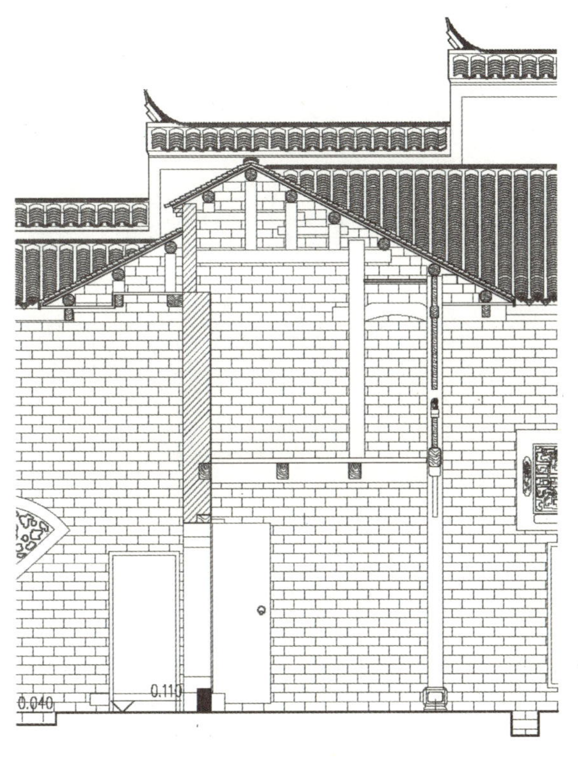

图 5-25 湖北大冶水南湾承制堂楼式屋架（局部）

檩，柱径 220mm。脊檩下做中梁，为 250mm × 150mm 扁方木。其下施驼峰，三架梁与五架梁之间不用瓜柱，仍用驼峰，上刻云纹。五架梁为月梁，穿于柱内，这是南方许多地方通用的做法。内檐下施挑手木承托檐檩和挑檐檩，以增加一挑

图5-26　湖北阳新木港镇柯家老屋

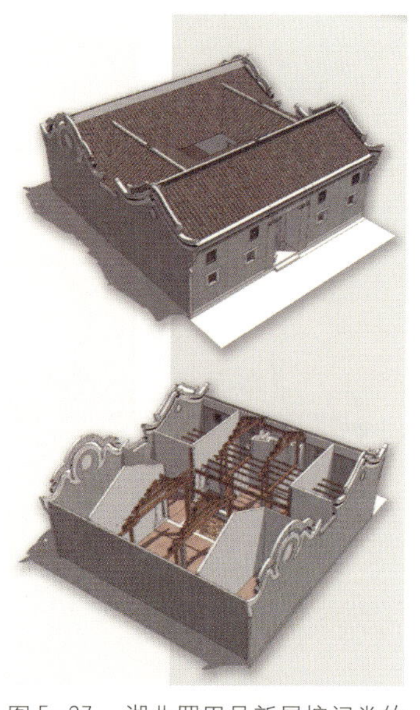
图5-27　湖北罗田县新屋垸祠堂的正贴与边贴

图5-28　湖北大冶水南湾民居中位于厅堂正面的梁架与木雕

图5-29　湖北罗田九资河民居

廊加大室内空间。次间则采用硬山搁檩做法。厅屋有楼层，楼枋插入大梁和山墙，增加了结构的稳定性。

三、结构形式的选择

结构形式的选择也是传统民居特点的一个重要表现。除了营建的成本等外在因素外，从本体上讲，材料的特性、地域材料的种类、地形条件以及匠作系统、社会文化等都不无关系。

（一）材料特性

中国人崇尚使用木材等有机材料（Organic materials），因而在木材的使用及其特性的掌握上深藏智慧，物尽其用、因材施用，并由材料本性引发相关的审美情趣。粗壮的木材用作抬梁式，稍细的采用穿斗式，质坚抗压性好的用作柱子，韧性好的用作檩条、梁枋。一种结构形式的选择以及一些构件的使用都体现了匠人对材料的了解，有的充分利用弯曲的木材作为一道“弯梁”（图5-28），甚或做成“大刀梁”，还有小到素朴的门过梁（图5-29），这些都颇具匠心。

（二）就地取材

民居一个重要特性就是使用地方材料，譬如山石丰富的地方，民居中采用石材（甚至全部用石材）的就多，关于石材的加工、建造技术水平相对也高。山寨主要以石头为建筑材料，这源于鄂西北、鄂东北等山区多产石头，乡民们可以就地取材。石头性能坚固，抗压性强，用石材砌筑的寨墙坚实厚重，还具有良好的防火性能。在鄂西北地区山寨多选用当地常见的青石、麻岗石、油石等。当然，也有用土夯筑的寨墙，这源于山寨所处的环境，遵循就地取材的原则，没有石材就用夯土的办法代替。

（三）地形选择

湘鄂西的吊脚楼和其他地区的一些干阑形式的民居充分体现了这一点。利用穿斗式结构体系对地形有很强的适应性，当坡度较缓时，可以调节柱子的高低使房屋分段跌落；当坡度较陡时，可以用柱承托起建筑的部分地面，底部架空做成干阑式（图 5-30）。

（四）匠作体系及其他社会文化

传统住屋的形式与文化不仅体现在居住行为上，也体现在营建行为上，而营建行为的枢纽便是匠师。匠师的技术及其审美影响一地民居材料的使用、结构的选择，进而直接影响到一地住屋的形式。营建技术往往具有区域性的特点，形成技术和构造谱系划分。两湖地区的营造当与湘赣体系一致，或属于湘赣体系的一个分支。在幕府山系两侧的湖南湖北和江西的现场调研中就发现很多相似的构造做法。

此外，随着移民运动，工匠也将技术带到移民地，经常发现移民迁入地的结构形式选择不一定与当地的地形和其他自然条件完全相适应，这也反映出民居发展演变过程中移民等文化的影响，也就是演变过程中的社会抉择。

图 5-30　湘西凤凰沿河的吊脚楼（来源：杨慎初《湖南传统建筑》）

第二节　构造做法

构造做法是与结构体系相一致的具体做法，同时也是构造谱系划分的细部要素，在此仅撷取富有两湖地方特点的构造做法和构件。

一、主要特色构造做法

（一）砖木构架

1）纵向受力构架

纵向受力构架除了上文谈及的抬梁、插梁式等构架外，在两湖地区还有几种比较有特点的出挑受力构架，譬如大刀梁、板凳挑、鳌鱼挑等。它们大都构造原理相近，但形式变化多样，反映出鲜明的地域特点。

（1）大刀梁（马头挑）。吊脚楼既是穿斗式结构的一种，又有别于普通穿斗建筑。图 5-31 三维剖视模型表明该栋吊脚楼呈“L”形，即典型的一正一厢式，厢房处地坪低于正房地坪，底层架空形成欱子，欱子周边檐柱有些不落地形成托步檐柱或吊脚檐柱，它们的重量由落地檐柱间的纤子支撑，也有一部分由边柱间的枋出挑支撑，

图 5-31　吊脚楼构架

围欱子周边的纤子上铺木板，形成悬空走廊，走廊端头有短柱悬空，作为走廊栏杆的支撑构件，称为“耍起”，耍起与吊脚檐柱顶头均为球形或南瓜形垂花装饰，称为“耍头”，当地人也称之为“金瓜”。耍头因接近人视点，成为土家族建筑重点装饰的构件之一。

穿枋穿出檐柱后变成挑枋，承托挑檐，吊脚楼由于檐口出挑较大，挑枋多为两层，成为“两重挑”：上挑较小，称为二挑；下挑较大，承受檐口的主要重量，称大挑。大挑多选用大树且自然弯曲的树干，以利于承重，大挑有时做成大刀状或马头形，因此也叫“大刀挑”或“马头挑”、“龙头挑”。大、小挑的出挑尺寸及弯曲状况对屋顶的坡度及檐口造型起着至关重要的作用（图 5-32）。

（2）板凳挑。“板凳挑”是土家族建筑的特

图 5-32　湖北咸丰三角庄吊脚楼的大刀梁（李晓峰　摄）

图 5-33　板凳挑（赵逵　摄）

图 5-34　湖北麻城张畈镇鲍家冲

图 5-35　湖北竹溪老街商铺的板凳挑

图 5-36　湖北通山县成氏宗祠的鳌鱼挑

色之一，张良皋教授撰文：板凳挑的构造来源序列——它是从欲子外的挑瓜柱，到檐下的“燕子楼”挑瓜柱，演变为板凳挑的。也有土家族民居，把“两重挑”形式转变为“板凳挑”，即出挑大挑的枋下增加一个“夹腰”，夹腰水平出挑，上立短柱，称“吊起”，吊起顶头支檩，承担部分屋檐重量，大挑也穿过吊起，把部分重量透过吊起传给夹腰，再传给檐柱，这样吊起和夹腰共同承担了比二挑还要多的重量，使受力变得更加合理，但构造也更加复杂，吊起底下的吊头也和耍头一样，做成各种形状，成为土家族建筑的装饰重点（图 5-33）。欲子、吊脚檐柱、两重挑、板凳挑、耍起、吊起、耍头、吊头等，成为土家族吊脚楼的重要特征。

其他地区也有板凳挑的做法，如湖北峡江地区万明兴老屋、湖北麻城张畈镇鲍家冲（图 5-34）等，还有很多商铺的廊厦出挑方式也是采用“板凳挑”（图 5-35）。

（3）鳌鱼挑。鳌鱼挑在部分地区又称鲤鱼挂金钩（江汉平原等地），因其经常雕饰成鳌鱼（或鲤鱼）的形态，又是起到出挑承托的作用而得名。

鳌鱼挑常在正帖梁架上，主要抬梁的最下一架大梁常支托在正厅（当心间）硕大的看梁上，并出挑承托檐枋，是一个标准的杠杆结构，而梁头多雕刻成鳌鱼回望的式样，非常生动（图 5-36）。这种做法常减去两颗当心间檐柱，这样构架显得特别雄奇，空间也特别阔达。

还有一种鳌鱼挑的变化形式就是在当心间或次间的檐柱上直接出挑“鳌鱼”，类似于插栱，仅仅是形态不一样罢了，并不存在杠杆受力原理。

（4）象鼻（插）栱。象鼻插栱与上述的鳌鱼挑的变化形式相似，只是仿生的动物形象不同，同时还有的象鼻插栱横向伸出，起到类似雀替的作用（图 5-37、图 5-38）。

（5）斜撑。在梁头出挑处或是厅堂与厢廊的交角处的立柱上常采用斜撑（图 5-39），既起到

图 5-37　湖北麻城木子店石头板村老屋

图 5-38　湖北英山陶家河安家老屋

图 5-39　湖北黄陂王家河镇罗岗村老宅天井的斜撑

辅助支撑的作用，又极具装饰性（图 5-40～图 5-43）。如图 5-44 采用奔鹿造型的斜撑，形态生动，意趣盎然，且富于“禄来”的吉祥之意。

2）横向连系构架

檩条、梁、枋等都属于民居的横向连系构架，两湖民居由于开间不大，所用的横向连系并不复杂，主要在中轴线上的厅堂和较大型的祠堂、戏台、会馆等上存在较多。由于梁枋用在不同的地方有不同的名称，如有看梁、大梁、额枋等。

(1) 大梁。大梁位于民居正厅脊檩的正下方，一如清代官式做法中脊桁下面的脊枋，只是中间基本上没有脊垫板，而且大梁一般较脊檩更加粗大。在砖木混合式的两湖民居中，大梁除了部分对左右两缝梁架或山墙起到牵引连系功能，在结构上主要加强脊檩承托屋顶（尤其是正脊及脊饰）的重量。湘鄂地区上大梁仪式都要选择吉日举行，并且诸如建成时间、工匠姓名、维修记录等重要信息都记录在上（图 5-45）。上梁等相关习俗至今仍流传在两湖地区的广大农村。

(2) 看梁。看梁与大梁、过梁一样，都是拉结正厅（堂屋）屋架的横向构件（图 5-46），只是所在位置不同而有了不同的称呼。看梁下也有铜质挂钩，作为喜庆日子张灯结彩之用。看梁在堂屋外的檐柱上，入户大门的上方，由于所在位置的重要性，使得看梁成为一户人家重要的装饰部位。对比两湖地区，鄂东南地区在看梁的雕刻装饰上明显超越了湘东北地区。

(3) 过梁。过梁是指在柱间或者承重墙的腰身部分的横向连系结构，有的上有铜钩供喜庆节日悬挂彩灯或日常悬挂农作物及器具。过梁在两湖地区民居中都有出现，过梁的位置约在大门后 2m 左右，离地约 5.5m 的高度。因位置关系，过梁常不易被关注，因而也基本上不作任何装饰

图 5-40　湖北麻城木子店邱家荡“凤凰”斜撑　图 5-41　湖北通山水南湾“鱼跃”斜撑

图 5-42　湖北团风县回龙山大庙万年台的“回龙”斜撑

图 5-43　湖南浏阳金刚镇桃树湾大屋

图 5-44 奔鹿造型的斜撑

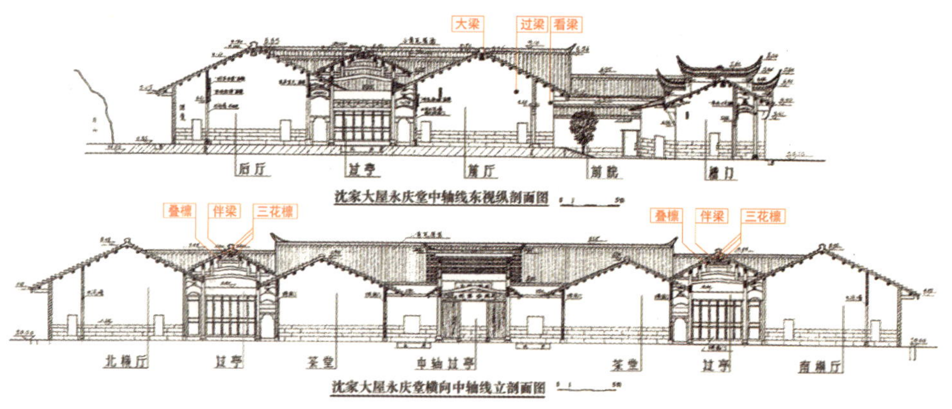

图 5-45 横向连系构架（湖南浏阳永庆堂剖面图由湖南省浏阳市文物管理处提供）

图 5-46 湖北大冶水南湾民居中看梁上精美的雕饰

图 5-47 浏阳大围山镇锦绶堂的过梁

图 5-48 浏阳白沙镇刘家祠堂的屋架

（图 5-47、图 5-48）。这种做法不排除客家移民的影响 [4]。就湘东北地区来讲，浏阳地区分布的十万客家移民势必对该区域的民居营建方式产生影响。

（4）叠檩与连机。在湘鄂地区常见的还有在檩（桁条）下增加一道方形的檩条（枋），形成叠檩的做法。这样不仅增加了装饰的作用，更重要的是增加了房屋的稳定度。这么做多半是为了保证房屋有足够承载力（图 5-49，另参见图 5-45）。

连机是指托于檩下的长方形木材，起连接作用，它同檩木一样，分别称为“檐枋”、“脊枋”和“金枋”。在《营造法原》中都称为“连机”。它们与檩木配套成对，檩木是设在架梁之上，枋子是设在架梁之下。

（5）伴梁与燕子步梁。与叠檩及连机异曲同工的还有处在大梁两边各有一根伴梁，形成所谓“三花檩”，在鄂东南地区又叫作“燕子步梁”。伴梁的直径一般为 10cm 左右（图 5-50，另参见图 5-45）。三花檩在两湖地区民居中应用非常普遍，尤其是鄂东南、湘东。沿明清移民路线上溯至江西修水，发现“三花檩”的做法非常普遍（图 5-51 ~ 图 5-53）。这种做法其实非常有助于屋面的稳定，尤其是有利于屋顶合脊。鄂东南地区的祠堂和大屋中常有用增加一个八出斗栱的结构来加固三花檩的整体牢固度（图 5-54、图 5-55），这种斗栱也叫作“莲花撑” [5]，细观莲花撑的一瓣发现其形如象鼻（图 5-56）。它不仅对于民居

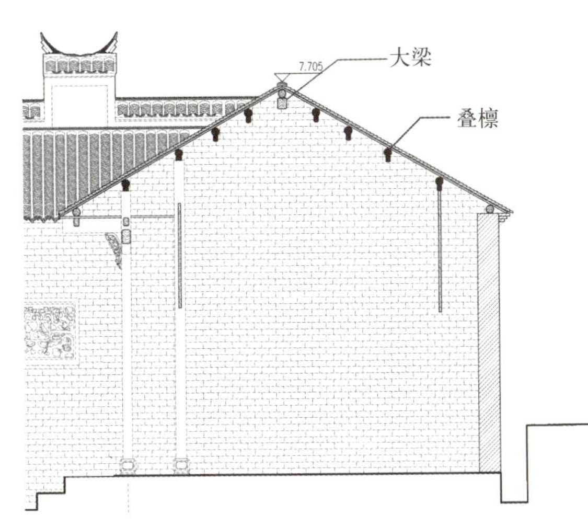

图 5-49　湖北通山承制堂的叠檩与连机

图 5-50　浏阳白沙镇刘家祠堂

图 5-51　湖北通山宝石村民居中的三花檩

图 5-52　江西修水上杉乡朱家祠堂的三花檩

图 5-53　江西修水上杉乡朱家大屋屋架上的三花檩、大梁、过梁与看梁

图 5-54　湖北通山大夫第三花檩采用莲花撑支托

图 5-55　湖北通山成氏宗祠

图 5-56　脊瓜柱处设燕子步梁（湖北通山宝石村）（资料来源：李晓峰 摄）

图 5–57　伞把柱

图 5–58　湖北阳新柯家的包镶柱

图 5–59　湖北通山成氏宗祠的包镶梁

图 5–60　两湖地区"一柱双料"做法（湖北光禄大夫第）

脊檩有加固作用，并且极大地丰富了室内空间。

3）竖向受力构件——柱

（1）"将军柱"（"伞把柱"）。"将军柱"这一特殊构造，并不是在所有吊脚楼建筑中均存在，它只存在于"┌"、"┐"或"┌┐"形的吊脚楼中，是吊脚楼单侧或两侧屋面较低的厢房与正屋较高屋面相交时一种十分复杂的屋架处理方式（图 5–57）。

湘鄂西土家族吊脚楼与其他干阑建筑构造上最大的区别在于：将正屋与厢房用一间"磨角"联结起来，这个"磨角"就是土家人俗称的"马屁股"；在正屋和横屋两根脊线的交点上立起一根"伞把柱"（或叫"将军柱"、"冲天炮"），承托正、横两屋的梁枋，虽然很复杂，但却一丝不苟。就是这一根"伞把柱"，成了鄂西吊脚楼将简单的两坡水三开间围合成天井院落的重要枢纽。以它为枢轴，房屋的转折变得十分合理、自然。

（2）包镶柱。包镶柱在两湖地区比较常见，尤其是在较大的祠堂、公屋里。包镶柱（梁）可能有两种情况：一种是因缺乏粗大的木材，只能以稍细的木材作为主体，在外面再包镶一层木板，可能是同种木材，也可能是更好的木材，这样柱梁显得比较粗壮，也表明房主"不差钱"。这种做法不同于传统的"拼攒柱"和束柱的做法。另一种情况是因原柱子因为糟朽或表面破损而进行的包镶加固，将糟朽部分沿柱周围剔除糟朽部分，再凿铲剔挖规矩，拼包木板，修整，涂刷防腐油。以上两种有的不安铁箍（如图 5–58）。类似包镶柱的还有包镶梁的做法，但毕竟受力不如等粗的实材，日久还是容易破损劈裂（图 5–59），证明还是"差钱"。

（3）一柱双料。柱子在两湖民居中按材料分为木柱和石柱。柱一般出现在中轴线的厅堂内，截面多为方形或海棠形。湖北地区民居为石柱础上承木柱，柱础雕刻题材多样，为防雨淋，把石柱础做到 0.6 ~ 1m 高左右，也有的将柱身的下半截采用石材，也就形成了所谓的"一柱双料"的做法（图 5–60、图 5–61），在湘南的桂阳正和阳山民居也采用"一柱双料"的做法。在湖南湘东地区以及一些大户人家的檐柱大都是石柱一直到顶（图 5–62）。可见这种应对雨水和潮湿的不同策略，也与就地取材的营造习惯和户主的经济实力相关。

（4）柱础及磉墩。柱础的作用是避免木柱直接落地造成的受潮腐烂，碰撞受损，所以石材自然就成为做柱础的理想材料。柱础同时也是装饰的重点部位，不仅形状雕成方形、鼓形、瓜形、八角形等等，雕刻的图案也是精美丰富（参见第五章第四节中的石雕）。

磉磁的作用和柱础类似，磉磁是将整块条石埋入地下，露出地表高度在150mm左右，石条上柱脚下贯穿地脚枋，上部用来支承木柱和木板壁，很多块条石连在一起用来支承一排木柱和一整块木板壁的就叫连磉（图5-63、图5-64）。

土家族人修房时讲究暖和，排扇的下端用地脚枋（地枕子）穿斗，在火塘屋、卧室都铺上楼板，谓正板，在装修上达到“上楼下正”就满意。

在没铺正板的堂屋和厨房，地面要用木棒捶平整。由于柱头没有落地，地脚枋与地面有高约30cm的距离，在厨房和堂屋四周、前后阶檐壁可看见正板下粗糙的地面，同时冷风和潮气从地面吹来，为避免此种弊端，彭家寨多数房屋在此处镶地圈岩，将岩石凿成规整的、符合尺寸的长方形的石块，中镂空雕“鼓炉钱”花，也就是中为铜钱两边为梭子的花形，保证房屋空气流通，以免木材腐烂，美观实用。

4）屋顶

《中国古代建筑科技史》一书中将屋面构造分为基层（望板、望砖、苇箔等）、垫层（苫背）、结合层（坐瓦灰）、面层（瓦等）几个部分。在两湖地区的民居上的做法相对简单很多，由于大多不作防寒的处理，所以垫层的做法并不常见。两湖民居屋面一般都是以檩上承椽板（桷板），然后上铺平瓦（板瓦）或小青瓦，中间用砂浆作粘结材料这种方式完成的。在檩上承托的椽板的组合形式也有两种，分别为密布式和间布式。椽为直接承托小青瓦的木板，密布式是指椽板依次挨着架与檩上，从屋内看不到瓦块。同望板起到的作用一样，这种排布方式一般用于民居的主要厅堂，以显示家族的财力和势力。间布式则主要出于实际公用的考虑，椽板上为瓦垄部分也就是盖瓦，而椽板间则是沟瓦，两者搭接部分约占整个瓦的1/3。也有比较讲究的屋顶采用筒瓦（图5-65）。

图5-61　湖南桂阳正和阳山民居的“一柱双料”

图5-62　湖北阳新玉琬李氏宗祠的“一柱双料”

图5-63　湖北通山镇宝石村民居柱础及磉磁

图5-64　湖北通山龙港镇老屋场民居连磉（经鑫　摄）

图5-65　湖北郧西上津民居

但同时依然呈现出与当地自然环境（气温、降雨、地方材料等）相适应的特点。譬如湖北峡江地区气候温暖湿润，降雨量较大，比较潮湿，不像北方天气寒冷，需要做厚重的苫背来保温，所以小青瓦都采用冷摊的方法，即不做望板和苫背，将仰瓦直接搁置在两根椽子之间，再将附瓦盖在两陇仰瓦之间的缝隙上，在室内可以直接看到仰瓦的底面，这样的做法便于室内的热量和湿

图 5-66　湖北随州邱家前湾民居屋面

图 5-67　鄂西的石板屋民居（资料来源：赵逵 摄）

图 5-68　民居檐口（凤凰山民居）

图 5-69　湖北随州戴家仓屋的瓦当

图 5-70　峡江地区（上）和鄂东北（下）常见的勾头和滴水

气通过屋顶尽快散出。而在两湖有的地区使用阴阳坐瓦，并有坐灰灰背，荷载较重。

而在靠近河南的随州、枣阳鄂北地区很多民居全部采用仰瓦的铺砌方式，远远望去，屋顶有如微波荡漾，与比较干燥的河南等北方地区的做法相近（图 5-66）。

在有些山区一些次要房屋的屋顶不用小青瓦或是板瓦，而是直接用薄的片石作瓦相互叠压铺在屋面上，因为对于山区来说石材可以就地取材，成本也比用黏土烧制的瓦低很多（图 5-67）；如峡江地区普通民居都是用小青瓦，只有像地藏殿、王爷庙这样的公共建筑才会使用板瓦。板瓦的尺寸是 140mm × 140mm × 30mm，制作成本比小青瓦要高，因此小青瓦使用更为广泛。

一般民居都不用勾头、滴水，或在檐口处用白灰堆成弧形锥台，这样灰色的檐口点缀着一串白点，也颇有装饰性（图 5-68）。但在大型庄园或一些祠堂等高等级的乡土建筑中也用勾头、滴水，而且在具体的材料上也是颇具地方特点。湖北峡江地区的滴水大致呈一个锐角三角形，或许是由于这种形状倒流较快较顺畅，适合于峡江这种雨量较大的地区（图 5-69、图 5-70）。

两湖地区的汉族民居一般不做举折，都是倾斜的直线屋面，与水平面成 26° ~ 30° 的倾角。民居的屋脊与檐口两端亦不做翘角，檐口起翘仅在祠堂、戏台这类关键性建筑中出现。

屋脊在中国传统建筑中有着重要的美学意义，尤其是官式建筑。但在两湖地区，民居似乎不是特别重视对屋脊的装饰和美化，最常见的形式是用瓦直接堆叠而成，两端起翘，中间堆砌成各种装饰物（图 5-71、图 5-72）。两湖地区民居正脊装饰形式较多，但多比较简单，如用瓦搭成各种空花纹状，如钱纹、三菱形花纹等（图 5-73）。还有更讲究一点的做法是用灰塑做屋脊，上面用灰塑做出各种各样的脊饰（图 5-74，另参见图 3-212，图 3-213），例如湖北巴东的地藏殿屋脊为宝顶花饰脊，两端有龙吻，脊的花饰似一簇簇的花环，湖北峡江地区的三老爷正屋屋面和北墙顶上用立式小青瓦垒脊，脊两端上卷做鳌头（图 5–75）。

两湖地区民居一般为自由落水，但因降雨量比较大，尤其是在梅雨季节，所以屋面一般比较陡。在湖北峡江地区，有的民居会有组织排水，排水沟就用瓦制作，将瓦斜向上立放，弧面朝向屋顶，利用瓦的弧面做成排水沟，把水汇到天井的一角，再用一木制方形断面排水管将雨水排至下水道，如新滩的彭树元老屋就是此种做法（图 5–76），还有就是利用檐墙做有组织排水。

土家族村寨的建筑屋顶具有流动的视觉效果，给人一种浪漫情调。首先，从吊脚楼外部造型的纵向看，形成了“占天不占地”，“天平地不平”的剖面，这些剖面的形成多是采用屋顶悬挑、掉层、叠落等手法进行处理。单栋吊脚楼的屋顶本身并不复杂，一般只是“一”字形或“L”形，有时巨大的黑色屋面，深远的出挑屋檐，再加上底层的悬空吊脚，给人一种粗犷洒脱、淳朴深沉的艺术美感。鄂西土家族吊脚楼多依山而建，大屋檐下的狭窄空间与顺山势的蜿蜒起伏的大台阶常常使人领略到“山重水复疑无路，柳暗花明又一村”的意境。由于前后建筑基地的落差大，后栋建筑的室外平台往往由前栋建筑错落有致的大屋面围合而成，特别站在较高处吊脚楼的吊脚阳台上向下俯视，层层屋面层层台，碧水修竹绕宅生的田园景象，让人感到如梦如幻（图 5–77）。

（二）砖石构造

砖石构造主要是砖和石两种材料作为主要的承重或围护结构。石材一般用作民居的基础、护角石、门框及过梁等，这些石材通常是比较规整的花岗石等。还有用石块当作承重墙的砌体，与砖承重并无太大区别的民宅（图 5–78），更有用石块砌墙，用石板做瓦铺砌屋顶的“石板屋”。用石板作为屋顶材料的做法（有的地方称板坪或石枋），犹如云贵地区的闪片房，在两湖地区也可觅见。“石板屋”是相当具有山地文化的传统住屋，所用的石材，系以当地出产的石材（如黑灰板岩及页岩），简单加工成趋于规则片状之

图 5–71　湖北罗田新屋垸祠堂门厅屋顶正脊

图 5–72　湖北罗田新屋垸祠堂正堂屋顶正脊

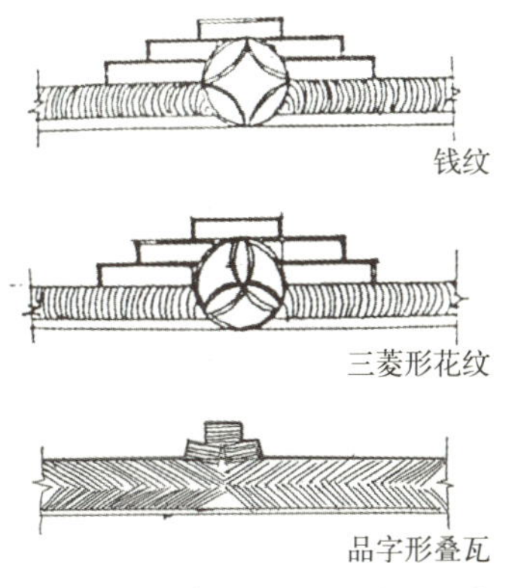

图 5–73　两湖民居屋顶正脊叠瓦常见形式

图 5–74　鄂东南徐氏宗祠和峡江王氏宗祠的鳌鱼脊饰（资料来源：李晓峰 摄）

图 5–75　峡江民居的脊饰（资料来源：宋华久．三峡民居．北京：中国摄影出版社，2002）

图 5–76　湖北彭树元老屋屋面排水沟构造

石板，然后堆砌而成具有鲜明特点的住屋。如湖北恩施五峰仁和坪、利川沐府大峡谷、利川鱼木寨等处的石板屋都非常具有特点（参见图3-285 ～图 3-288）。

山地的石屋层层叠叠，沿着山坡自下而上，布局井然有序。有的组成院落，纵横交错，石砌围墙，石拱门进出，甚至村寨中河边树下都安置着石凳、石椅与石桌，以供休憩、娱乐。作为比较小的砌体材料的石构在堡寨或山寨中表现得最为充分，主要构造形式有拱券式、叠涩式、简支式等，这三种最具代表的便是堡寨的寨门（表 5-2）。

拱券式是石寨寨门常用的形式之一。门洞起券时，先支模，即预先搭建具有一定弧度且能承重的构筑物，将石材沿构筑物边缘由两边向中间砌筑，利用石材本身的重力和石材与石材之间的侧向压力将力分解为水平推力传递给两边的石材，通过力的传递达到力的均衡，最后撤去预支模。根据所选用石材的不同，用相同的砌筑方法完成的寨门呈现出不同的风格。

以山寨寨门为代表的石构形式（杨蕾绘制）　**表 5-2**

类别	实例		
拱券式			
叠涩式			
简支式			

叠涩式是一种古代砖石结构建筑的砌法，用山石向门洞中心逐渐挑伸，至洞顶再用石材为梁压盖，这种方法也称为“挑梁式”，其两端的搭接部分，每端应在 15cm 以上。施工时，中间应搭建支撑架。

简支式又叫“过梁式”，是在垂直砌筑的寨墙上预留开口，达到入口所需的一定高度后，在寨墙上横向放置青石板，形成方形通道。通常这样的砌筑方式会与门楼相结合设计。

石头山寨民居的建造外观十分注重修饰美观。整体造型虽然受着传统的影响，但能根据自然环境、生产力及经济水平，创造出独特简洁的几何图形美。在石头寨房屋的内部与外部结构装修上，运用大小不同的材料组合，很富有质感和肌理，不规则的方形、菱形、三角形及多边形的石块与卵石垒砌组合；山寨石屋的山墙石质榫头上雕有图案，有的是龙形、兽形，有的是花卉纹样，别具一格。

砖墙的砌筑与上述石材的砌筑没有太大的差别，纯粹用砖垒筑的无梁殿结构形式的民居几乎不见，偶尔在山寨中有发现（图 5-79）。而使用青砖（或者土坯砖）作为承重墙的做法，广为两湖地区的民居所采用。山墙、檐墙以及墀头的做法丰富多样，具有两湖地区独特的民居特点（后文砖作中详述），虽然表面上看上去与徽州相似。

（三）土木构造

土木构造也是两湖地区一种常见的民居构造形式，这种构造主要是指墙体材料采用土坯砖（图5-80、图 5-81）或是板夯的黏土（图 5-82 ～图5-84），墙体多为承重结构。在今天的湖北随州、京山、咸宁和湖南许多地方均可发现这种民居。

夯土墙俗称“干打垒”和“冲墙”，是一种古老而简易的筑墙方法，在两块固定的木板中间填入黏土，夯实，一般分层夯筑，并在不同的层之间填充瓦砾砖石等强度较高的材料。再用铁锨

图 5-77　吊脚楼群的屋顶（彭家寨）

图 5-81　湖北九宫山镇八组彭家城村

图 5-78　武汉黄陂王家河镇文兹民居

图 5-82　湖北九宫山镇彭家城村夯土房

图 5-79　黄陂长岭龙王尖山寨

图 5-83　湖北京山绿林镇吴集村二组民宅

图 5-80　湖南炎陵县三河镇庙前村

图 5-84　湖北郧西柯家村

弄平，有的在表面用白灰抹平，形成墙体。用干打垒方法筑墙所盖的房子选址比较讲究。有的依山而建，主墙都是干打垒，脚基 1.1 ～ 2.3m 是石块坯或石头堆砌，每栋屋外设有木阳台，窗户、门都是木结构。

夯土墙除了取材方便、经济便宜之外，更坚固耐久、整体性强，热工性能优越，再加上成套的施工技术早已成熟，人人皆可参与建造，因而至今许多农村建造的住房仍使用传统土工技术建成的土墙，但其也有不耐风雨，墙面不能大面积开窗等缺点。

二、主要建筑元素

（一）槽门

槽门[6]是两湖民居庭院空间序列的第一个组成元素，一般合院式的民居都建有槽门，尤其是鄂东及湘东地区大屋都有槽门，而且叫法统一。槽门的造型与形象代表了一户的门庭气象，反映出一户的社会地位和财富多寡。门的朝向和位置，在建宅这一大事之中有举足轻重的地位。两湖民间笃信风水，普遍认为门的朝向直接决定了一户的人脉财势兴衰。在两湖民居中，槽门在整个民居院落中的位置也不是固定不变的，也可以根据需要（风水、地形的需要等等）布置，也同样不受主体建筑轴线方位的限制。正房的朝向和槽门的朝向是由风水先生分开测定的，在风水学中有不同的理论依据，又因为风水师的派系及实际方法的灵活运用问题，使得两湖地区民居的槽门不正对正房，同时偏转的角度也不一，当然也有例外。

图 5–85　湖北罗田胜利纸棚河村

图 5–86　湖北罗田九资河新屋垸

1）位置关系

在两湖地区有以下几种槽门的位置关系（表 5–3）：

（1）槽门位于大屋中轴线上，与主入口正对。如浏阳大围山镇锦绶堂的槽门、湖北罗田的新屋垸、湖北大冶水南湾的敦善堂等。

（2）槽门位于大屋庭院左右两侧，斜向布置。根据地形和风水的吉凶方位考究，槽门朝向也因地而异，如湖北大冶水南湾的承志堂。

（3）槽门位于大屋侧向，与中轴线呈垂直关系。如湖南浏阳市胡耀邦故居、湖北通山的王明璠府第。

槽门的布局和方位往往与大屋前的月塘、池沼相互影响或关联，如湖北罗田的新屋垸、湖北罗田胜利纸棚河村等（图 5–85、图 5–86）。

2）基本形式

两湖地区民居槽门的一个突出的不同就在于，湖北地区的部分民居都舍去了入户庭院这个空间形态，因而单独修建的槽门也就无从存在，取而代之的是把槽门设置在后厅的位置，以此当作入户的大门。在湘东北地区，无论民居大小，在民居前普遍都会存在一个庭院空间，而在鄂东南地区，多在中上等的民居建筑中看得到。因而两湖地区传统民居的槽门按照有无前庭的标准分为以下两大类。

（1）槽门以独立构筑物的形式存在

①单独以门的形式出现。这类槽门一般出现在形制较小的民居中，单开间，无八字墙，砖墙

两湖地区槽门的主要形式　　**表 5-3**

分类	种类		图示	实际案例	备注
位置关系	大屋中轴线上，与主入口正对		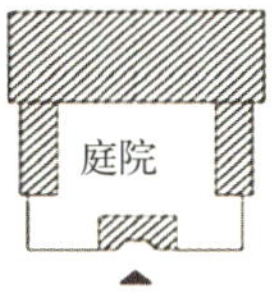	 	左：湖南浏阳大围山镇锦绶堂 右：湖北阳新大王镇柯畈村
	大屋庭院左右两侧，斜向布置		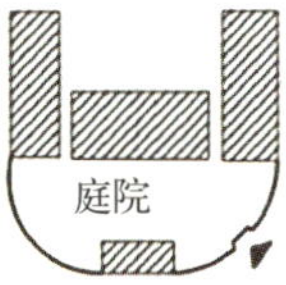	 	左：湖南浏阳龙伏镇沈家大屋 右：湖北大冶市水南湾承志堂
	大屋侧向，与中轴线垂直		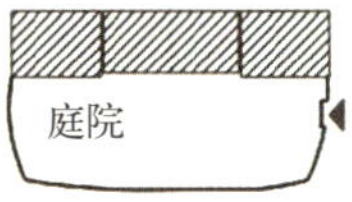	 	左：湖南浏阳市胡耀邦故居 右：湖北通山县王明璠府第
基本形式	独立构筑物的形式	单独门形式	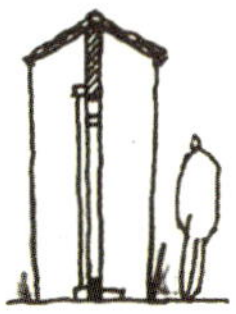	 	左：湖北省通山县宝石村 右：湖北大冶水南湾承志堂槽门
		八字墙形式	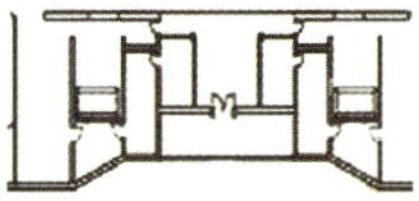	 	左：湖北大冶水南湾 右：湖北通山县刘家桥
		单体建筑形式		 	左：湖北省阳新县浮屠镇茶铺村李氏宗祠 右：湖南岳阳张谷英村
	与建筑前厅复合	凹进式	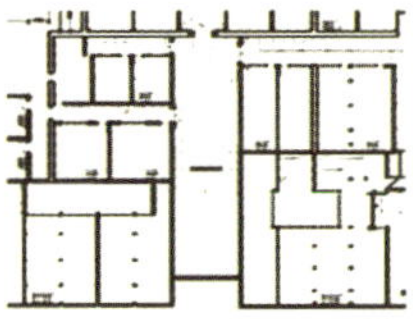	 	左：湖北省浮屠镇周通村周许强老宅 右：湖北阳新县太子镇徐氏祠堂 * 许多凹进式槽门也带门罩
		带门罩	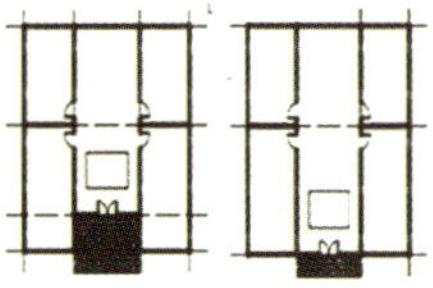	 	左：湖北南林桥镇润泉大夫第 右：湖北通山县夏铺镇周家大屋
		牌坊式	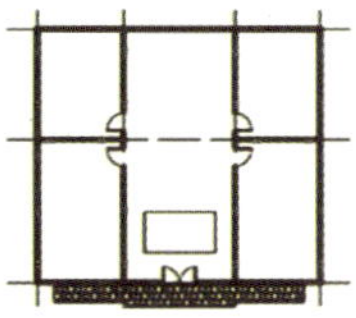	 	左：湖北省通山杨芳林乡株林牌坊屋 右：湖北通山县宝石村的牌坊屋

承重，结构形式简单，仅存在院门的功能。

②以八字墙形式存在的槽门。这类门的大多形式较为考究，在院门的两侧砌筑平面类似“八”字形的墙壁，这在民间又叫“八字槽门”，意味着向宅内吸纳四方财气，是两湖民间较为常见的做法。

③以单体建筑形式出现的槽门。这类槽门的基本形制一般为面阔三到五开间，其中明间作大门出入用，次间一般不开门，进深以五步架为常见。内外再各挑一步。一般只作门的功能使用，此间放置农具、杂物，但一些大户因为有门房、保卫等功能需要，将槽门的形制规模都扩大成一栋建筑物，槽门外墙做成向外撇开的八字，或为前廊式，视前廊的长短，阶檐有设柱和不设柱的。在一些超大型民居群如张谷英村和浏阳桃树湾大屋、沈家大屋之中，这种槽门更是成为民居的一个中心，其后的庭院空间亦成了当地居民活动最为频繁的场所。

(2) 槽门与建筑前厅复合：

此类型又可细分为三类。

①凹进的槽门。这类形式槽门在鄂东南极其常见，从立面上看，无论“五间制”还是“三间制”，当心间的外墙必向内退进一段距离，通常退进约1.5 ~ 3m不等。这种入口退一步的做法，使主入口从平直的外墙面上凸显出来，同时因墙退而檐口不退，自然形成一间高大的入口门廊，成为居民进出家门十分便利的过渡空间。凹进的槽门还有一种“歪门”的形式。这种槽门与主立面墙体并不平行，而是刻意偏转一个角度，被“歪置”的大门总是希望与周围山丘形式形成某种协调关系，以达到心安理得。一栋单体房屋的位置、朝向往往受到村落整体结构的影响而相对固定，因此风水师只好通过调整大门的朝向，使建筑的风水更好。“歪门”的形式在两地非常普遍，也反映出风水观念在这些地区的流传和重视程度。

②带门罩性质的槽门。这类槽门有大致两种形式，一是带有披檐屋顶的门罩形式，有的如华盖一般；一类是仅在门上方做灰雕或者石雕的做法。这种带门罩性质的槽门与徽州地区传统民居的入口大门处理方法大同小异。

(3) 牌坊式槽门。牌坊本是一种门式的纪念性建筑物，一般用木、砖、石等材料建成。在鄂东南，牌坊屋却是一种可用来遮风避雨的房屋，是将房屋入口与牌坊结合而成的产物。在鄂东南以及鄂西南地区，这种牌坊门虽已经不具备槽门的典型外观形式，但其仍然处在槽门的位置，与牌坊屋有着一定的渊源关系，起到槽门的作用，所以仍可以把这类牌坊门划归槽门之中。也有将牌坊的形式与凹进的槽门结合起来的形式。

(二) 檐廊（或檐出）

檐廊是民居中非常生动的空间，一般是指前（后）檐柱和前（后）金柱（或檐墙）之间的部分，有的在室内，有的是处于门庭外的过渡空间。两湖民居中的檐廊上的屋架（檐步）主要采用抬梁或插梁式，也有利用檐柱或檐柱之间的大梁作为支点（图 5-87），形成一个杠杆，支挑屋架上的檩枋。檐廊有的彻上露明，有的施以天花，天花有船篷轩、茶壶档轩、鹅颈轩等形态（图 5-88）。有的利用多重插栱出挑，增加檐出和调节高度，如湖南炎陵县水口镇下村的朱氏宗祠（参见图

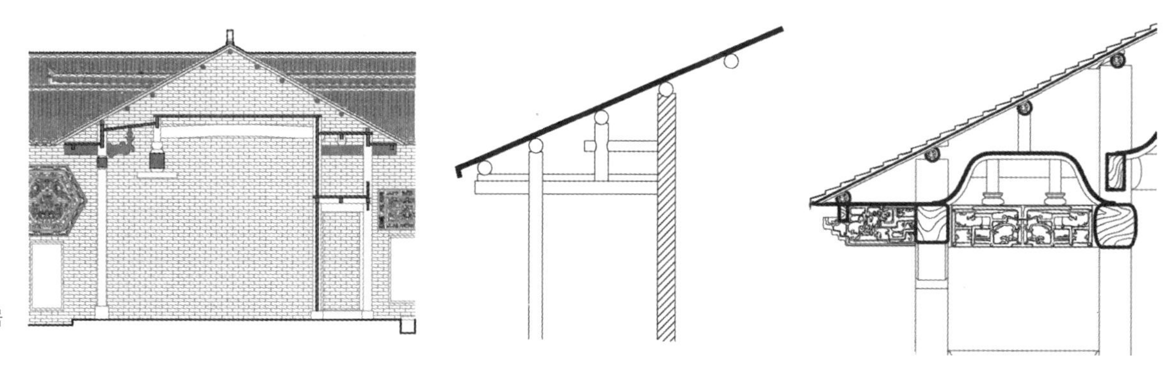

图 5-87　两湖民居中的挑檐檩

湖北阳新扬州村

湖南炎陵县水口镇下村朱氏宗祠

湖北通山大夫第

湖北阳新排市镇石坑村

湖北阳新龙港镇河东村老屋场

武汉江夏民居

湖北通山大夫第

湖北阳新太子镇徐氏祠堂

图 5-88　檐廊（檐出）的构造与形态

5-88 右上图），也有如图 5-44 所示的利用挑梁和斜撑大幅出挑的。

檐廊的檐柱与金柱（檐墙）连接的构件（枋）常常比较宽大，雕饰比较精美。主要形状有书卷形、云板形、如意形等。雕刻有兰草、竹根、鸟兽或是典故传说等。多采用浅浮雕，有的髹饰精美（图 5-89）。

（三）天井

天井本是人们在家中接天连日的地方，但有时雨雪过多，或是烈日当头的情况下，需要一定的避雨和遮阳，在两湖地区（尤其是湖北东部）发现天井有两种比较巧妙的做法：一种是覆顶式天井（图 5-90），即在天井上再搭建一个小屋顶，这样既保证了通风换气和采光，同时也可挡雨遮阳，也有叫“天斗”；另一种是帘幕式天井（图 5-91、图 5-92），即在天井两侧的檐下安装两个可灵活转动的卷轴，将竹帘或布幔卷上或放下，能起到很好的遮阳的作用，同时也能一定程度上避免雨水溅落到两厢或柱子上，延长其使用寿命。

图 5-89　檐廊空间与装饰

图 5-92　帘幕式天井（二）（湖北阳新太子镇大屋李）

图 5-90　湖北民居覆顶式天井构造（李百浩　摄）

图 5-91　帘幕式天井（一）（湖北通山江源村桥头宅）

图 5-93　湖北通山燕厦谭氏宗祠过亭

（四）过亭

在鄂东和湘东的大屋或祠堂中，经常可见纵横轴线上的院落中（官厅前）由四根柱子支撑着一个单檐或重檐的亭阁（或厅），两侧为厢房，同时再形成数个小天井。过亭一般采用天花，如湖北通山燕厦镇碧水村谭氏宗祠的过亭（图5-93、图5-94）。另浏阳沙市镇秧田村的树林塅新屋的过亭采用四石柱支撑。

第三节　材料与营造

一、木（作）

木作分大木作和小木作。大木作除上文所述的结构形式和一些木构件外，还有就是大木的做法与设计。小木作包含的范围很广，大致可以分为建筑构件和室内家具两大类。建筑构件主要包括：门、窗、罩（图5-95）、天花、藻井、

图 5–94　湖南浏阳金刚镇桃树湾大屋过亭

图 5–95　湖北英山段氏府第室内花罩

图 5–96　湖北秭归凤凰山民居

栏板等；室内家具主要包括：床、榻、桌、椅、凳、几案、柜、架、屏风等等，还包括一些陈设，例如匾额等。

（一）小木建筑构件

1）门

门主要分为版门和槅扇门，版门又分为棋盘版门和镜面版门，两者的主要区别在于棋盘版门先做边框，再在框的一边钉板，而镜面版门不做边框，完全都由厚木板拼合而成。版门一般都用于大门，通常是两扇。宋《营造法式》规定单扇版门的高宽比为 2 ：1，最大不能大于 5 ：2。槅扇门一般用于天井周边的内外隔断以及内部隔断，通常为偶数扇，每扇的高宽比在 3 ：1 ~ 4 ：1 左右。槅扇大致可分为花心和裙板两部分。槅扇是装修的重点部位之一，其中槅芯和裙板又是重点装饰所在，其制作充分利用木材便于雕刻和连接的长处，由种类不多的雕饰构件组合出丰富的图案。槅芯图案中一些具有象征寓意的纹样令人印象深刻，在湖北峡江地区应用广泛，例如大昌古城温家大院的门窗棂格以蝙蝠、梅花鹿、寿桃、喜鹊

图 5–97　湖北通山江源村民居

等动植物纹样来表达福禄寿禧的寓意。其他的还有几何纹样、文字纹样来象征吉祥的做法 [7]（图 5–96 ~ 图 5–98）。湖北新滩的郑书祥老屋装饰也极为精致，郑书祥老屋的木装修，有版门、槅扇门、

图 5-98 湖北通山成氏宗祠

图 5-99 桂阳正和阳山民居子母门

图 5-100 江永县夏层铺镇上甘棠子母门

真六合门

假六合门

扦子门

图 5-101 六合门与扦子门

槅扇窗、雕花栏板等。装修上的其他部位还有龙、凤、蝙蝠、栀子花等。

还有一种子母门，即在大门（版门和槅扇门）外还有一道半高的栅栏门，分别朝里和朝外开启，开启灵活，可以看护家中的家禽或小孩，又能通风采光（图 5-99、图 5-100）。

民居的正堂屋大门多做成“六合门”，如鄂西恩施彭家寨的门窗古朴（图 5-101），高 2.8m，宽 5m。由六扇能开合的门扇组成三对大门，用门轴安装在上下门里，每一扇门的两端透雕或浮雕“逡子花”，中间做成各式花样的门窗。“六合门”有真假之分，真“六合门”六扇均能开启，两扇一对，形成三个通道，它们尊卑有序，进出的先后都有讲究，过年时村民玩狮子灯，狮队绕进绕出的门不合“规矩”，就会“玩不出门”。假“六合门”的两边的门扇不能开启。有的住户在假“六合门”门外加装两扇对合开的“扦子门”用以挡鸡犬，“扦子门”高 1.1m，宽 1.7m，门由椿木、“猴板栗”树做成“羊角角”，与湖南的子母门类似。因为当地民风淳朴，鲜有盗贼，有的甚至只做简易的“扦子门”。

次堂屋则没有这么讲究，次堂屋一般就是用“对子门”——即两扇开合自如的大木门。其他的地方用的都是单扇的门。单扇的门有两种，一种是“印门”，关起来门板刚好嵌入门框中，使门框和门板严丝合缝；另一种是“乒门”，因门板大于门框，关门的时候门板门框相撞发出“乒乒”声而得名。

2）窗

窗主要有直棂窗、槛窗、支摘窗、横披四种（图 5–102）。直棂窗就是以截面为方形、菱形或者三角形的楞木，间隔 5cm 左右竖于窗洞中。直棂窗是固定的，不能闭合，一般会在窗后再装木板窗来闭合。直棂窗防盗效果较好，一般用于建筑的外墙。槛窗是由槅扇门变化而来，所以形式也相仿，不同的是槅扇门是落地的，而槛窗下部还有槛墙。槛窗通常为偶数扇，向内开启，多用于天井周边。支摘窗分为支窗和摘窗两部分。支窗类似于现在的上悬窗，用木棍将窗户支起，摘窗就是可以取下来的窗，一般支摘窗分上下两层，上部支起，下部摘下。秭归新滩的杜家老屋西厢房正面就使用了支摘窗，花芯为万字形，窗下做土砖槛墙。横披是当建筑较为高大时，檐墙也跟着变得高大，在按正常尺寸装上门窗后，上部还有一段剩余，这时就在门窗上再设中槛，中槛与上槛之间的那部分就是横披。一般再分隔成几扇，窗的纹样与槅扇窗类似。

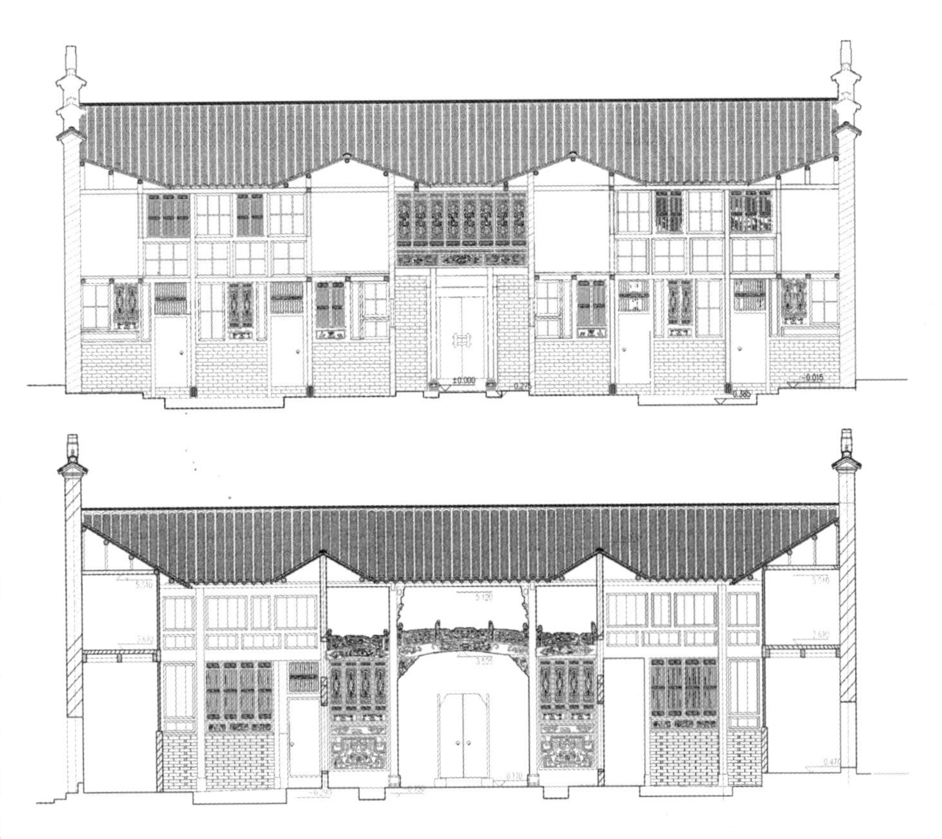

图 5–102　阳新李衡石宅的各种门扇和窗扇

窗户的功用是采光通风，但传统民居的窗户在讲求实用的同时被赋予很多文化内涵。安装于门上、板壁上的窗户花样有“王字格”、“步步紧”、“万字格”、“寿字格”等。门窗是长方形，壁窗多正方形，窗花上下或左右对称。在彭家寨，木匠在做窗户前要画“小样”——施工图纸；分“桥子”，按需要以榫卯的形式截断为约 3cm 见方的小木条；“踩”，将“桥子”卯榫对齐，捶实成形。

窗花是体现土家族匠师技艺和情趣的又一绝佳之处，寄托着土家人对幸福生活的美好祝愿，用素“桥子”做成的每种窗花样式都有相关的寓意，有的甚至把“桥子”做成多种花样和小动物图案，浅线施纹，精细流畅，栩栩如生。

此外两湖民居中的栏板和家具等小木作构件雕刻极为华丽与精致。两湖民居一如全国其他地方的民居，小木作最能体现木匠手艺精湛与否，也是民居装饰最为集中的地方（参见后文第四节“木雕”部分）。

3）板壁（木板墙）

除了槅扇、屏门外，还有作为室内的隔断墙——木板壁，常见于穿斗式或插梁式构架的“墙体”。其厚度一般在 10 ~ 20mm 之间，木板壁一般会有宽度为 100mm 左右的木框，木框比木板较厚，一般为 45 ~ 60mm，木板壁与木框固定，木框左右两边和木柱固定，上部和大产固定在一起，固定的方法是在木框侧边凿若干个矩形孔洞，再在木框对应的柱子和大产处也相应地凿同样大小的槽，最后用扦子的长条形方木插进孔洞将其固定，木板壁的下端一般直接搁置于底部的磉礅、石板或者磉礅上的木板上。大产相当于是穿插枋，起拉结木柱增强稳定性的作用。大产一般有两块，分别位于柱子的中部和上部，大产端部会以榫卯方式插入木柱中，再用漫子在与其垂直的方向插入，将其和木柱固定，防止松动（图 5–103、图 5–104）。

室外用木板墙的主要存在于商铺这一特定类型的乡土建筑中。商铺大多使用活动的木板门、木板窗来作为外墙围护，便于拆装方便。木板门

图 5-103　湖北通山王南丰宅的木板壁

图 5-104　湖北阳新龙港镇肖氏老屋的板壁与隔墙

图 5-105　鄂东南、鄂西南民宅的竹篱墙

图 5-106　湖南炎陵县水口镇下村朱氏宗祠

图 5-107　湖北红安吴氏祠

图 5-108　湖南炎陵县水口镇下乡村刘氏宅

一般高于 2.2m，宽超过 320mm，木板窗高不少于 1.3m。在木板的上下分别有一根如“凹”字形的构件，顶部中间开有凹槽，木板就卡在凹槽内。木板门的中间两扇是可以开合的，平时做生意只需卸下窗扇木板。

还有围篱式墙也算是小木作的一种。围篱式墙是一个统称，它包括竹、木、藤等多种材料的墙体，一般用于乡村中的院墙、篱笆，以及一些像厕所、牲畜房之类的附属用房的墙体（图 5-105），因其重量轻又比较通透，它还常用于山墙的山尖以及二层楼面等位置。其风格简洁质朴，富有野趣。围篱式墙的总体技术水平较为简单，加工方便，一般多采用编织、绑扎和拼合的方式，虽比较随意自由，但富于材料特性和建构的逻辑。

4）天花

两湖地区的民宅和祠堂多为“彻上露明”造，但在大型民居的正堂（祖堂）、祠堂的寝殿（图 5-106）、大屋的过亭上也常出现天花（吊顶）的做法。常见吊顶方式可分为平棊天花和藻井两类。藻井常用在戏台建筑或是祠堂的戏楼上（图 5-107），两湖地区所见的藻井大多比较简易，多为八棱锥台形。有的呈四边形，多比较小巧，位于檐廊尽端等处（图 5-108）。还有的藻井与平棊相结合（图 5-109）。有的天花也不拘一格，采用云拱形（图 5-110）、船篷形等等，显示出民居建筑的非常自由生动的特点。

（二）室内家具

室内家具主要有桌椅、架子床（拔步床）、

案台、神龛等。

现存的一些架子床多为清末和民国时期的遗存(图5–111)。案台则稍早,或简或繁(图5–112)。而神龛则多层次丰富、雕刻髹饰讲究,成为装饰的重点部位(图5–113～图5–116)。在地域上又以鄂东南、湘东及湘南等地的装饰尤甚。

图5–109　湖北通山江源村桥头宅

图5–110　湖北英山段氏府第

图5–111　湖北黄陂大余湾民居中的桌椅和架子床

图5–112
鄂东的案台

图5–113　湖北通山燕厦谭氏宗祠

图5–114　湖北阳新太子镇徐氏祠堂

图5–115　湖南嘉禾莲荷乡欧氏祠堂

图 5-116　湖南正和阳山民居图

5-117　土家族的神龛（来源：http://www.dejiang.gov.cn/zsj/page14.html）

人与神祇、家先共居则是一些少数民族建筑的重要特点。土家族、苗族、侗族都在房屋中为各路神仙和列祖列宗设置了接受全家人供奉的空间，这个空间集中在堂屋“神龛”及房屋中相当于神龛的地方，其次是灶屋，人们还认为在民居的牲畜圈养间、碓磨加工房等旮旮旯旯都有神魂。但不同少数民族房屋中，神龛的位置、功能和形式各不相同，建筑中的神居空间成为识别民族的重要标志之一。

土家族的神龛设在堂屋后壁上，中部横衬一块木板，叫神台，上放土家族的始祖神傩陀爷爷和傩陀娘娘，置香炉、香蜡草纸。顶端罩块木板，叫火焰板，用于防火，这是土家族建筑中神居空间的硬件（图 5-117）。用纸写上“家先”，标明其郡望，贴于神台和火焰板中部壁面，请本民族的神职人员“傩老师”“安家先”，也就是举行仪式恭请神仙和祖宗入住，神龛因此神形兼备、生动丰富起来。

二、砖（作）

（一）常见砖墙砌筑方式

1）承重墙与隔墙

两湖地区传统民居砖墙有很多种砌法，以墙体的结构构造以及砖的形状尺寸来确定砌筑方法。墙的砌法主要有：实滚、花滚、空斗砌法等几种，每种中又有很多变化。一般空斗墙内都填碎砖石和土，这样一方面增加了墙体的稳定性，另一方面也增强了保温隔热性能。另外还有一些有特殊叫法的墙体，“镶思”就是指砖面有方砖的砌法；“合欢”就是指没有眠砖，全部以青砖陡砌成的空斗墙。小镶思、小合欢不设丁砖，还有“双龙出洞”[8]，就是高矮斗的砌法，只是用的砖为厚砖，中间空隙非常小（表 5-4）。

所用砖和全国大多数地区一样，都使用青砖，即在烧制后进行不通氧处理的砖块，因为是手工制作，用途各异，所以各地的砖规格各异，没有统一标准，不同地方的砖的尺寸和砌筑的方式不尽相同，即使同一地区、同一房屋的砖，大小也各不相同。

鄂东南地区青砖尺寸大致为：长度在 265 ~ 330mm 之间，宽度在 140 ~ 200mm 之间，

两湖地区砖墙砌法种类　表 5–4

名称	立面	断面	轴测图	特征概述
丁砌	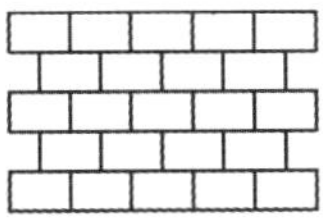	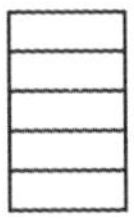		青砖全部以丁面向外，每层之间错缝砌筑
顺砌	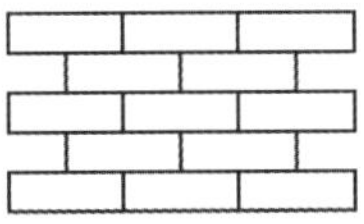	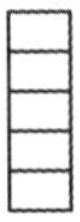	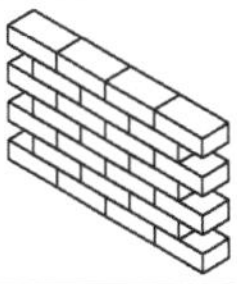	青砖全部以侧面向外，每层之间错缝砌筑
实滚 1		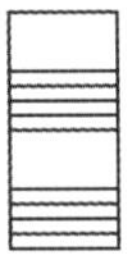		又称“席纹”，因其砖的排列纵横交织，有如凉席的纹理。这种砌法非常坚固，一般用于墙的基础部位
实滚 2	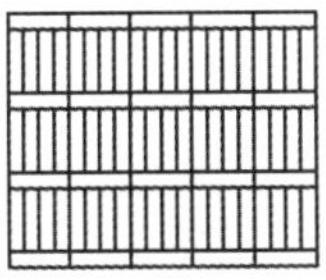	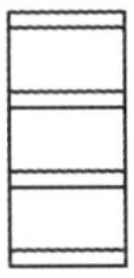	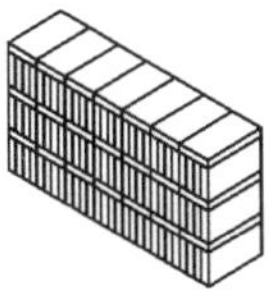	在竖向上一层砖卧砌，另一层砖丁面向外立砌，墙体为实心，一般用于墙的基础部位
实滚 3	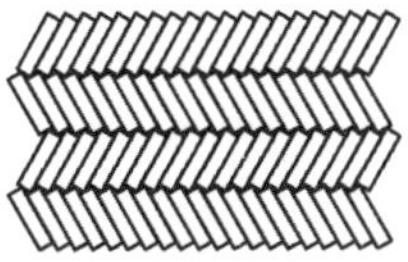	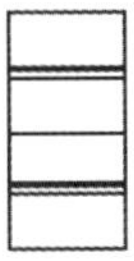	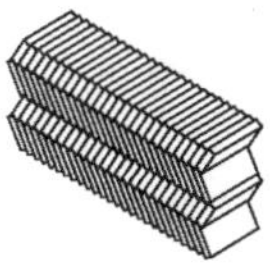	将砖倾斜一定的角度，相互叠压排列在一起，两层之间交替向左向右倾斜
合欢	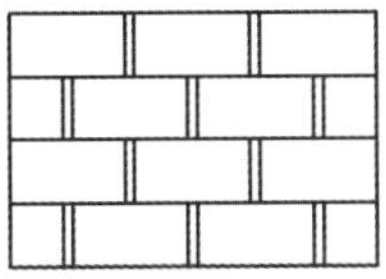	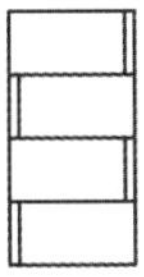	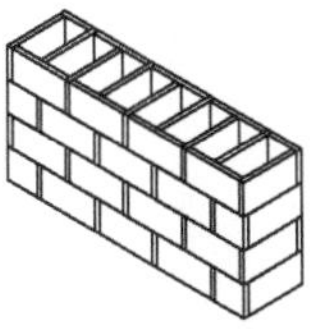	墙体在竖向上没有卧砖，全部以斗砖砌筑，横向上一块陡砖和一块丁砖相间而砌，丁砖并没有贯穿墙体，前后丁砖相互错开，分别抵在相对应的陡砖上，这样有效避免了热桥
一眠一斗 1	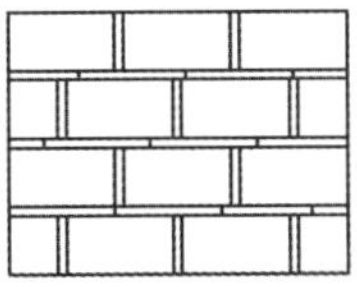	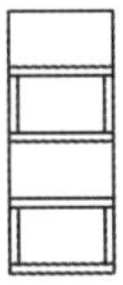		竖向上一眠一斗相间砌筑，横向上一块陡砖和一块丁砖相间而砌，眠砖即为卧砌的砖，加强了空斗墙前后陡砖之间的联系，使其更加稳固
一眠一斗 2	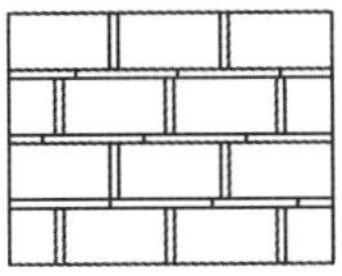	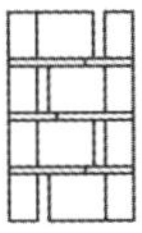	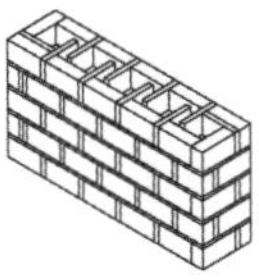	和上一种砌法类似，只是在墙体的厚度上加厚了
镶思	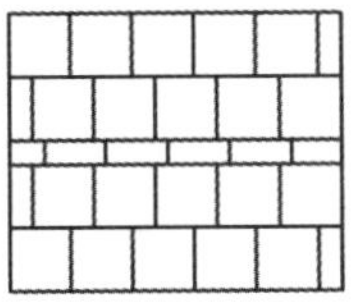	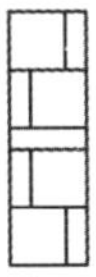	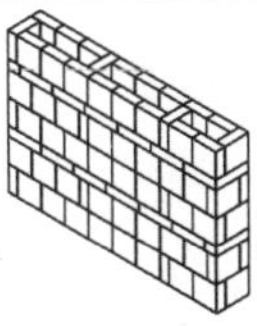	“镶思”即为立面上出现方形的砖面，具体的砌筑方法和空斗墙类似
双出洞	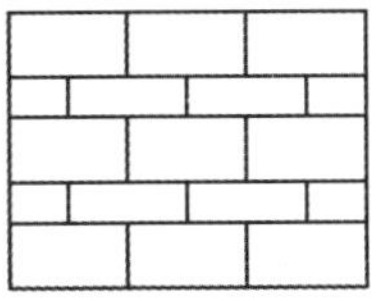	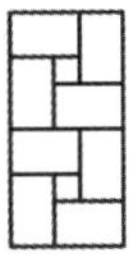	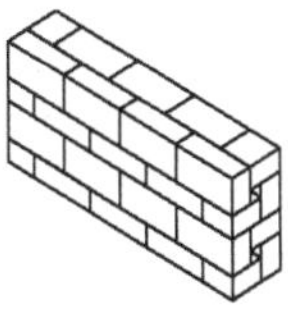	砌法上是“高矮斗”的砌法，即横向方向上用陡砖砌筑；在竖向上，一层卧砖和一层陡砖相间。剖面上卧砖高低交错搭接，墙体内为空心，墙内填充泥土。只是所用青砖较厚，中间空心部位很小，在端头部位会用一块特制的小方砖收头

（经鑫　整理绘制）

图 5-118
湖北阳新排市镇石坑村宅隔墙

图 5-119
湖北通山王南丰宅天井隔墙

厚度厚砖在 90 ~ 120mm 之间，空斗墙所用的薄砖一般厚 25 ~ 30mm。另外还有各种弯曲形状的砖，可以组合成各种图案。据资料记录统计，峡江地区砖的尺寸有以下几种，分别是：250mm × 150mm × 25mm，280mm × 160mm × 25mm，360mm × 120mm × 40mm，300mm × 150mm × 40mm，300mm × 180mm × 30mm，300mm × 180mm × 100mm，800mm × 150mm × 40mm。墙体一般砌空斗墙，内填碎砖和土，墙厚约 340mm。峡江地区砖墙一般为空斗墙，而且使用的砖厚度都较薄，最薄为 25mm，还有 30mm 和 40mm 两种尺寸。使用薄砖是出于节约成本的考虑，使等量的黏土可以制作更多的砖，而空斗墙中间填充土和碎砖石，只在表面用砖，同样也减少了砖的使用量。而且填充了土和碎砖石的空斗墙防潮保温隔热效果都很好。

空斗墙分为有眠空斗墙和无眠空斗墙两种，卧砌的砖称眠砖，立砌的砖称斗砖（陡砖）。峡江地区的砌法多为一眠一斗。只是在墙根部位稍有变化，一般会在条石上部顺砌 3 ~ 4 皮砖，有的还会在这 3 ~ 4 皮砖上再砌格子状砖，然后上面再砌一眠一斗空斗墙。

遮挡与分隔是墙体最基本的功能，由于封建社会家庭的社会交往较少，以及内外有别的思想和私密的需要，民居建筑常在室内外有许多阻隔的措施，如在厅堂内有后屏门或屏壁，院落之间有花墙、漏窗、月洞、实墙等(图 5-118、图 5-119)。这些或实或虚的隔断，都使视线受到一定的限制，无法一览全局，造就了两湖传统民居虚实相生、幽敞变化之美，也充分反映了传统民居建筑丰富的空间变化。

有的隔墙不仅美观富有装饰效果，有的还起到“障眼”的作用，如湖北钟祥的吴集村的隔墙就将主人与客人的通道分隔开来（参见图 3-237）。

2）山墙

两湖地区的山墙颇具特点，成为两湖民居有别于其他地方民居的重要的外在表征，虽然表面上看上去比较接近徽州民居。

两湖民居的山墙形式更为丰富，除悬山屋顶形式的民居的山墙外，更多的还是硬山山墙。主

两湖地区民居的山墙形式　　表 5–5

山墙形式		实际案例	备注（别称）
阶梯形		 湖北秭归凤凰山民居 　湖南新化上梅古镇 　湖北竹溪城关祠堂 　湖南浏阳金刚镇青山乡完全小学 　湖北郧西柯祠堂	“五花山墙” “三花山墙”
山形	三角形	 湖北大悟宣化店姚畈铁店 　湖北红安华家河祝家楼村 　湖北大悟黄站熊畈村 　湖北通山江源村	“小马头墙” 单边跌落的墙体有时也被称作“小马头墙”
	人字形	 湖北随州戴家仓屋 　湖南桂阳正和阳山民居 　湖南桂阳方元镇方元村	
拱形	弧形	 湖南浏阳白沙镇刘家祠堂 　湖北罗田九资河新屋垸 　湖北通山燕厦谭氏宗祠	有的地方称圆拱形或部分连续弧形的山墙形式为“猫弓（拱）背”
	连续拱	 湖北通山宝石村 　湖北红安吴氏祠 　湖北通山大夫第 　湖北通山宝石村	衮龙形（脊）
组合形		 湖北红安秦氏祠堂 　湖北罗田九资河新屋垸 　湖北竹溪李志强老屋 　湖北通山江源村 　湖南浏阳李氏家庙	

要的形式有以下几种（表 5–5）。

（1）阶梯形。一般有“五花山墙”和“三花山墙”等，马头墙呈阶梯状，一般阶梯的级数略少于徽州的，而且也不局限于奇数，如峡江的郑韶年老屋阶梯形马头墙。

（2）山形（三角形）。俗称“小马头墙”，山墙的垂脊略高于两坡屋面，并与正立面的檐墙突出的墀头连接起来，山墙中间为三角形。还有一种为“人”字形山墙，山墙的天际线比较柔美，透着些许飘逸之感，也算是山形山墙的一个变体。

（3）拱形。拱形山墙分单一的弧形与衮龙形山墙，也就是连续弧形（半圆）山墙。山墙的上端轮廓呈弧形，有的甚至是标准的半圆形，显得非常饱满。

衮龙形山墙可以算是最具两湖特点的山墙形式了，这种山墙上端一般由2～4段弧形或半圆形组成，形似衮龙卧伏在山墙之上，同时垂脊多用数层小青瓦堆叠而成，有的多达5层，颇似龙身之龙鳞。这种形式的山墙规制比较高，多在鄂东南和湘东北的大屋和一些祠堂上看到。

（4）组合形。如果是一个多进的民居，阶梯形、山形（“人”字形）、弧形三种形式的马头墙可能同时出现。有的马头墙出现多种形式的糅合，例如江渎庙前殿的马头墙就是三角形和弧形结合的形式。马头墙的墀头部位是装饰的重点之一。

图5-120　秭归杨家湾老屋后檐墙排水口（李晓峰　摄）

图5-121　湖北通山县江源村王南丰宅的山墙与檐墙组合形态

通过表5-5可以粗略看出不同山墙形式的分布地区。另外墙角起翘的形式也是多种多样，主要分为四种起翘形式，分别是墙头自身起翘、叠瓦起翘、饰物起翘和砖石起翘，充分体现了民居营造的多样性。

3）檐墙

位于檐檩下的围护墙，有前檐墙和后檐墙。露出椽子的叫“露椽出”或“老檐出”，不露椽子的叫“封护檐”或“封后檐”。

天井四边的檐墙一般使用槅扇门窗，做得比较通透，而外侧的檐墙则较为封闭，较少开门窗洞口。有些民居中会将后檐墙砌得高出檐口，和两侧的山墙面连接，出于对屋面坡屋顶排水的考虑，高出的檐墙在檐口排水的地方对应每垅仰瓦开一个排水孔，屋檐由此伸出排水。后檐墙砌得高出檐口，主要是因为这些房屋多背靠山地、土坡，房屋后部地势较高，这样既可以避免山坡上雨水等冲刷到屋面，又有一定的防卫上的作用（图5-120），而前檐墙却并不这么做则主要是基于立面的观瞻考虑。

在两湖地区山墙和檐墙的组合形式非常多样，这也是体现两湖民居墙体形式特点的一个重要方面。既有高出屋面的封护檐与山墙的连接组合（图5-121），也有的正面封护檐呈现出五花山墙的式样，并与分隔屋面的垂带和墀头连接组合；有两面墙体呈直角交角的，也有呈钝角、锐角或弧形角相交的，有的是平直的墙面相交，也有直墙与弧墙相交。总之，根据地形、平面布局和屋顶形式的不同，呈现出形态各异的组合方式。

4）转角（墙）

转角也是民居建筑中变化较为丰富的部分，它又可以分为直角、斜角、圆角三类，每一类当中的做法也会由于墙体的砌法、材料、厚度、部位而有不同（表5-6）。许多街巷的拐折处抹角的处理不仅丰富了墙体造型和街巷空间，更有一种人文关怀的感动。

两湖民居建筑中墙体转角处理　　**表 5–6**

图片	说明	图片	说明
	转直角 转角两边使用同一种青砖，互相咬合砌筑，砖缝很有秩序感		转直角 在转角处使用两种（或以上）以及块面尺寸不同的青砖，使转角处砖的纹理变得丰富
	转斜角 转角处青砖不做特别处理，从而使墙面有整齐规律的凹槽，丰富了墙面肌理		转斜角 将转角处的青砖打磨成特定角度，使转角处和其他地方一样光洁平整
	倒平角 将转角处的青砖砍削掉一个角，使之在转角处形成一个平口，而不是尖口		转圆角 底部通过砖的摆放形成圆弧形，然后再通过叠涩出挑，承托上部的转直角

（经鑫 整理绘制）

（二）砖墙砌筑的材料呈现

虽墙体有泥墙、木墙、砖墙、石墙，但基础一般采用砖、石基础。砖础砖墙（包括土坯墙）虽然同是砖作材料，但基础处的砖一般更加厚重，且砌法也较上端的砖墙更“严实”些，多采用实滚、花滚、玉带墙或一丁一顺等砌法。

1）理性再现（分层砌筑）

在两湖地区还经常发现同一面墙在不同高度采用不同的砖筑方法，底部采用较为密实的玉带墙、花滚等砌筑方式，而上部则采用空斗砖墙的砌筑方式。一则基础更稳固合理，二则更有利于防水防潮，同时也是基于经济性的考虑。如湖北随州的戴家仓屋的山墙采用了约5种不同的砌法，这种分段砌筑的方式显示出砖墙砌筑的建构理性（图 5–122）。

甚至因为经济的原因或是材料短缺的原因，同一面墙体采用不同材料的砖来组合砌筑。在过去，因为砖相对于土木、竹草等其他材料来讲价格较贵，只有经济条件较好的居民建房才会使用砖。普通居民建房为了省砖，多采用空

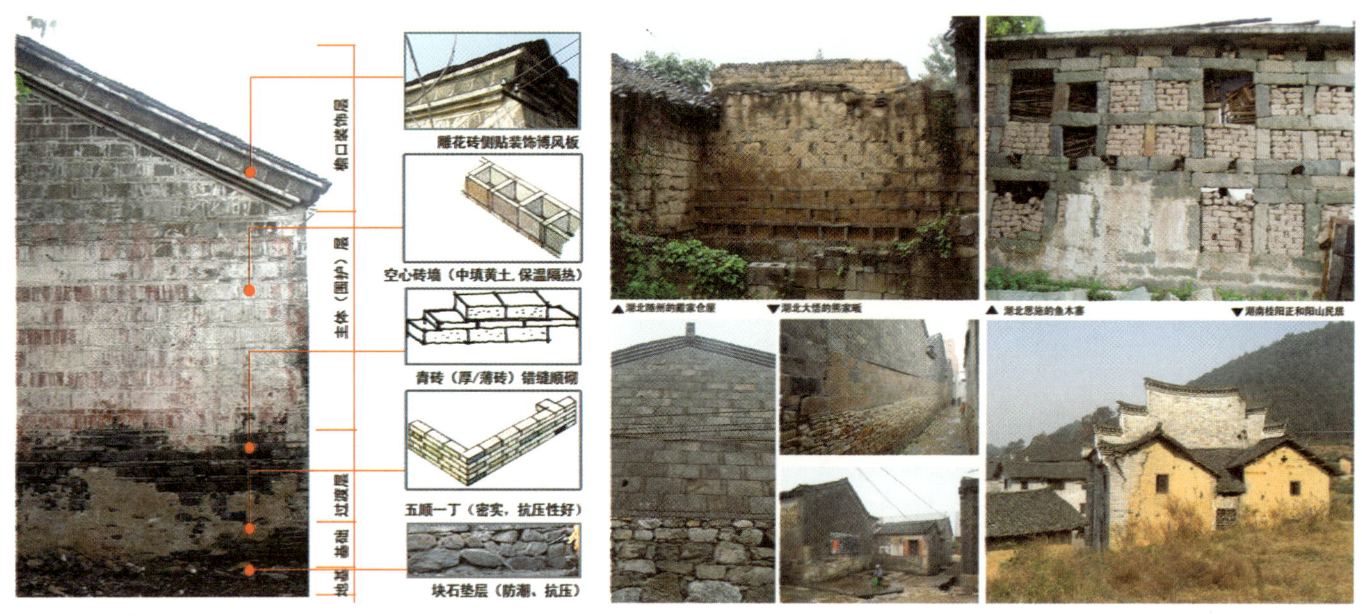

图 5-122　戴家仓屋砖砌分层示意

图 5-123　两湖地区墙体不同的材料呈现

斗墙的形式，并且使用厚度只有 25 ~ 30mm 的薄砖 [9]。在一些经济条件稍好的居民房屋中，还会采用“金包银”或者叫“银包金”的砌筑方式，就是内部用土坯砖，外部砌筑青砖墙。这样在节省砖料的同时也起到了防潮和增加墙体强度的作用。有的因当地盛产石头，内部用碎石块，外部砌筑青砖。也有的正面用青砖墙，侧后方墙体采用土坯砖甚至泥墙，或者是下面墙体是青砖砌筑，上面是土坯或泥墙，这样或许也可以称作“前银后金”和“下银上金”，在呈现墙体砌筑的建构理性的同时，也表现出更多的肌理和美感（图 5-123）。

2）砖材的仿木构造（砖墙檐口）

两湖地区的民居的砖墙檐口的做法除了竖砌砖或半砖出挑的叠涩做法应用非常广泛外，还有很多檐口处表现出经常做一些特殊处理用来导致墙的自然终结，例如，中国古建中的砖塔就有叠涩的做法，层与层之间做砖出挑而形成腰檐的形式。砖的叠涩出挑与中国的木结构体系中的斗栱有相似之处，只是后者从下部的基座开始外挑，而叠涩则是靠上部的压力来保证出挑块的受力和理性。在南方的封火山墙中也屡见不鲜。用于檐墙的砖檐的形式有菱角檐、鸡嗉檐、抽屉檐、冰盘檐等。两湖民居在此基础上又发展出很多变体，其中一些做法极为精美，将青砖用仿木构的方式加以表现，如图 5-124 所示的湖北麻城木子店的邱家荡、大悟县宣化店镇湖北会馆、姚畈老宅等。

3）砖墙的其他做法（防火等功效）

因为砖的耐火性和防潮性比木材要好，因此有的地方的民居采用砖砌的方式来包封梁头或檩条，甚至还有用砖墙包封住部分梁架的做法，主要是靠近外檐，易遭受风雨侵蚀或火灾的地方，如湖北随州戴家仓屋（图 5-125）。

三、石（作）

石材因其坚固、耐久并且可以防水防潮，因此得到了广泛的使用。在多山的环境中，石料来源较丰富，会出现石建的房屋甚至村寨，或者是用石较多，石材加工技术比较高，甚至形成颇具地方影响的行业，如湖北的峡江地区以及鄂东南的通山、阳新，而阳新的石匠更是蜚声江南。

纯粹用石头建造的民居“石屋”在建造时是颇为讲究的。石房依山而建，相地后就地开采石料。石屋屋基很高，一般都在 2m 以上。块石砌两边石墙，中间架木柱，房架立好后，砌石墙四面“封山”。用薄石板隔房间，有的用石块垒砌，有的还要用石柱支撑。

图 5-124 两湖地区民居的砖材仿木构造实例

峡江地区常见的石材与两湖其他地区的相似，主要有青条石、红砂岩和页岩。石材利用的部位主要有墙面、柱和墙的底部、墙的转角部位、屋顶、地面、台阶以及大门等重要装饰部位。根据加工程度的不同，峡江地区的石料主要有以下几种：片石、毛料石和粗料石、条石。片石就是石料加工成一片一片的薄片石板，可以用来砌筑窗下槛或是用作石瓦片；毛料石和粗料石就是石料不加工或稍微进行加工，外形大致是方形，一般用来砌筑非重要部位的墙体，台基外圈的护壁，挡土墙等；条石是加工较为细致的石料，外形为规则的长方体，因为加工时间长，耗费人力物力也多，所以一般用于建筑的重要部位，例如木柱下面的磉礅，墙体的转角和下槛，门窗过梁，台阶等（关于石柱础等在后文装饰手法中介绍）。

石墙按照营造方式分主要有两种：石块砌筑的墙和石板墙。

石块砌筑的墙就是预先准备好石块，然后用泥浆等粘结材料或者不用粘结材料进行砌筑，前者为湿砌，后者为干砌。湿砌一般用大小不一，又各具有一定方正形的石头，通过错落有致的毛料石或者粗料石，用泥沙、石灰等作为粘结材料进行连接，一般用于普通石墙、挡土墙等次要部位，有的地方俗称“干垒式”。

图 5-125 湖北随州戴家仓屋用砖包镶梁架（左）

图 5-126 湖北黄陂王家河镇红十月村汪西湾（右）

干垒式一般是由干垒的石块砌筑，辅以加筋材料和灰土等。干垒的石块大多不规则，经验丰富的匠师几乎可以不用灰浆，充分利用石块的形体堆叠拼合得严丝合缝（图 5-126）。干砌是一种精细的砌法，它不使用泥沙、石灰等粘结材料，而是靠石材的相互挤压使其严丝合缝。干砌对于石材的要求较高，一般选用加工较为细致的条石，砌之前先将表面的泥沙，污垢等清除干净。干砌法石墙现较多应用于墙的勒脚部位。

石板墙就是预先把石材加工成石板，然后将整块石板立置，几块石板相互拼接作为建筑的墙体（图 5-127）。此种墙体都不会太高，也有应用于天井周边窗的下槛部位，用于防水防潮。

石材因坚硬耐磨，耐水，抗压强度高，所以又常用在天井、院落或门庭的铺砌。两湖地区的天井院落一般采用花岗石（青条石）平铺，有

图 5-127 王家河镇红十月村汪西湾老屋

图 5-128 湖北麻城盐田河雷氏祠

图 5-129 通山县宝石村卵石墙及卵石铺地

图 5-130 湖北安陆孛畈柳林村夯土和土坯墙

的在天井的四周还立有望柱（石）和栏板（图5-128）。

石材一般较难开采、加工和运输，但老百姓就能因材施用，如屋面使用石板作瓦的一般采用页岩。而像湖北通山闯王镇的宝石村，村里的宝石河中盛产鹅卵石，当地老百姓就利用鹅卵石来修筑挡土墙、铺路、砌筑墙的勒脚等，使整个村落和环境充分融合，而椭圆形的鹅卵石也使村落充满了个性和趣味，宝石村的名称就由此而来（图 5-129）。

四、土（作）

土是最为悠久的建筑材料之一。土作主要是指以土作为原材料的夯土墙、土坯墙和三合土地基相关的做法。因两湖地区的夯土墙、土坯墙和三合土地基与其他地区并没有太大差别，现存已不太多，故而仅就其中具有地方特点的配料等进行说明。

（一）夯土墙

夯土墙即“传说举于版筑之间”的“版筑”，是我国古代土工建筑技术史上的重要成就之一，源远流长，使用广泛。夯土墙在两湖地区的许多山区依然存在，橙黄的墙体掩映在山林之中，煞是好看（参见图 5-80 ～图 5-84）。

夯土墙一般经过备料后，利用夯筑土墙用的墙板、冲墙棒和与之配套的其他工具，以及修整墙面的泥刀、水准尺、榔头、抬筐、簸箕、绳绠等辅助工具，进行舂捣、夯筑。普通的民居一般使用两副墙板在屋子两头按顺时针或逆时针的同一方向同时进行，有条件的则三、四副，速度较快但要保证有足够的人手而又不互相拥挤。夯完一版，接版成圈，层叠而上，故称为“行墙”（图5-130）。值得注意的是，上下版必须交错夯筑，不可出现通缝，而且外墙和内墙最好同时夯筑，以保证墙身的整体性。

夯筑土墙一般也选取土质纯净的红土，但要避免有风化砂石的土，因为筑好后，经过一些时日，砂石小块便风化破碎，墙便易毁裂。准备了足够的土之后，同样要细筛去杂质，并加少量水至潮湿，反复翻锄拌匀，以达到“手捏之能成团，抛之落地能散开”的程度即可。

有的地区还在土中拌合拉结料和骨料。拉结料是稻草、芦苇、松针等，可以增加墙体的抗拉抗剪性，骨料一般是碎砖瓦、石砾，有助于加强抗压性。峡江地区还有放螺壳或蚌壳作骨料的。究其原因，一是靠近长江，水产品中有螺和蚌；二是螺壳和蚌壳虽然中空，但质地坚硬，表面粗糙，容易粘结，是很好的骨料；三是螺壳和蚌壳中空密度小，可以减轻墙体重量。

夯土墙必须有好的基础，一般是在选址定位后，由师傅放线后开挖半米多深的地基，用大块石头垒齐，基础的高度则视地形的平缓程度而定。有时为了达到防潮的目的，还要再铺设一两层青条石作勒脚。夯土墙一般都有收分，《营造法式》筑土墙之制规定“其上斜收，比厚减半”，即墙顶厚为墙脚厚的1/2。

土墙施工时最忌风雨，故行墙一般选择天晴的季节。同土坯墙一样，夯土墙的墙头也需要盖瓦顶或铺草，以免被雨水淋坏。墙身一般是用草泥浆抹平，有条件的则在外层再用石灰抹白以保护墙体。

（二）土坯墙

土坯墙俗称土壑墙，土坯墙早已存在，并且在两湖地区使用相当普遍。从建筑技术史上看，从夯筑墙到砌筑土坯墙，是一项巨大的技术进步，也是建筑材料的一大革新，它为砖的出现作了准备。土坯墙比夯土墙要求的技术含量要低，在施工作业和时间安排上更灵活机动，造价低廉、经济实用，是降低建造成本的重要手段之一。而且土坯墙墩实淳厚、粗犷质朴，与大地融为一体，在质感和肌理上充分体现了民居的艺术魅力，其表现力也是其他建筑材料不可取代的。

土坯墙首先经过选料、制坯，然后再砌筑。土坯的质量好坏，和选土有重大关系。土料选取附近山上带胶性的纯红土，耕地中表层的土一般不用，因为它已经没有黏性，所谓“粪土之墙不可朽也”，也就是这个道理。施工时要将土细筛，去除杂质。为使土坯达到抗压力强，选土时切忌土中夹杂腐化物与有机物。

图5–131　夯土或土坯砖砌筑中加“筋”（安陆柳林村）

土与水的充分拌合也十分关键，加少量水至潮湿即可，让牛反复踩踏，翻锄拌匀，有时人们还要将这种土用布、塑料布等包好，闷2～3天至硬中见软（含水不多但和易性好，柔韧好用）的成色为好。另外，土坯中往往要加筋，骨料一般用谷秆、山草、松针等（图5–131），目的主要是为了增强土坯的抗拉性能，防止龟裂[10]。

制坯首先要有土壑模，一般建一幢民居两副坯模即可，而且多是活动坯模，无底无盖。虽然土壑模没有十分精确严格的模数限定，但一般都把土坯砖控制在300mm×150mm×120mm左右，否则太厚太大则不易晒干，太薄太小则施工费工费时。土坯自古有干制坯和湿制坯两种。做法是将土、骨料与水拌合，用手指感觉达到合适的含水量，再用牛踩匀，待蒸发一两天后，选一平整场地，将土壑模平放地上，填满泥，用手抹平、压实，即可提起土壑模，将土块留在原地晾晒，半干时再翻转暴晒，4～7天后即成。

土坯砌筑只用泥浆砌缝，一般砖缝为1.5～2cm。土坯有多种砌法，一般用侧砖顺砌与侧砖丁砌上下错缝砌法，侧砖丁砌与平砖顺砌上下层组合砌法（即“玉带墙”或“实滚墙”的砌法），侧砖顺砌与平砖丁砌组合，以及平砖顺砌与平砖丁砌上下错缝砌法（即“满丁满条”）。

与砌砖不同的是，土坯常常立摆，即侧砖顺

砌或丁砌。土坯立摆有许多好处，首先土坯怕压断，所以立摆较为坚实；其次土坯吸水性强，立摆时只上下用泥砌缝，左右两侧不用泥，则土坯不会被泥水泡软。若是像砌砖一样平放，上下一用泥则土坯就吸入大量水分而被泡软。

砌筑土坯的同时还常要加筋，即每隔 3 ～ 4 层土坯就“铺襻竹一重”，“造画壁……再用泥横被竹篾一重，以泥盖平……”[11] 除了竹篾外，树枝、藤条均可以，目的是增加土坯墙的抗压和抗拉性能。

（三）三合土地面

两湖地区室内多用三合土地面。当地室内三合土地面有单层和双层两种做法。以峡江地区双层做法为例：下层厚 100mm 左右，用长江沙黄土、当地烧制的石灰（粉）掺合一定比例粒径 20 ～ 30mm 的长江中的碎卵石，按比例加入桐油和水调和后，拍打而成。面层做法与下层相同，只是将碎卵石换为 3 ～ 5mm 的细石子，拍打厚度约 20mm。单层做法相比双层做法只是取消了面层。这种地面做法就地取材，防潮耐磨，经一定时间人的行走摩擦，石子光亮，很有地方特色。

五、仿西式做法

1898 年，英国人立德乐驾驶一艘木壳蒸汽小轮“利川”号首次由宜昌抵达重庆，以后德国、美国、丹麦、日本、意大利、法国、瑞典等国均有船只经三峡入蜀，进一步刺激了湖北峡江地区的商业贸易活动。西方文化的涌入对峡江地区造成了很大的影响，中西结合形式的天主教堂逐渐出现在沿江及腹地。这种西式建筑风格也影响到一些民居，特别是一些大盐商和士绅的住宅，更是接受新潮流的先锋，使带有西式风格的民居在沿江的古镇普遍可见。仿西式风格做法的出现与砖石材料的大量应用有密切的关系。这些建筑外墙用砖石砌筑，高 2 ～ 4 层，拱形窗。墙体檐部、各层之间、窗套均做西式线角，一些砖柱顶还有柱头花饰，不过完全是民间的模仿，有人形象地把它比作“白菜头”。用砖木混合结构，穿斗或抬梁架，硬山搁檩 [12]。受西洋风格影响的还如湖北武汉新洲的徐源泉公馆（参见图 3−148 ～图 3−151），同样的影响也在湘楚大地上存在。

中西合璧式民居与常见的中西合璧的教堂、医院等公建不同，后者反映了宗教的控制和外来者强加的建筑形式，而前者带有自觉吸收与融合外来文化的特点，表现了文化交流现象中民间随机性的一面 [13]。

第四节 装饰

装饰是民居的重要组成部分，无论是寻常百姓，还是大户人家都会对民居作或多或少、或繁或简的装饰。装饰由最初的起保护建筑部件的作用逐渐演变成表达某些隐喻和象征意义，例如雕刻蝙蝠、梅花鹿、寿桃、喜鹊来表达福禄寿喜的寓意等等。装饰在民居中是依附于建筑主体的，但又是古民居中最为精美的一部分，可以说装饰艺术在古民居中起到了画龙点睛的作用。装饰艺术中包含了大量的装饰题材和纹样，深刻反映了当时当地居民的文化修养、审美情趣、日常生活等等，具有丰富的文化和社会内涵。

一、装饰部位

无论是祠堂、戏台等较大型公共建筑物，还是屋宇楼阁，甚至小至祖堂、神龛或器皿，都可能会有装饰。民居的装饰一般主要分布在建筑的入口、马头墙、槅扇门窗、栏杆、柱础、梁枋、屋脊等部位。在两湖地区，建筑入口的装饰非常富有特色，一是表现在门楣上的匾额，另一个就是门楣的装饰。

尤其是鄂东、鄂北、湘东、湘南的很多地方，经常看到民居门楣上的门匾。它与民居相辅相成，犹如画龙点睛，表达着家世或主人的愿景，同时一块门匾也是一件不可多得的书法作品，令人赏心悦目，一股古朴民风便扑面而来（图 5−132）。

从格式匾制上看，门匾多为横匾，言辞精炼，寓意深长。多是成语式的四字句，如“祖德星辉”、“真良世第”。也有少数三字匾，通山古时有“司马第”，现有“槐阴处”、“清河第”等。古时石匾、木匾较多，分阴刻、阳刻，可惜现不多见。现代大都是直接书于大门顶正中墙上，石匾、木匾较少。

门匾种类较多，主要有姓氏门匾、家训门匾、御赐门匾或其他。其中姓氏门匾居多，百姓家都各有自己的门匾。依郡望堂号而取名的门匾，此类最多。如以“三槐”作为王姓代称，以“三槐堂”为堂号，于是“永乐三槐”、“荫托三槐”、“槐荫世家”、“槐荫长春”等王姓门匾层出不穷。

依先贤名人得名的门匾，如“熹嗣繁衍”、“诗祖名家”分别为朱姓和黄姓门匾，源于朱熹和北宋江西诗派鼻祖黄庭坚。

依名人典故得名的门匾，如“爱莲遗韵”源于北宋哲学家周敦颐的千古名篇《爱莲说》。家训门匾是用祖传家风昭告子孙，以求世代继承弘扬。常见的有：“仁义家风”、“忠厚传家”、“侍书门第”。这类门匾具有教化作用，可称之为祖传座右铭和治家格言。

御赐门匾为皇帝所赐。通城县塘湖镇现存一明代石匾。完整无缺，字迹分明。“清朝鸣凤”四个大字为石刻阴书。位于“朝”和“鸣”之间上方“御赐”两个小字，以及匾左竖行小字“陕西道监察御史仕昌”清晰易见，是明朝皇帝赐给监察御史刘仕昌之匾。这类匾具有考史作用。

其他门匾，如“风华正茂”、“紫气东来”等，这类门匾反映鄂南人民追求幸福生活的美好愿望。门匾与建筑、书法、风俗、文学、艺术相结合，深入社会生活和各个方面。一块民居门匾，就是一道历史文化风景，研究历史和民俗、时政与地理等难得的实物资料[14]。

门楣的装饰丰富多样，有石材的，也有木框的，多将门头上的过梁雕饰一番（图 5–133）。在过梁下的门框交角处也施以雕饰，不论是石雕还是木雕，非常精美（图 5–134）。

图 5–132　两湖各地的门楣匾额

图 5–133　两湖各地的门楣过梁装饰

图 5-134
两湖各地的门梁交角处雕饰

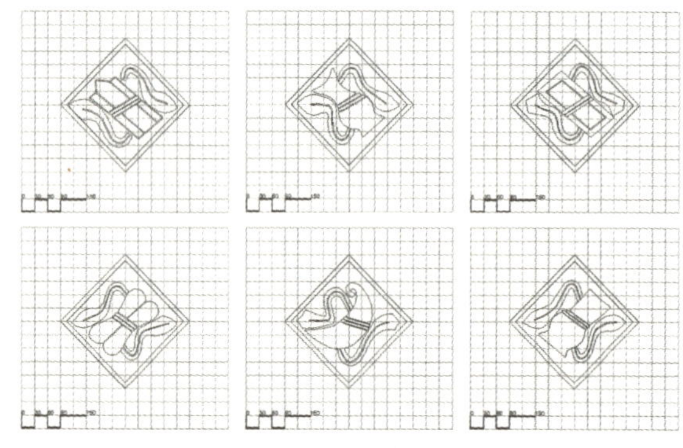

图 5-135
罗田新屋垸门楣上的吉祥六宝图案

图 5-136
民居常见装饰纹样

二、装饰主题

不管装饰的部位，也不论装饰的手段是木雕、石雕还是彩绘等，这个传统民居的雕饰题材主要有以下几个方面：

(1) 植物花草。主要有“四君子”：梅、兰、竹、菊，还有牡丹、荷花等，或是其他奇花异草。有的植物花草组合成集合图案，如六片抱瓣莲花围着鼓心旋转，中心汇成漩涡的图案等。

(2)吉祥动物。如十二生肖、狮子、麒麟、犀牛、象、鳌鱼等，很多动物的雕饰彩绘常常以某种情景出现，如狮子滚绣球、太师太保、犀牛望月等，这些多出现在抱鼓石、柱角石、挑檐石、花台、鼓墩等处。

(3) 吉祥图案。如“暗八仙”、吉祥六宝（图 5-135)、八卦等。

(4) 几何纹饰。如菱形、博古回纹、万字纹、(福) 寿字纹等（图 5-136)。

(5) 警世训诫。如“耕读传家”、“忠孝节义”、“二十四孝”等，如湖北红安县吴氏宗祠第三进厢房的门扇上以渔、樵、耕、读为主题的雕饰（图 5-137)，反映出明确的农耕思想。

(6)传说典籍。如“洪武放牛”“三顾茅庐”等。

(7) 文学作品。在许多较大型的民居建筑上，如祠堂和官厅的门扇上，木雕作品比较突出的是将文学作品作为创作题材，如将《西厢记》、《三国演义》、《红楼梦》、《封神榜》、《放鹤亭记》、《桃花源记》等以连环画的形式展现在人们眼前。

(8) 纪实题材。此类题材不常见，但颇具价值。如果说大多数建筑木雕装饰是类型化的题材作品的话，那湖北红安吴氏宗祠戏台“观乐亭”的楼檐台裙上一处绝无仅有的木雕精品“武汉三镇江景图”（图 5-138）便是难得的纪实题材的木雕作品。

“武汉三镇江景图”木雕从右至左依次表现的是汉口、汉阳、武昌的沿江景象。木刻中左边表现的是武昌的江景。依次表现了清军营盘、武胜门、烟波楼、汉阳门三个城门（楼）和黄鹤楼

图 5-137　吴氏祠厢房的门扇上渔、樵、耕、读主题的雕饰

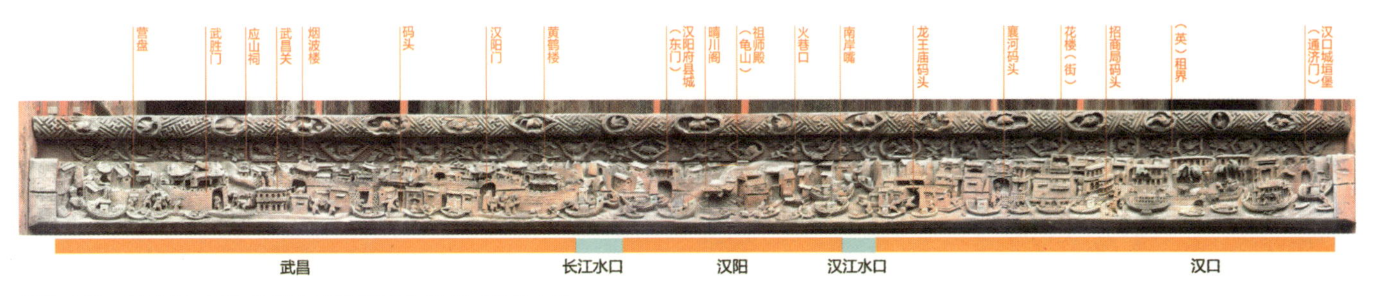

图 5-138　吴氏祠 木雕“武汉三镇江景图”及其表现的内容

等城池、楼宇、衙署、码头等景象。江景图中的汉阳部分可谓恰到好处地表现了汉阳的风景和几座代表性建筑，包括晴川阁、龟山及其山顶祭拜的殿堂（“祖师庙”）、南岸嘴及码头江面云集的商船等商业口岸景象。木雕中的汉口更是一片繁忙的景象，龙王庙码头、襄河（汉江）码头、招商局码头以及停泊和卸货的平台清晰可见。雕饰精美的“花楼街”，维多利亚式的租界建筑，齐整的长街，还有汉口城墙的通济门。江上楼帆林立，千舟竞发，追波逐浪，可见时至晚清，武汉三镇的格局和城市形态已经呈现出兼具传统中国城市和近代工商口岸城市特征的形象。

该木雕作品不仅有较高的艺术价值，而且结合历史地图和绘画逐段对武汉的“江景”进行研究，也算是以一种“文史互证”的方式对晚清沿江城市空间进行解读。该“江景图”所表现内容具有非常高的真实性，更可感知 20 世纪初两个城市的形态变迁，完全称得上是木雕的“城记”，具有非常重要的史料价值。

装饰题材的选择往往跟主人的姓氏、信仰、喜好、职位、住址等相关。例如主人家姓刘，采用人物绘画时，可以按刘家历史上有名的人物故事进行情节编排组合，如刘备三顾茅庐。主人家住在河边，可以以水为主题，有河，有山，有水。主人家住在山上，有树、虫、鸟、鹊组合山中的各种动植物。主人家若是经商，可绘“博古回纹”。若是做官，则绘“福、禄、寿”三星，用中国四大名画，风、晴、雨、雪，梅、兰、竹、菊。

三、装饰手法

装饰手法大致可以分为雕刻、灰塑、彩绘三种，三者也可以混合使用，例如可以先用灰塑塑形，再在上面施以彩绘。民居中的雕刻最常见当属木雕、石雕和砖雕这“三雕”。

（一）木雕

两湖民居多为木构建筑，因此木雕作品非常丰富，大多分布在槅扇门窗、梁枋、雀替、撑栱、栏杆等处，雕刻手法有浅浮雕、圆雕、镂空雕

图 5-139　吴氏祠内柱梁等处雕饰

图 5-140　两湖民居中木雕构图

图 5-141　两湖地区民居门窗木雕

图 5-142　麻城木子店邱家荡隔扇上的骏马雕饰

（图 5-139）。一般木雕创作有备料、立意、画活、雕大形、细部雕琢、最后处理等等几道工序。表现技法上几何花草或是其他吉祥图案多采用传统的平面式构图，也有采用古代绘画中散点透视的技法的（图 5-140）。

两湖地区做工精细，造型优美的木雕不胜枚举，例如巴东县楠木园乡李光明老屋在明间什锦窗窗心处透雕一供桌，上有花瓶、菊花，巴东县三峡地面文物保护总体规划评价其为“为民居建筑中不可多得的艺术构件”。新滩民居大多是有钱的船老板所建，所以木雕也是异常丰富和精美。例如郑书祥老屋的木装修，有版门、槅扇门、槅扇窗、雕花栏板等。槅扇门六抹头、冰花纹格芯，较为特殊的是：其边梃和抹头看面中心均倒槽，使其看上去呈并列双弧形。槅扇窗四抹头、方格芯（图 5-141）。除了简练的直楞、万字纹、冰裂纹、拼花外，装饰图案主要还有花草、龙凤、骏马（图 5-142）、蝙蝠、历史掌故等。

一般的木雕构图形式多近方形，或是圆形、扇形、云形等传统绘画题材惯用的构图和比例。还有一些采用长卷式构图将表现各个景点的画面有如竹简般被编排成“册”，横向展开；这和一些墙壁上的历史故事画一样，成为一种基本范式。

长卷式的木雕在中国传统民居中其实屡见不鲜，主要是位于厅堂正面的大梁或枋、楼层的栏板下桴或窗扇等的下槛（图 5-143）。因为这些部位或构件本身即为线性，或是长方形的面材，在上面雕饰最恰当的构图自然便是长卷式的了。其实这些部位的雕饰构图与中国传统建筑施作于梁、枋上的彩画是相近的，也多由三部分组成，分为箍头、藻头、枋心（图 5-144）。中间的枋心部分则可以描绘（雕刻）连续画面或长卷式的场景，也有两部分或三部分构成紧凑或浑然一体的（参见图 5-28、图 5-46）。但一般“枋心”部分的雕饰多为吉祥图案或花草灵兽的重复排列（图 3-161 中吴氏祠的戏台檐下的横梁），或是历史人物按照某种场景排列开来。

（二）石雕与石刻

两湖地区的石雕虽不如福建等地著名，但也自成一体。湖北大冶太子镇和保安镇尹介园也都是湖北有名的石雕之乡。

按照古代传统，石作行业分成大石作和花石作，其匠人分别被称为大石匠和花石匠。石雕制品或石活的局部雕刻即由花石匠来完成。石雕就是在石活的表面上用平雕、浮雕或透雕的手法雕刻出各种花饰图案，通称“剔凿花活”。一般民居采用石雕装饰的部位最常见的柱础、门枕石（图5–145）、护角石（图5–146）、门楣（参见图5–133、图5–134）和其他部位。根据位置和尺寸大小雕饰相应的主题。如在门罩、柱础等处雕刻诸如象征吉祥的凤凰、麒麟、龙、仙鹤等动物图案，又有松、竹、梅、兰、菊等植物图案，形象生动。

如柱础的石刻，两湖地区的上乘之作随处可见。两湖地区的民居官厅、祠堂柱下皆有柱础石，且柱础石形状多种多样，鼓形、方形、八角形、六角形、凳子形、花瓶形等（图5–147），有的可以叠置两层，一般皆较高，以防潮气上吸。柱础石雕刻是一大特色，花色繁多，具有一定的识别性，如图5–147中的湖北英山县段氏府第的柱础石刻，汉白玉柱础上精雕细刻的“瓜瓞连绵”，门前抱鼓石上雕刻的“鹿鹤同春”等图案（图5–145中湖北英山县南河段氏府第），还有湖南浏阳锦绶堂的石柱础等。在两湖民间建筑中盘龙石柱并不多见（图5–148）。

石雕多为花岗石，如图3–327所示的鄂西鱼木寨双寿居的石雕既精细又浑然一体，也有的石雕采用红砂石，如图5–149所示的湖北红安吴氏宗祠的牌坊门，石雕既与立面造型相适宜，又呈现出显眼的色调和丰富的细节。还有一些雕花的石窗显示出或如木雕般的繁花锦绣（图5–150），或呈现出似玉一般的灵秀，而天井中排水口的石箅也多吉祥之意(图5–151)。当然还有石构牌坊、寨门等更是石雕艺术的杰作。

图5–143
两湖民居中长卷式线形构图的木雕

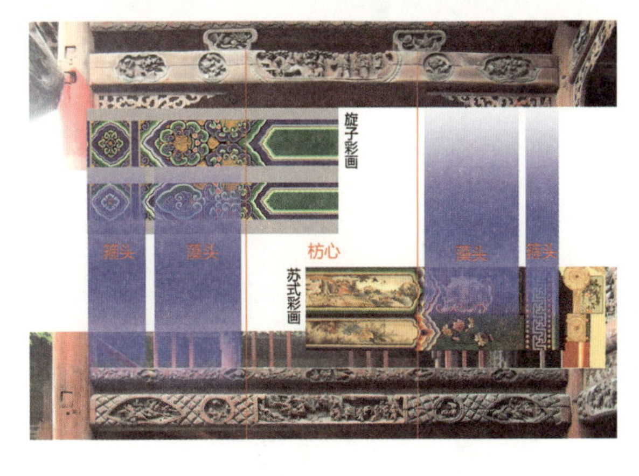

图5–144　长卷式木雕与梁枋上彩画的构图的比较分析（背景为湖北红安吴氏祠堂的戏台侧面）

（三）砖雕（装饰）

砖雕俗称“硬花活”，通常是使用特制的水磨青砖进行图案雕刻，具有刻画细腻、造型逼真的特点。选料时，应根据图案的大小、所处的位置、建筑的等级及工艺的难易程度决定。澄浆砖、停泥砖适宜雕刻高难度的作品。在同一种砖材中，应选用材质较细致、硬度高、色泽一致、砂眼少的，敲击时不可有劈裂之声，工艺程度要求越高，

湖北竹溪中峰甘家祠堂

湖北大冶水南湾

湖南炎陵县水口镇鹭峰老屋

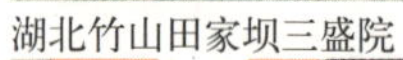

湖北竹山田家坝三盛院

湖北麻城木子店夏斗寅故居

湖北竹山田家坝三盛院

湖北罗田新屋垸祠堂

湖南浏阳金刚镇清江村桃树湾

湖北英山县南河镇段氏府第

图 5-145
门枕抱鼓石

越应仔细挑选[15]。砖雕的图案可以在一块砖上雕刻，也可以在多块砖上分别雕刻，最后再拼装在一起以组成一个大型砖雕作品，例如照壁、门楼等。砖雕的手法主要有阴刻、平雕、浮雕、透雕、立体雕，一般用于入口门楼、照壁、大门翼墙下碱、槛墙、花碱、屋顶、墀头、门楣匾额等处（图5-152）。

相比之下，两湖地区民居的砖雕并不是特别突出。值得注意的是有许多青砖本身制坯时就印上花纹，或是刻有宅屋的堂号、营造厂名、年号或是吉凶方位等信息，砌筑后除自然肌理外也形成一种装饰效果（图5-153）。

（四）灰塑与泥塑

灰塑又称泥塑，是古民居建筑中一种常用的装饰手法，一般以灰泥为主要材料。灰塑可塑性强、制作相对简单，既可在现场直接制作，也可预制再在现场装配，并且成本也较低，因此在两湖地区应用较广泛，常在主要厅堂前天井空间的两侧，山墙顶端、门额窗框、屋檐瓦脊、亭台牌坊等建筑物上雕塑造型，堆塑出人物、动物、花草等。手法有多层式立体灰塑、浮雕式灰塑、圆雕式单体灰塑等。其主要题材同石刻一样，都是祈福求祥、装饰门庭为主（图5-154）。

灰塑的主要工序有七道：首先是选料和配料。灰泥成分的基本配方包含石灰、砂以及棉花（或麻绒），三者以一定比例混合而成。配好料后，再加入草根或粗纸做成两种灰膏（分别叫草根灰、纸筋灰），柔中带韧性，主要是用来做灰塑的底子和造型。这些灰膏要加入糯米粉和糖封藏一个月。为了延缓干燥，减少裂缝，

图5-146　护角石

湖北英山县南河镇段氏府第

湖北阳新太子镇徐氏祠堂

湖北通山燕厦碧水村谭氏宗祠

湖北竹山田家坝黄州庙

湖北大冶水南湾

湖北竹山县田家坝三盛院

湖北竹溪中峰镇甘家祠堂

湖北竹溪中峰镇甘家祠堂

湖北郧西香口乡王氏宗祠

湖北竹山县田家坝南坝村

湖北红安吴氏祠

湖北英山县南河镇段氏府第

图5-147　石柱础

图 5-148　麻城盐田河雷氏祠中盘龙柱

图 5-149　吴氏宗祠入口外观

图 5-150　鄂西北高家花屋石窗图案

图 5-151　竹山三盛院的石窗以及阳新大屋李村的石窗和石笋

图 5-152　两湖民居檐下、墀头处的砖雕

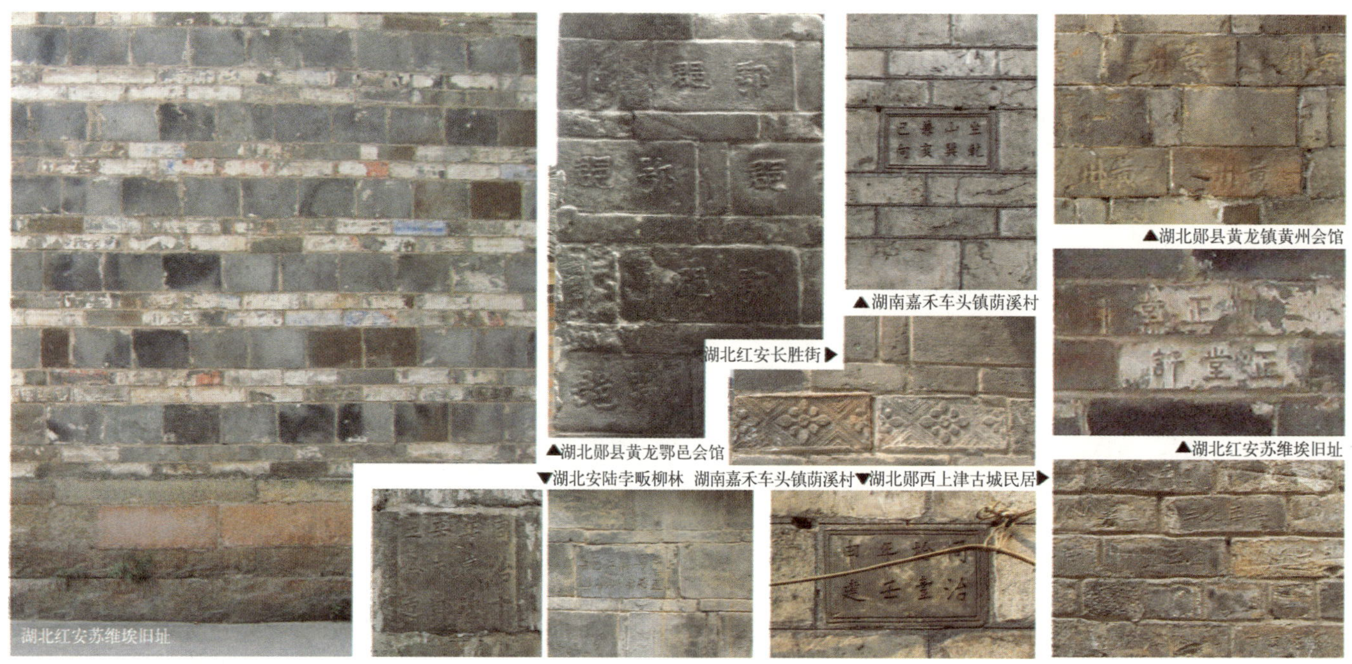

图 5-153　砖上的图案和文字信息也形成一种装饰

图 5–154
两湖各地民居灰塑

也常加入煮熟的海菜汁，称为海菜精。这几种材料混合之后，再以人工方式捣成糊状，直到出油为止，此时黏度最高，最适合制作泥塑。技术高超的工匠，制作的灰泥固着力好，日久灰泥也不致松脱或龟裂[16]。这其间就可以对作品进行构思。有了整体的把握，才能够进行定型，

图 5-155　金贵祠、屈原故里牌坊及甘家祠的“嵌瓷”装饰

图 5-156　两湖民居中的彩绘（一）

即先用草根灰在钢丝扎的模型上堆塑出作品的基本形状，再用纸筋灰进行精雕细刻。最后加以着色，整个作品才算真正完工。

灰塑可以塑造出丰富的造型，塑形需要借助于钢丝或者竹筋，用钢丝或竹筋塑形完毕后再用灰泥层层加厚即可。例如秭归香溪镇的王氏宗祠戏楼的脊饰就系此类做法，非常精美（参见图5-74）。有的会在灰塑表面施以彩绘或镶贴瓷片，使其色泽鲜艳明快。例如秭归新滩的金贵祠堂，其大门的仿木额枋装饰均用青花瓷片镶嵌，基本上是仿彩绘效果，非常漂亮。屈原故里牌坊除了脊饰外连勾头也镶嵌了瓷片，再如湖北省竹溪县中峰镇的甘家祠堂入口装饰，颇似“嵌瓷（剪粘）”的装饰工艺，虽略嫌粗朴，但也代表了两湖民居的一种装饰类型（图 5-155）。

湖北峡江地区民居的窗套多使用称为“外马蹄”，或又称“几案腿”的灰塑装饰，是峡江地区的一大特色，外形呈两个向下的朝外弯曲的角状，也用于牌楼门仿木壁柱底部装饰。

此外还有用作居家或供奉、装饰的泥塑雕像。泥塑艺人曾被视为“江湖乞丐”、“下九流”，生活极其艰难。恶劣的生存环境，致使泥塑传统工艺日渐衰落，濒临失传，残存的少数艺人，农忙种地，闲时从艺，被称为“杵师”。有中国泥塑之乡美誉的湖北黄陂泡桐镇（今属李集镇）[17]，今日已失去往日光华，只能通过现镇上遗存的工艺厂和少许泥塑艺人来追忆。

（五）（彩）画作

民居装饰的手段包括木、砖、石雕一类的“硬花活”，灰塑、泥塑一类的塑形装饰，还有就是设色涂绘的平面装饰，即常说的“彩画（作）”。

彩画有施于木构之上的，也有绘于墙身抹灰层之上。绘于木构表面的彩画常见于天花藻井、梁枋等处，既起到装饰作用，又很好地保护了木材。而在两湖地区民居中，木构大部分保持木之本色，即使上色，也多以厚重的栗、黑色为主。少数祠堂、戏台等会施以较炫灿的色彩，或用金粉勾画花草、几何图案（图 5-156）。

绘于墙身抹灰层之上的主要见于入口门楼、墙身檐口、山墙博风、墀头等处。两湖地区民居绘画可分为彩绘和墨绘两种。见于墀头、马头墙檐下等处的彩画，多为黑白图案，墨线淡彩退晕，再以其他彩色点缀，格调较为淡雅、平和，题材主要是花草、动物、几何纹饰、吉祥物等，主要表达某种寓意，多起装饰作用。由于所用绘制原料的原因，民居的装饰绘画部分大多遭受了不同程度的破坏，但有些依然精彩。其内容多为花卉卷草、吉祥纹样或者先贤故事（图 5–157）。

一般两湖民居墙身彩绘色泽较单一，除墨线外，尚有明黄、土红、石青等点缀。整体格调较为淡雅、朴素。由于墙面灰皮剥落和雨水的冲刷，多数彩画已斑驳不清，只能从依稀残留的部分彩画中窥视其全貌，也更显古朴、素雅。如秭归新滩的郑启光和郑韶年老屋，外墙装饰多为黑白图案，多为白底，用黑色画出彩带、琴、棋、书、画等图案；又如郑书祥老屋的窗口、窗楣、檐口等处均绘有墨线淡彩退晕彩画；还如湖北郧县的上津古城部分民居檐口的彩绘等。

只有在某些祠庙建筑中才会大面积地使用浓烈鲜艳的颜色，例如巴东的地藏殿供奉主管阴间的地藏王菩萨，是为在长江上不幸溺水而亡的无名者超度亡灵，以求安息的场所。其殿外墙体均涂成红色，檐下墙面施以黑、土红、黄色三种颜色为主的彩画，因此又被称为红庙。

图 5–157　两湖民居中的彩绘（二）

第五节　营建及习俗

传统匠师不仅掌管、影响着民居的营建行为，甚至还掌控着民居的设计。到目前为止，仅有极少的出版物提及两湖的木作匠师，如在五卷本的《中国民族建筑》湖北篇中有孝感地区的匠师的少许资料，《匠学七说》中也提到的孝感地区的泥木匠师等等，因而需要进行大量而深入的田野调查和研究。两湖地区位处中原，处于中国传统文化的中心区域，部分汉族地方的传统工匠依然在操持旧业，还有干阑文化圈中的湘鄂西土家族地区可能也存在类似侗族木匠的“香杆”，或汉族的“杖竿”的设计尺等。大木匠师中，具备“丈杆”（或“度篙”）技艺者才是主持设计匠师，其余都仅是操作施工匠师。通过两湖地区的田野调查发现，“丈杆”或“篙尺”是大木匠师做设计的必备工具，也是匠师专业能力的重要表征，其中蕴含了自形而上的美学认知、风水吉凶，以至于具体的实务施工、估料等功夫的整体性表现。此技艺的传授也仅止于少数可传衣钵者，由此可知其在传统大木技术中的重要性。两湖地区的营造尺和营建方法现存状况不太理想（尤其是汉族聚居地区），研究尚不深入，现仅就目前的调研情况略述一二，以期抛砖引玉。

一、营建设计与营造尺

对于中国建筑的木构架体系来讲，木工具技术的发展与古代建筑的发展直接相关，民居亦然。大木作使用的工具，种类繁多，应用范围也各不相同。木工具相近，从功能上大而分之，主要有四大类：放样类工具，如丈量尺寸用具，有规、矩、尺等，还有标尺寸、画各种线记的一类，有墨斗（弹墨线用的传统工具）、画扦（用竹子制作的蘸墨的画线工具）等；构件的具体制作需要用锯割类工具、刨削类工具、斩凿类工具等，如斧、凿、锯、刨等工具（图 5–158），还有就是木工雕刻用的工具（图 5–159）。

图 5-158　两湖地区常见的木工工具

图 5-159　木工雕刻用的工具（杨鸣　摄）

图 5-160　赣鄂交界地区使用的"度篙"

图 5-161　湖北匠师所用的"五尺"（通山宝石村）

（一）地方营造尺：直尺、曲尺

木工器具中最为重要的当属营造尺，"尺"及其使用是大木操作的关键内容。对于地方大木作营造技艺的研究，需建立在对地方性营造用尺研究的基础上，具体为营造尺的尺长、尺制和尺法的研究。营造尺的尺长和尺制往往结合起来研究，营造尺的尺法是古建筑设计和施工中的用尺方法，这种"数"的研究就和大木作制度"形"方面的研究联系了起来。譬如，通过记录了所有建房数据于一杆的"度篙"（亦叫"丈杆"，图 5-160）将宅屋的主要空间尺度和形式就紧密联系起来，将无形转化成有形。

现在部分地方工匠使用的传统木工尺作中，地域性的差别还是较大的。鄂东和湘东区域内民居营造匠作仍是使用鲁班尺系统来度量的。常用的营造尺都是直尺、曲尺两种，营造尺为度量、下料、计算、营造之用。直尺最为主要，常用的有两种大小：一尺和五尺。截面约为 2cm × 3cm 的方形（图 5-161）。每位木匠都至少会有上述这两把大小不同的尺子，可以说是木工通用的标准尺。其他大小尺度的尺子视工匠自己需要而异，如有的木匠还制作家具等，就会有一把三尺，用来裁剪竹篾等等。

常见的建房营造用尺都是匠人自制的，它的刻度是尺、寸、分系统（1 尺等于 10 寸，1 寸等于 10 分）。如使用的"丈竿法"就以直尺中的五尺为基本依据。民居的面阔、进深、柱高三者，为决定建筑之主要尺寸，在确定这些尺寸时，也需要上述的基本营造直尺为丈量依据，营造直尺即是度量建筑宽、深、高度的标准。当然，建筑各部分尺寸的定夺还需以"压白"求其吉利。在湖北鄂东南所见的直尺较为普通，工匠自用的五尺和一尺会用雄鸡血祭，据讲这样的尺子才灵，建的房子才吉祥。

曲尺又称角尺、拐尺等，为一种"L"形的木工匠师度量用尺，也使用尺、寸、分系统。曲尺的两边，一般短边有刻度的，精确到分；长边无刻度，长度不定，一般 1 尺多，这一边主要为固定角度之用（保证直角）。曲尺常用的两种：小的 5 寸（刻度到分），大的 1 尺。鄂东南所见曲尺较为粗糙，刻度是用刀划刻在上面的，有的工匠通常在尺面上贴一层牛骨头，再刻画刻度。

这曲、直两种营造尺在实际使用时需符合“压白尺法”。所谓压白，是取值的择吉方法。即是和传统风水理论中的九宫九星学说相结合，把1～9的数字对应于九色[18]。建屋时房屋宽、深、高等所有尺寸的尾数要符合“白”色乃算吉利，即尺数或寸数落在1、6、8几个数字上，为大吉；落在9上亦可，为次吉。但实际调查中，发现当地做法与古法所规定稍有出入，寸尾多为双数，极少单数。鄂东南匠师讲述当地是以尾数2、4、6、8为吉祥尺寸。此外，当地还有一项营造的规定：单丈双尺、双丈单尺，即丈尺的数字要采取一奇一偶。在实际调查中大多符合，但也有丈尺同奇数或同偶数者，但尾数均符合“尺白”、“寸白”的规定。

（二）吉宜丈量尺：鲁班真尺

鲁班真尺：又称门光尺、鲁班尺、门尺等。本地区一些木匠自制鲁班尺使用，取长为1.44尺，分为八段，每段1.8寸（图5-162）[19]，与《鲁班经》所载相同[20]。以八字来分别表示，这种自制的鲁班尺较为粗糙，只能量取大致的吉宜情况。门光尺在使用中，还规定了既要符合“压白”又要符合尺上“八字”中的吉数：“财、义、官、本”四数，即在做门时尺寸压在这吉祥的四个数位上。大门的量法很多种，要根据主人的愿望和需要等定夺。工匠介绍民间宅第多用财门、吉门。具体使用时所有门窗还需一并符合“寸白”的规定，才算大吉。例如某宅门宽二尺八寸，高七尺二寸，验算之，宽高均合“本”字上，又符合“寸白”，于是大吉。调查中的鄂东南年轻一代的工匠已经忽视了这些尺法的讲究。长此以往，湘鄂东部的传统技艺将会随最后一代老工匠的去世而消失了。

（三）民居丈杆法

丈杆为传统营造体系中大木匠师进行民居设计和施工的关键工具，由于古代营造之普遍，影响甚广。丈杆的名称、制作技艺因为地区性木构架体系的不同及匠师传承的完整程度而异。在广东等地称作丈杆，而在江西、鄂东南地区则称作“度篙”、“托篙”，与闽台等地发音相近。在鄂东南地区，所谓的“度篙”已经非常简化，它没有将建筑的构架尺寸等标在上面（当地做法是直接将尺寸画在木料上，尤其是中柱），仅是作为丈量较长尺度的度量工具。在鄂东南所见的度篙其上都是以5尺为一个刻度单位，5尺间没有任何标记，因此用途是遇到特别大的尺寸时用其来量几下。这也反映了度篙在鄂东南民居营造工具系统中处于很次要的地位。而在比较研究的地区——江西环鄱阳湖区，穿斗式为主的木构架非常典型，所有构件皆与柱子关系密切，为了避免出现构件间的位置及高度等误差，通常将整栋建筑的全部构架尺寸画在一根长约丈余的直杆上，“丈杆”相当于梁柱关系的隐形代表，其上的符号便等同于一栋建筑的设计图。凭一根丈杆便能一次完成大木作的整个营造活动，不用再绘图施工，非常方便。

图5-162　鲁班真尺

度篙的制作有的是用木杆如杉木等做，有的则是用竹竿。在湘鄂赣交界的地方走访调研时所见的度篙多为规整的木料制作，便于长久存放，房屋建好后通常将度篙存放于屋内梁上，以便于将来房屋的检修和维护（图5-163，临近两湖的江西某新建祠堂）。在鄂东南和赣西北两地区的度篙有所不同，用材更为简单，多为竹子，当地工匠认为与木料比起来，竹子便宜又轻（图5-164）。鄂东南的度篙通常不保存，用完随即丢弃，可能是因为当地用法已经十分简化，度篙作为仅有大刻度信息的临时用尺，没有过多的保留意义。工匠们讲述度篙现在的作用就是丈量水平和竖向的大尺寸，以及竖向构件间高度比较、找

图 5–163
置于屋架上的丈杆

图 5–164　江西（安义）与湖北（通山）两地的度篙比较（任丹妮　摄）

平之用。

此区域不太重视度篙的使用，赣鄂地区的做法是直接将尺寸或要削减部位以符号画在木料上，尤其是中柱之上。中柱担当了传统度篙的一部分功能，一片排架上大致需要插梁、插枋的高度就直接表示在中柱之上[21]。

事实上，造成度篙技艺从赣鄂交界区域民居营造工具系统中退场的原因是多方面的，其中一个主要原因是匠作手艺传承的方式是口传身授式的，由于没有文字的记载，每一代匠师传给其徒弟的传统技艺会由于他刻意的保留或是遗忘而减少。但另一方面，当地一些手艺极强的老木匠弃用度篙的原因倒不是技艺的丧失，恰恰相反，他们认为是（自己）技艺的进步。因为近代以来整个国家计量体系采用公制，工匠已经开始学习按国家标准设计并绘制方案图了。鄂东南有一位匠师如是说："我做活时下料、画线、定尺寸全凭脑子记，不兴（用）绘在度篙上。以前这里也有极少数的木匠无论去哪里做活都抬着根度篙，上面刻好了各种料的做法及标记，每次建房就按度篙做。这种属于笨办法，只会按一种方式做，地盘一变他就伤脑筋了。不如我们的方法，吃透了房子的做法不管咋个变动都不怕。手艺不行的人才用度篙"[22]。技艺高的一些匠师认为应当具体问题具体分析，不同的用地及环境有不同的做法。所以如果一味依赖丈杆上师傅所传授的固定做法应付不同的房子，那么岂非使丈杆之法僵化？如此还不如没有丈杆。反之，如果将匠作原理搞清，即使不会画丈杆也能将梁架及各构件尺寸默记于心，因而也不囿于固定做法。

二、营建的相关风俗

两湖地区的营建习俗既有国内其他地区相似的地方，也有自己特有的习俗或所有自身不同的表现形式。因两湖地域较广，习俗也较多样，故而仅就营建习俗中的选址布局、材料与构造、营建礼俗、匠师禁忌等方面选取流传较广和比较有代表性的阐述一二。

（一）选址布局习俗

两湖境内很多聚落临河，如湖北仙桃（沔阳）境内河道都是从西向东流，在东西向的河堤上，民房一字排开，整齐壮观。如果在斜向河堤上建房，既要门朝南，又要沿河堤，就采取一家与一家成直角上前或挪后，整条村庄像"锯齿"。

许多临水地带的人在选择建宅的合适基地后，还会对基地进行改造——挑筑高台，这是楚国的建筑风格遗存，也与地处水乡泽国有关。人们苦于水淹浪拍和地潮浸湿，只好高筑台基。台基多呈长方形，中段建房，前有出场，后有阶延，以前宽后宽寓"前程远大，后地宽宏"之意。现在监利县内还能见到很多类似的房屋建在湖河边，有自建的高台基。

“门当户对”的习俗在两湖颇为流行。一般民宅平面布局上讲究中心与对称，大门与后门基本在一条轴线上，便于通风透气。大门、后门多用石坎，有的大门两边还有一对卧式或竖式石鼓，名曰“门当”，据说，鬼怕鼓声，见鼓而退。门楣上有一对长一尺左右的圆柱形短桩（门簪），与地面平行，与门楣垂直，置于门头，称为“户对”。有的在门簪上涂绘或雕刻有八卦（基本上是先天八卦，图5–165）。门簪既是一种装饰符号，又是一种身份的象征，还可解读一些家庭的信息。两湖地区的门簪有石质和木质两种，也常在门簪上刻画八卦或太极图案。一般采用偶数（多为两个）门簪，也见有五个门簪，经现场调查皆因该家（族）有五个儿子（或是有五房支系）。

建房的忌讳有很多。如忌建成“前大后小”的棺材形，不聚气且不吉。旧俗为使房屋聚气，后墙不开窗。又如同一住宅，厢房不能高过主房，前房不能高过后房。

（二）材料与构造习俗

一些匠师很讲究堪舆，亦将风水观与梁架结构结合。认为内梁架结构也需要视一处和一家的风水而定，比如六架三柱分两间的形式是不能作为坐南朝北房子的梁架结构的，不吉利。其他梁架吉宜的风俗也颇讲究。

有钱的人家以砖石砌门楼。在门槛两侧以及门楣的上方两侧都要各放2枚“太平钱”。立门以双日或逢八日为吉。大门顶合拢也要放6枚或8枚“太平钱”，称为“封财门”。

还有，建房的木板是有正反顺序的，建造用木要按照树木向上自然生长的顺序，即木材的梢端和根端不能颠倒，木板当作楼层板等需水平时，所有木料要使梢和根同一顺序，通常树梢端顺指向左边。

在建造房屋过程中，两湖地区也有着类似一些少数民族地区盛行的“中柱禁忌”。湖北沔阳人相信房屋列架的中心是中柱，中柱是神圣的，既是一家之“栋”，又是远古神话中可作登天之梯的“建木”的遗存物化。其选材要粗直，传统高度为“一丈九尺八（寸）”，民间有“船不离五，屋不离八”之说，俗信不离八就能不离“发”。中柱顶端戴一杉木板称为“纱帽”（参见图5–17），预示代代做官。房屋横向的中心是中檩，中檩下是屋梁，屋梁也是神圣的，俗信梁是天的化身，天上有太阳，梁上有亮灯，所以起屋的上梁仪式十分庄重。中檩上是屋脊，平直的屋脊两头翘起，像条青龙横卧屋脊上。俗谓“宁叫青龙高万丈，不让白虎抬头望”。神龙在屋脊，能使全家平安清吉。屋脊两头堆塑成尖齿状的牙脊头，也有寓意。牙齿在民间信仰中为生命之种和生命象征，是生命传递的载体，也是生气与活力的象征。它作为“身宝”充满生命的气息，故小儿换齿时，下牙脱落要扔上房顶作镇宅之宝。牙脊高翘，显露出以阳辟阴的威力，表现出阳气腾跃的气势。

江汉平原民居多是砖瓦房屋，内部以穿斗式杉木列架为支撑，上承檩、梁、椽，中接堂方、楼方与杜衬，下以锁脚连列架，构成稳固的房体框架。很多农民都会自己扳砖做瓦烧土窑，毗邻的地方出产烧制石灰，常有“高台大瓦屋”和“砖瓦屋、粉白墙”之美誉，如沔阳民居。房屋木结构与外砖墙体脱离开约20cm，结构体系与维护体系各自分开，其间用钢构件或蚂蟥抓连接固牢。隔墙用模板，称“鼓皮”。栗林咀村民将木构架、内墙体用芦苇填充的房屋称作“列子屋”，“列子”是江汉平原用芦苇秆编制的一种用于垫地上晒粮食或临时作为墙体挡风的家用工具。

在江汉平原南部民居有一种适应自然环境的特殊做法——“水门”。江汉平原大开发前受困于潮湿松软的地质条件很早就产生了干阑式和楼式，常有的水患促使干阑式或楼房建筑产生变体，即阁楼式建筑，这类民居层高介于楼房和平房之间，设有空间低矮的阁楼，一般通过竖梯上下，不设单独楼梯，非常简单，也反映出人们对房屋建设的“临时”心态。底层不再架空，而是用木材门板或土墙填充于柱与柱之间，这些门板或土墙在洪水来时可活动或可被水软化造成底层悬空，但房屋构架保持稳固，便于洪水的流通，人

湖南桂阳正和阳山民居

湖南桂阳城郊黎家洞

湖北英山陶家河郁氏宗祠

湖南浏阳永和镇李家大屋

湖北麻城盐田河雷氏祠

湖南嘉禾车头镇荫溪村

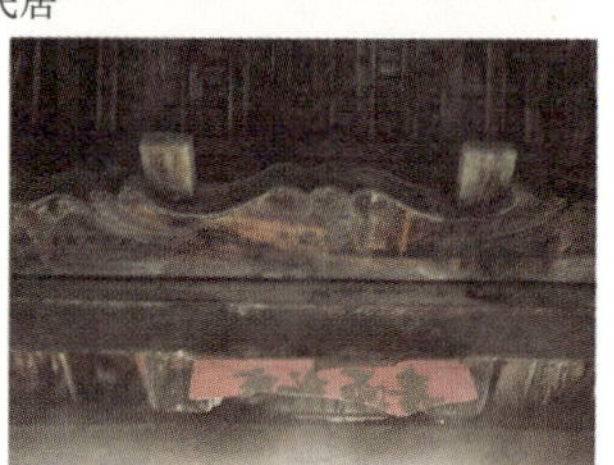
湖北随州洛阳凌家花屋

湖北罗田王氏宗祠

湖北罗田匡氏宗祠

湖南桂阳城郊黎家洞

湖南桂阳城郊黎家洞

湖南嘉禾车头镇荫溪村

图 5–165　两湖各地民居的门簪

们临时移居到阁楼上，等洪水退去再下楼来重建墙体，继续在这片土地上生活。这种可活动的墙体当地称“水门”[23]。

（三）营建礼俗

建房时最重要的一环就是上大梁，大梁最为宅主所重视（图 5–166）。安装的好坏与否与整个家庭的兴旺吉祥联系在了一起，所以上梁仪式非常隆重。上梁仪式要查黄历或请风水师选择吉日进行，工匠、亲朋好友都会来参加和道贺，仪式结束后还会大办酒席。

关于上梁的习俗，《蒲圻志》如是记载：上梁为建房的最后工序，大梁需由主人的舅家赠送，并且要“偷”来。在夜里去砍伐早已看好的最粗壮合适的梁木，悄悄运回。从砍伐到搬回加工的整个过程中，大梁都不能落地，如需加工、存放等可以用椅凳等支撑架起（图 5–167）。到第二天上大梁的吉日时，需在午时整（中午 12 点）将梁落位。上大梁的仪式通常由两个主要的木匠师傅主持，架梁的同时放鞭炮，念祝词。大梁架上去后，要向梁丢肉包子，使包子一次次掠过大梁。包子象征金元宝，因此取"上梁上梁，包子滚堂"的吉祥寓意。从放倒树木到制成大梁安好的整个过程中都有程式化的祭词需念诵，通常很长，如诗歌一般（俗称"四言八句"）[24]。整个仪式完毕房屋主人便开始宴请宾客。上梁习俗突出的是一个求"吉"的心态，表达着人们期盼家族兴旺、财源广进、万世昌盛的美好愿望。

图 5–166　尚未置檩上梁的建筑工地（杨鸣　摄）

图 5–167　"偷"梁（来源：湖北省蒲圻市地方志编纂委员会《蒲圻志》）

（四）匠师禁忌

手艺人有很多的禁忌。如木匠所做的一尺实际上只有九寸半长，是为纪念鲁班，有尊崇不敢冒犯逾越的意思，手艺人认为用这样的尺子做活才顺遂。木匠自用的五尺和一尺会用雄鸡血祭，以求祭过的尺子灵，使用时得心应手，建的房子吉祥。

鄂东北称手工工匠为"做手艺的"或"吃百家饭的"。有"千田万地，当不得一种手艺"，"手艺在手，走遍天下能糊口"的俗谚。乡下农民至今仍想方设法让自己的孩子拜师学艺。鄂东北手艺人中最出风头的是广济佬"剃头匠"（俗有"天下剃头分两派：广济佬，扬州怪"）和黄孝帮的木匠等。

"百家饭"并不易吃，手艺人有很多独特的行规和禁忌。技术通过师傅带徒弟的方式传授。拜师时，要行拜师礼，办"拜师酒"，并写一份契约，规定双方的权利与义务方可"入门"。学徒期一般为 3 年，3 年中徒弟不仅跟师傅帮工学艺，而且还要帮助师傅做家务，如挑水，扫地，种菜等，没有任何报酬。学满出师要办"出师酒"，师傅要赠送一套工具给徒弟，以示"衣钵相传"之意，并主动转让一些"世主"（较固定的雇主）给徒弟，以使徒弟有立足发展之地。湖北黄冈一带的砌、木、篾、剃头、裁缝、锯等匠人，在住地周围都有"世主"，同行人不得抢"世主"。旧时世主家要调换匠人，须到年终结账后才行。

各业都有自己的祖师，砌匠、石匠、木匠奉祀鲁班。手艺人的禁忌很多。两湖地区匠师每年第一次开工叫做开张，必须选择吉日，去开工的方向必须是大利的方向，这些都要根据历书确定，与源于土家族的"七不出门八不归家"的说法相似。这一天的工钱，主人要用红纸包好付给工匠，不宜欠账，因为一年伊始要有一个好兆头。还有一些特殊的行业禁忌，比如砌匠、木匠、石匠的劳动有一定的危险性，因此特别忌讳犯"红煞"或"鲁班煞"，犯了"煞"是要流血的。过去人们将一年四个孟月中逢酉的日子，四个仲月中逢巳的日子，四个季月中逢丑的日子视为"红煞日"。木匠则怕犯"鲁班煞"，"鲁班煞"的日子是春子日、夏卯日、秋午日、冬酉日，犯煞的日子里工匠们是不出工的。

注释：

[1] 张十庆：《古代营建技术中的"样"、"造"、"作"》，见《建筑史论文集》，第十五辑，37 ~ 41 页，北京，清华大学出版社，2002。

[2] 这种构架与抬梁架一样，在文献及工艺上并无固定称谓，为研究分类的需要，孙大章先生名之为插梁架。

[3] 分水为民间建筑术语，即屋架高度与下弦一半之比。比值为0.56，即为5.6分水。资料来源：永顺县列夕乡老木匠董祖文师傅提供。转引自杨慎初：《湖南传统建筑》，长沙，湖南教育出版社，1993。

[4] 郭谦：《湘赣系民居研究》，广州，华南理工大学博士学位论文，2000。

[5] 潘莹：《江西传统聚落建筑文化研究》，196页，广州，华南理工大学博士学位论文，2004。

[6] 肖冠兰：《黔北民居研究》，44页，重庆，重庆大学硕士学位论文，2006。

槽门，又称“朝门”，意指朝向不固定的入口院门，在四川、贵州等地又称之为“龙门”，在江西有称“台门”的。在两湖地区民间则被称为“槽门”，一是其形象从立面上看，开门的一间稍稍凹入，形成槽形，故称“槽门”；二是发音上，“朝”和“槽”在两湖方言中极难区分，有被误传之嫌。

[7] 程世丹：《三峡地区的传统聚居建筑》，载《武汉大学学报》，2003（10）。

[8] 根据湖北通山江源村的工匠师傅王能太的表述，称为“双龙出洞”。

[9] 假设忽略实心墙体用砖和空斗墙体用砖的厚度差别，都使用鄂东南常见的300mm×150mm×100mm的青砖分别砌一堵300mm厚的实心墙和空斗墙。经过计算，采用实心砌筑，每平方米墙体需用砖66.6块，而采用空斗砌筑，每平方米墙体只需用砖44.4块，即采用空斗砌筑比实心砌筑每平方米节省砖33.3%左右。如果再算上空斗墙用砖厚度只有普通砖厚的1/4左右，无疑空斗墙砌法是非常省砖的。

[10] 这种做法自古就有，汉唐文献称之为“谨”，谓泥土中掺合“穰草”，记载为“黍穰”。参见中国科学院自然科学史研究所：《中国古代建筑技术史》，11页，北京，科学出版社，1985。

[11] 宋《营造法式》卷十三《泥作制度》。

[12] 汤羽扬：《峡谷回音 生生不息——论三峡工程淹没区传统聚落与民居的地域性特征》，载《北京建筑工程学院学报》，1999（01）。

[13] 程世丹：《三峡地区的传统聚居建筑》，载《武汉大学学报（工学版）》，2003（05）。

[14] 刘会林：《鄂南民居门匾》，http://www.xnnews.com.cn/news/9G530D97CFD8D63/2006/6/9272H49K0FHI3D5.html。

[15] 刘大可：《古建砖雕技法（上）》，载《古建园林技术》，1990（01）。

[16] 王楠：《峡江地区传统建筑研究》，开封，河南大学硕士学位论文，2008。

[17] 清代沲桐老泥塑艺人官志武继承了雕塑传统工艺，曾在湖北武当山、木兰山、河南鸡公山、洛阳白马寺，雕塑了许多大佛像。民国时期，各湾村建庙，修泥菩萨风行一时。沲桐杵师后裔继承人用木雕、泥塑、油漆制作佛像、装修神龛、殿堂绘画等，创作了大量作品。建国后，泥塑传统工艺开始走向现实、贴近生活。1968年，武汉市曾举办了“黄陂农民泥塑展览”和《收租院》大型群塑展。1983年，路易爱尼带来了摄影师，摄制了《中国黄陂泥塑》电视纪录片。

[18]《事林广记》记载：“一白、二黑、三碧、四绿、五黄、六白、七赤、八白、九紫。惟有白星最吉。用之法，不论丈尺，但以寸为准，一寸、六寸、八寸乃吉。纵合鲁班尺，更须巧算，参之以白，乃为大吉。俗呼之‘压白’。其尺只有十寸一尺。”

[19] 为八进制系统（尺长1.44尺，分为八段，每段1.8寸），即刻有八等分，并注有文字。“门光尺”一般有正、反两面及两个侧面。正、反面除刻有八等分外，其他均为文字、诗句。是度量、凑对门、窗、床、器物吉凶及压字的专用尺。

[20]《鲁班经》有载：“鲁班尺乃有真尺，一尺四寸四分；其尺间有八寸，一寸准曲尺一寸八分：内有财、病、离、义，官、劫、害、本也。凡人造门用依尺法也。”

[21] 调研中见江西武宁一位匠师建房，整个屋架所需的步数按适当的高度距离刻画在中柱上，即要几步就在中柱上分几等分，因为先定了坡度，之后水平的距离和小柱的高度因为中柱上的等分线就自然定出来了。

[22] 任丹妮．《赣西北鄂东南地区传统民居空间形制与木作技艺的传承与演变》，武汉，华中科技大学硕士学位论文，2010。

[23] 江汉平原腹地排湖边上的栗林咀村老人张大全证实了“水门”的说法。据张大全老人说法，水门做法是在高约1.8m（约一人高）的屋架上设一圈“支撑木”（穿枋等），支撑木以上及以下均为砖墙，当大水来临，支撑木以下墙体冲毁，木以上的保留完好，以此泄洪。另外，当地还有一种加固墙体的做法，在两层墙皮之间的空心部位用木头排列。现在江汉平原遗留下来约建于清末的民居仍可清晰见到这种做法，甚至一些建于近年的“仿古”民居也仍保持这种做法，虽然现今人们的生存不再随时受到洪水的威胁。参见荣蓉：《江汉平原南部民居与集镇聚落形态溯源研究》，武汉，华中科技大学硕士学位论文，2010。

[24] 湖北省蒲圻市地方志编纂委员会：《蒲圻志》，深圳，海天出版社，1995。

主要参考文献

[1] 杨慎初．湖南传统建筑 [M]．长沙：湖南教育出版社，1993．

[2] 赵振兴．湘西民居 [M]．长沙：湖南美术出版社，1995．

[3] 何重义．湘西民居 [M]．北京：中国建筑工业出版社，1995．

[4] 李百浩，李晓峰．湖北建筑集萃：湖北传统民居 [M]．北京：中国建筑工业出版社，2006．

[5] 张国雄．明清时期的两湖移民 [M]．西安：陕西人民教育出版社，1995．

[6] 柳肃．湘西民居 [M]．北京：中国建筑工业出版社，2008．

[7] 黄家瑾，邱灿红．湖南传统民居 [M]．长沙：湖南大学出版社，2006．

[8] 陆元鼎，杨谷生．中国民居建筑 [M]．广州：华南理工大学出版社，2003．

[9] 宋华久．三峡民居 [M]．北京：中国摄影出版社，2002．

[10] 国务院三峡工程建设委员会办公室，国家文物局．三峡湖北库区传统建筑 [M]．北京：科学出版社，2003．

[11] 唐凤鸣．湘南民居研究 [M]．合肥：安徽美术出版社，2006．

[12] 郭谦．湘赣民系民居建筑与文化研究 [M]．北京：中国建筑工业出版社，2005．

[13] 张良皋．武陵土家 [M]．北京：生活 · 读书 · 新知三联书店，2001．

[14] 陈家麟．郧阳古风 [M]．武汉：湖北美术出版社，2003．

[15] 辛克靖．中国少数民族建筑艺术画集 [M]．北京：中国建筑工业出版社，2001．

[16] 谢建辉，陈先枢，罗斯旦．长沙老建筑 [M]．北京：五洲传播出版社 2006．

[17] 高介华，李德喜．中国古建筑文化之旅——湖南 · 湖北 [M]．北京：知识产权出版社，2002．

[18] 李晓峰．乡土建筑跨学科研究理论与方法 [M]．北京：中国建筑工业出版社，2005．

[19]《古镇书》编辑部．湖南古镇书 [M]．海口：南海出版公司，2004．

[20] 李德复，陈金安．湖北民俗志 [M]．武汉：湖北人民出版社，2002．

[21] 湖北省蒲圻市地方志编纂委员会．蒲圻志 [M]．深圳：海天出版社，1995．

[22] 曹必宏，戚厚杰．湖北旧影 [M]．武汉：湖北教育出版社，2001．

[23] 金其桢．中国牌坊 [M]．重庆：重庆出版社，2007．

[24] 湖南省文物局．湖南文化遗产图典 [M]．长沙：岳麓书社，2008．

[25] 王炎松．中国阳新民居老村 [M]．武汉：湖北人民出版社，2008．

[26] 章锐夫．湖南：古村镇古民居 [M]．长沙：岳麓书社，2008．

[27] 胡师正．湖南传统人居文化特征（麓山视觉文化丛书）[M]．长沙：湖南人民出版社，2008．

[28] 刘昕．湖湘文库 湖南方志图汇编 [M]．长沙：湖南美术出版社，2009．

[29] 周积明．湖北文化史 [M]．武汉：湖北教育出版社，2006．

[30] 陈振裕．湖北文物典 [M]．武汉：湖北长江出版集团，湖北人民出版社，2010．

[31] 葛剑雄，吴松弟，曹树基．中国移民史 [M]．福州：福建人民出版社，1997．

[32] 吴志坚，李惠芳．楚风楚俗：大型民俗摄影画册 [M]．武汉：湖北美术出版社，2003．

[33] 张伟然．湖北历史文化地理研究 [M]．武汉：湖北教育出版社，2000．

[34] 国家文物局．中国文物地图集 · 湖南分册 [M]．长沙：湖南地图出版社，1997．

[35] 国家文物局．中国文物地图集 · 湖北分册（上、下）[M]．西安：西安地图出版社，2002．

[36] 伍新福．湖南民族关系史（上、下卷）[M]．北京：民族出版社，2006．北京：中国建筑工业出版社，2001．

后记

即将付梓的书稿沉甸甸的。回想几年前在《中国民居》丛书编委会上，我和谭刚毅先生代表《两湖民居》编撰组忐忑不安地接下这本书的撰写任务时，真还不知道这本书究竟需要花多大的气力。很羡慕《中国民居》丛书的其他分卷的作者，他们所在地区民居研究大多已有积淀，有些地区民居研究已积累了几代人的成果，相对来说，研究资源和撰写内容是很明晰的。而我们所要做的《两湖民居》，尤其是湖北地区民居研究，在我们之前研究者不多，并且已发表的成果也太有限了。因此编写这本书，必须从一村一屋的田野调查做起。而"两湖民居"遍及湖北湖南两省，这意味着我们的足迹至少踏进两省的每一地区。这是一项相当艰巨的任务。

好在本书的编撰人员并非一两人，华中科技大学民族建筑研究中心 8 位年富力强的老师共同挑起了这副担子。8 位编撰者在研究方向上各有专攻，但对于乡土建筑研究却有着一致的兴趣和热情。华中科技大学建筑历史教研室近年来陆续组织了湖北地区民居的测绘工作，为本书的研究汇集了珍贵的第一手资料。现在回想每年暑假老师们带着学生，冒着酷暑分赴各地乡村做模具调查，依然相当感慨！师生们汗流浃背地上房测绘的场景历历在目。在经费匮乏，工作、生活条件相当艰苦的调研过程中，每每驱车数百公里探访一处古村老屋，如有收获，则兴奋溢于言表。但亦有历经艰辛，长途跋涉到达目的地后见到传说中的老房子早已被拆除的那种失望与沮丧，更难以言说！

庆幸的是，现时的两湖地区，还能搜寻到能够代表本地特点的传统村落和单体民居建筑。现存的老村旧屋还能够让我们勾勒出两湖民居的历史轮廓。而遗憾的是，在两湖大部分地区，完整保存传统风貌的聚落已经相当少，大多单体建筑正面临损毁弃置的境地，这使得我们在调查、研究和写作过程中更觉得有一种紧迫感和使命感。传统民居作为人类建筑遗产的重要组成部分，如何处理更新与保护的问题已迫在眉睫。显然，这本《两湖民居》的出版，可以说是两湖民居研究的一个良好开端。

感谢《中国民居》丛书编委会对我们的无比信赖与支持，以及建工出版社编辑同仁的敦促和审阅，终使本书得以顺利完成。由于时间紧迫，我们的研究还很粗浅，书稿中一定还有相当多的缺憾，只待业内同行的批评指教。不过，书虽出版了，但研究还在继续。我们希望后续研究成果更加丰厚，这将对两湖地区乡土建筑遗产的保存与利用，对两湖地区聚居环境的建设与优化，更具深远意义。

李晓峰

2010 年 6 月于武昌喻园

作者简介

李晓峰，教授、博士生导师，东南大学博士。1964年生于安徽滁州。现任华中科技大学建筑与城市规划学院副院长，《新建筑》杂志执行主编，华中科技大学民族建筑研究中心主任，中国民族建筑研究会民居专业委员会副主任委员，全国建筑学专业教育指导委员会委员。

作者长期从事聚落与民居这一方向的研究和教学工作。自1997年起为研究生开设《乡土建筑研究》课程，2004年起又为博士研究生开设《聚落研究理论与方法》课程。相关教学成果曾获得国家级教学成果二等奖，湖北省教学成果一等奖。

近10年来带领年轻教师、研究生和本科生进行古建筑调查和测绘工作，多次往返于两湖各地区市镇之间，积累了大量调研资料和丰富的工作经验。主持10余项建筑遗产保护以及当代聚落更新规划与建筑设计项目，先后作为主要成员主持或参加多项国家、省、校基金支持的重要科研项目，并在中国传统民居的研究方面已有一定数量的成果发表。作者主要著作有:《乡土建筑跨学科研究理论与方法》(2005)、《湖北传统民居》(2006)、《古建筑设计》(2008)等。在重要学术期刊以及国际国内学术会议上发表论文40余篇。

谭刚毅，1972年9月出生于湖北省仙桃市。2003年毕业于华南理工大学，获博士学位。现执教于华中科技大学建筑与城市规划学院，主要从事中国民族建筑研究、文化遗产保护及建筑设计教学等工作。完成学术专著《两宋时期的中国民居与居住形态》(2008)，发表期刊论文近20篇（其中境外期刊2篇），参加国内国际会议提交论文10余篇。博士论文获2006年全国优秀博士学位论文提名奖。参加国家自然、社会科学基金项目3项，主持国家自然科学基金项目1项。先后负责近10处国家及省市各级文物保护单位的保护和修复工程。2003年获联合国教科文组织亚太地区文化遗产保护奖（杰出项目奖）第一名。另外，还获日本《新建筑》“都市住居”住宅设计国际竞赛三等奖（协力）和广东省勘察设计协会优秀设计一等奖等竞赛和设计奖项。